高等职业教育智能光电技术应用专业群
建设项目系列教材

Altium Designer 电路设计与制作图解

Altium Designer
DIANLU SHEJI YU ZHIZUO TUJIE

主 编 孙冬丽 邓 峰 祝 勋

华中科技大学出版社
http://www.hustp.com
中国·武汉

内容简介

本书主要采用图解的形式介绍印刷电路板(PCB)设计应用技术。本书的特点是将项目制作的步骤标注在图片上，在学习过程中，读者按照图片上的步骤进行操作即可完成每个任务，避免了读者读取烦琐文字的过程，也让印刷电路板的设计过程变得简单直观、通俗易懂。

全书共分为5个部分(8个项目)，内容包括 Altium Designer 14 应用、单管共射放大电路设计、倒计时光电报警器设计、单片机开发板电路设计和气压报警采集仪的制作等。所有项目均由校内教师与企业人员共同探讨完成。

本书可作为中职中专电子信息类专业的教材，也可作为社会从业人士的培训参考书。

图书在版编目(CIP)数据

Altium Designer 电路设计与制作图解/孙冬丽，邓峰，祝勋主编. —武汉：华中科技大学出版社，2021.8
ISBN 978-7-5680-7409-4

Ⅰ.①A… Ⅱ.①孙… ②邓… ③祝… Ⅲ.①印刷电路-计算机辅助设计-应用软件-教材 Ⅳ.①TN410.2

中国版本图书馆 CIP 数据核字(2021)第 163655 号

Altium Designer 电路设计与制作图解
Altium Designer Dianlu Sheji yu Zhizuo Tujie

孙冬丽 邓 峰 祝 勋 主编

策划编辑：王红梅
责任编辑：陈元玉
封面设计：秦 茹
责任监印：周治超
出版发行：华中科技大学出版社(中国·武汉) 电话：(027)81321913
武汉市东湖新技术开发区华工科技园 邮编：430223
录 排：武汉市洪山区佳年华文印部
印 刷：武汉开心印印刷有限公司
开 本：787mm×1092mm 1/16
印 张：16.75
字 数：415千字
版 次：2021年8月第1版第1次印刷
定 价：45.00元

前　　言

随着电子科技的蓬勃发展，新型元件层出不穷，电子线路变得越来越复杂，电路的设计工作已经无法单纯依靠手工来完成，电子线路计算机辅助设计已经成为必然趋势，越来越多的设计人员使用快捷、高效的 CAD 设计软件来辅助进行电路原理图、印刷电路板图的设计，打印各种报表等。

Altium Designer 是一款由 Altium 有限公司(前身为 Protel 国际有限公司)推出的一体化电子产品开发软件。该软件通过将电路原理图设计、电路仿真、印刷电路板绘制编辑、拓扑逻辑自动布线、信号完整性分析和设计输出等技术完美融合，可以让设计者的设计工作变得轻松，大大提高了工作效率。电路设计自动化(Electronic Design Automation，EDA)是指将电路设计中的各种工作交由计算机来协助完成，而 Altium Designer 在 Protel 软件功能的基础上，综合了 FPGA(Field Programmable Gate Array，现场可编程门阵列)设计和嵌入式系统软件的设计功能。

本书主要采用了图解的形式介绍印刷电路板设计应用技术。本书的特点是将项目制作的步骤标注在图片上，在学习过程中，读者按照图片上的步骤进行操作即可完成每个任务，避免了读者读取烦琐文字的过程，也让印刷电路板的设计过程变得简单直观、通俗易懂。

全书共分为 5 个部分(8 个项目)，各部分构成如下。

项目 1 为第一部分，即 Altium Designer 14 应用，主要介绍了 Altium Designer 14 基本操作界面、工程建设和文档管理等内容。

项目 2 和项目 3 为第二部分，即单管共射放大电路设计，主要介绍了原理图的绘制方法、元件符号的编辑、PCB 的制作等内容。

项目 4 和项目 5 为第三部分，即倒计时光电报警器设计，主要介绍了原理图元件的绘制方法和 PCB 封装的方法等内容。

项目 6 和项目 7 为第四部分，即单片机开发板电路设计，主要介绍了层次电路和多层板的制作过程等内容。

项目 8 为第五部分，即气压报警采集仪的制作。该项目是一个企业项目，主要介绍了企业完整成品的制作过程等内容。

本书项目 1 由任婷婷编写，项目 2、项目 3 由孙冬丽编写，项目 8 由孙冬丽、陈俊红、金雅馨和胡蝶编写，项目 4 和项目 5 由邓峰编写，项目 6 和项目 7 由祝勋编写。全书由孙冬丽负责统筹和审校工作，对应的视频资源由邓峰、孙冬丽和祝勋完成。

编者

2021 年 5 月

目 录

第一部分 Altium Designer 14 应用

第二部分 单管共射放大电路设计

第三部分 倒计时光电报警器设计

第四部分　单片机开发板电路设计

第五部分　气压报警采集仪的制作

第一部分

Altium Designer 14 应用

1

Altium Designer 14 使用基础

任务 1.1　安装 Altium Designer 14 软件

任务目标

◇ 了解电路设计软件及其发展情况；

◇ 掌握 Altium Designer 14 软件的安装方法。

任务内容

◇ 初步认识 Altium Designer 软件及其发展历程；

◇ 安装 Altium Designer 14 软件，并进行汉化、激活和卸载。

1.1.1　初识 Altium Designer 14 软件

Altium Designer 是一款优秀的电子线路 CAD 设计软件，它是由 Altium 有限公司（前身为 Protel 国际有限公司）推出的一体化电子产品开发软件，主要运行于 Windows 操作系统。这款软件通过将电路原理图设计、电路仿真、印刷电路板（PCB）绘制编辑、拓扑逻辑自动布线、信号完整性分析和设计输出等技术的完美融合，为设计者提供全新的设计解决方案，使设计者可以轻松进行设计。熟练使用这一软件，可使电路设计的质量和效率大大提高。

电子线路 CAD 的基本含义是使用计算机来完成电子线路的设计过程，包括电路原理图的编辑、电路仿真、工作环境模拟、印制电路板设计（自动布局、自动布线）与检测（包括布线、布局规则的检测和信号完整性分析）等。其中，最重要的是电路原理图的编辑和印刷电路板设计，以及进行必要的仿真、信号完整性分析。目前电子线路 CAD 软件种类繁多，常用的如 Altium 有限公司的 Altium Designer，Cadence 公司的 PSpice、OrCAD 和 Allegro，Mentor Graphics 公司的电路原理图和印刷电路板设计工具软件 PADS，NI 公司的 Multisim 和 Ultiboard 等。

其中，Altium Designer 是 Protel 的升级版。Protel 是 Protel International 公司在 20 世纪 80 年代末推出的电子线路 CAD 软件，在电子行业的 CAD 软件中，它当之无愧地排在众多软件的前面，是电子设计者的首选软件，它较早就在国内开始使用，在国内的普及率也很高，几乎所有的电子公司都要用到它。

Altium Designer 除了全面继承包括 Protel 99 SE、Protel DXP 在内的前一系列版本的功能和优点外，还增加了许多改进的和高端的功能。该平台拓宽了板级设计的传统界面，全面集成了 FPGA 设计功能和 SOPC 设计实现功能，从而允许工程设计人员将系统设计中的 FPGA设计与 PCB 设计及嵌入式设计集成在一起。由于 Altium Designer 在继承先前 Protel 软件功能的基础上，综合了 FPGA 设计和嵌入式系统软件设计的功能，所以 Altium Designer 对计算机的系统需求比先前的版本要高一些。其功能主要包括：① 原理图设计；② 印刷电路板设计；③ FPGA 的开发；④ 嵌入式开发；⑤ 3 维 PCB 设计；⑥ 封装库设计。

下面介绍 Protel 和 Altium Designer 软件的发展历程。

Altium 有限公司的前身为 Protel 国际有限公司，由 Nick Martin 于 1985 年始创于澳大利亚塔斯马尼亚州霍巴特，致力于开发基于 PC 的软件，为印刷电路板提供辅助设计。公司总部位于澳大利亚悉尼。早期的 Protel 主要作为印制板自动布线工具使用，运行在 DOS 环境下，对硬件的要求很低，在无硬盘 286 机的 1 MB 内存下就能运行，但其功能也少，只有电路原理图绘制与印制板设计功能，其印制板自动布线的布通率也低。后来的 Protel 已发展到 Protel 99，是一个庞大的 EDA 软件，完全安装需要内存 200 多兆字节，它工作在 Windows 95 环境下，是一个完整的板级全方位电子设计系统，包含电路原理图绘制、模拟电路与数字电路混合信号仿真、多层印刷电路板设计（含印刷电路板自动布线）、可编程逻辑器件设计、图表生成、电子表格生成、支持宏操作等功能，并具有 Client/Server（客户端/服务器）体系结构，同时还兼容其他设计软件的文件格式，如 OrCAD、PSpice、Excel 等，其多层印刷电路板的自动布线可实现高密度 PCB 的 100%布通率。Protel 软件的主要版本如下。

- 1991 年，Protel 国际有限公司推出 Protel for Windows。
- 1998 年，Protel 国际有限公司推出 Protel 98；它是第一个包含 5 种核心模块的 EDA 工具，这 5 种核心模块的 EDA 工具包括原理图输入、可编程逻辑器件设计(PLD)、仿真、板卡设计和自动布线。
- 1999 年，Protel 国际有限公司推出 Protel 99；性能进一步完善，从而构成从电路设计到板级分析的完整体系。
- 2000 年，Protel 国际有限公司推出 Protel 99 SE；性能又进一步提高，可对设计过程有更大的控制力。
- 2001 年，Protel 国际有限公司变更为 Altium 有限公司。
- 2002 年，Altium 有限公司推出 Protel DXP；引进设计浏览器(DXP)平台，允许对电子设计的各方面（如设计工具、文档管理、元件库等）进行无缝集成，该平台是 Altium 有限公司建立涵盖所有电子设计技术的完全集成化设计系统理念的起点。
- 2004 年，Altium 有限公司推出 Protel 2004，对 Protel DXP 功能有了进一步完善。
- 2005 年年底，Altium 有限公司推出了 Protel 系列的高端版本 Altium Designer 6.0。Altium Designer 6.0 是完全一体化电子产品开发系统的一个新版本，也是业界第一款唯一一种完整的板级设计解决方案。Altium Designer 6.0 是业界首款将设计流程、集成化 PCB 设计、可编程逻辑器件（如 FPGA）设计和基于处理器设计的嵌入式软件开发功能整合在一起的产品，一种同时进行 PCB 设计、FPGA 设计以及嵌入式设计的解决方案，具有将设计方案从概念转变为最终成品所需的全部功能。Altium Designer 6.0 除了全面继承包括 Protel 99 SE、Protel 2004 在内的先前一系列版本的功能和优点以外，还增加了许多改进和高端功能。Altium Designer 6.0 拓宽了板级设计的传统界限，全面集成了 FPGA 设计功能和 SOPC 设计实现功能，从而允许工程师将系统设计中的 FPGA 设计与 PCB 设计以及嵌入式设计集成在一起。

Altium Designer 后续的主要版本如下。

- 2006 年 5 月推出 Altium Designer 6.3。
- 2008 年 3 月推出 Altium Designer 6.9。
- 2008 年 6 月推出 Altium Designer Summer 08(7.0)，将 ECAD 和 MCAD 两种文件格式结合在一起，加入对 OrCAD 和 PowerPCB 的支持功能，从 Altium Designer 7.0 开始，软件版本号不再采用以前的编号形式。
- 2008 年 12 月推出 Altium Designer winter 09(8.0)。
- 2009 年 7 月推出 Altium Designer summer 09(9.0)。
- 2011 年 1 月推出 Altium Designer 10。
- 2012 年 3 月推出 Altium Designer 12。
- 2013 年 2 月推出 Altium Designer 13，引进了 DXP 2.0 技术，其下一代集成平台将会把 Altium Designer 软件开放给第三方开发者。
- 2013 年 10 月推出 Altium Designer 14，引进了软硬结合版设计，显著改善了其 PCB 设计软件的性能及可靠性。

目前，Altium Designer 20 版本已推出，延续了新特性和新技术的应用过程。考虑各版本软件的稳定性和易用性，本书以 Altium Designer 14.3.15 版本为例介绍电路设计与制作。

1.1.2 Altium Designer 14 的安装

Altium Designer 14 的安装包括软件安装、汉化、激活和卸载四个部分，下面分别介绍这四个部分的操作方法。

1. 安装

Altium Designer 14 的安装方法较为简单，找到 Altium Designer 14 安装包文件夹，双击 AltiumDesignerSetup14_3_15 文件开始安装，逐步单击“Next”按钮即可完成安装。具体的操作步骤如图 1-1 至图 1-9 所示。

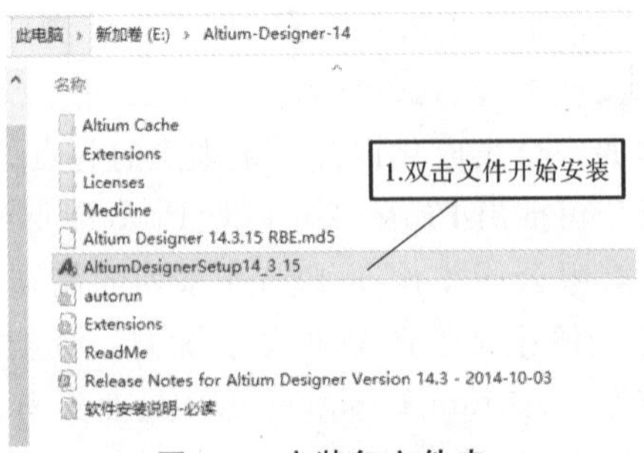

图 1-1 安装包文件夹

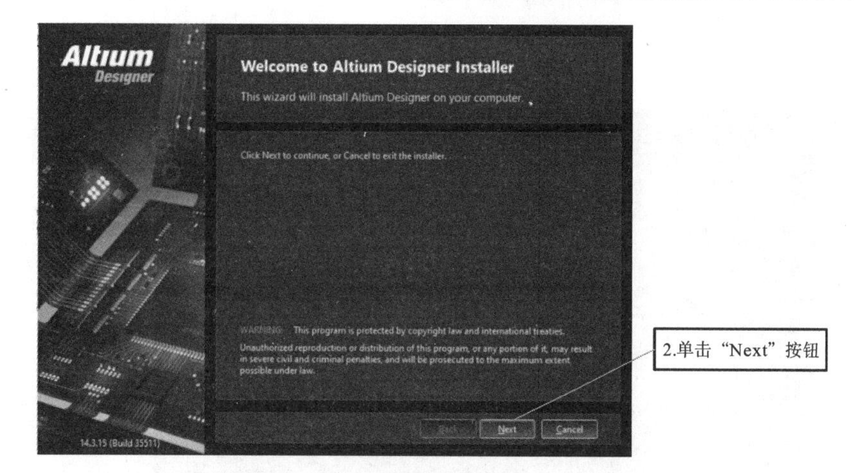

图 1-2 安装向导对话框

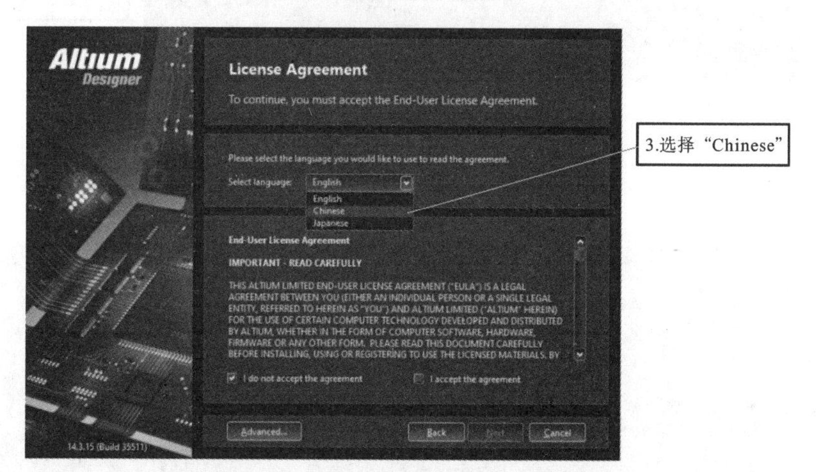

图 1-3 选择安装语言对话框

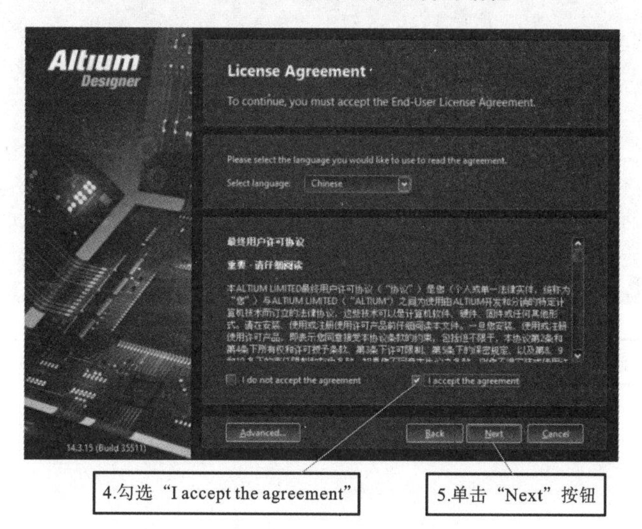

图 1-4 接受协议对话框

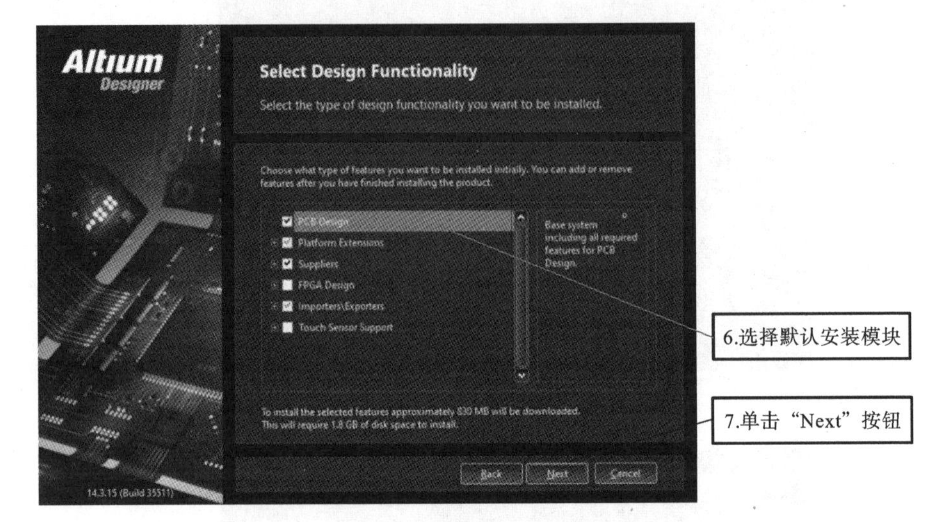

图 1-5 选择安装模块对话框

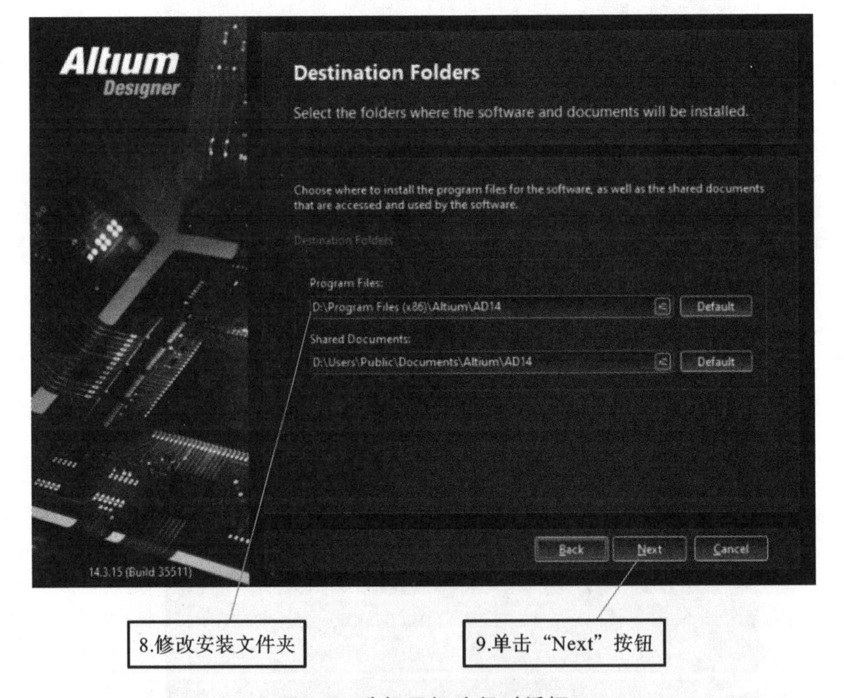

图 1-6 选择目标路径对话框

图 1-7 准备安装对话框

图 1-8 安装过程对话框

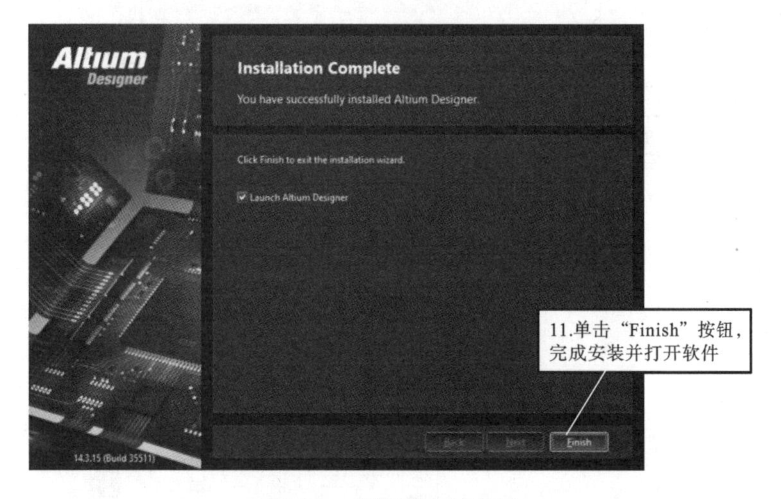

图 1-9 安装完成对话框

安装完成后，启动软件。从启动界面可以看到软件版本为14.3.15，如图1-10所示。启动成功后可看到软件界面是全英文的，同时软件提示没有许可，还不能使用，如图1-11所示。

图1-10 软件启动界面

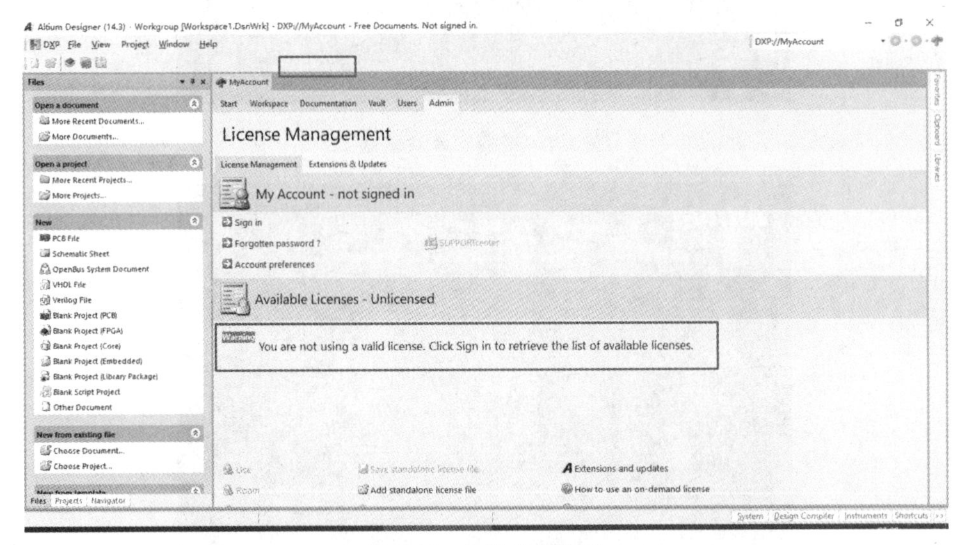

图1-11 初始软件界面

2. 汉化

接下来需要对软件进行汉化，步骤分别如图1-12、图1-13所示。

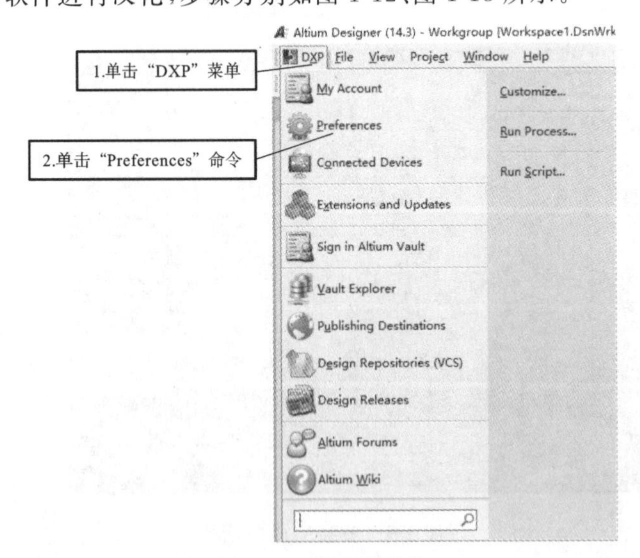

图1-12 “DXP”菜单

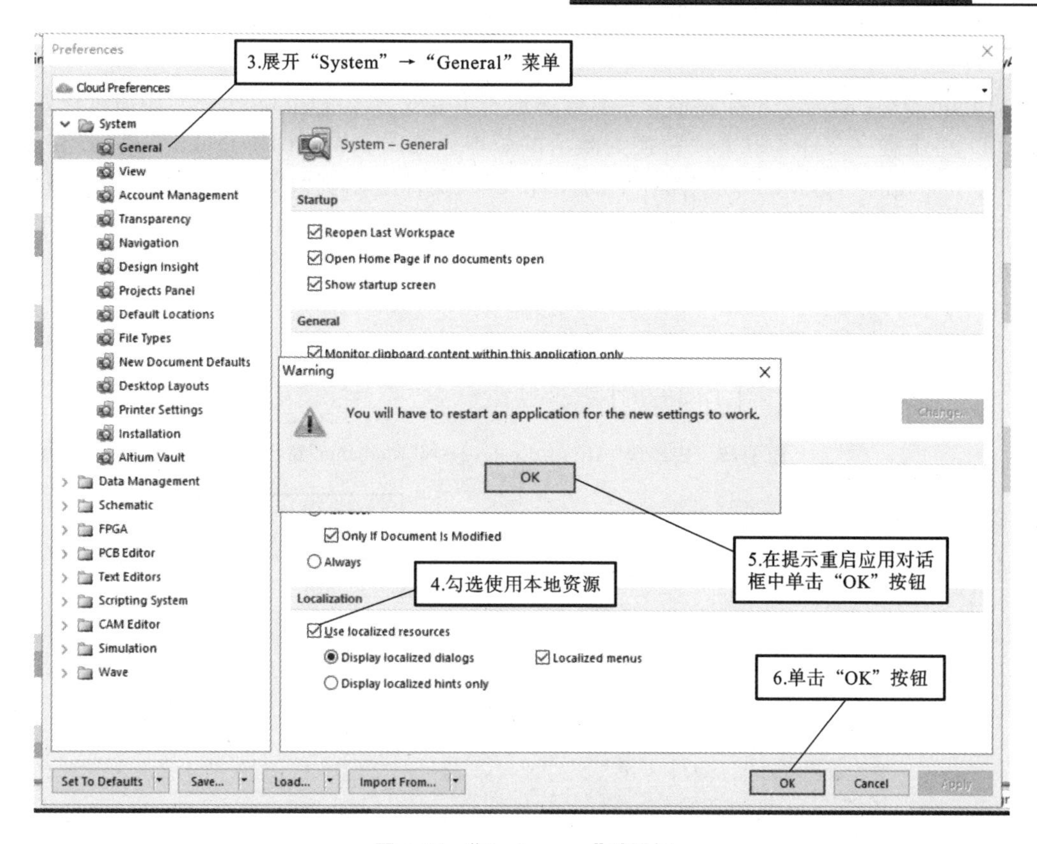

图 1-13 “Preferences”对话框

单击软件右上角的“×”关闭软件，再从“开始”菜单中双击“Altium Designer”程序重新启动软件，可以看到软件的工作界面变为中文，如图 1-14 所示。

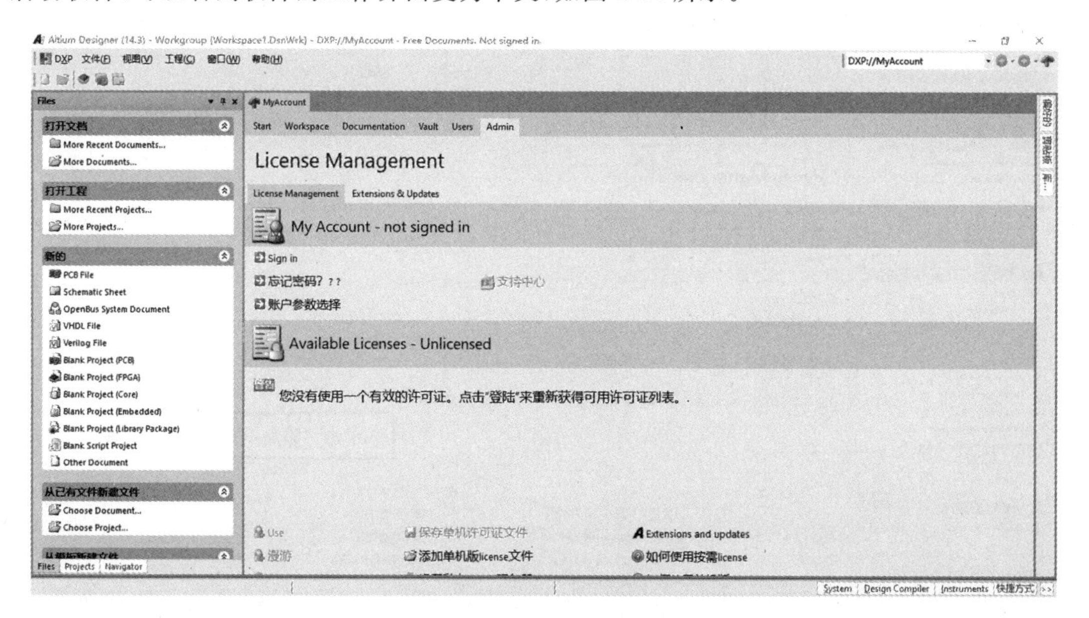

图 1-14 中文软件界面

3. 激活

Altium Designer 软件的激活需要给软件添加一个有效的许可证(Licenses),激活过程如下。

(1) 将主程序文件 dxp. exe 替换为激活的版本。关闭 Altium Designer 软件,将安装包“Altium-Designer-14\Medicine”路径下的“dxp. exe”文件复制到“D:\Program Files (x86)\Altium\AD14”软件安装路径下,替换原有的“dxp. exe”文件,分别如图 1-15、图 1-16 所示。

图 1-15 安装包“Altium-Designer-14\Medicine”路径

2.粘贴到该路径下,替换原有的dxp.exe文件

此电脑 › 新加卷 (D:) › Program Files (x86) › Altium › AD14

名称	修改日期	类型	大小
avformat.dll	2012/5/25 14:01	应用程序扩展	3,186 KB
avutil.dll	2012/5/25 14:01	应用程序扩展	199 KB
bzip2.dll	2013/12/2 11:23	应用程序扩展	70 KB
chrome.manifest	2012/8/6 4:23	MANIFEST 文件	2 KB
COPYING.LGPLv2.1	2012/5/17 0:57	1 文件	27 KB
d3dx9_30.dll	2012/5/23 4:43	应用程序扩展	2,333 KB
d3dx9_33.dll	2012/5/23 4:43	应用程序扩展	3,414 KB
d3dx9_43.dll	2014/3/21 13:37	应用程序扩展	1,952 KB
DrRw40.dll	2012/5/22 18:04	应用程序扩展	474 KB
DXP	2014/9/25 12:26	应用程序	15,086 KB
DXP.exe.manifest	2012/5/17 0:57	MANIFEST 文件	1 KB
EULA	2012/5/17 0:57	WPS PDF 文档	89 KB

图 1-16 将“dxp. exe”文件复制到“D:\Program Files (x86)\Altium\AD14”软件安装路径

(2) 从“开始”菜单中重新打开 Altium Designer 软件,默认显示“MyAccount”(我的账户)界面,单击“添加单机版 license 文件”,如图 1-17 所示。

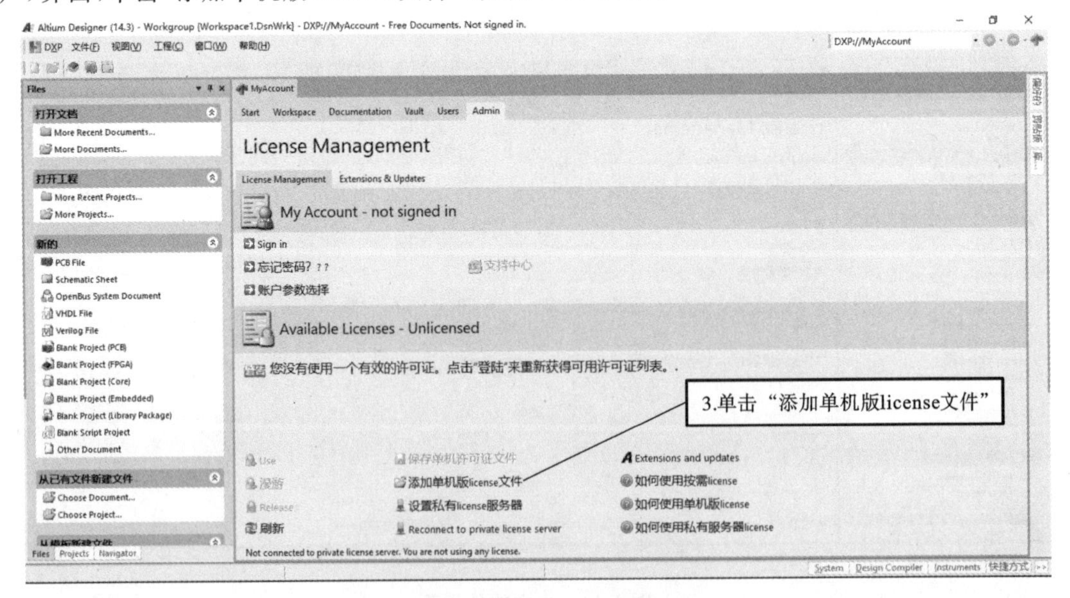

图 1-17 软件账户界面

（3）弹出许可证选择对话框，选择许可证文件（在安装包的 Altium-Designer-14\Licenses 文件夹中），具体步骤如图 1-18 所示。

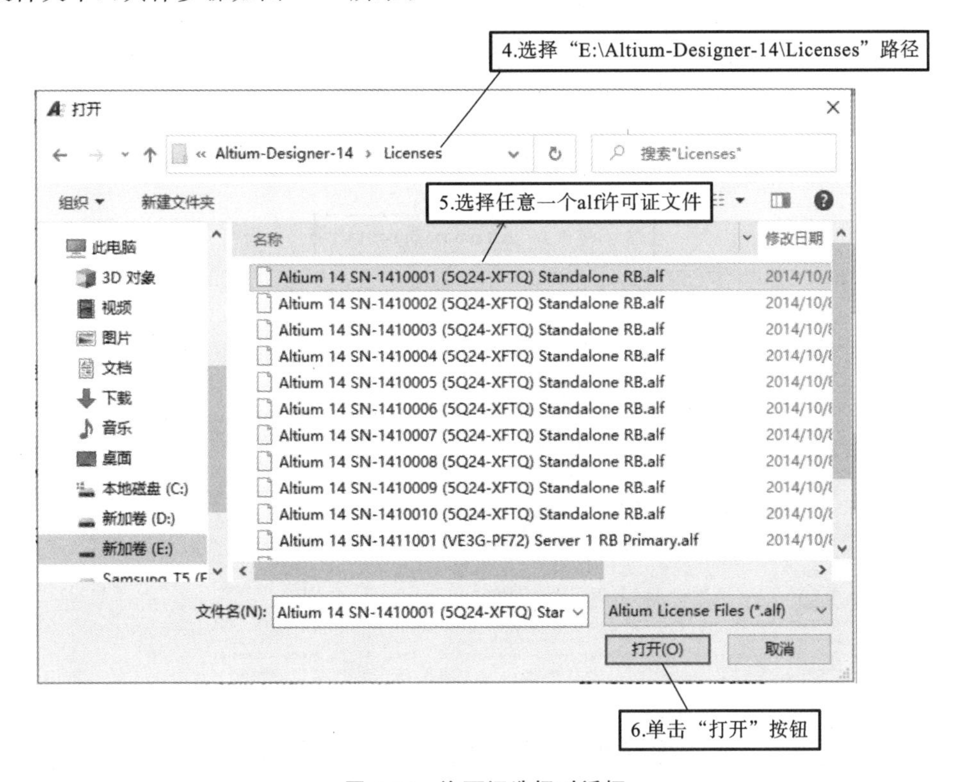

图 1-18　许可证选择对话框

（4）选择完成后，软件账户界面显示已有有效许可证，状态栏显示 OK，如图 1-19 所示。

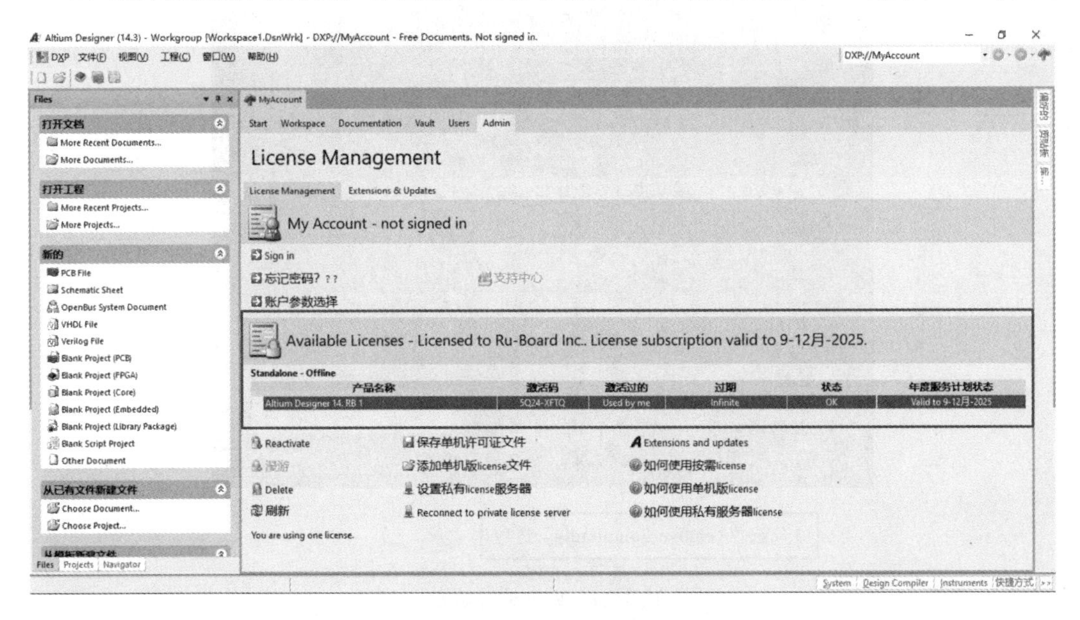

图 1-19　软件已完成激活

4. 卸载

Altium Designer 14 的卸载过程比较简单。打开 Windows 系统控制面板，进入"程序和功能"界面，右键单击"Altium Designer 14"，单击"卸载"，弹出 Altium Designer 14 卸载界面，勾选"Remove Completely"（完全移除）选项，单击"Next"（下一步）按钮，等待卸载完成，单击"Finish"按钮，完成卸载。具体步骤分别如图 1-20 至图 1-23 所示。

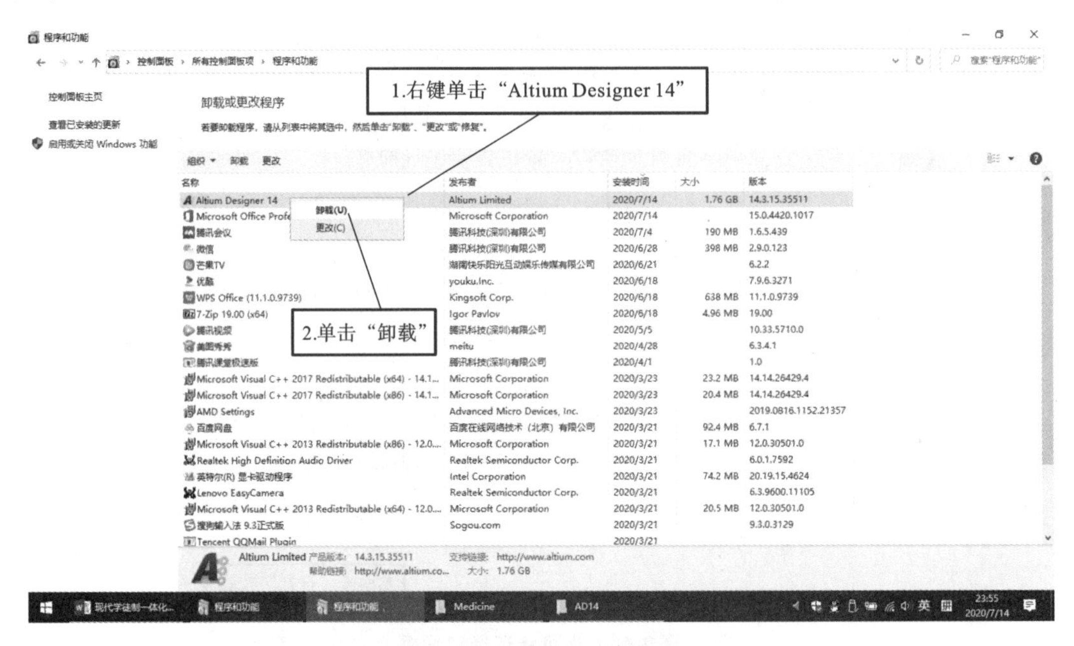

图 1-20 "程序和功能"界面

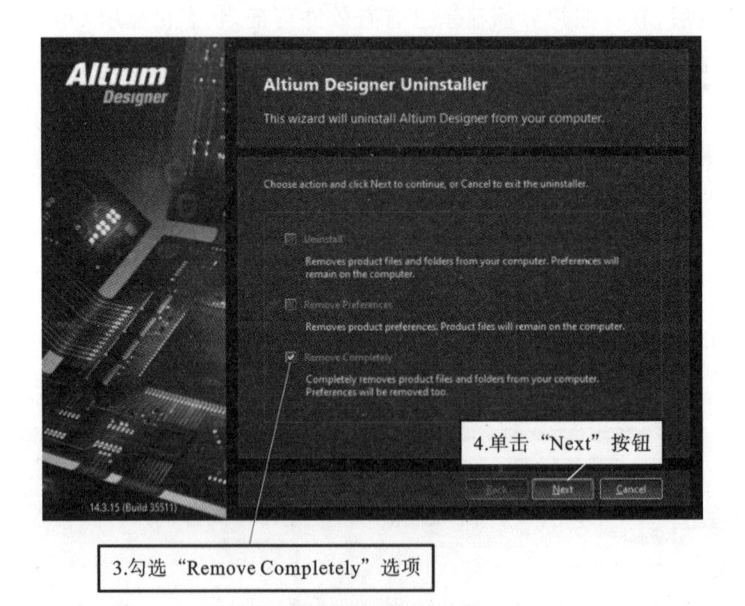

图 1-21 软件卸载界面

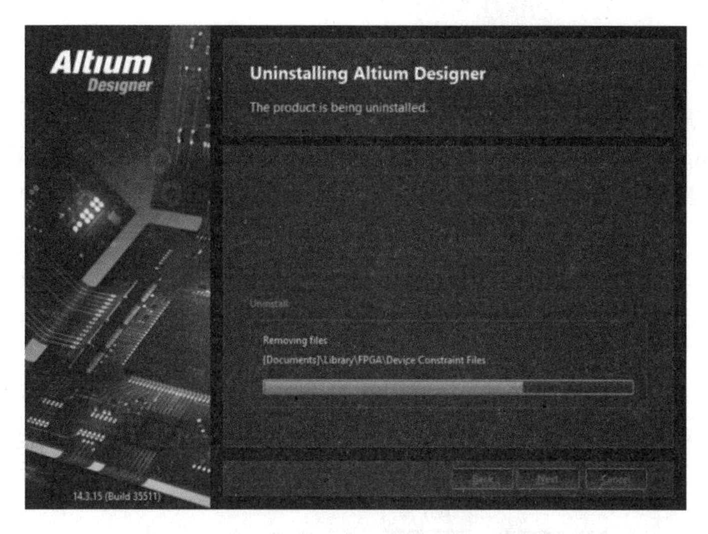

图 1-22　软件正在卸载

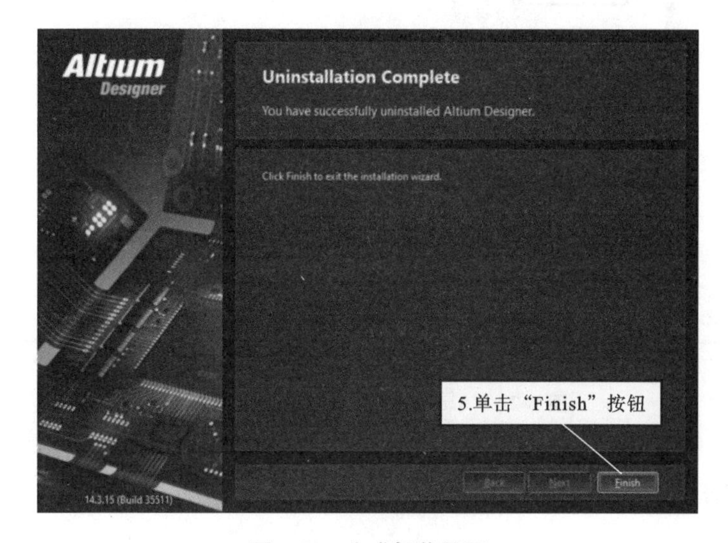

图 1-23　完成卸载界面

任务 1.2　Altium Designer 14 操作环境

任务目标

◇ 掌握 Altium Designer 14 软件的基本操作方法；

◇ 了解 Altium Designer 14 软件的常用工作面板。

任务内容

◇ 启动 Altium Designer 14 软件；

◇ 操作 Altium Designer 14 软件的系统菜单和工作面板。

1.2.1 启动 Altium Designer 14

Altium Designer 14 安装完毕后，会在“开始”菜单中自动生成 Altium Designer 14 的应用程序图标。选择开始菜单，点击“Altium Designer 14”即可启动，软件主程序窗口如图 1-24 所示。

Altium Designer 14 软件的主程序窗口由以下几部分组成：标题栏、菜单栏、工具栏、工作面板、工作区、面板标签和控制栏等。

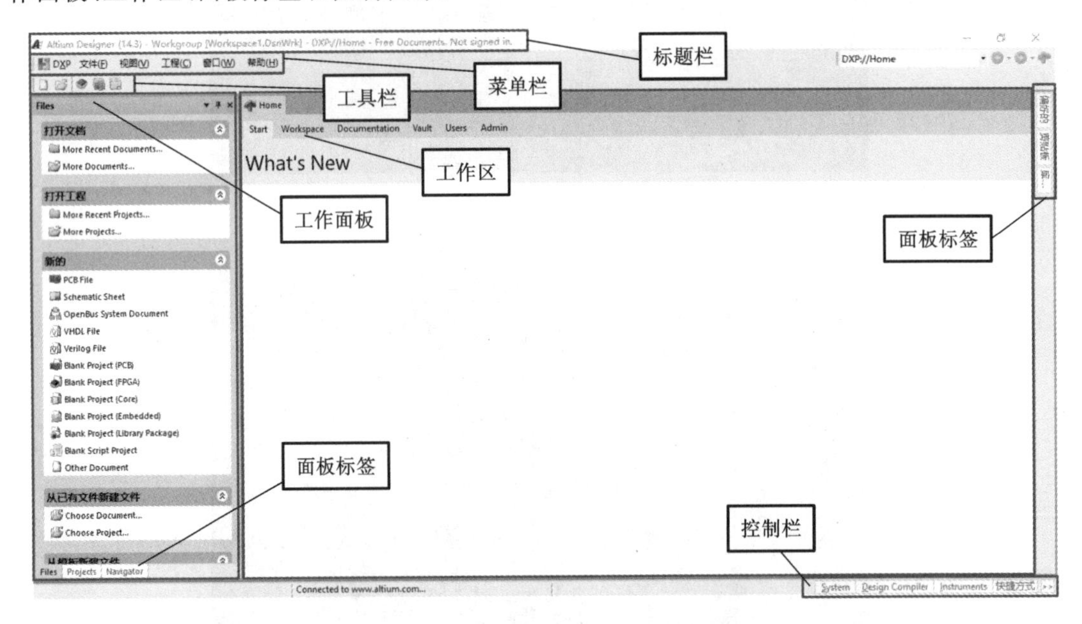

图 1-24 Altium Designer 14 主程序窗口

1.2.2 常用系统菜单及工作面板介绍

标题栏用于显示当前运行的软件版本和工作区文件名；菜单栏为系统菜单，可以完成软件的所有操作；工具栏为快捷工具，可以从菜单中设置工具栏选项；工作面板用于显示“Files”、“Projects”、“Navigator”等面板，可通过面板标签进行切换；工作区为当前打开的工程集合，以及工程中链接的原理图、PCB 文件等；控制栏可直接调出各类系统、编译、设备、快捷方式面板。下面重点介绍菜单栏、工作面板的使用。

1. 菜单栏

(1) “DXP”菜单。

“DXP”菜单中的命令如图 1-25 所示，可完成对 Altium Designer 14 软件的通用配置。

(2) “文件”菜单。

“文件”菜单中的命令如图 1-26 所示，可完成软件支持的类型文件的新建、打开、保存等操作。

图 1-25 “DXP”菜单

图 1-26 “文件”菜单

(3)“视图”菜单。

“视图”菜单中的命令如图 1-27 所示，可对主窗口的工作面板进行修改，根据自身偏好调用和隐藏各个工作面板。选择“桌面布局”下的“Default”按钮可以恢复默认窗口布局。

(4)“工程”菜单。

“工程”菜单中的命令如图 1-28 所示，可对工程文件进行 Compile(编译)、显示差异、添加现有的文件到工程、从工程中移除、添加现有工程、添加新的工程等操作。

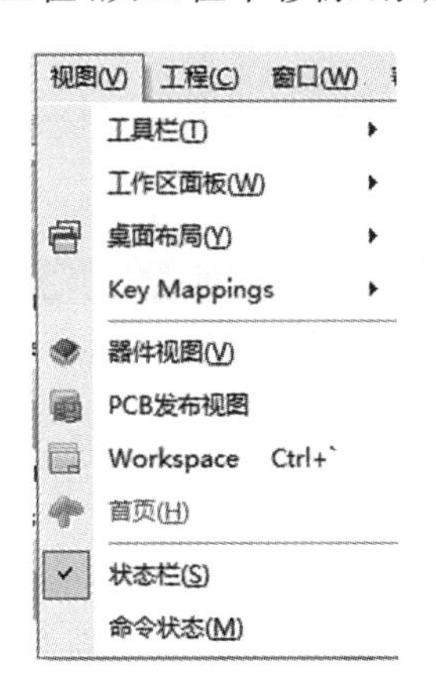

图 1-27 “视图”菜单

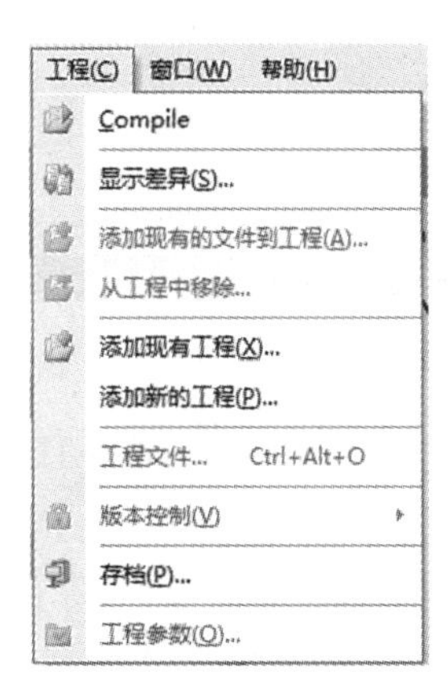

图 1-28 “工程”菜单

(5)“窗口”菜单。

“窗口”菜单中的命令如图 1-29 所示，可更改窗口的排列方式。

(6)“帮助”菜单。

“帮助”菜单中的命令如图 1-30 所示，可为 Altium Designer 14 寻求帮助。

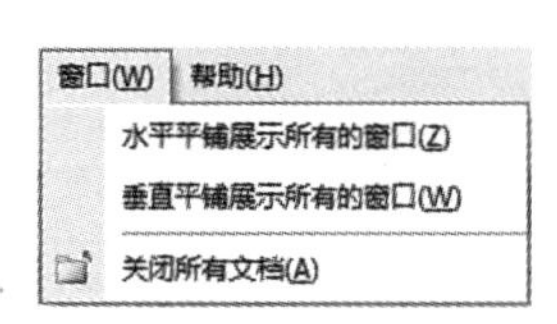

图 1-29 “窗口”菜单

图 1-30 “帮助”菜单

2. 工作面板

Altium Designer 14 有多个不同类型的工作面板，主窗口的左侧边栏显示“Files”、“Projects”、“Navigator”三个工作面板，右侧边栏显示“偏好的”、“剪贴板”、“库”三个工作面板，右下角的控制栏快捷按钮可实现“Messages”、“存储管理器”等工作面板，如图 1-31 所示。

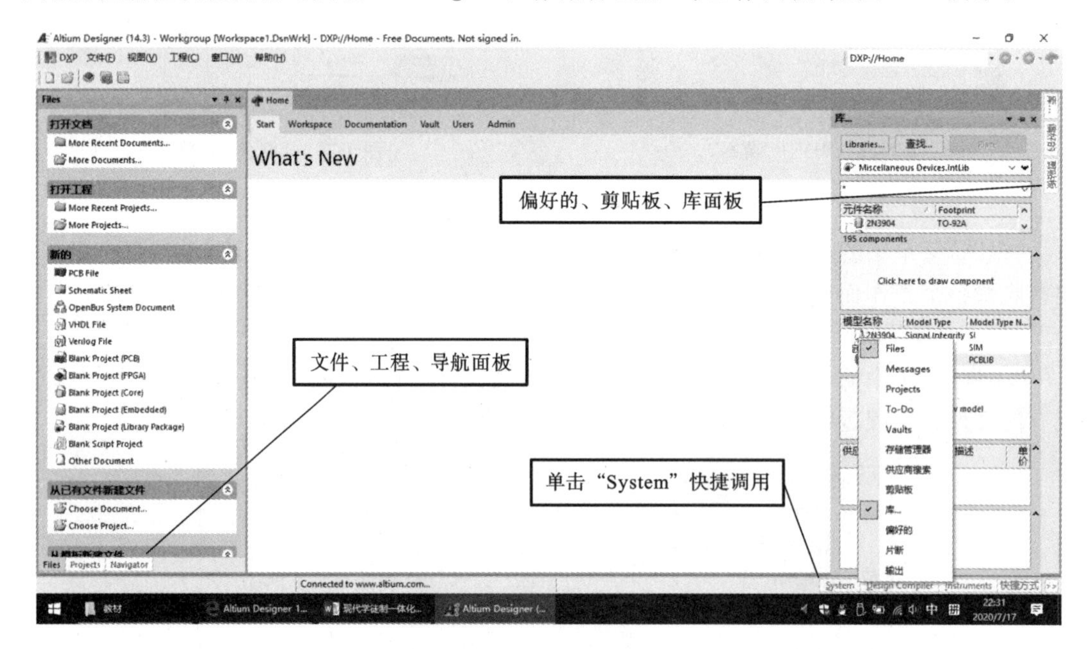

图 1-31 主窗口工作面板

Altium Designer 14 可以调整工作面板的位置以适应不同的使用习惯。

（1）修改面板的位置。

鼠标放在面板的标题栏，按住左键拖动就可以移动工作面板了。拖动面板时，工作区中间会出现四个箭头，拖动鼠标移动到箭头的地方松开，面板就会被移动到蓝色标注的区域，如图 1-32 所示。

（2）面板的关闭和打开。

一种方式是点击面板右上角的“×”关闭面板。

通过系统菜单“视图”→“工作区面板”相关的菜单可以关闭和打开相应的工作面板，如图 1-33 所示。

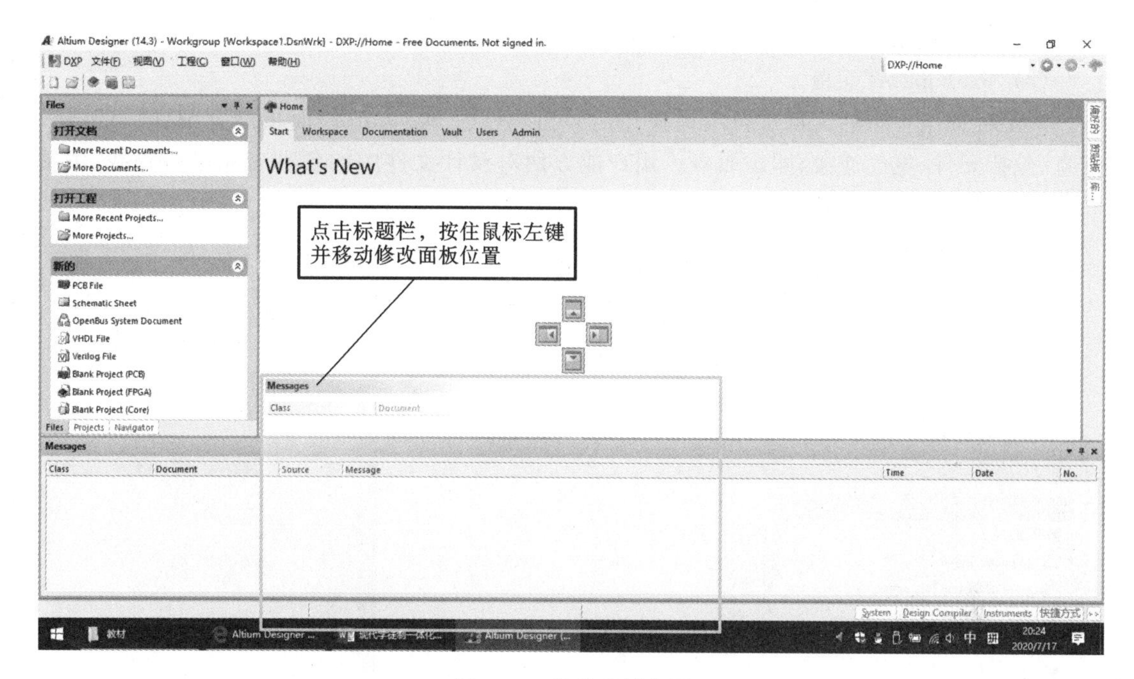

图 1-32 修改面板位置

另一种方式是通过右下角的控制栏快捷按钮。

(3) 工作面板初始化。

面板被打乱后，要恢复到初始状态，可以通过系统菜单“视图”→“桌面布局”→“Default”恢复成初始状态，如图 1-34 所示。

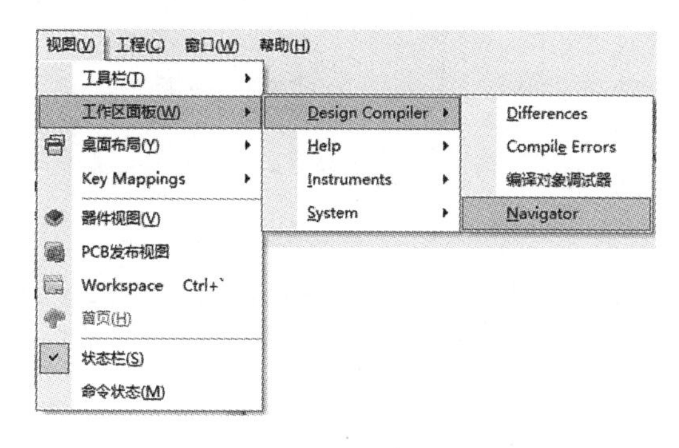

图 1-33 工作面板的打开

图 1-34 工作面板初始化

下面介绍几种常用的工作面板。

(1) “Files”面板。

在“Files”面板，可以快速地打开以前打开过的文档或工程，还可以快速地创建工程、原理图文件或 PCB 文件；通过右上角的箭头还可以展开和隐藏子面板；如图 1-35 所示。

(2) “Projects”面板。

“Projects”面板是项目管理面板，管理工作区或项目工程中的所有设计文件。打开的工程、文件都会显示在“Projects”面板。在“Projects”面板，可以关闭、保存工程，可以在工程中新建、添加、移除原理图或 PCB 文件等，如图 1-36 所示。

(3)“Navigator”面板。

对工程或工程中的文件进行编译操作后，可以使用“Navigator”面板浏览编译后的各种信息，包括元件、电气连接、网络表等。用户能方便对设计文件中的各种对象进行查找、编辑和修改等操作，如图 1-37 所示。

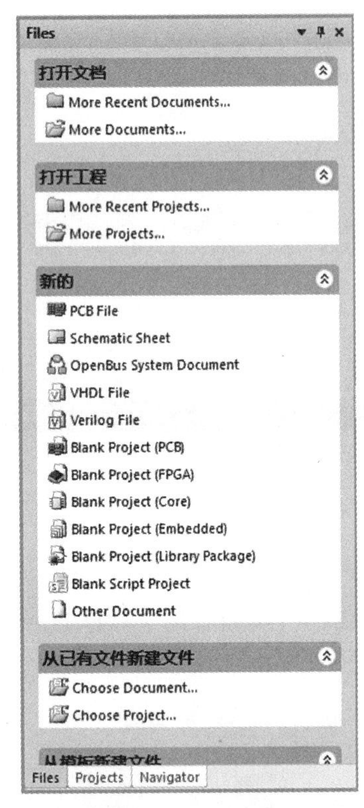

图 1-35 “Files”面板

图 1-36 “Projects”面板

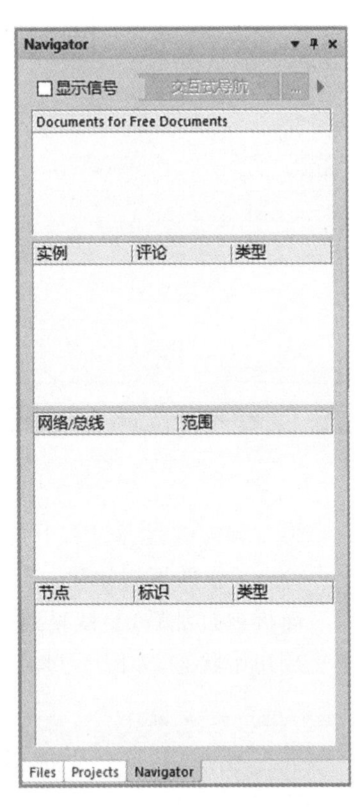

图 1-37 “Navigator”面板

(4)“存储管理器”面板。

“存储管理器”面板用于显示工程及文件的存储路径，以及显示文件打开、修改及保存的时间记录等，如图 1-38 所示。

(5)“Messages”面板。

“Messages”面板工程编译后会弹出“Messages”对话框。对话框上列出了工程项目原理图中的所有出错及编译信息，以及 PCB 做 DRC 的时候也会弹出“Messages”面板，有警告及错误信息时都会显示出来，并要及时检查原理图及 PCB 是不是有问题，及时纠错，如图 1-39 所示。

(6)“库”面板。

在原理图文件编辑环境下，可以通过“库”面板来管理集成元件库，可以通过“库”面板在原理图文件上放置元件原理图符号，还可以通过“库”面板来管理集成元件库。“库”面板在设计原理图时使用得最多，如图 1-40 所示。

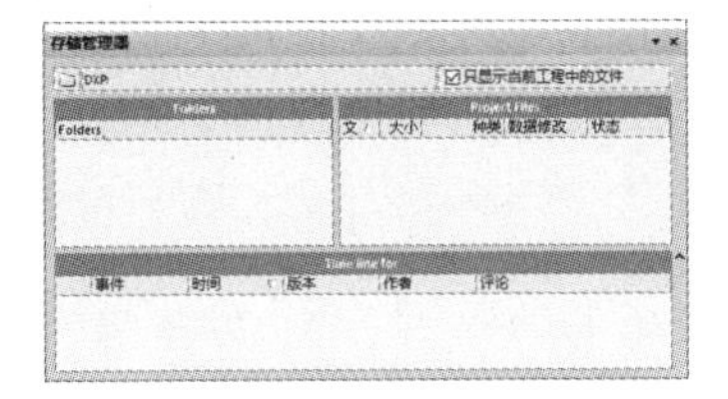

图 1-38 “存储管理器”面板

图 1-39 “Messages”面板

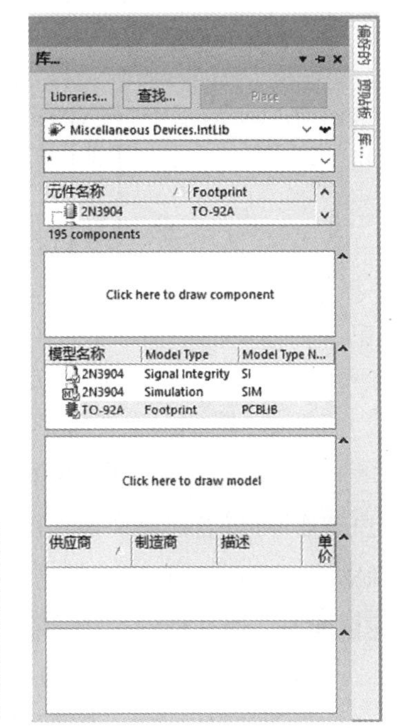

图 1-40 “库”面板

任务 1.3 Altium Designer 14 文档管理

任务目标

◇ 掌握 Altium Designer 14 的文档结构；

◇ 掌握工程的新建、打开和关闭方法。

任务内容

◇ 认识 Altium Designer 14 的文档类型；

◇ 新建、打开和关闭工程项目。

1.3.1 Altium Designer 14 的文档结构

Altium Designer 14 软件通过工程来管理文档。工程是指一组相关文档和设置的集合，它本身并不包含任何文件，工程起到的作用只是建立起源文件之间的链接关系。

在使用 Altium Designer 软件进行 PCB 设计时需要按照一定的流程操作，Altium Designer 设计 PCB 的整体流程如图 1-41 所示。

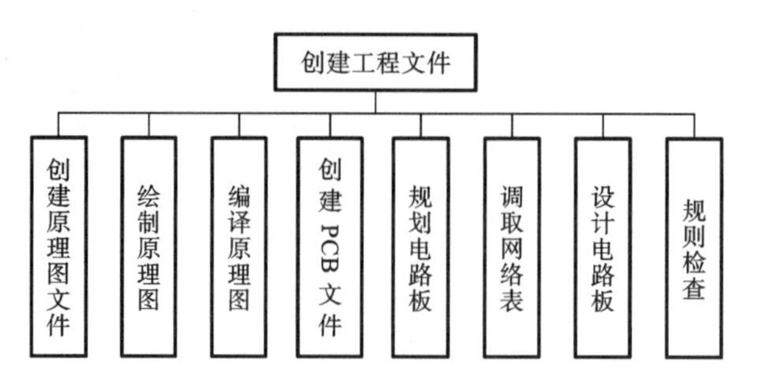

图 1-41 整体设计流程图

Altium Designer 支持的源文件类型包括原理图、PCB、VHDL 文件、C 源代码文档、C++ 源文件、C 头文档、数据库链接文件等，如图 1-42 所示。从菜单栏"文件"→"New"→"原理图"可以新建一个原理图自由文档(Free Documents)，如图 1-43 所示。自由文档可以独立于工程存储，可以方便进行编辑，可以移入或移出工程文件。未添加到工程的自由文档无法参与工程文件的编译运行。

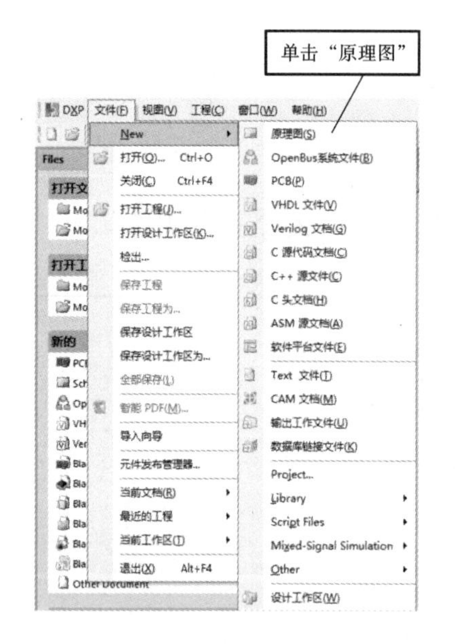

图 1-42 Altium Designer 支持的文件类型

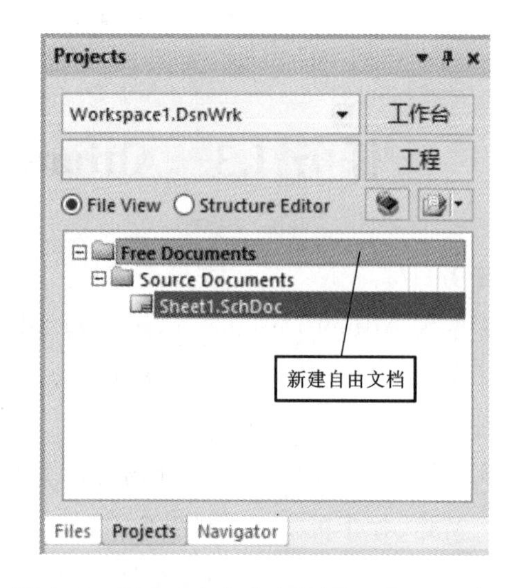

图 1-43 新建一个自由文档(Free Documents)

Altium Designer 所包含的工程分为六类，分别是 PCB Project(PCB 工程)、FPGA Project(FPGA 工程)、Core Project(核设计工程)、Embedded Project(嵌入式设计工程)、Integrated Library(集成库)和 Script Project(脚本工程)。工程文件一般以".Prj * * *"为扩展名，其中星号由建立的工程类型决定。例如 PCB 设计工程文件扩展名为".PrjPcb"。

在创建具体的 Altium Designer 相关文档之前，最好先创建工程，在工程中新建或添加原理图文件、PCB 文件等。在查看文件时，用户可以打开设计工程文件，从而打开与该设计工程相关的所有文件，以方便工程的编译运行，完成相应的电路设计功能。PCB 设计工程文件与源文件之间的链接关系如图 1-44 所示。一个工程文件中可以包含多个源文件，以实现完整的电路设计功能。图 1-45 所示的为心形流水灯工程文件，PrjPcb 工程文件展开后，包含原理图文件“心形灯. SchDoc”、PCB 文件“心形灯. PcbDoc”、PCB 库文件“封装. PcbLib”、原理图库文件“元件库. SchLib”。

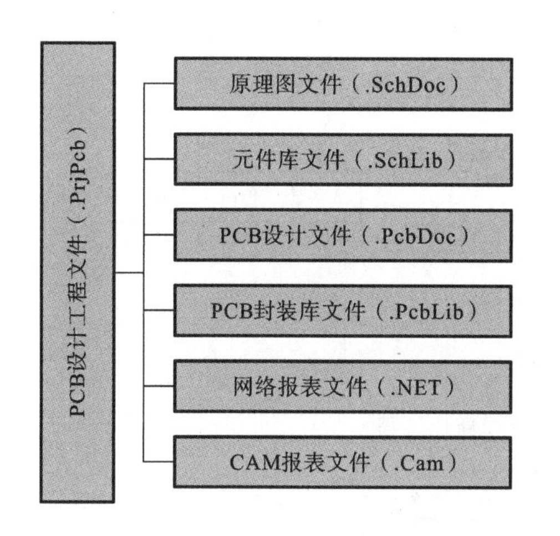

图 1-44　PCB 设计工程文件与源文件之间的链接关系

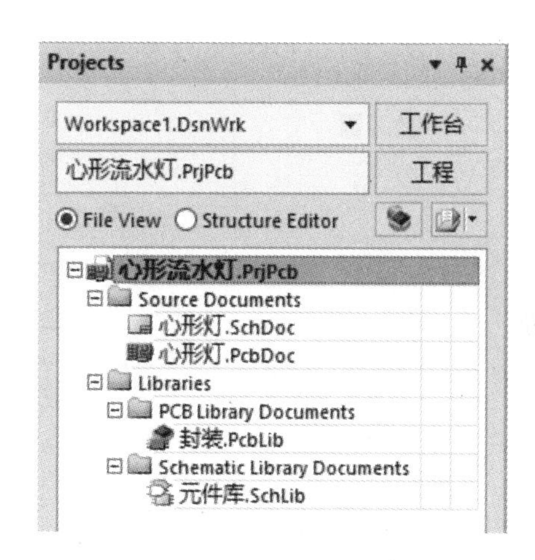

图 1-45　心形流水灯工程文件

Altium Designer 14 软件通过工作空间（Workspace）来管理多个工程，工作空间是一个或多个工程的集合。设立工作空间的目的是基于复杂任务的分解。可以将一个复杂的设计分解成很多模块，每个模块都是一个独立的个体，针对每个模块建立工程来完成所需的功能。同时，这些模块又都属于同一个复杂的设计，所以将这些独立的工程都置于一个工作空间下，这样便于任务的分解和管理。

1.3.2　工程的新建、打开与关闭

系统启动后会自动建立一个工作空间，默认文件名为 Workspace1. DsnWrk，可以直接在该默认工作空间下创建工程，也可以自己新建一个工作空间。

1. 新建一个工程

新建工程的方法有两种，一种是从菜单栏中选择“文件”→“New”→“Project”命令，在弹出的“New Project”对话框中选择新建的工程类型，具体操作步骤如图 1-46 和图 1-47 所示（以新建“PCB_Project”为例）；一种是在主窗口左侧的“Files”面板中选择“Blank Project (PCB)”新建工程，具体操作步骤如图 1-48 所示（以新建“PCB_Project”为例）。

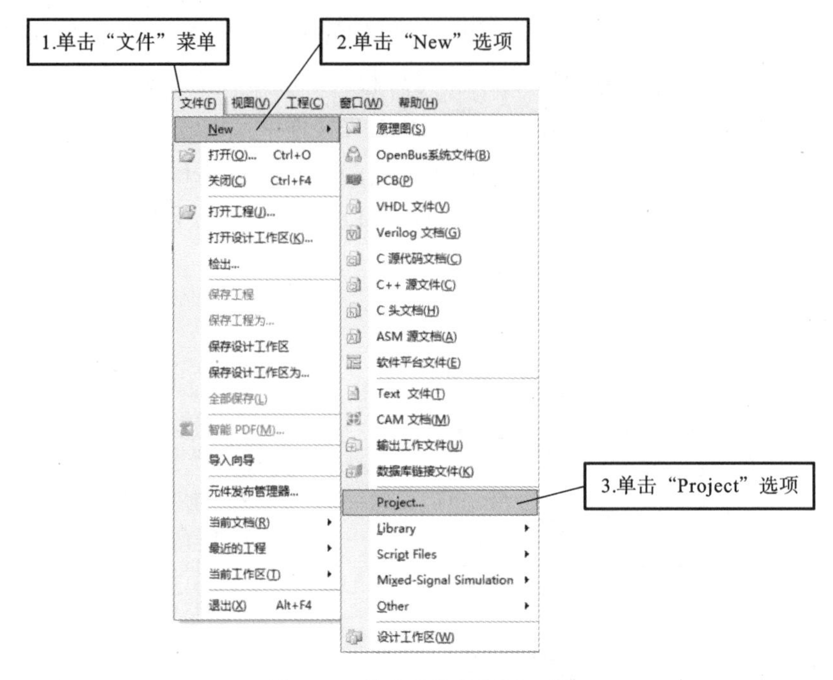

图 1-46 从文件菜单新建工程

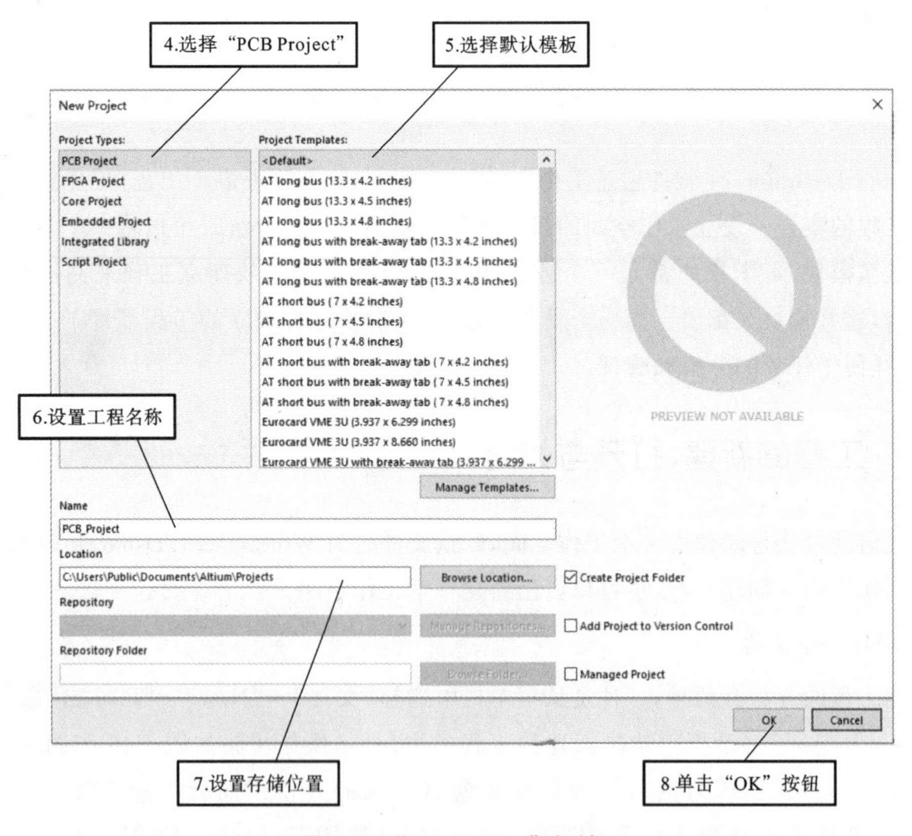

图 1-47 “New Project”对话框

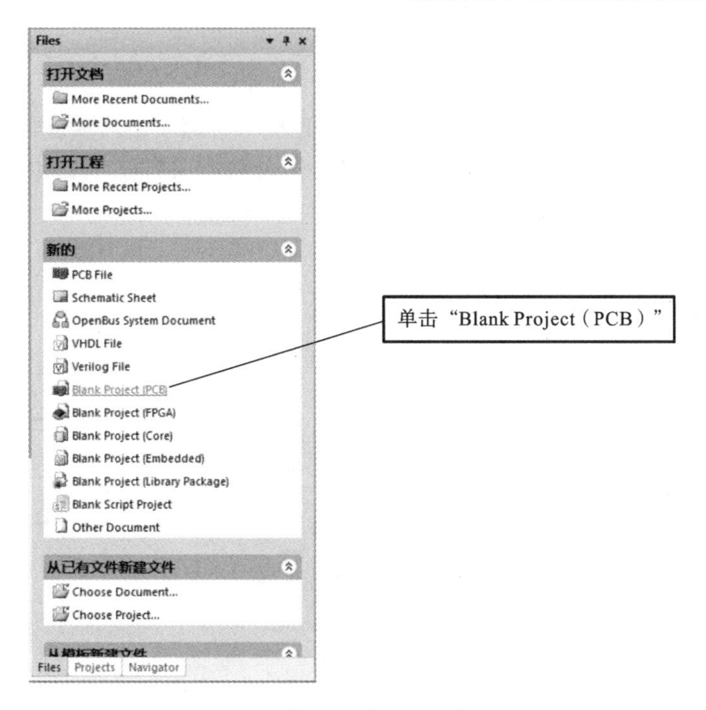

图 1-48 从“Files”面板新建工程

新建的工程在“Projects”面板中可以看到，在当前的 Workspace1（工作空间）中新建了一个“PCB_Project1. PrjPCB”，此时工程中还没有文件。右键单击“PCB_Project1. PrjPCB”，选择“给工程添加新的”，可以给工程添加新的原理图、PCB、原理图库等文件，如图 1-49 所示。

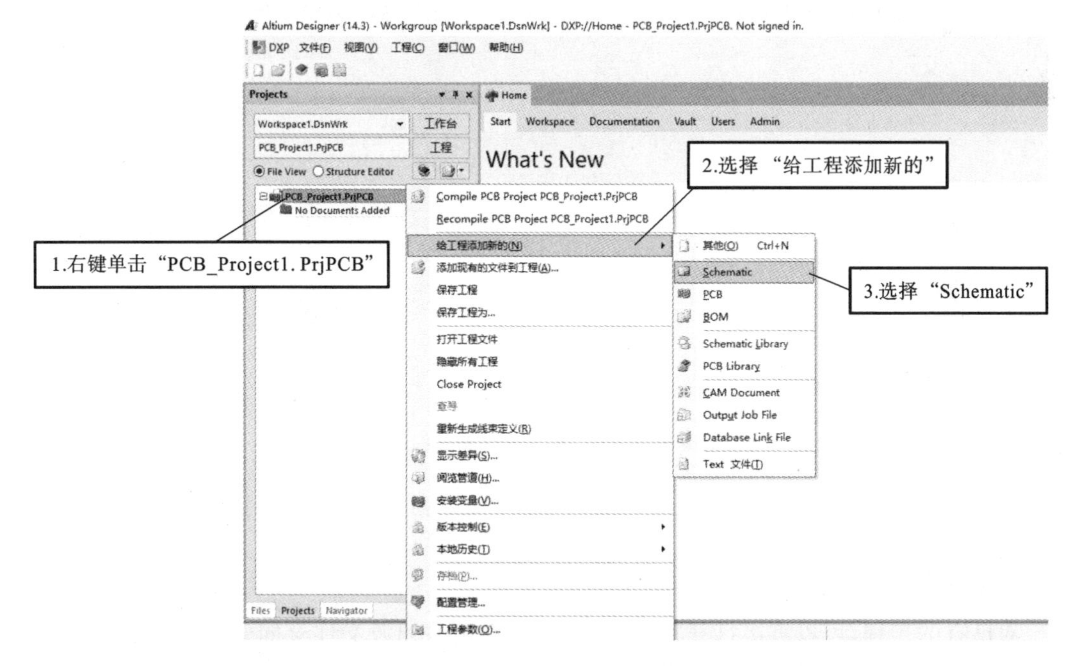

图 1-49 给新建的工程添加文件

在“Projects”面板里可以看到工程中已添加了一个原理图文件，如图 1-50 所示。也可以通过“添加现有的文件到工程”命令添加已有源文件到工程中。

如果需要删除某个文件，则可以在“Projects”面板中右键单击需要删除的文件，选择“从工程中移除”，在弹出的确认对话框中单击“Yes”，即可将此文件从项目中删除。删除后，该文件变为自由文档。操作步骤如图 1-51 至图 1-53 所示。

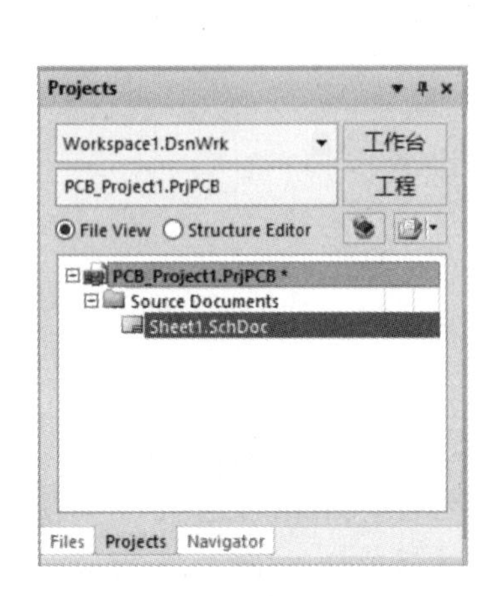

图 1-50　添加了原理图文件的工程

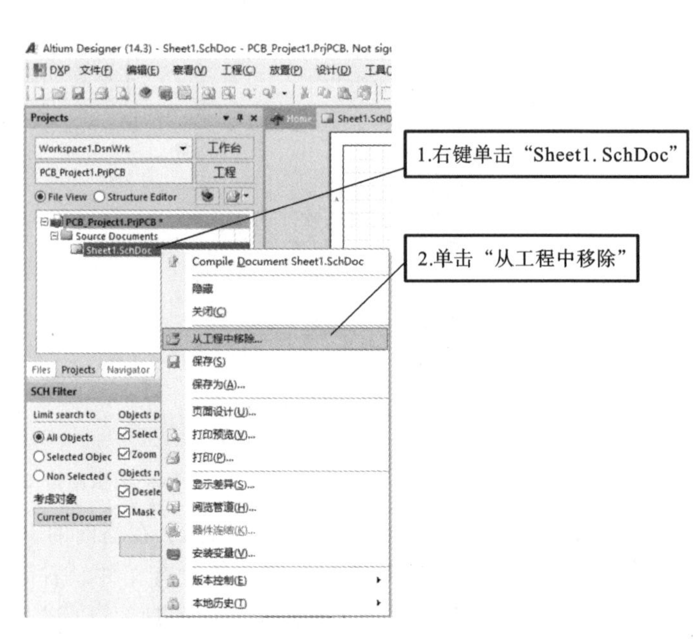

图 1-51　移除文件

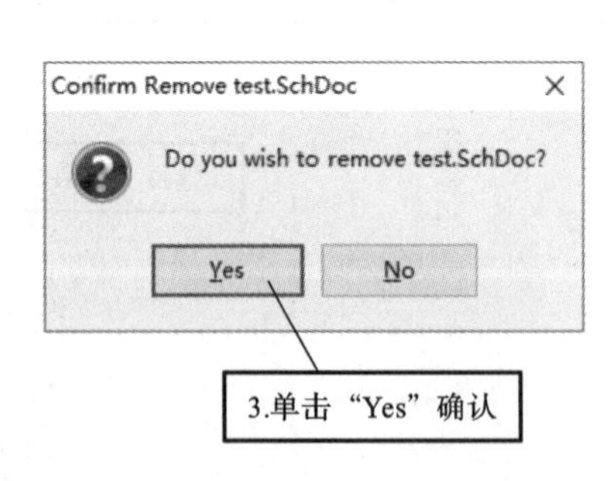

图 1-52　移除确认对话框

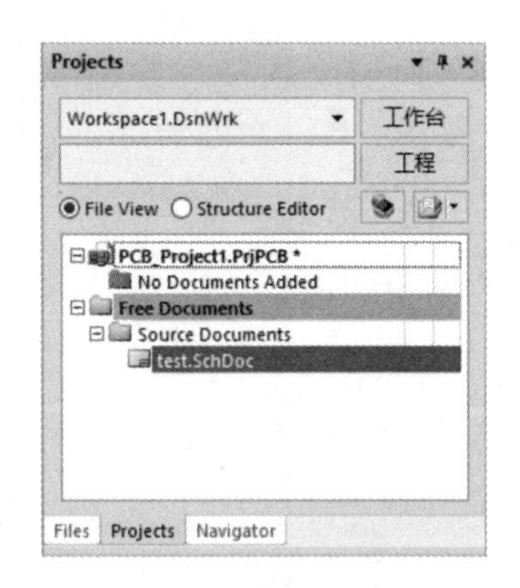

图 1-53　移除后的“Projects”面板

2. 打开已有工程

对已有的工程，可以直接打开工程文件，与工程相关的源文件会同时打开。可以从菜单栏“文件”→“打开”或者“文件”→“打开工程”打开工程文件，如图 1-54 所示。也可以在“Files”面板中使用“More Projects”命令打开已有的工程文件，如图 1-55 所示。

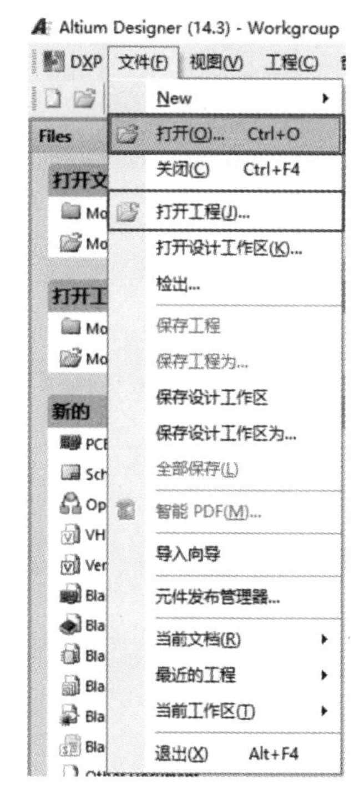

图 1-54 “打开/打开工程”菜单

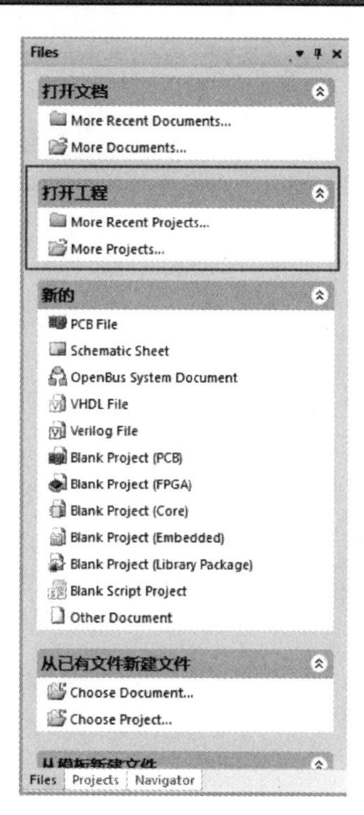

图 1-55 从“Files”面板打开工程文件

3. 关闭工程

右键单击工程文件，选择“Close Project”命令可以关闭当前工程，如图 1-56 所示。

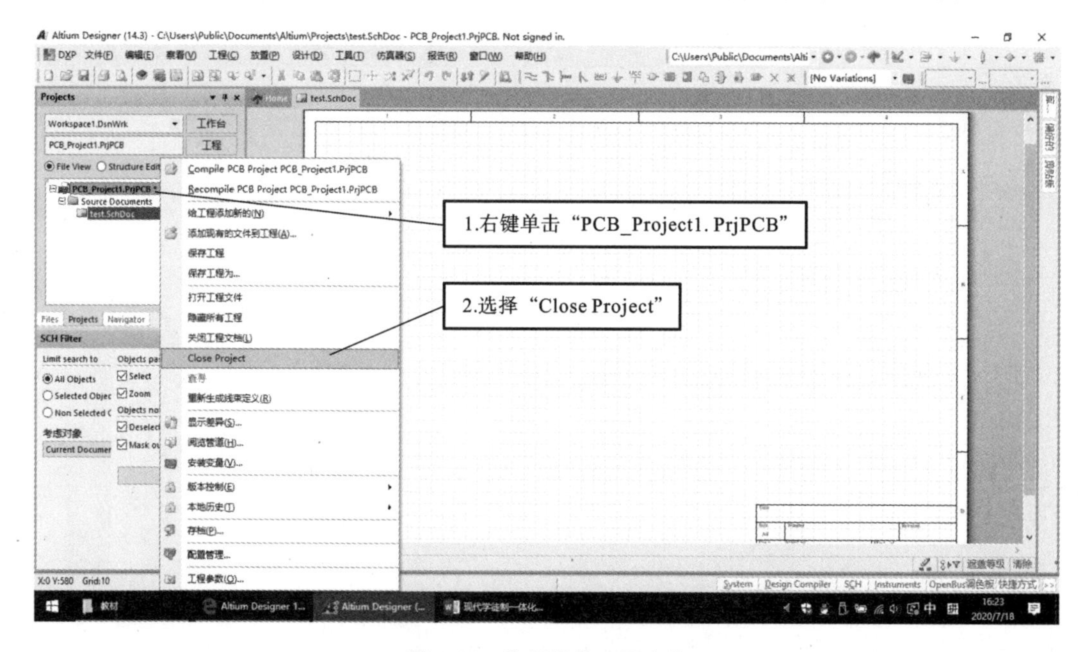

图 1-56 关闭当前工程文件

第二部分

单管共射放大电路设计

2

绘制单管共射放大电路原理图

任务 2.1　原理图基本操作

任务目标

◇ 掌握工程文件的创建方法；

◇ 掌握原理图的创建方法及环境的设置方法。

任务内容

◇ 创建“单管共射放大电路”的工程文件；

◇ 创建“单管共射放大电路”的原理图文件并设置环境。

在进行原理图绘制时，如果所绘制的原理图中的元件在 AD 软件元件库中都已经存在，那么可以直接调用，这种原理图绘制起来比较方便。简单电路原理图的绘制流程如图 2-1 所示。

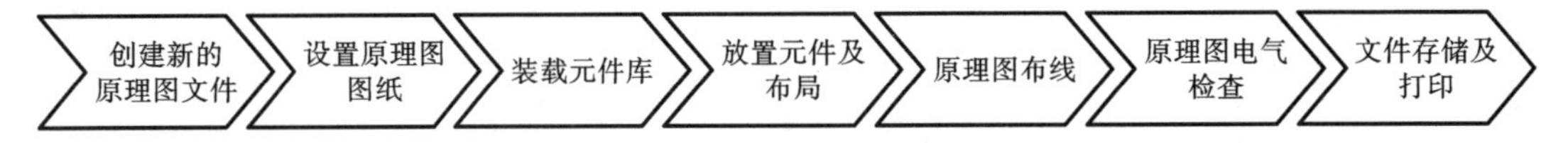

图 2-1　简单电路原理图的绘制流程

下面根据流程图进行单管共射放大电路的原理图绘制。

2.1.1　建立工程文件及原理图

Altium Designer 软件是依靠工程文件来管理文件的，在进行原理图绘制和 PCB 制作时必须先创建工程文件。Altium Designer 软件包含的工程文件分为六类，如图 2-2 所示。

下面主要讨论 PCB 工程文件。

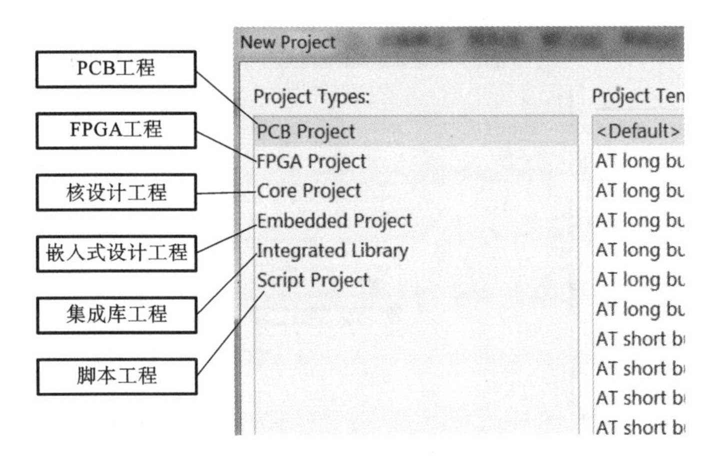

图 2-2 工程文件的分类

1. 新建项目工程文件

以“单管共射放大电路”为例，新建工程文件的过程如图 2-3 和图 2-4 所示。

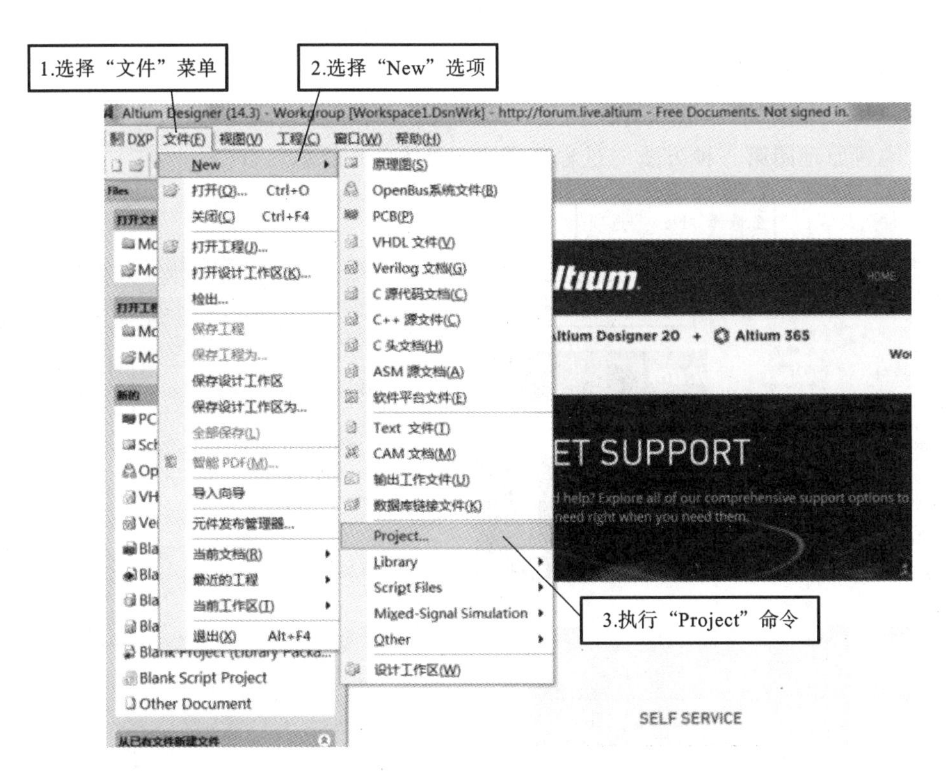

图 2-3 新建工程文件

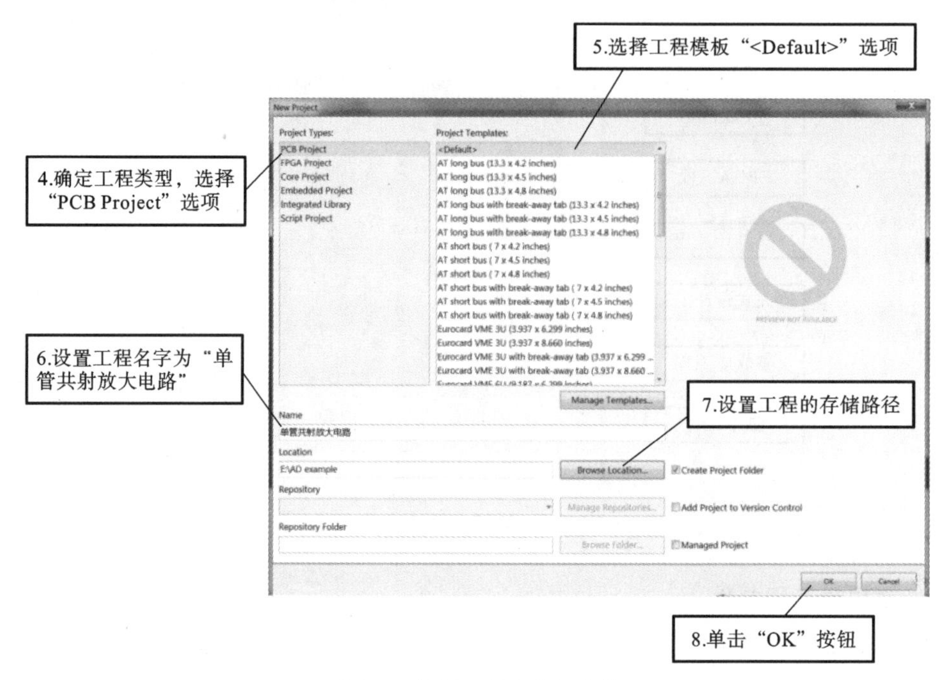

图 2-4 设置工程文件的参数

2. 构建原理图

建立工程文件后，在工程文件中构建一个原理图文件，其方法有两种。

(1) 构建原理图第一种方法的过程如图 2-5 至图 2-8 所示。

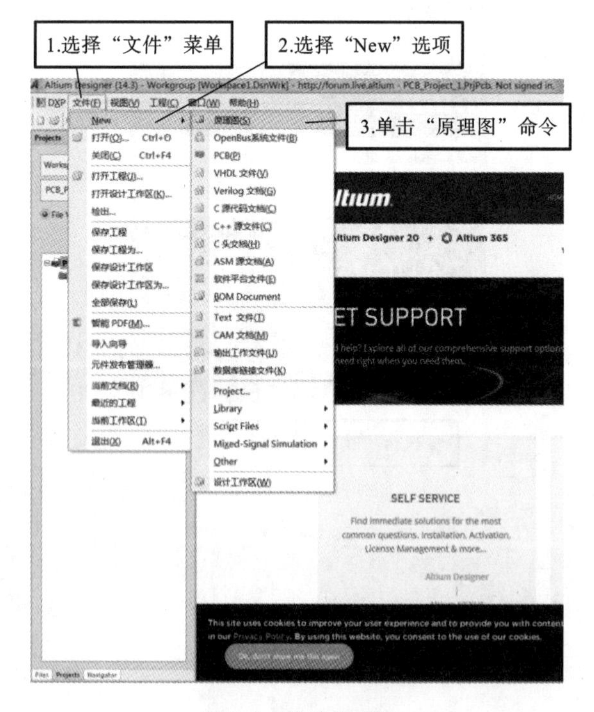

图 2-5 构建原理图

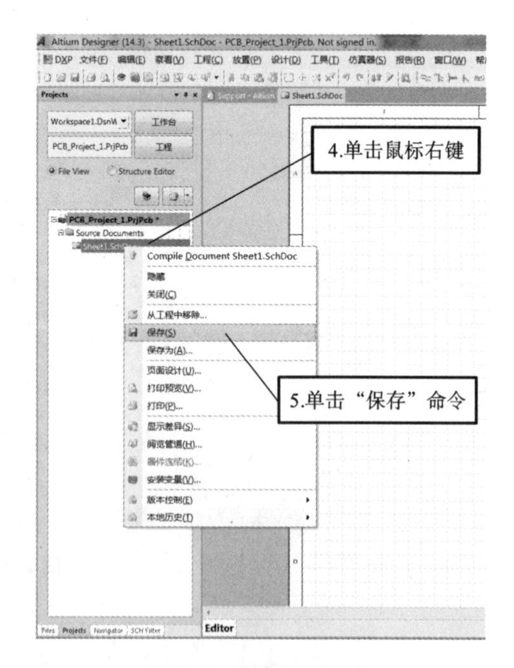

图 2-6 保存原理图名

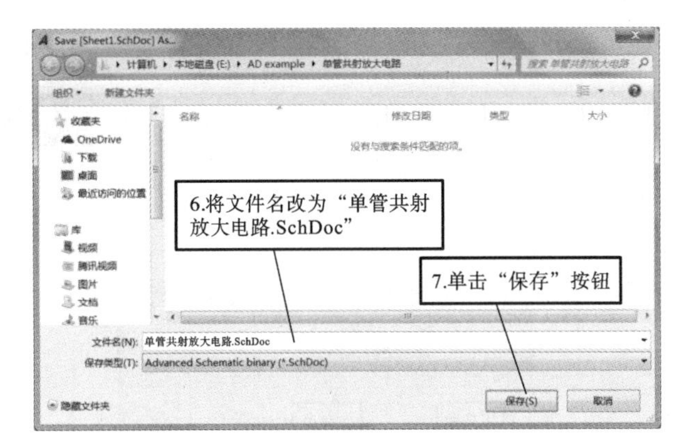

图 2-7 设置原理图名

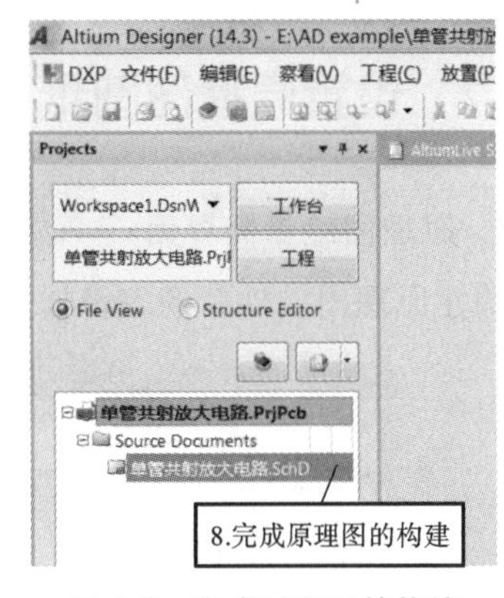

图 2-8 完成原理图的构建

(2) 构建原理图第二种方法的过程如图 2-9 所示。

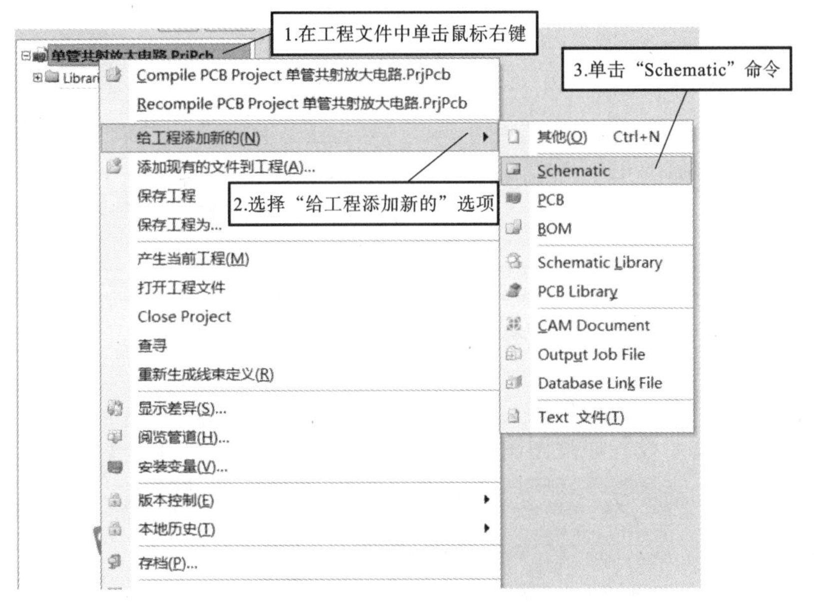

图 2-9 构建原理图的第二种方法

其他步骤与第一种方法一样，分别如图 2-6 至图 2-8 所示。

打开文件保存的路径即可找到“工程文件”和“原理图文件”。工程文件后缀为“. PrjPcb”，原理图文件后缀为“. SchDoc”，如图 2-10 所示。

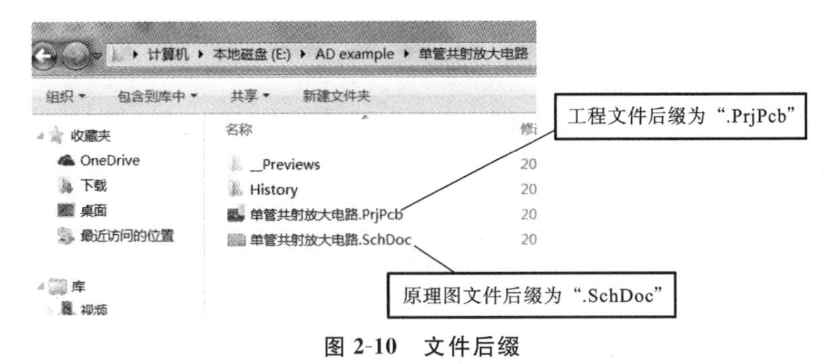

图 2-10 文件后缀

2.1.2 设置原理图图纸

1. 原理图编辑器界面

构建原理图文件后的编辑器界面如图 2-11 所示。

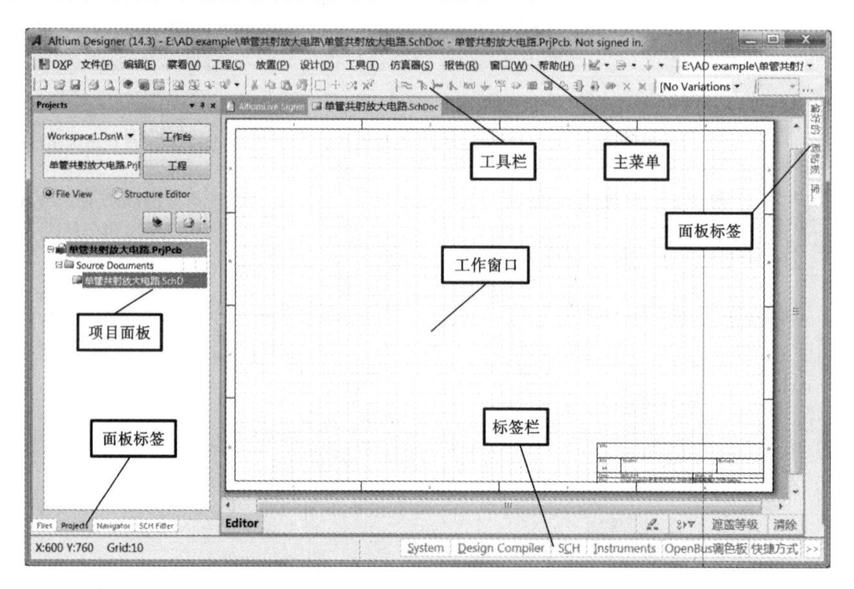

图 2-11 原理图编辑器界面

2. 设置原理图图纸工作环境

构建原理图后，需要设置原理图图纸，其过程分别如图 2-12 至图 2-14 所示。

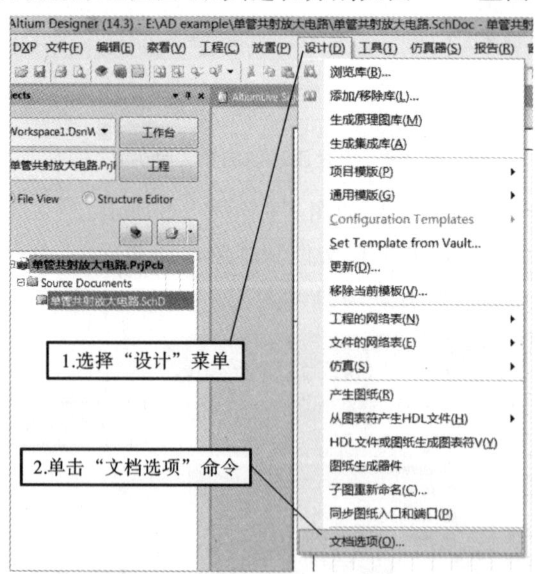

图 2-12 打开文档选项

图 2-13 设置文档选项

如果不需要标题栏，可将图 2-13 中的第 4 步“√”去掉。

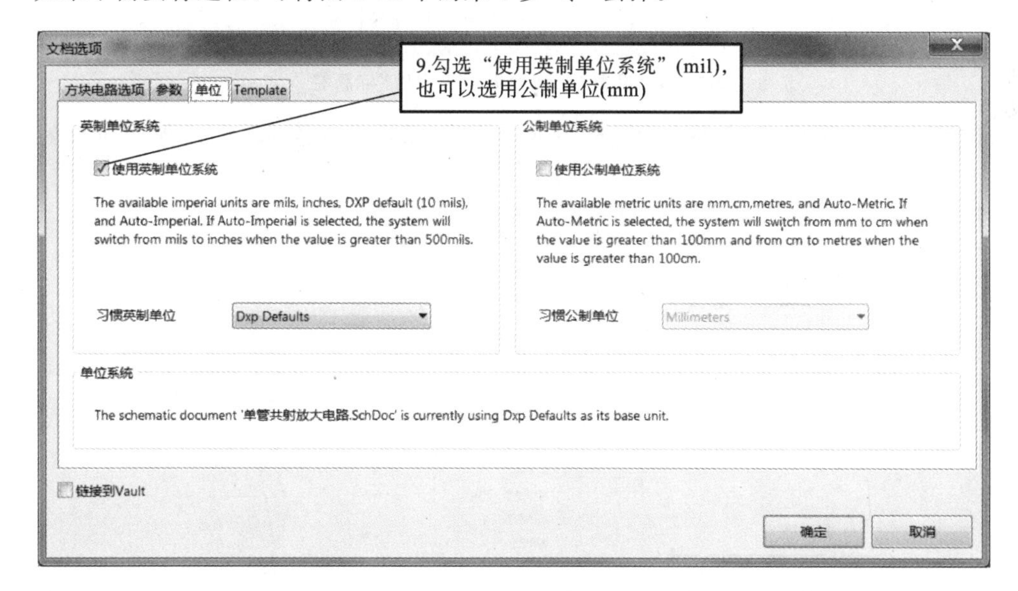

图 2-14 设置单位选项

3. 设置原理图标题栏

“单管共射放大电路”原理图标题栏如图 2-15 所示(若不显示标题栏，则以下步骤可忽略)。

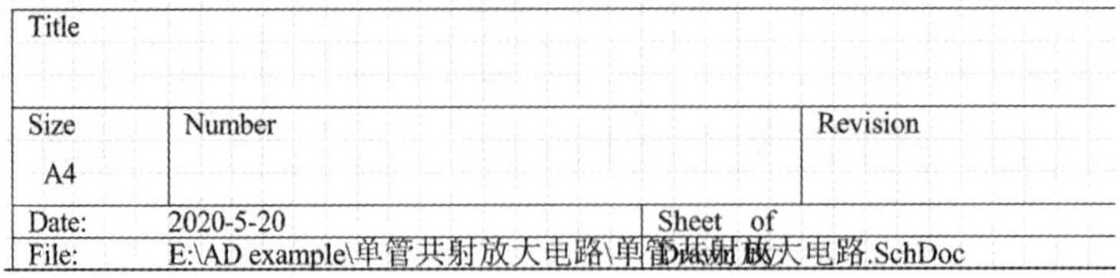

Title			
Size A4	Number		Revision
Date:	2020-5-20	Sheet of	
File:	E:\AD example\单管共射放大电路\单管共射放大电路.SchDoc	Drawn By:	

图 2-15 “单管共射放大电路”原理图标题栏

现将“单管共射放大电路”原理图标题栏进行设置，其设置过程如图 2-16 所示。

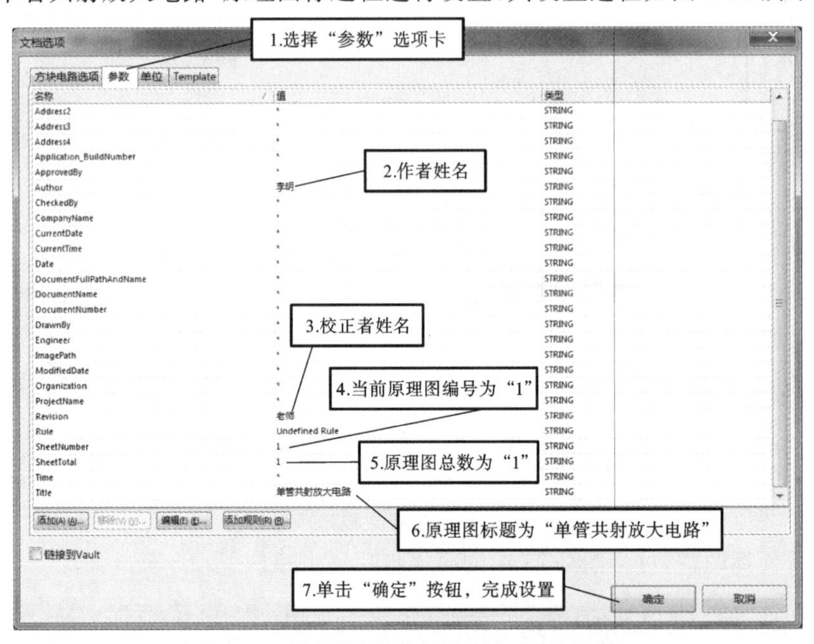

图 2-16 设置“单管共射放大电路”标题栏

选择好标题栏项目后，需要在标题栏中进行显示，标题栏内容显示的过程分别如图 2-17 至图 2-20 所示。

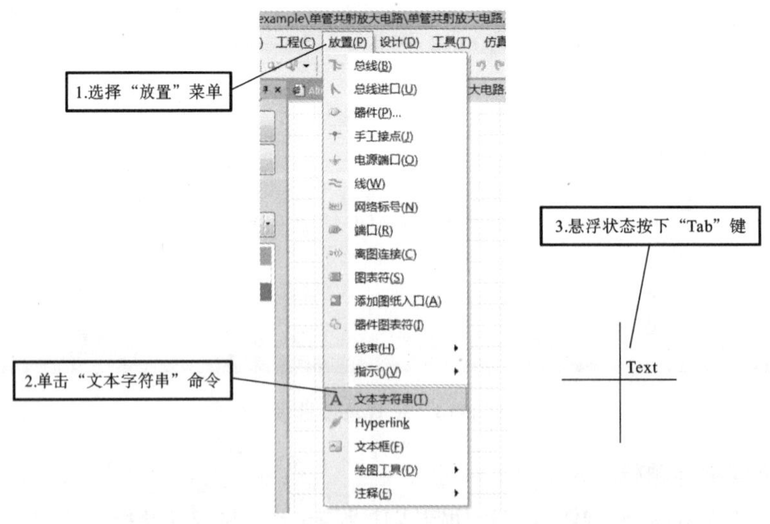

图 2-17 调用文本字符串

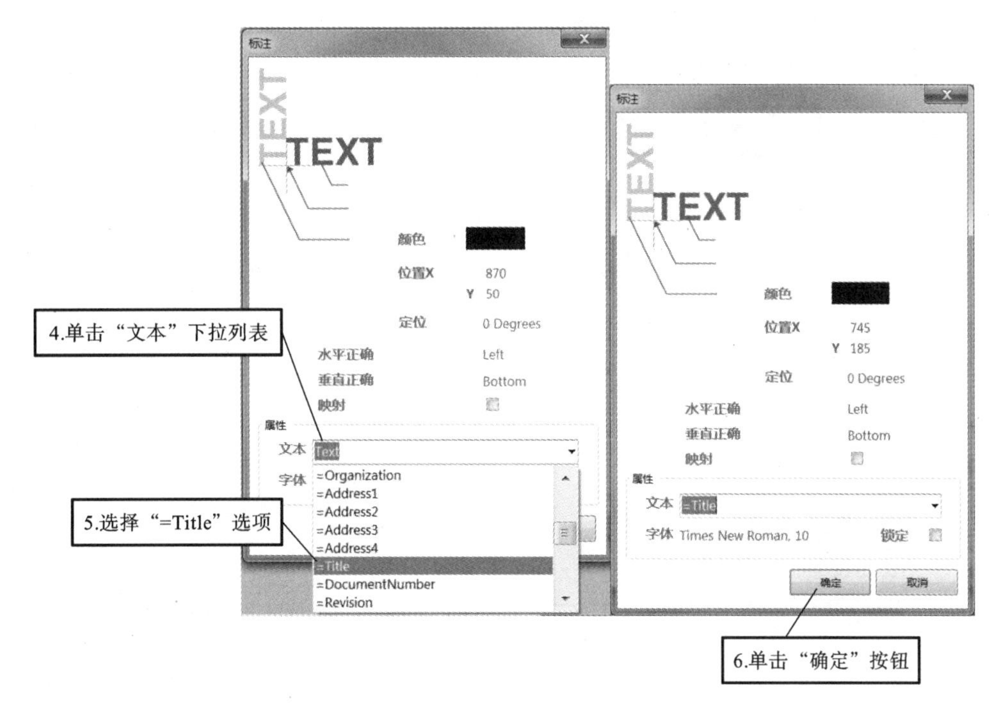

图 2-18 选择文本字符串

7.单击鼠标左键，将文本放置在“Title”位置

Title 单管共射放大电路		
Size A4	Number	Revision
Date: 2020-5-20		Sheet of
File: E:\AD example\单管共射放大电路\单管共射放大电路.SchDoc		Drawn By:

图 2-19 添加标题栏内容

再按“Tab”键可以设置标题栏的其他文本字符串，按“Esc”键退出，最终完成的效果如图2-20所示。

Title 单管共射放大电路		
Size A4	Number 1	Revision 老师
Date: 2020-5-20		Sheet of 1
File: E:\AD example\单管共射放大电路\单管共射放大电路.SchDoc		Drawn By: 李明

图 2-20 单管共射放大电路标题栏的最终效果

4. 原理图工作区域管理

要对原理图文件画面的大小进行调整，可以通过放大屏幕的操作来改变画面显示比例。

（1）画面的缩放。

画面的缩放可以通过菜单栏里的命令实现，如图 2-21 所示。

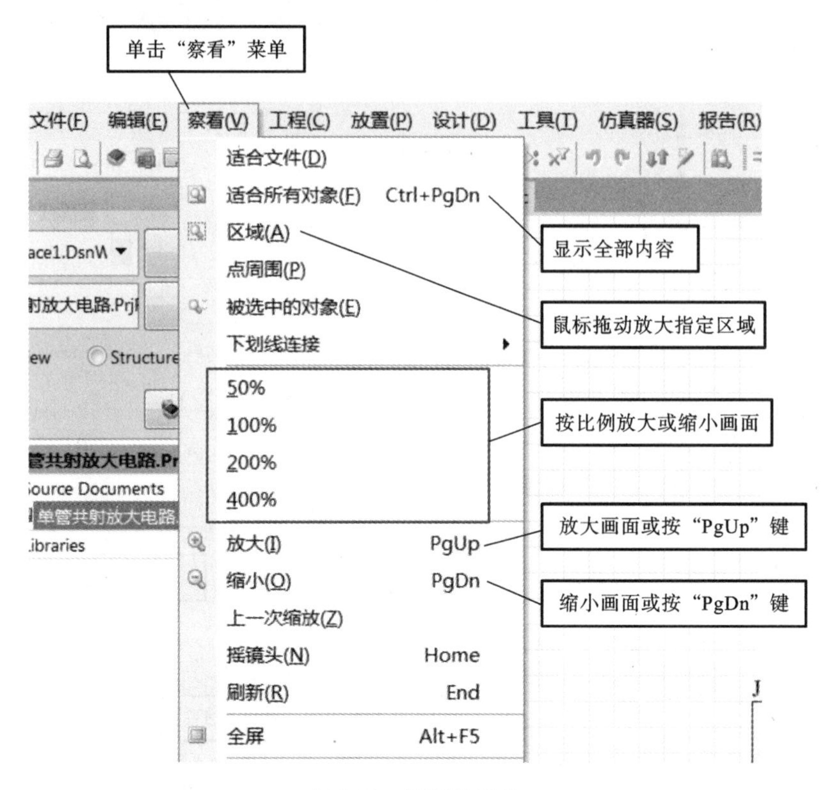

图 2-21 画面的缩放

注意：“Ctrl+鼠标滑轮”可以快速修改画面的大小，“Ctrl+鼠标右键”也可以修改画面的大小。

（2）画面的移动。

画面的移动可通过拖曳滚动条实现，如图 2-22 所示。

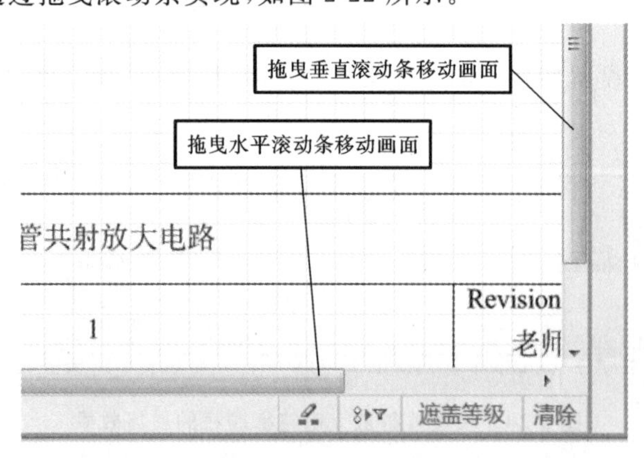

图 2-22 拖曳滚动条

注意：画面的移动也可按住鼠标右键，鼠标指针变成手形后拖曳即可。

任务 2.2 绘制“单管共射放大电路”原理图

任务目标

◇ 掌握元件的查找方法和放置方法；

◇ 掌握元件的连线方法。

任务内容

◇ 放置“单管共射放大电路”元件，并完成元件的设置；

◇ 按照“单管共射放大电路”原理图进行连线。

绘制如图 2-23 所示的“单管共射放大电路”原理图，其元件参数如表 2-1 所示。

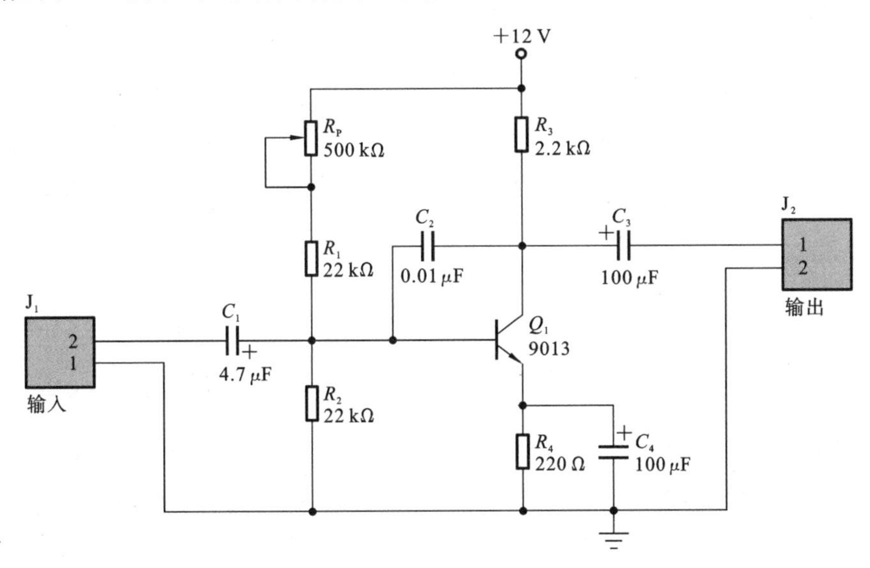

图 2-23 “单管共射放大电路”原理图

表 2-1 “单管共射放大电路”原理图元件参数

元件编号	名称	封装	数量	元件库
R_1、R_2、R_3、R_4	Res2	AXIAL-0.4	4	Miscellaneous Devices. IntLib
C_2	Cap2	RAD-0.3	1	Miscellaneous Devices. IntLib
C_1、C_3、C_4	Cap Pol 2	RB7.6-15	3	Miscellaneous Devices. IntLib
Q_1	NPN	TO-226-AA	1	Miscellaneous Connectors. IntLib
J_1、J_2	Header2	HDR1X2	2	Miscellaneous Connectors. IntLib
R_P	RPot	VR5	1	Miscellaneous Devices. IntLib

2.2.1 加载元件库

Altium Designer 14 中的元件都以库的形式存放在库文件中，常用元件库为 Miscellaneous Devices. IntLib(杂项元件库)；常用连接插件库为 Miscellaneous Connectors. IntLib(杂项连接元件库)。

1. 打开“库”面板

“库”面板用于加载元件库，在原理图文件中，单击屏幕右下角的“System”标签即可打开“库”面板，打开过程如图 2-24 所示。“库”面板分为 6 个区域，如图 2-25 所示。

图 2-24 打开“库”面板

图 2-25 “库”面板的 6 个区域

2. 加载元件库

元件库存放在安装路径下，若要在“单管共射放大电路”原理图中使用某个元件库中的符号，首先要加载元件库，这个操作称为加载元件库，加载元件库的过程如图 2-26 至图 2-29 所示。

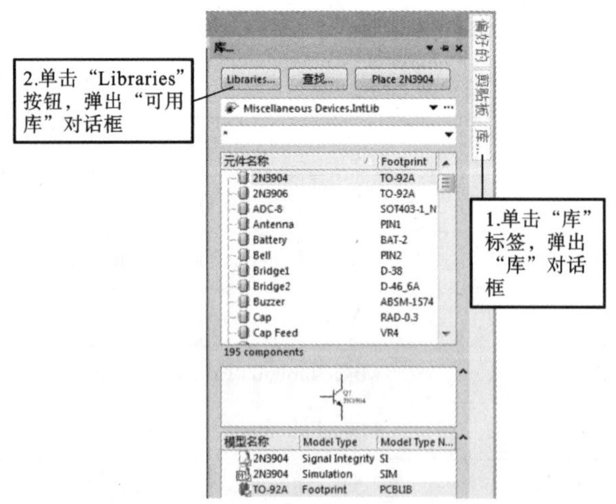

图 2-26 “库”标签

图 2-27 “可用库”对话框

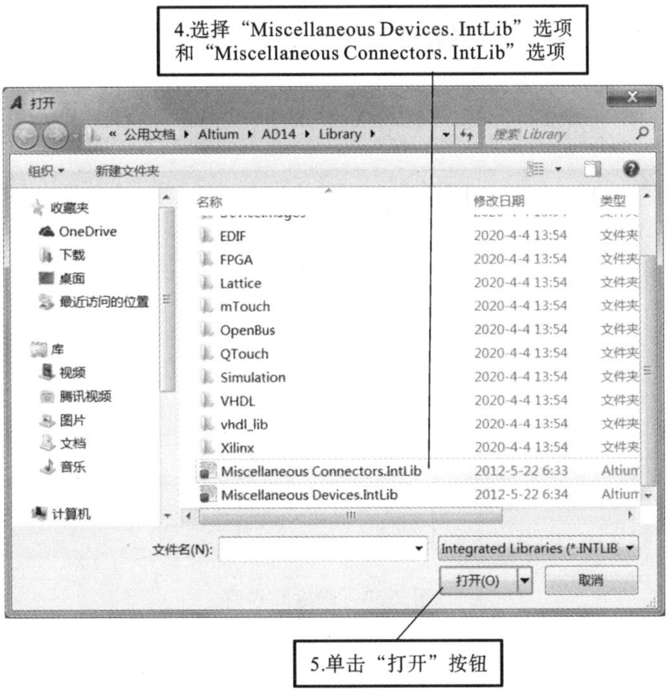

4.选择“Miscellaneous Devices. IntLib”选项和“Miscellaneous Connectors. IntLib”选项
打开
Miscellaneous Connectors.IntLib
Miscellaneous Devices.IntLib
文件名(N):
Integrated Libraries (*.INTLIB
打开(O)
取消
5.单击“打开”按钮

图 2-28　选择元件库

可用库
工程
Installed
搜索路径
工程库
路径
类型
Miscellaneous Connectors.In C:\Users\Public\Documents\Altium\AD14\Library\Misc Integrated
Miscellaneous Devices.IntLib C:\Users\Public\Documents\Altium\AD14\Library\Misc Integrated
6.已添加元件库
7.单击“关闭”按钮，完成元件库的添加
上移(U) (U)
下移(D) (D)
添加库(A) (A)...
删除(R) (R)
关闭(C) (C)

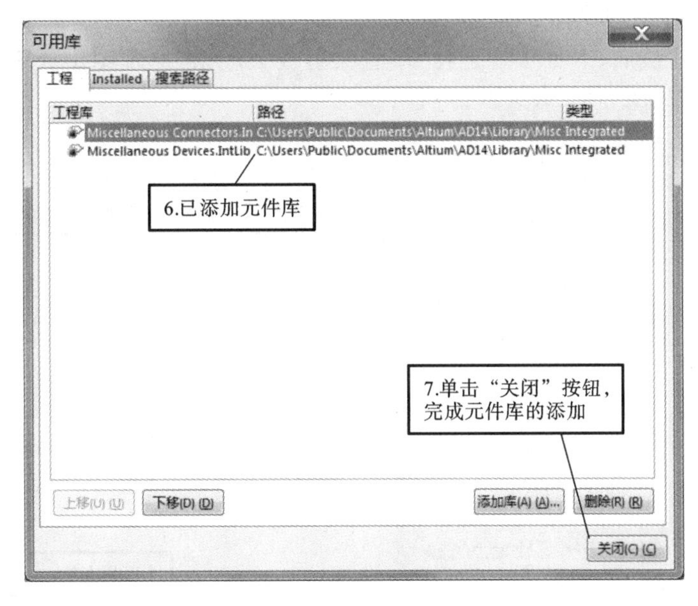

图 2-29　添加元件库

3. 删除元件库

如果从“单管共射放大电路”原理图中移除已加载的元件库，只需在图 2-29 中选中要删除的元件库后，再单击“删除”按钮即可，过程如图 2-30 所示。

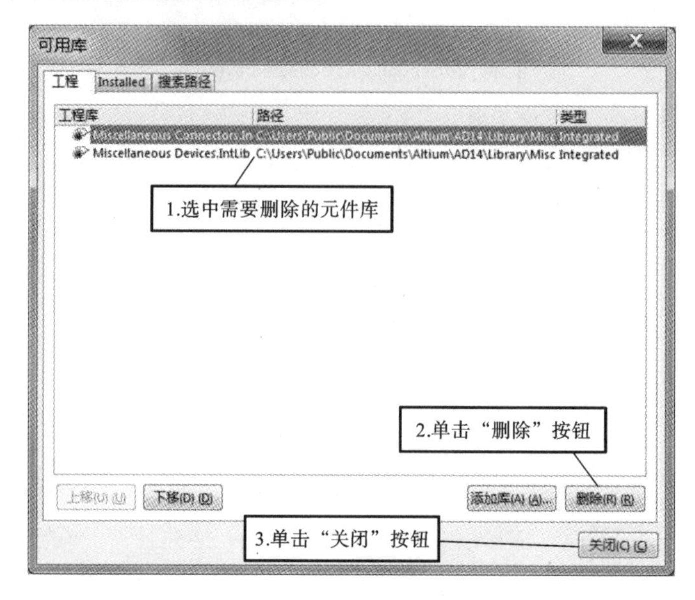

图 2-30　删除元件库

2.2.2　放置元件

1. 放置电阻元件符号

元件库添加完成后，下一步就是在“单管共射放大电路”原理图中放置元件和设置元件属性，其过程分别如图 2-31 至图 2-33 所示。

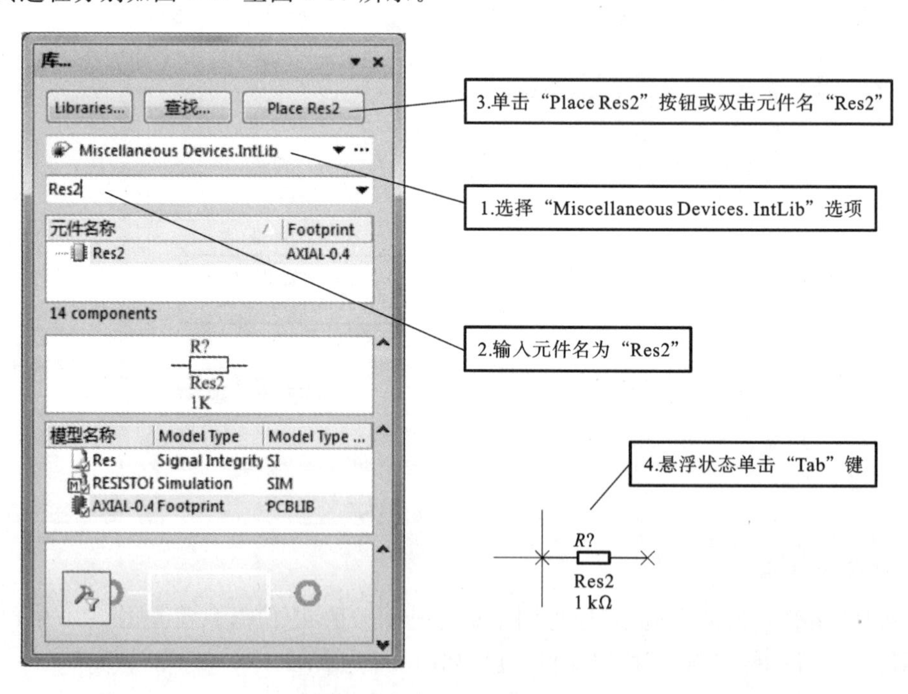

图 2-31　库里调用电阻元件

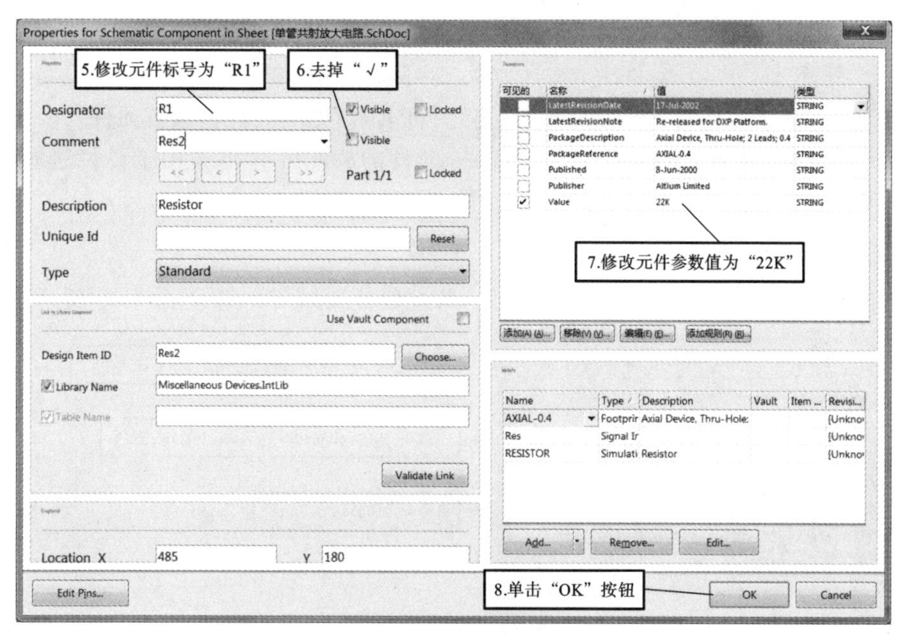

图 2-32 设置元件属性

图 2-33 电阻符号

在元件属性对话框中，有几个比较重要的参数需要进行设置，如图 3-34 所示。

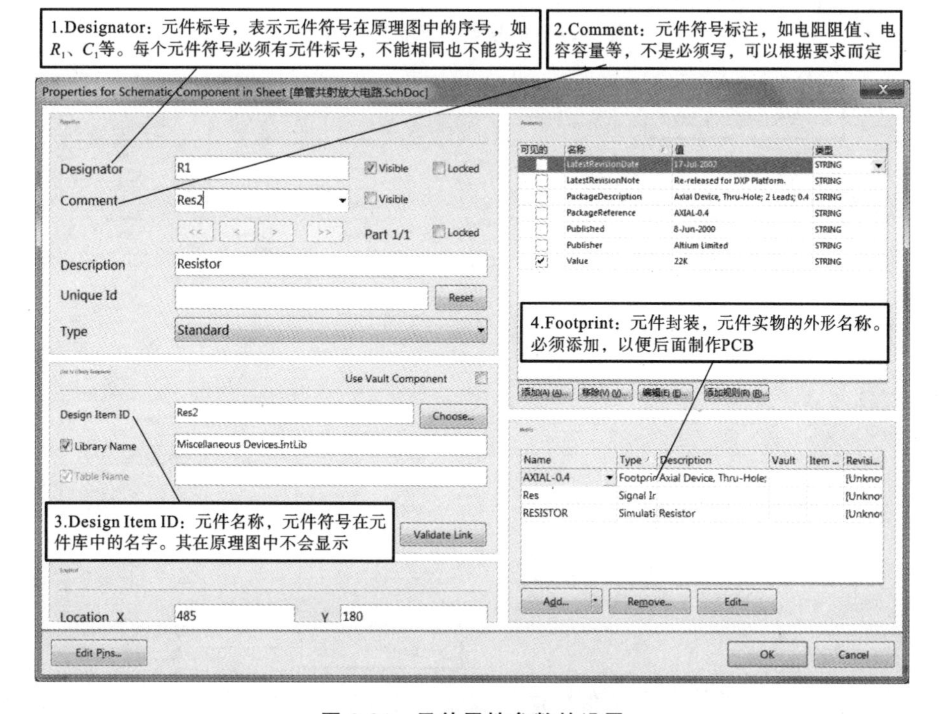

图 2-34 元件属性参数的设置

注意：当元件已经放置好，若要修改元件参数，则可双击元件符号进行修改。也可以通过双击"元件名称"处的元件名放置元件。

元件的放置可利用实用工具栏进行放置，如图 2-35 所示。

图 2-35 实用工具栏

2. 放置三极管元件

三极管的放置和设置与电阻的方法类似，其过程分别如图 2-36 至图 2-38 所示。

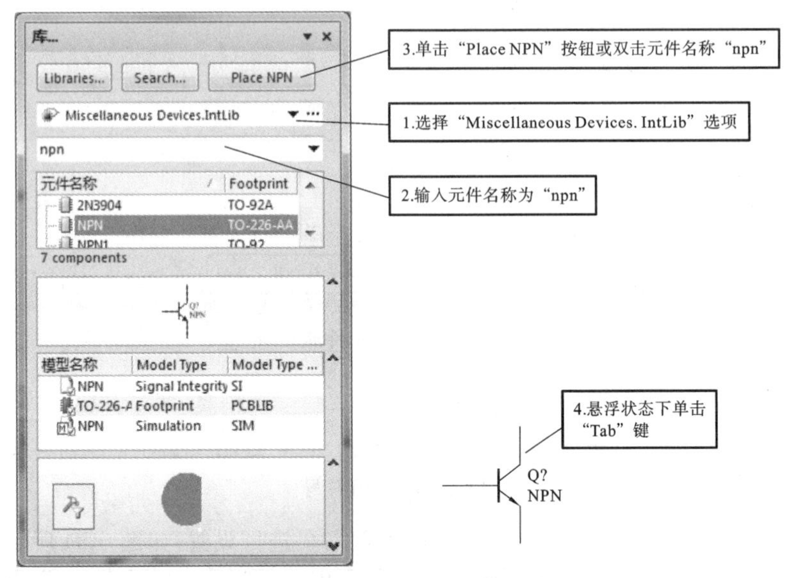

图 2-36 库里调用三极管元件

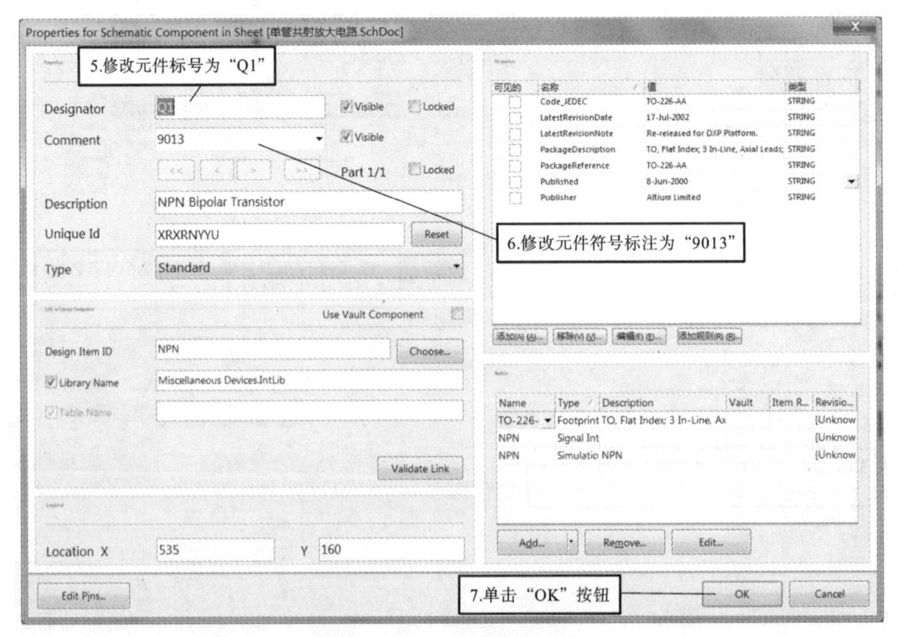

图 2-37 三极管属性设置

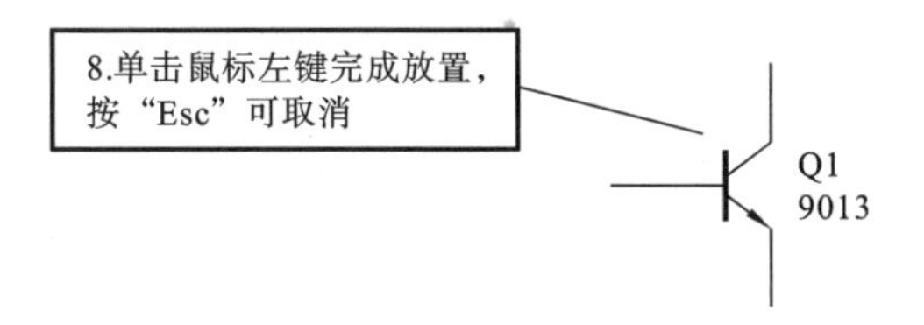

图 2-38 三极管符号

3. 放置 GND 端口和电源端口

(1) 放置 GND 端口。

在“单管共射放大电路”原理图中需要放置“GND 端口”，放置及设置“GND 端口”的过程如图 2-39 所示。

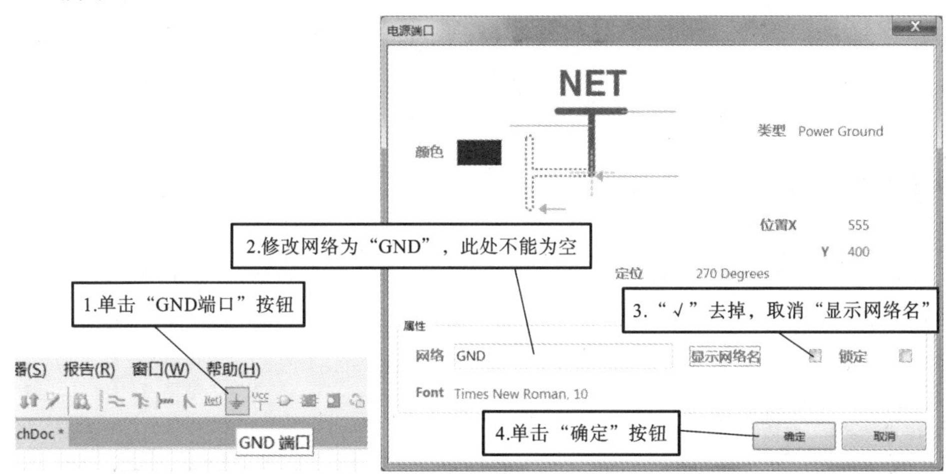

图 2-39 放置及设置“GND 端口”

(2) 放置电源端口。

在“单管共射放大电路”原理图中需要放置“电源端口”，放置及设置“电源端口”的过程如图 2-40 所示。

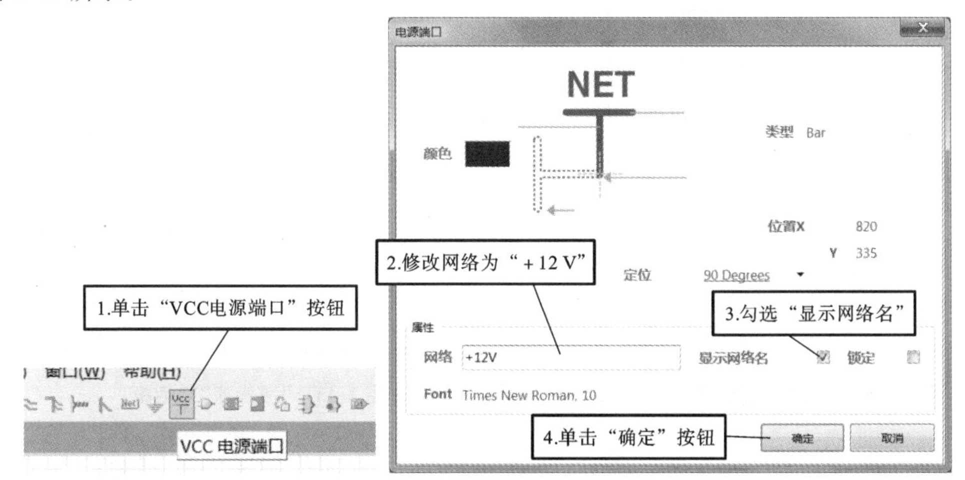

图 2-40 放置及设置“电源端口”

利用以上方法放置好“单管共射放大电路”原理图的所有元件，如图 2-41 所示。

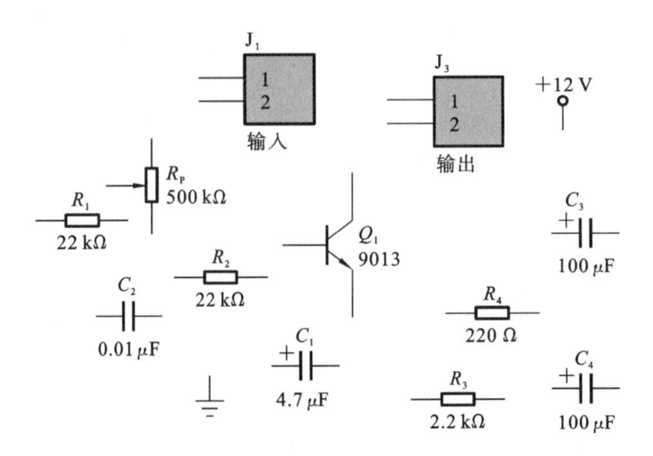

图 2-41 放置好的元件

4. 查找元件

若已知元件名字的几个字母，且不知道该元件在哪个元件库里，则可以利用查找的方式找出元件，并调用。例如查找电阻，若知道电阻的元件名字为“res”，就可以利用查找功能找到电阻，其过程分别如图 2-42 至图 2-45 所示。

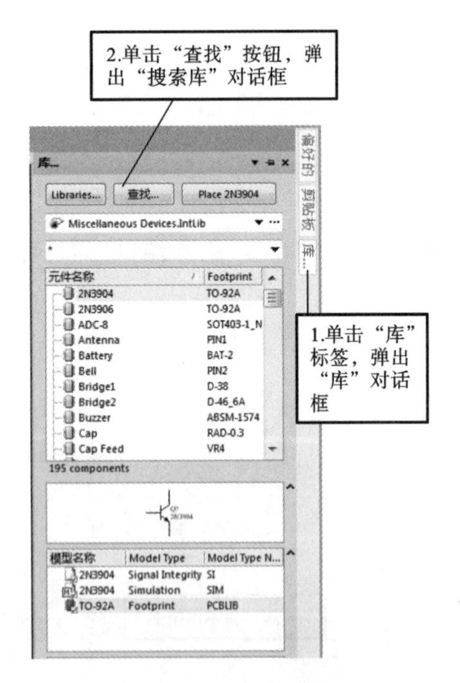

图 2-42 “库”标签查找

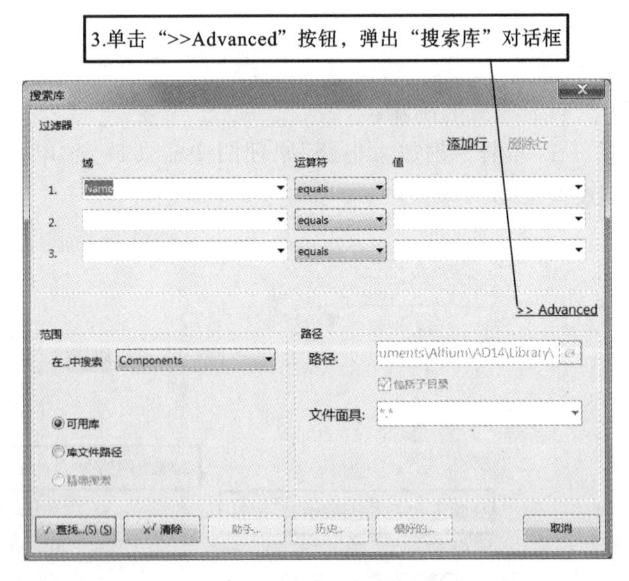

图 2-43 “搜索库”对话框

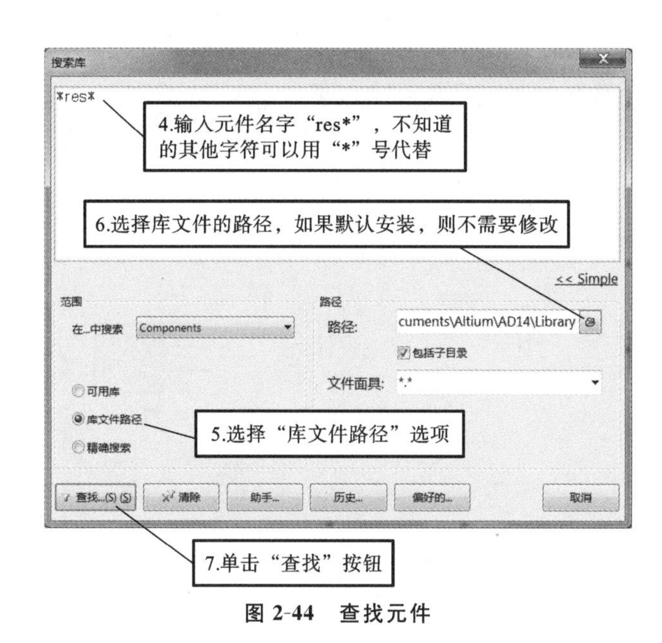

图 2-44 查找元件

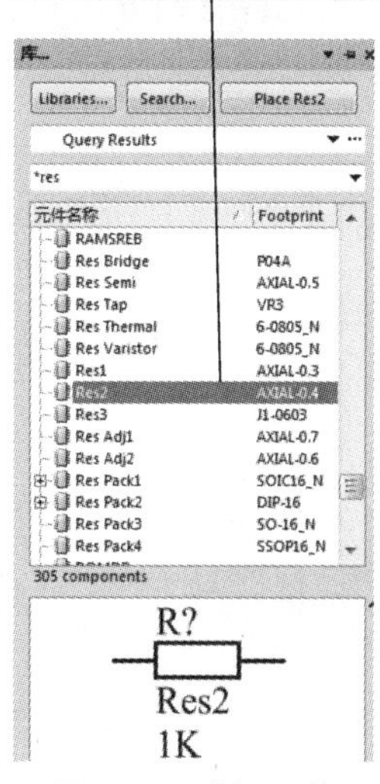

图 2-45 选择元件

2.2.3 调整元件

1. 调整元件的位置

(1) 元件的移动。

将鼠标移动到元件上面，按下左键不放，直接拖动，即可拖到自己想要的位置，然后松开即可。

(2) 元件的旋转。

可利用快捷键使元件旋转 90°，其过程如图 2-46 所示。

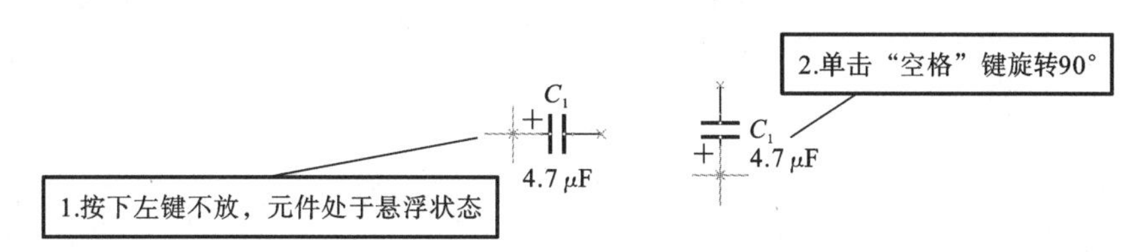

图 2-46 元件旋转 90°

元件对称旋转的过程如图 2-47 所示。

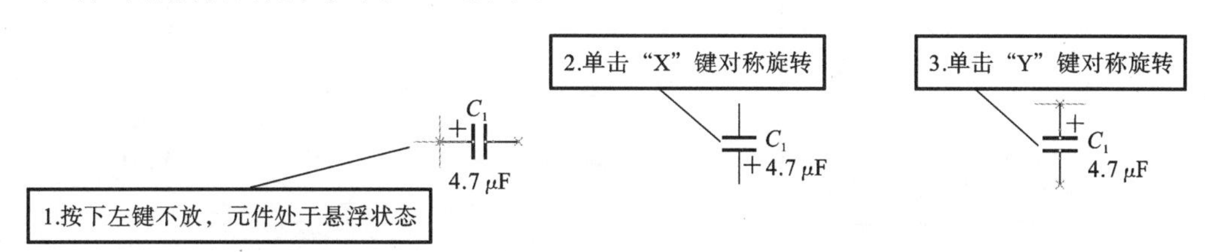

图 2-47 元件对称旋转

注意:使用“空格”键旋转时,输入法必须设置为英文状态。

(3) 元件的排列。

利用元件移动方法和旋转方法布置好的元件如图 2-48 所示。

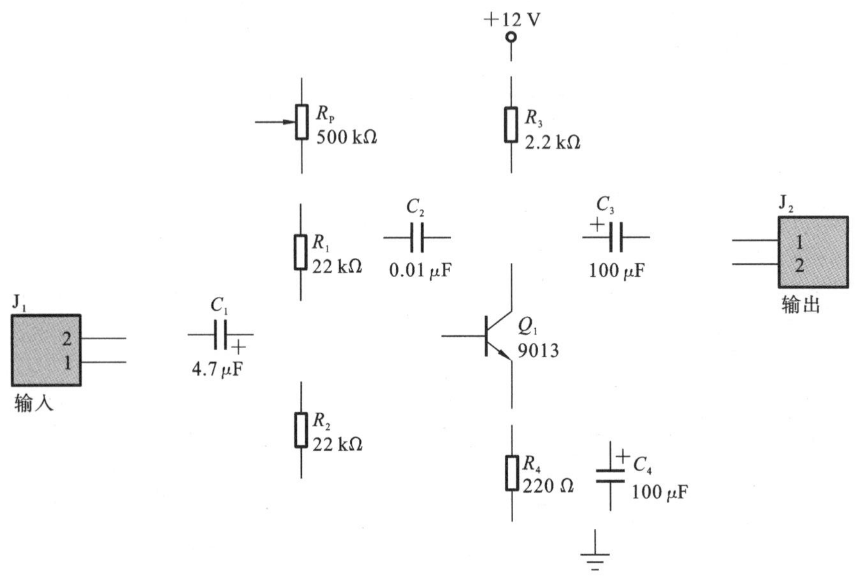

图 2-48 元件布局图

2. 元件属性全局编辑

有时候,相同元件的某些属性是一样的,比如电阻值、封装等,那么不需要一个一个地设置元件,而是可以采用全局编辑的功能,一次性地将元件进行编辑。

例如,将“单管共射放大电路”里所有电阻的封装 AXIAL-0.4 修改为 AXIAL-0.3,其过程分别如图 2-49 至图 2-52 所示。

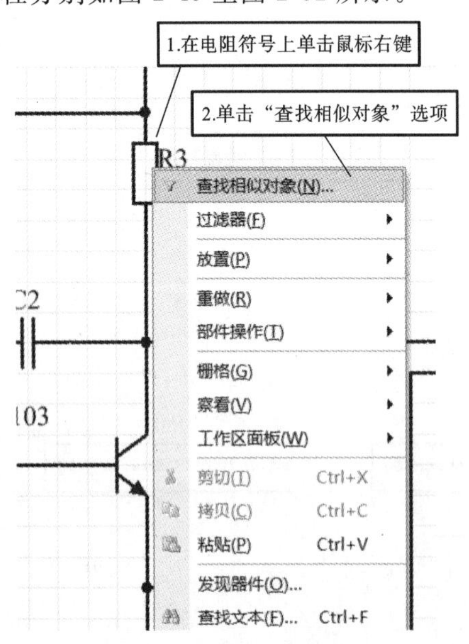

图 2-49 查找相似对象

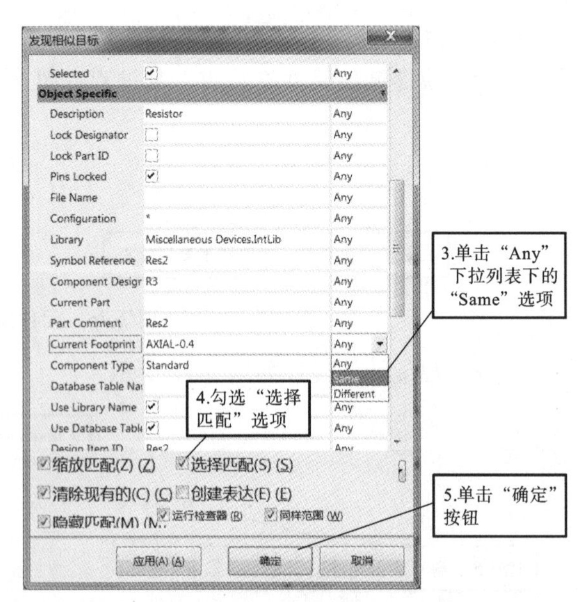

图 2-50 “发现相似目标”对话框

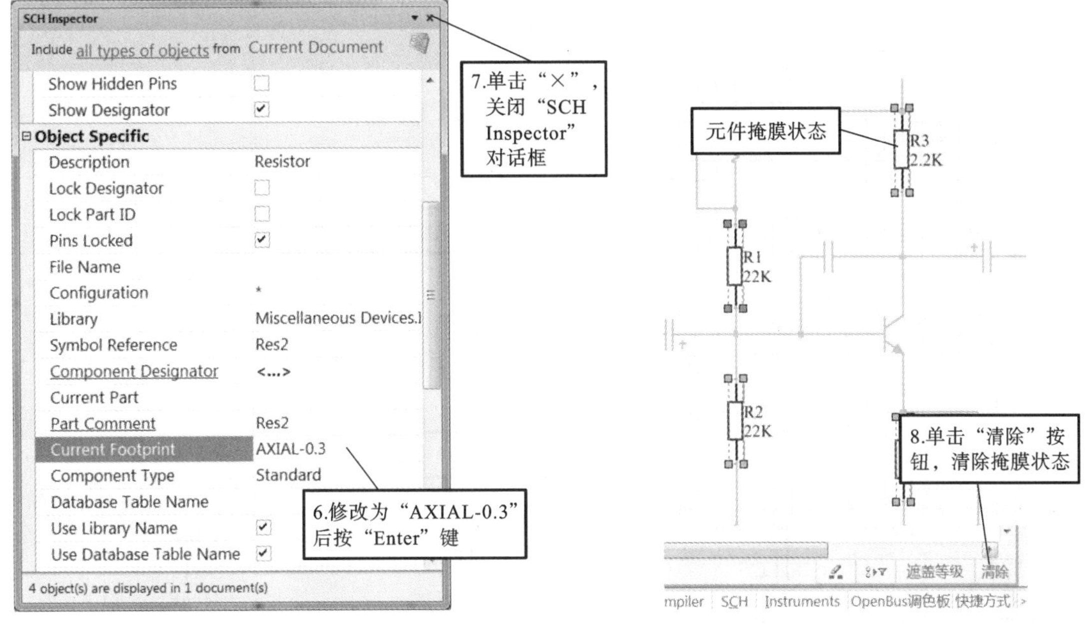

图 2-51　“SCH Inspector”对话框　　图 2-52　清除掩膜状态

2.2.4　绘制导线

1. 连接导线

（1）如果元件在相同方向，即水平或者竖直放置，则其连接过程分别如图 2-53、图 2-54 所示。

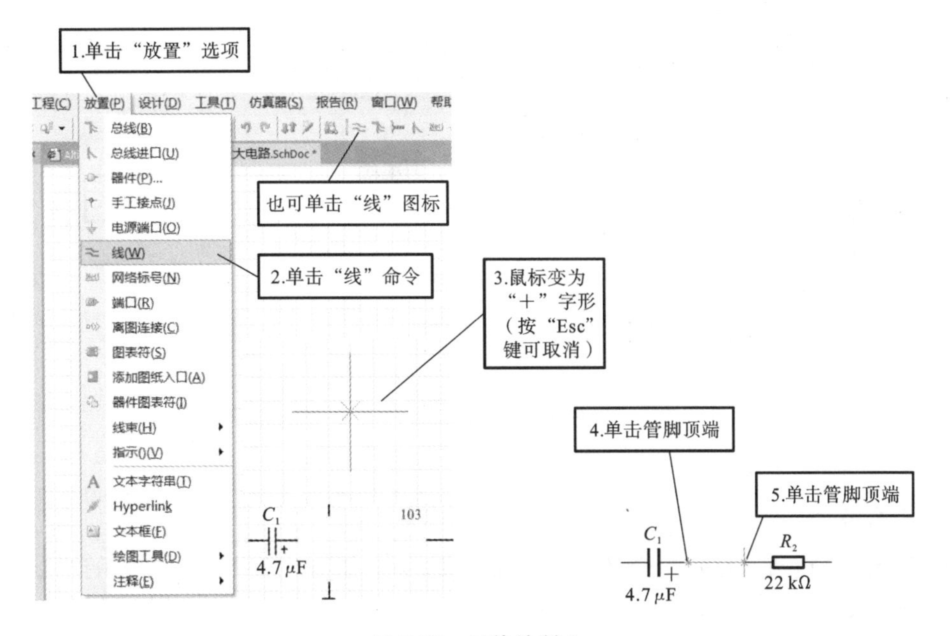

图 2-53　导线绘制 1

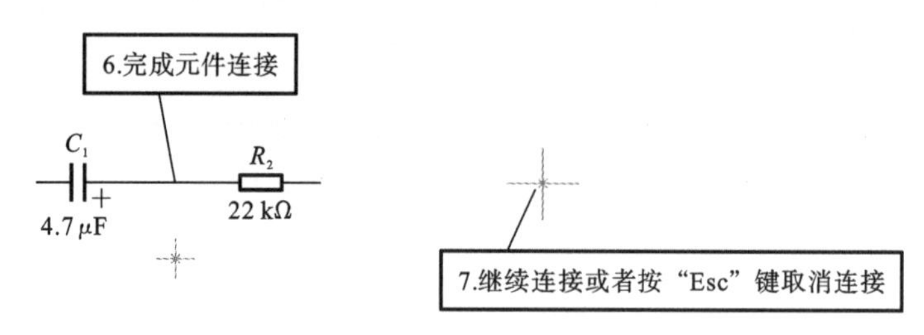

图 2-54　导线绘制 2

(2) 若元件不在一个方向放置,则其连接方法如图 3-55 所示。

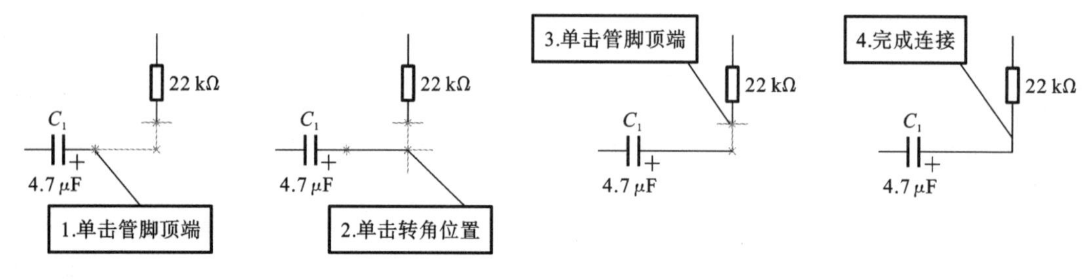

图 2-55　导线绘制 3

(3) 编辑导线属性。

双击任意导线,弹出“线”属性对话框,如图 2-56 所示。

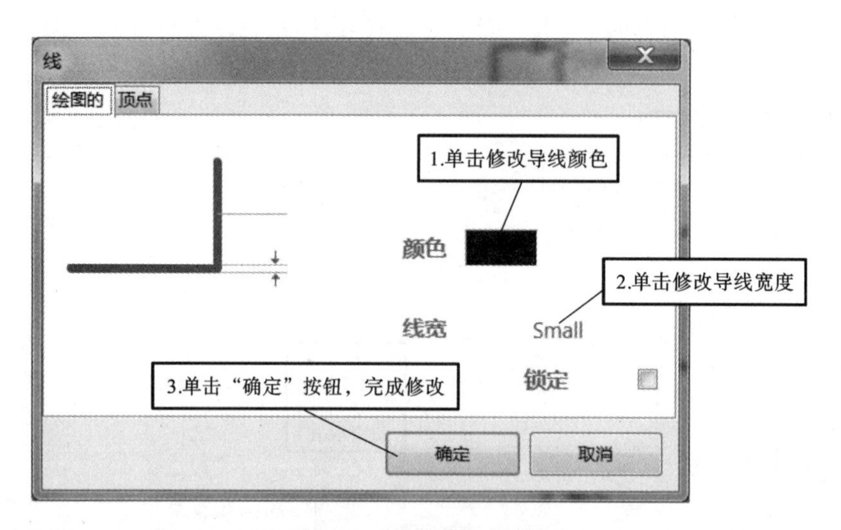

图 2-56　“线”属性对话框

2. 电气节点

电气节点是指两条导线的交叉处是否是连接的,如果有电气节点,则表示连接,如果没有,则表示不连接,如图 2-57 所示。

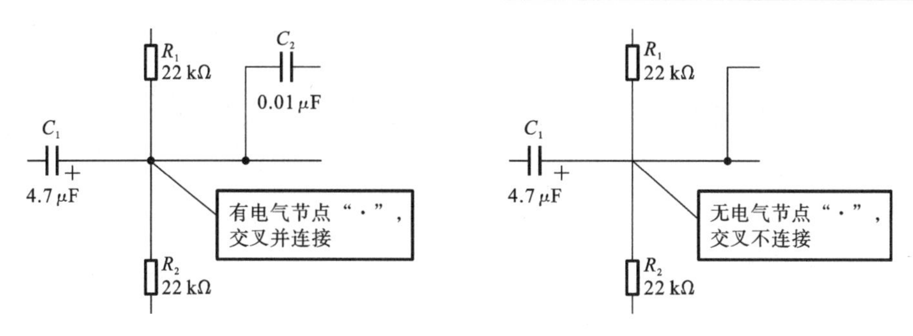

图 2-57 有无电气节点对比

若需要交叉连接，则可手动放置节点，过程如图 2-58 所示。

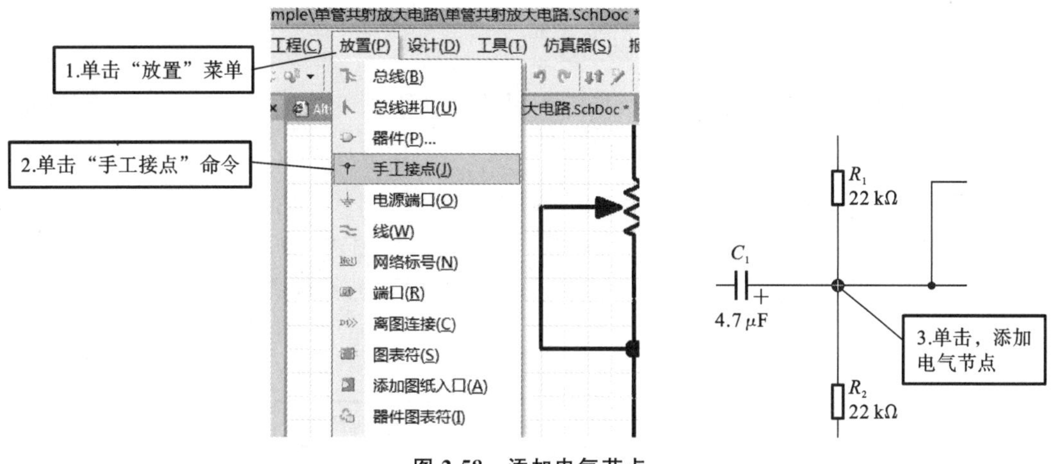

图 2-58 添加电气节点

通过以上步骤完成的“单管共射放大电路”原理图如图 2-59 所示。

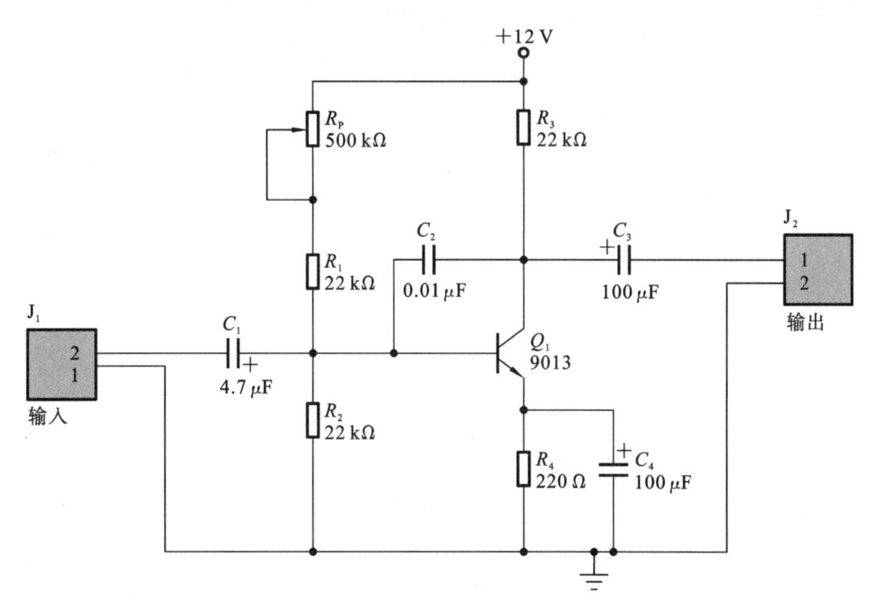

图 2-59 “单管共射放大电路”原理图

任务 2.3 编译项目及检查错误

任务目标

◇ 掌握“单管共射放大电路”原理图规则检测方法；

◇ 掌握创建元件清单的方法；

◇ 了解打印“单管共射放大电路”原理图的方法。

任务内容

◇ 对“单管共射放大电路”原理图进行检测；

◇ 导出“单管共射放大电路”的原价清单。

2.3.1 “单管共射放大电路”原理图规则检测

1. 检测规则

绘制好“单管共射放大电路”的原理图后，需要对原理图进行检测，看看有没有问题存在，除了可以用眼睛直接观察，还可以采用软件自身的规则进行检测，其过程分别如图 2-60 至图 2-62 所示。

图 2-60 编译原理图

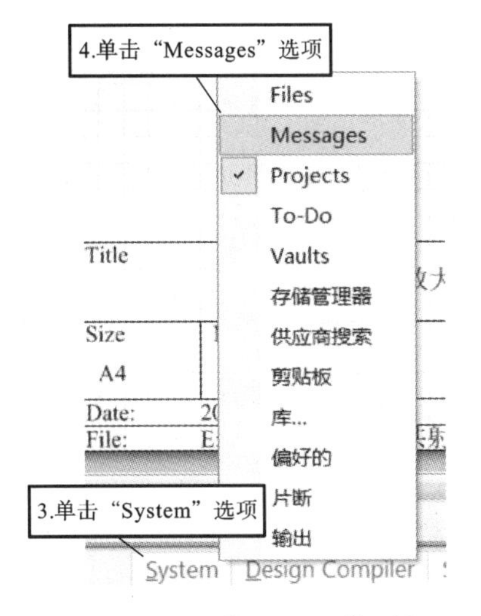

图 2-61 调用“Messages”面板

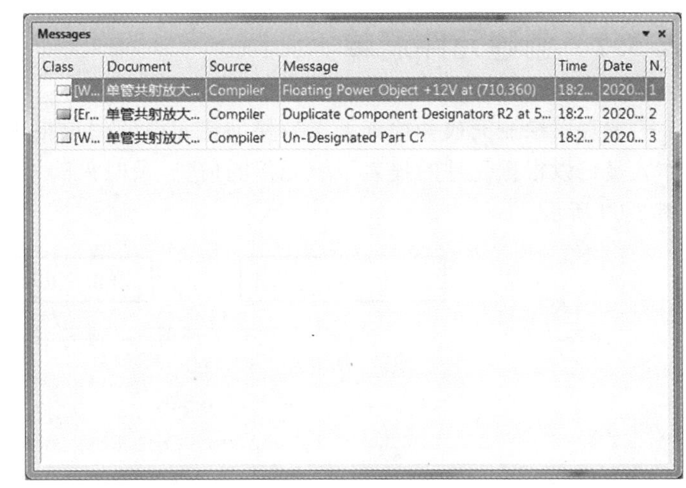

图 2-62 “Messages”面板

2. 修改问题

可根据“Messages”面板的错误提示进行修改，错误查找及修改过程如图 2-63 至图 2-65 所示。

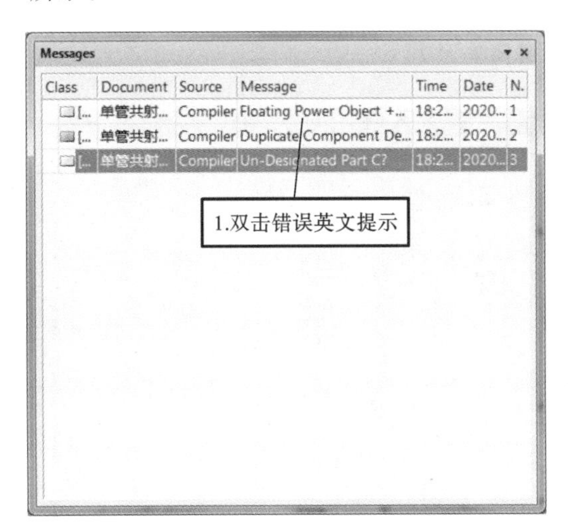

图 2-63 “Messages”面板错误提示

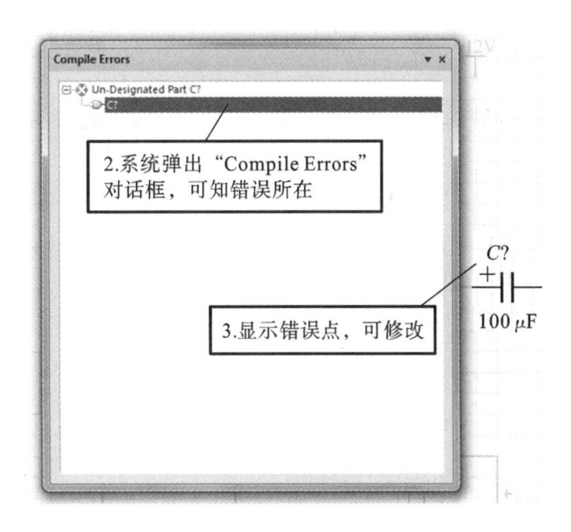

图 2-64 编译错误提示

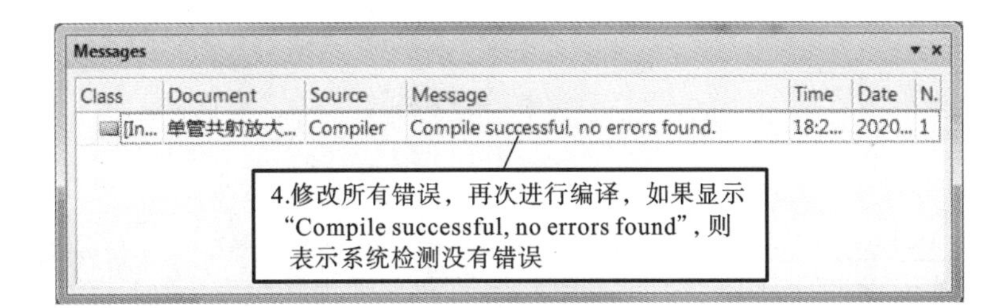

图 2-65 无错误显示

2.3.2 创建元件清单

原理图绘制完成并检查无误后要创建元件的清单报表，该报表给出元件的具体信息，工作人员可以根据元件的报表了解元件的信息，及时采购相应的元件，其过程分别如图 2-66 至图 2-69 所示。

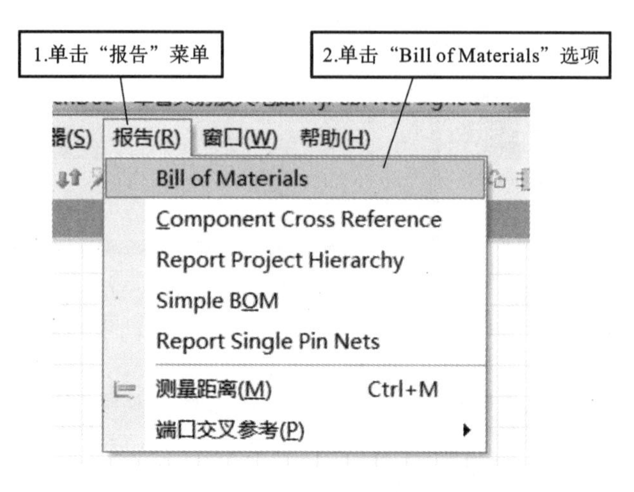

图 2-66 调用元件清单

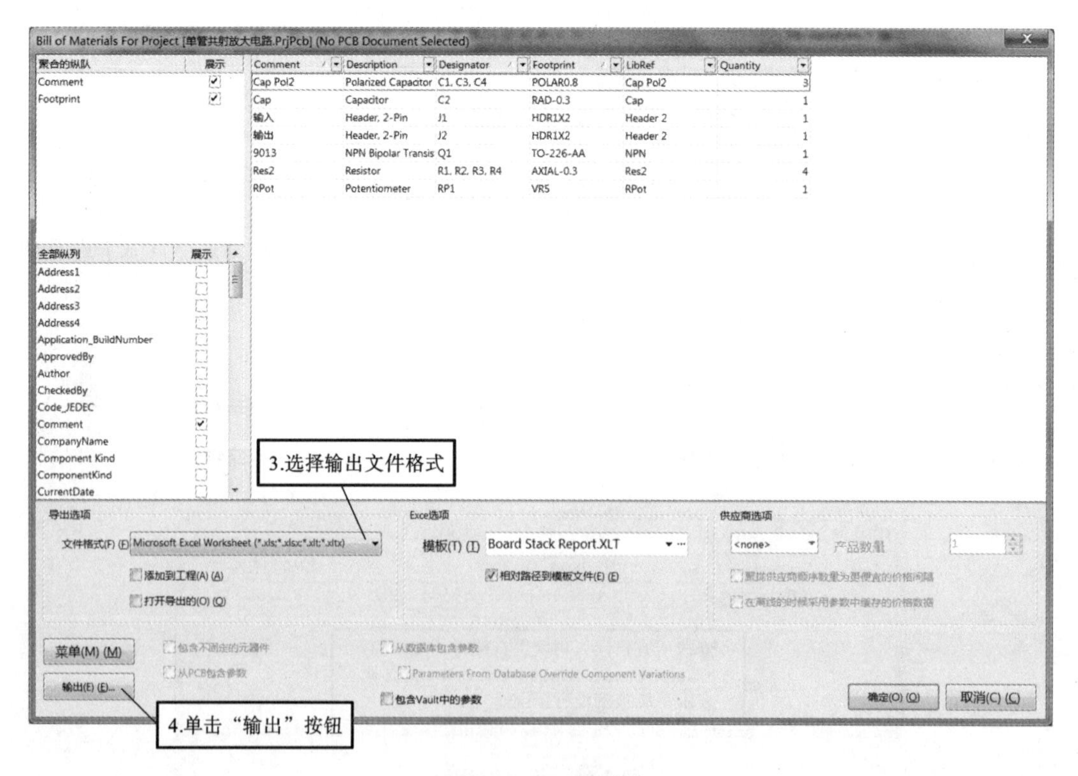

图 2-67 元件清单

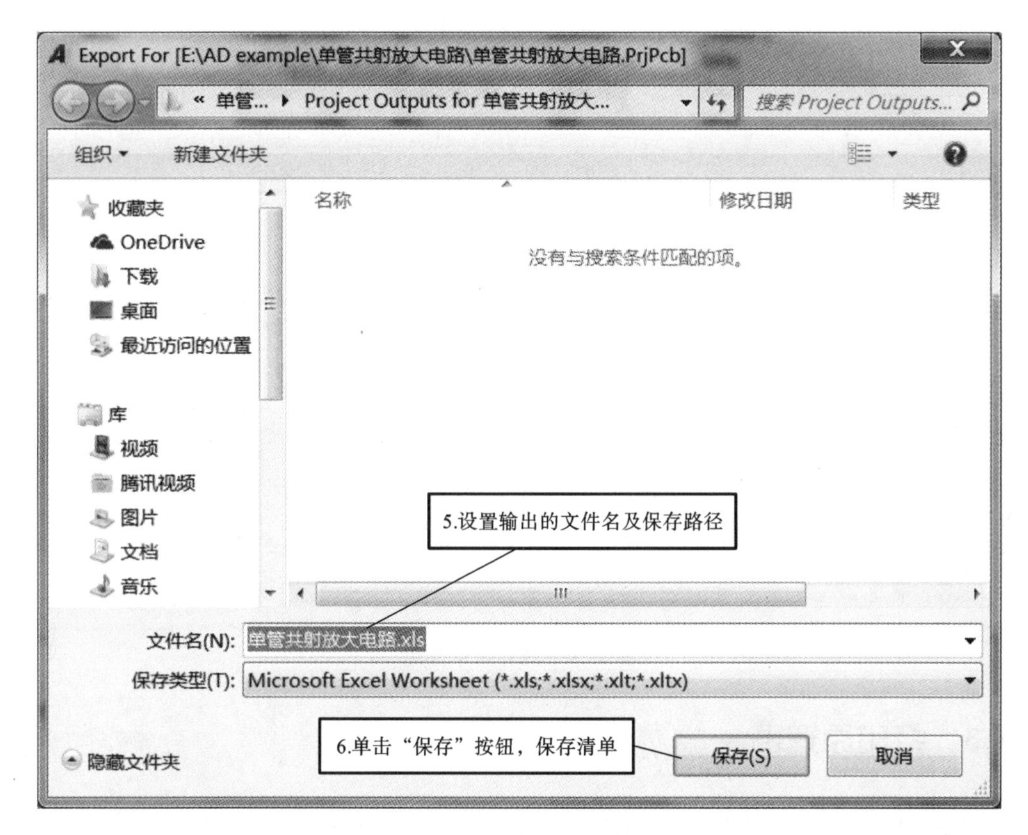

图 2-68　保存输出的清单

A	B	C	D	E	F
Comment	Description	Designator	Footprint	LibRef	Quantity
Cap Pol2	Polarized Capacitor (	C1, C3, C4	POLAR0.8	Cap Pol2	3
Cap	Capacitor	C2	RAD-0.3	Cap	1
输入	Header, 2-Pin	J1	HDR1X2	Header 2	1
输出	Header, 2-Pin	J2	HDR1X2	Header 2	1
9013	NPN Bipolar Transist	Q1	TO-226-AA	NPN	1
Res2	Resistor	R1, R2, R3, R4	AXIAL-0.3	Res2	4
RPot	Potentiometer	RP1	VR5	RPot	1

图 2-69　在 Excel 中打开元件清单

下面对元件清单进行介绍，如图 2-70 所示。

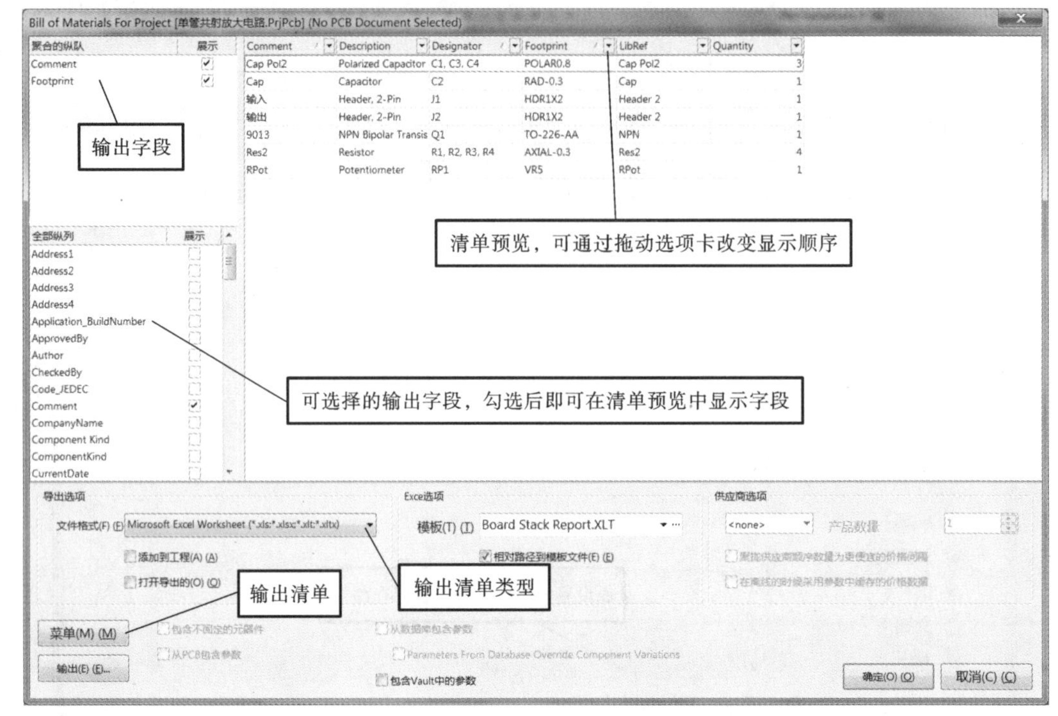

图 2-70　元件清单介绍

2.3.3　打印原理图

原理图设计完成后，有时需要打印出来，所以要设置页面打印参数，其过程分别如图 2-71、图 2-72 所示。

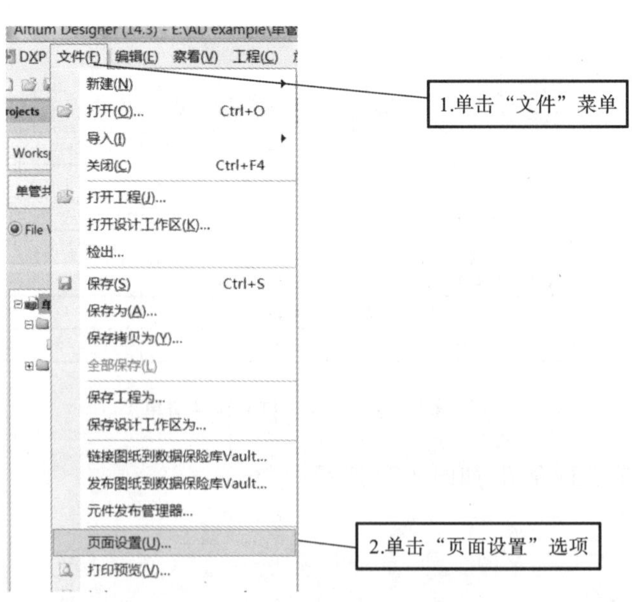

图 2-71　调用页面设置

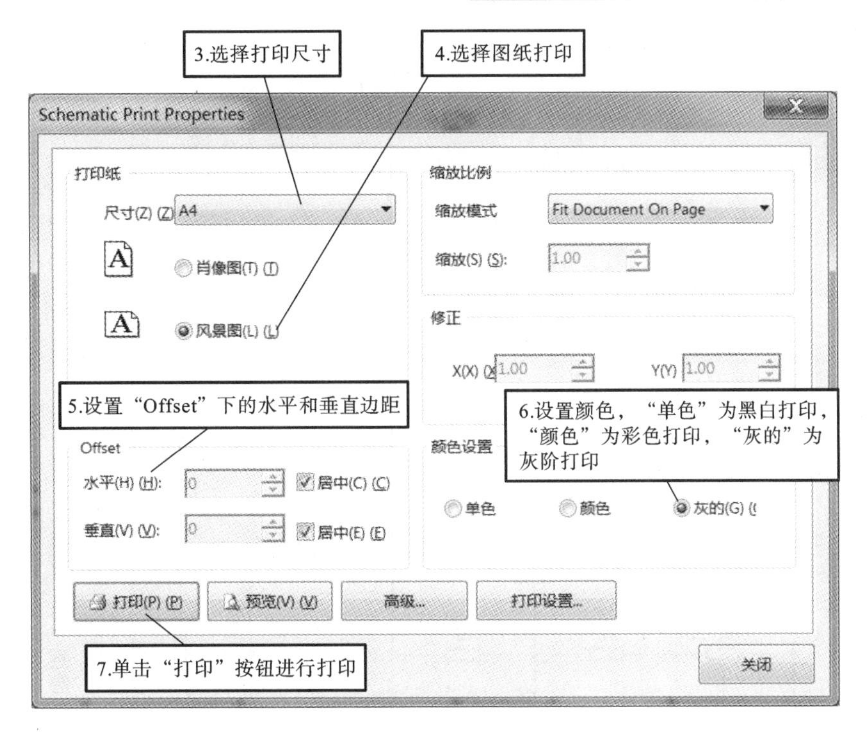

图 2-72 设置页面参数

实例扩展

1. 完成两级放大电路的原理图绘制(见图 2-73)。

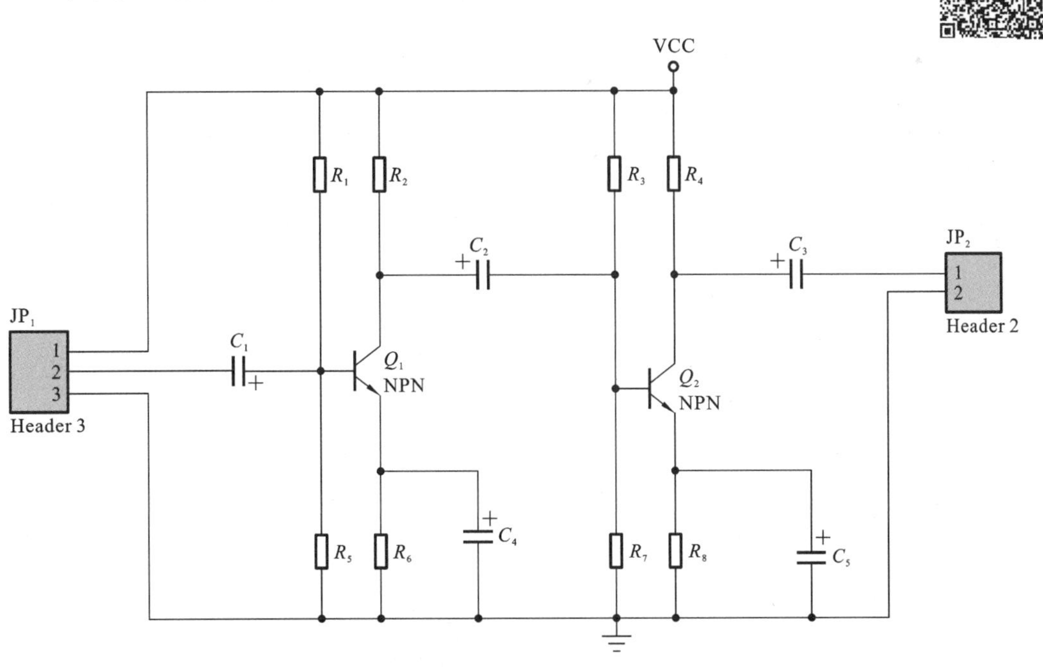

图 2-73 两级放大电路原理图

2. 完成语音放大电路的原理图绘制(见图 2-74)。

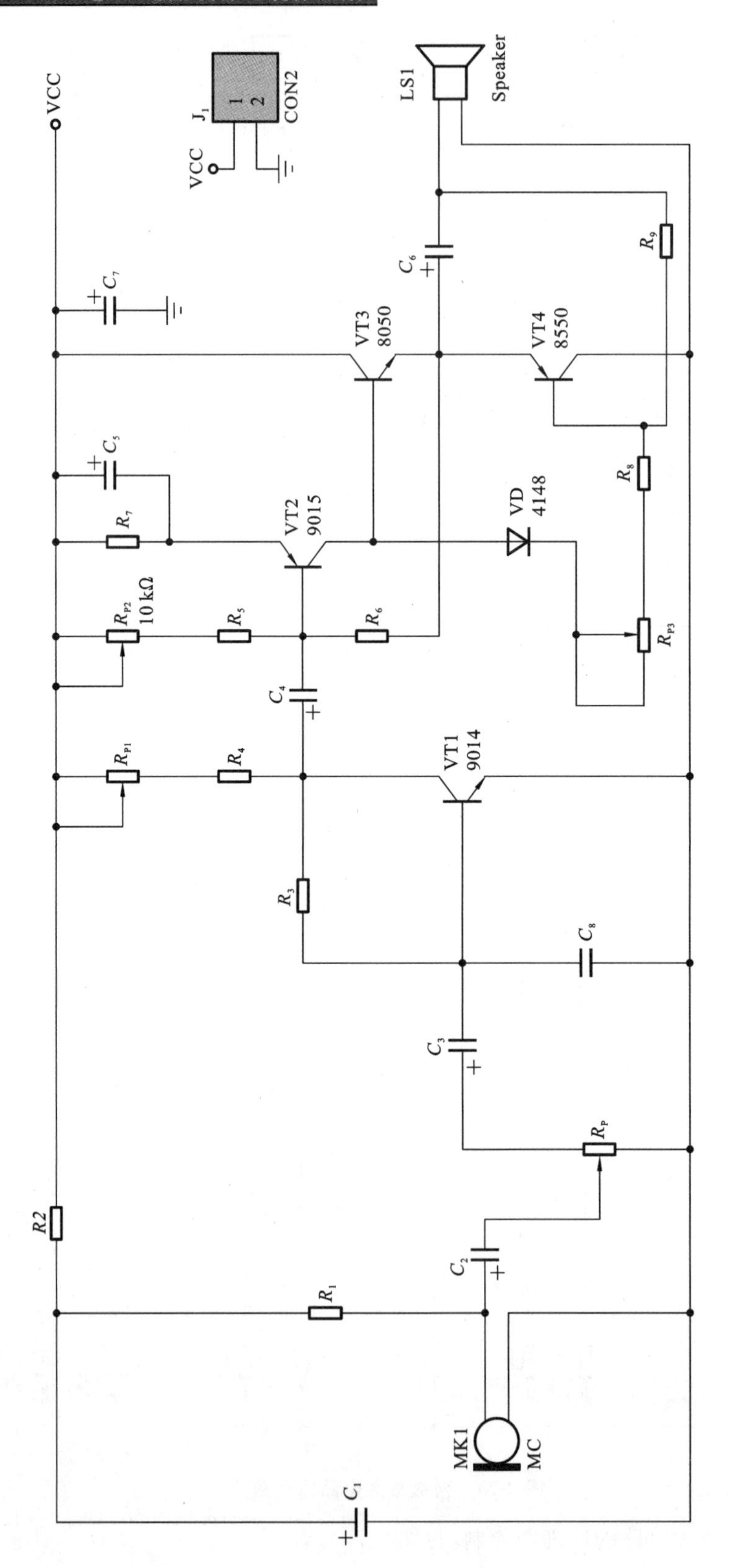

图 2-74 语音放大电路原理图

3

设计单管共射放大电路 PCB

任务 3.1 PCB 的基本操作

任务目标

◇ 掌握 PCB 文件的创建方法；

◇ 掌握 PCB 的生成方法；

◇ 掌握 PCB 环境的设置方法。

任务内容

◇ 创建“单管共射放大电路”的 PCB 文件；

◇ 设置“单管共射放大电路”PCB 的环境。

根据项目 2 的内容绘制好“单管共射放大电路”的原理图后，就可以进行 PCB 的制作。如果 PCB 所需要的封装在 AD 软件库中已经有，那么可以进行下面流程，如图 3-1 所示。

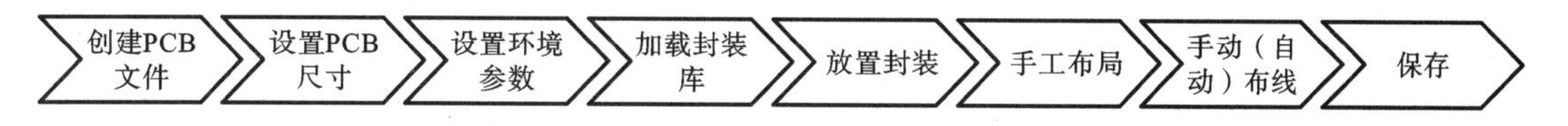

图 3-1 简单的 PCB 制作流程

3.1.1 了解 PCB

1. PCB 的分类

PCB 根据导电层数的不同，可以分为单层板、双层板和多层板。

(1) 单层板。

单层板只有一面敷铜，另一面没有敷铜，因而只能在敷铜面上制作导电图形。单层板结构简单，生产成本低，因此线路相对简单。

(2) 双层板。

双层板两面敷铜,一面为顶层(Top Layer),一面为底层(Bottom Layer),两个面都可以布线,顶层一般为元件面,底层一般为焊锡面。

(3) 多层板。

多层板有多个工作层面,除了顶层、底层以外,还有中间层(Mid-Layer)用作布线,内层(Internal Plane)用作电源层和接地层等,层数越多,成本越高,多用于复杂电路。

2. PCB 组成

PCB 组成的基本元素有封装、导线、焊盘、过孔、字符等,如图 3-2 所示。

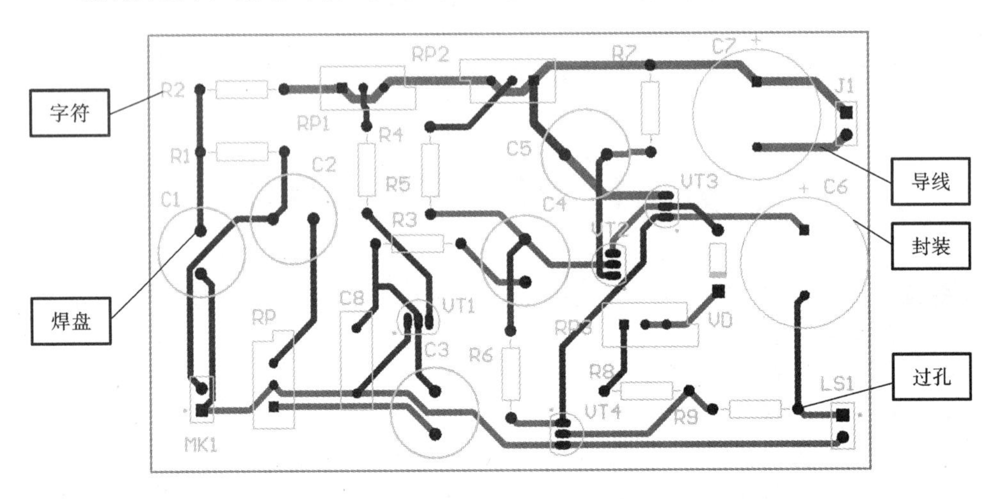

图 3-2 PCB

(1) 焊盘:利用焊锡连接导线和元件的管脚。

(2) 导线(走线):由铜箔构成,具有导电性,用于连接各个焊点。

(3) 封装:元件实物外形轮廓和管脚焊盘间距。一般有针脚式封装和 SMT(表面安装技术)封装。

(4) 过孔:连接 PCB 不同板层的铜箔导线。

(5) 字符:元件的标号、标注等。

(6) 助焊膜:用于提高可焊性能,为 PCB 上比焊盘略大的浅色圆斑。

(7) 阻焊膜:是在焊盘以外其他地方涂的一层涂料,用于阻止这些地方上锡,与助焊膜的作用相反。

3.1.2 手动建立 PCB 文件

在进行电路设计时,必须建立一个 PCB 文件,建立 PCB 文件的方法通常有两种:一种是手动创建 PCB 文件,然后指定 PCB 文件的属性,规划 PCB 边界;一种是通过 PCB 设计向导生成 PCB 文件。

下面以"单管共射放大电路"为例,手动创建 PCB 文件。

1. 手动创建 PCB 文件

有时候,PCB 的形状可能是规则的,比如长方形、正方形等,也有可能是不规则的,比如多边形等,那么就需要手动创建 PCB 文件。手动创建 PCB 文件的方法有以下两种。

第一种方法的创建过程分别如图 3-3 至图 3-6 所示。

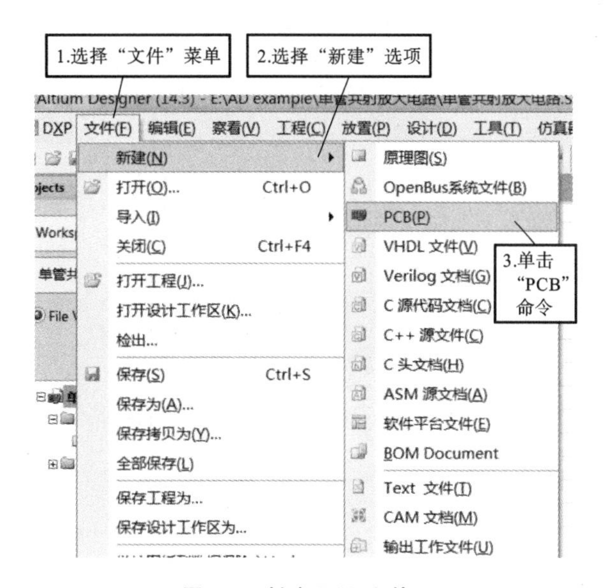

图 3-3 创建 PCB 文件 1

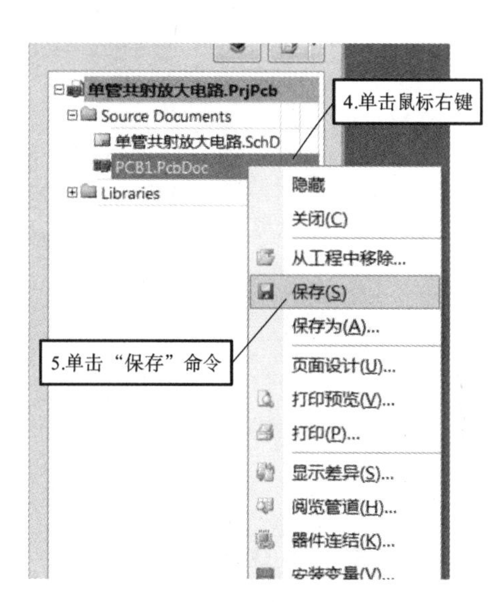

图 3-4 保存 PCB 文件

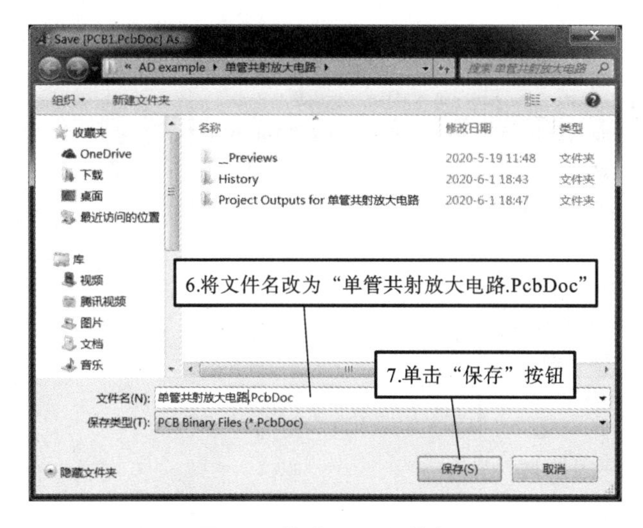

图 3-5 修改 PCB 文件名

图 3-6 修改完成

第二种方法的创建过程开始如图 3-7 所示。其他步骤与第一种方法一样,如图 3-4 至图 3-6 所示。

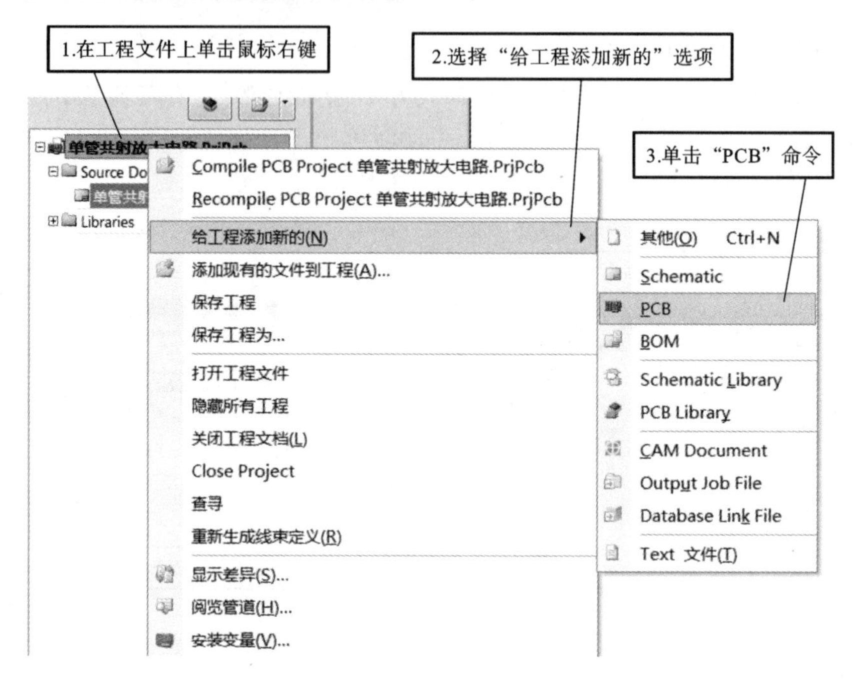

图 3-7 创建 PCB 文件 2

2. 设置 PCB 环境

(1) PCB 板层设置。

设计 PCB 时，板层是十分重要的，Altium Designer 提供了多个板层，PCB 板层的设置过程分别如图 3-8、图 3-9 所示。

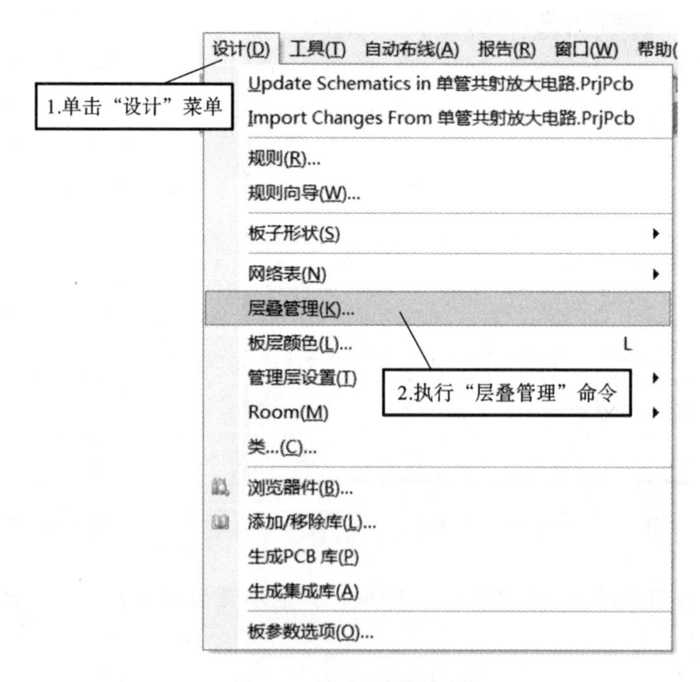

图 3-8 调用“层叠管理”

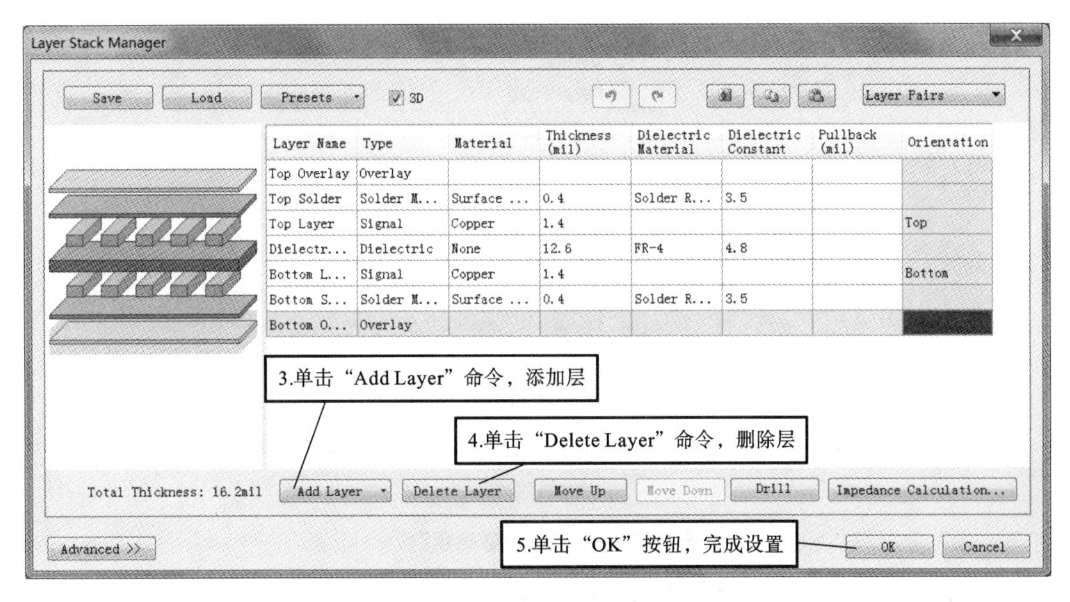

图 3-9　添加或删除板层

系统提供的板层含义如图 3-10 所示。

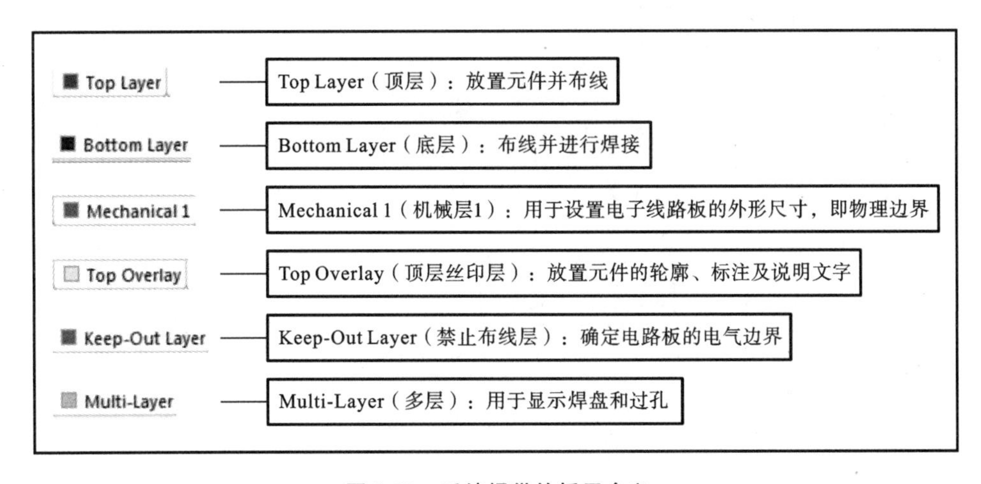

图 3-10　系统提供的板层含义

(2) 电路板环境参数的设置。

电路板环境参数可以设置电路板单位、捕捉情况等，设置方法分别如图 3-11、图 3-12 所示。

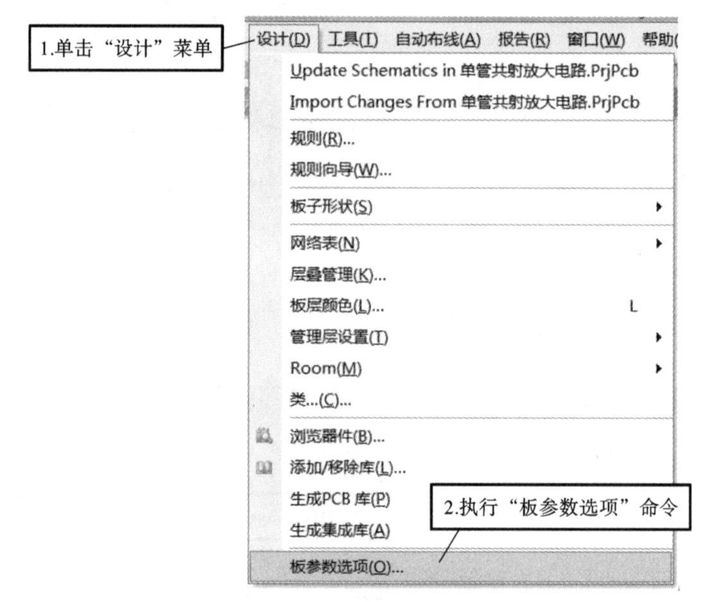

图 3-11 执行“板参数选项”命令

图 3-12 设置电路板的环境参数

3. 绘制 PCB 形状

(1) 设置原点。

在绘制 PCB 边框之前，首先要设置一个坐标原点，这样更利于绘制边框。设置原点的过程分别如图 3-13、图 3-14 所示。

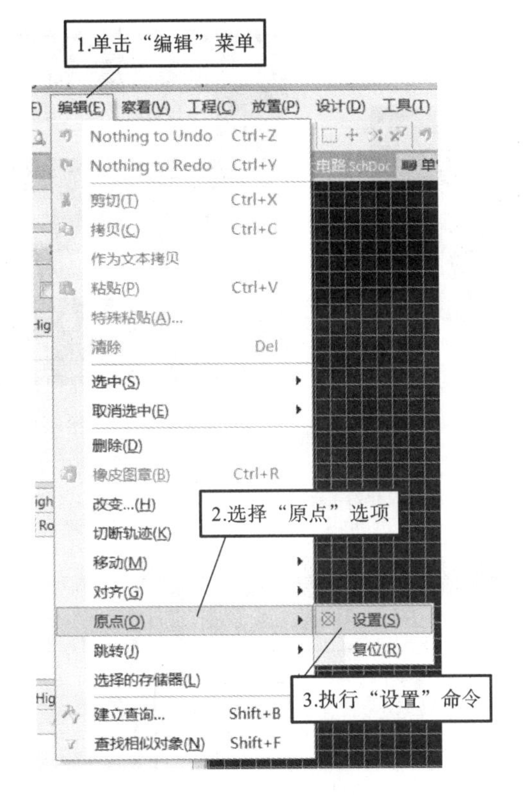

图 3-13 设置原点

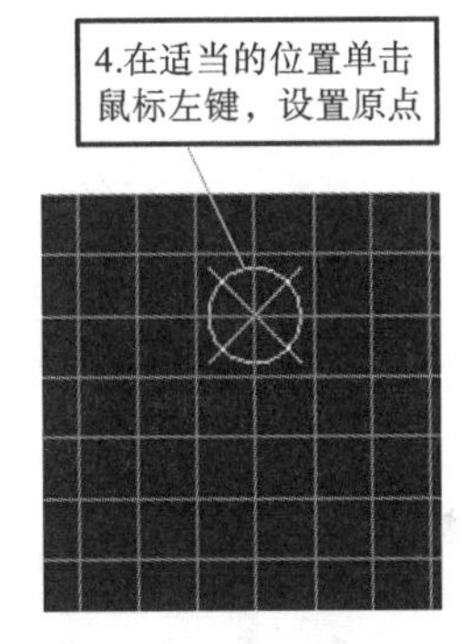

图 3-14 设置好的原点

(2) 绘制物理边框。

设置好原点后，开始绘制电路板物理边框。电路板物理边框通常在“Mechanical 1”进行绘制，其过程如图 3-15 至图 3-19 所示。

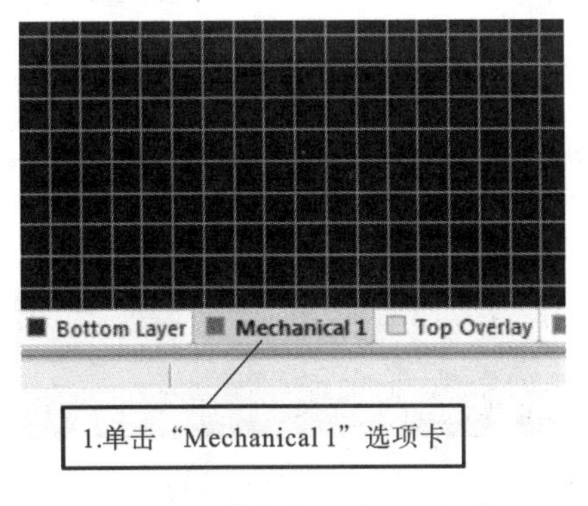

图 3-15 选择“Mechanical 1”

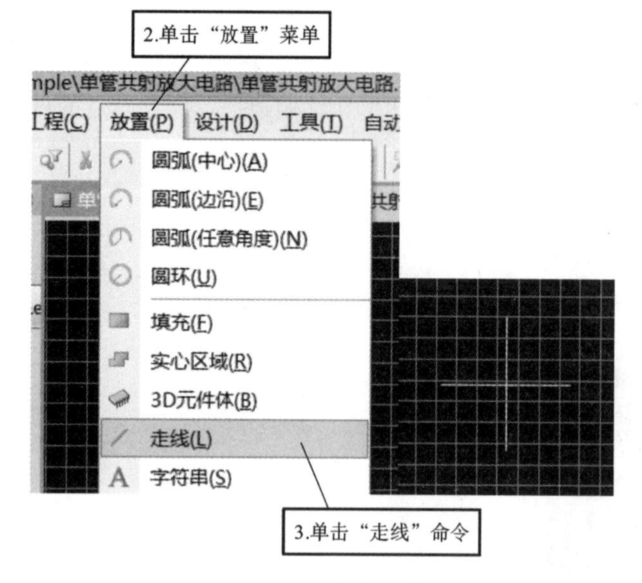

2.单击“放置”菜单
工程(C)
放置(P)
设计(D)
工具(T)
圆弧(中心)(A)
圆弧(边沿)(E)
圆弧(任意角度)(N)
圆环(U)
填充(F)
实心区域(R)
3D元件体(B)
走线(L)
字符串(S)
3.单击“走线”命令

图 3-16 选择“走线”

4.在原点附近利用鼠标左键画一条线，按“Esc”键取消绘制
5.双击直线，弹出轨迹对话框

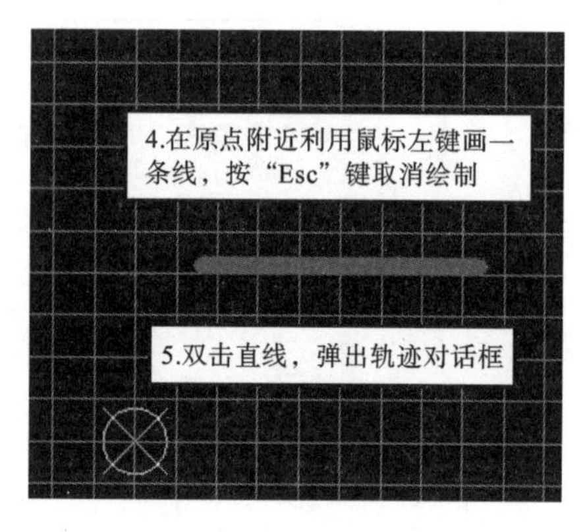

图 3-17 绘制线段

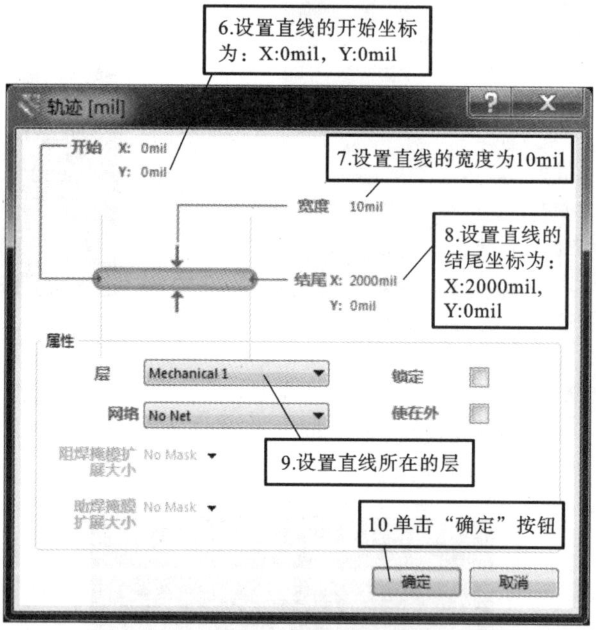

6.设置直线的开始坐标为：X:0mil，Y:0mil
轨迹 [mil]
开始 X: 0mil
Y: 0mil
7.设置直线的宽度为10mil
宽度 10mil
结尾 X: 2000mil
Y: 0mil
8.设置直线的结尾坐标为：X:2000mil，Y:0mil
属性
层 Mechanical 1
网络 No Net
锁定
使在外
9.设置直线所在的层
阻焊掩模扩展大小 No Mask
助焊掩膜扩展大小 No Mask
10.单击“确定”按钮
确定
取消

图 3-18 设置直线参数

图 3-19 绘制完成

设置好的直线以坐标(0,0)为起点、(2000,0)为终点,长度为 2000 mil。利用相同的方法设置另外三根直线,四根直线的坐标参数如表 3-1 所示。

表 3-1 机械层边框参考坐标

序　　号	开始 X、Y 轴坐标	结尾 X、Y 轴坐标
1	(0,0)	(2000,0)
2	(0,0)	(0,2000)
3	(2000,0)	(2000,2000)
4	(0,2000)	(2000,2000)

绘制好的物理边框如图 3-20 所示。

图 3-20 绘制好的物理边框

(3) 绘制电气边框。

电气边框用来设置有效放置元件和布线的区域,一般在禁止布线层绘制。禁止布线层区域必须是一个封闭的区域,否则无法进行后面的布线工作。电气边框与机械层 1 边框的距离保持在 50 mil(1 mil=0.0254 mm,1 mm=39.37 mil,1000 mil=1 英寸)左右。

首先选择禁止布线层 Keep-Out Layer ,然后进行绘制,电气边框比机械层 1 边框小 50 mil。禁止布线层边框的绘制过程与机械层 1 边框的绘制过程一致,四根直线的坐标参数如表 3-2 所示。

表 3-2 禁止布线层边框的参考坐标

序　　号	开始 X、Y 轴坐标	结尾 X、Y 轴坐标
1	(50,50)	(1950,50)
2	(50,50)	(50, 1950)
3	(1950,50)	(1950,1950)
4	(50,1950)	(1950,1950)

绘制完成的物理边框和电气边框如图 3-21 所示。

图 3-21　绘制完成的物理边框和电气边框

4. 切割板子形状

画好边框后,可以切割板子形状,使板子按照绘制的形状进行裁剪,其过程如图 3-22、图 3-23 所示。

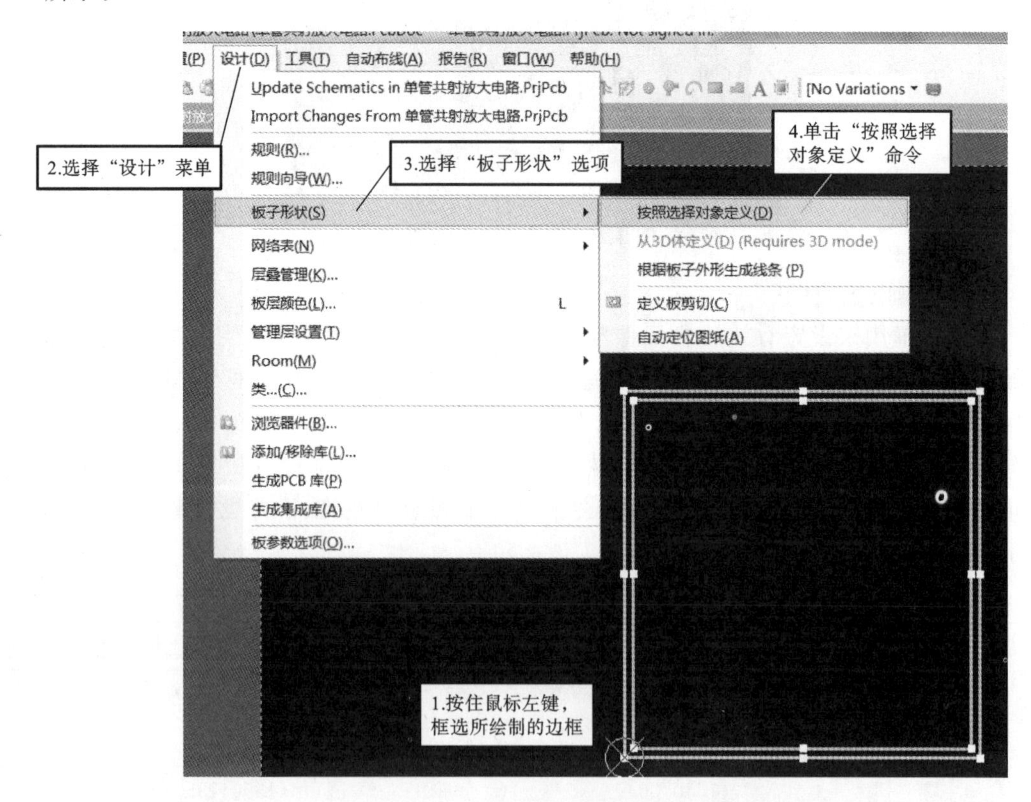

图 3-22　切割板子形状

图 3-23 完成切割的形状

3.1.3 设计向导生成 PCB

使用 PCB 设计向导来制作 PCB 文件，其过程分别如图 3-24 至图 3-37 所示。

图 3-24 调用设计向导

图 3-25 "PCB 板向导"对话框

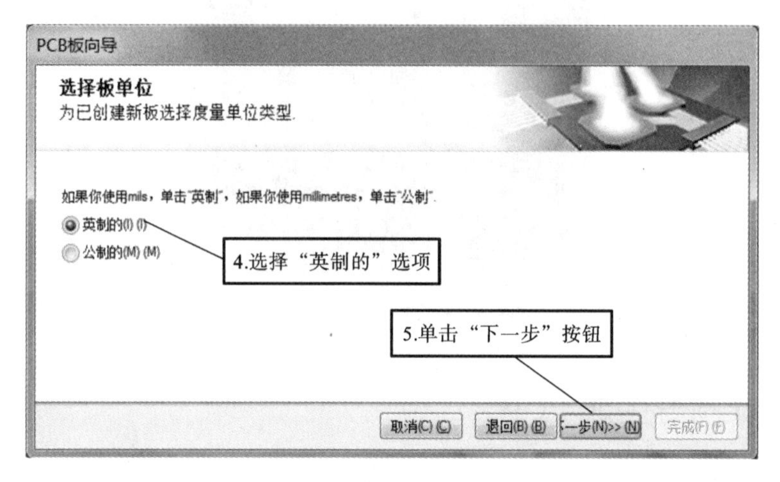

图 3-26　设置 PCB 板单位

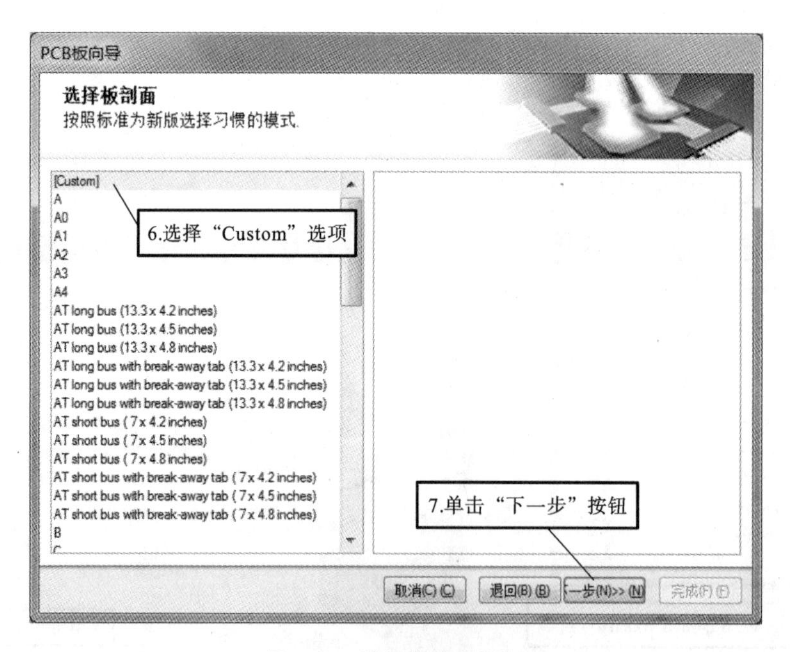

图 3-27　选择自定义图纸

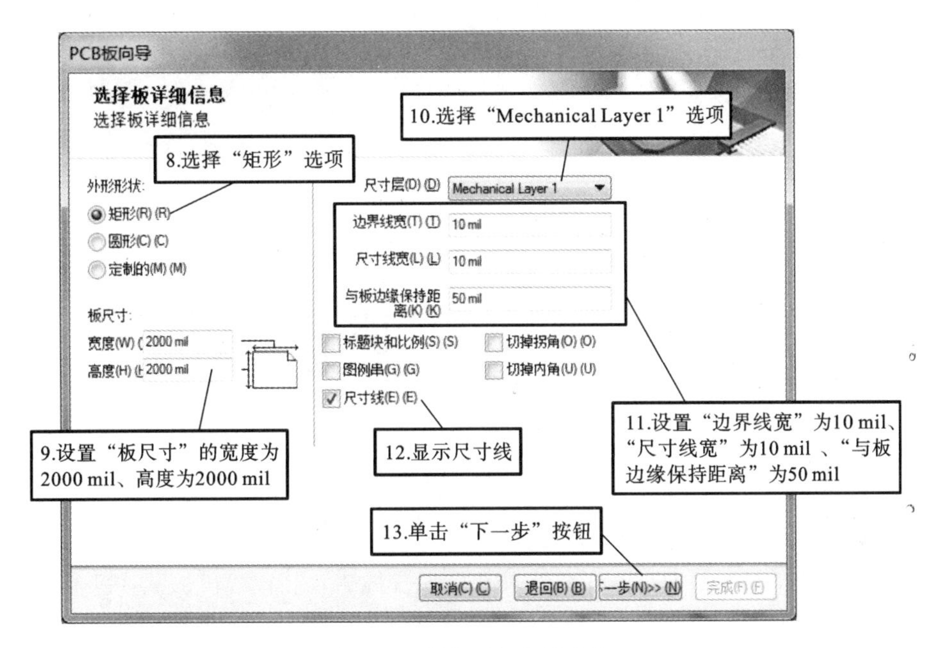

图 3-28 设置 PCB 板的参数

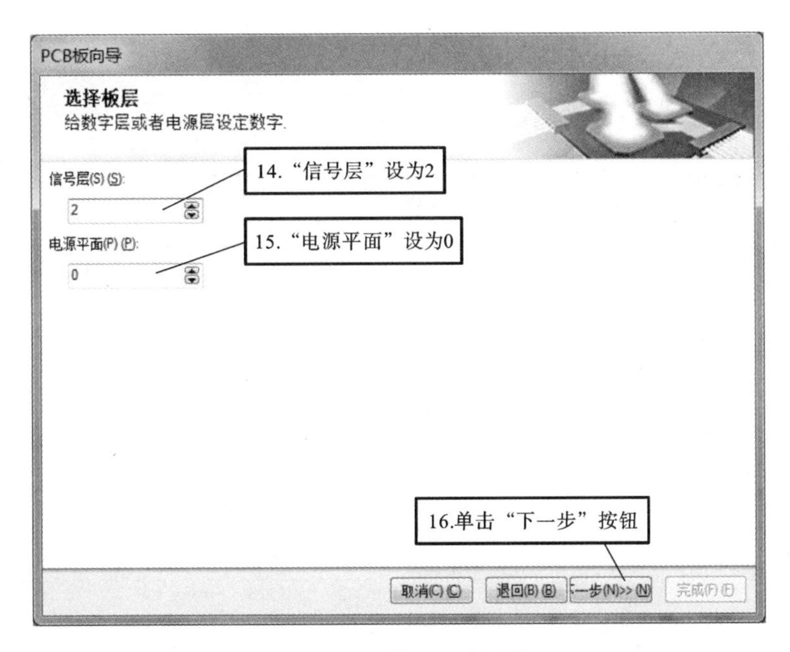

图 3-29 设置 PCB 板层数

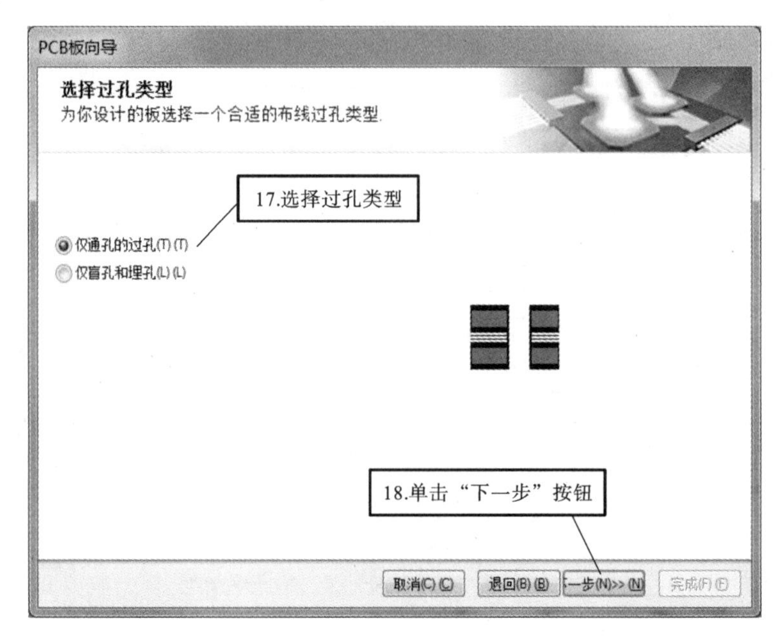

图 3-30　选择过孔类型

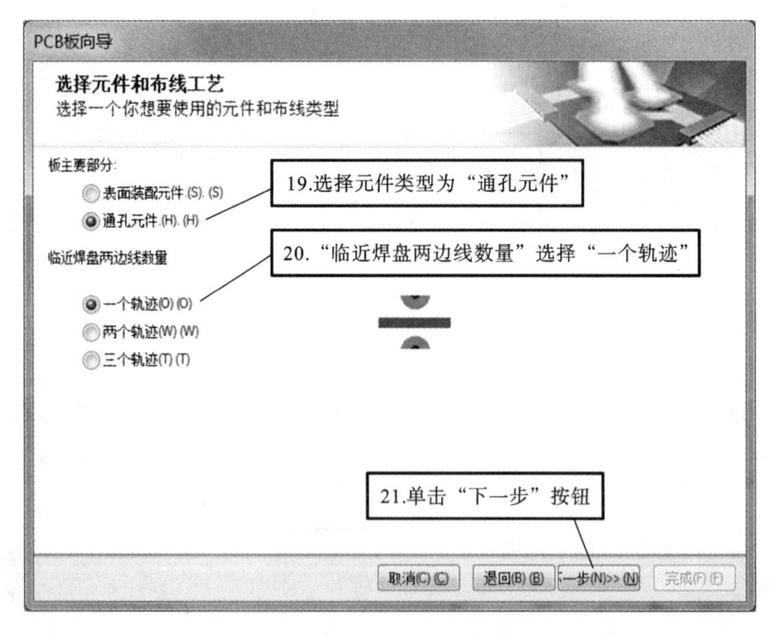

图 3-31　选择元件和布线工艺

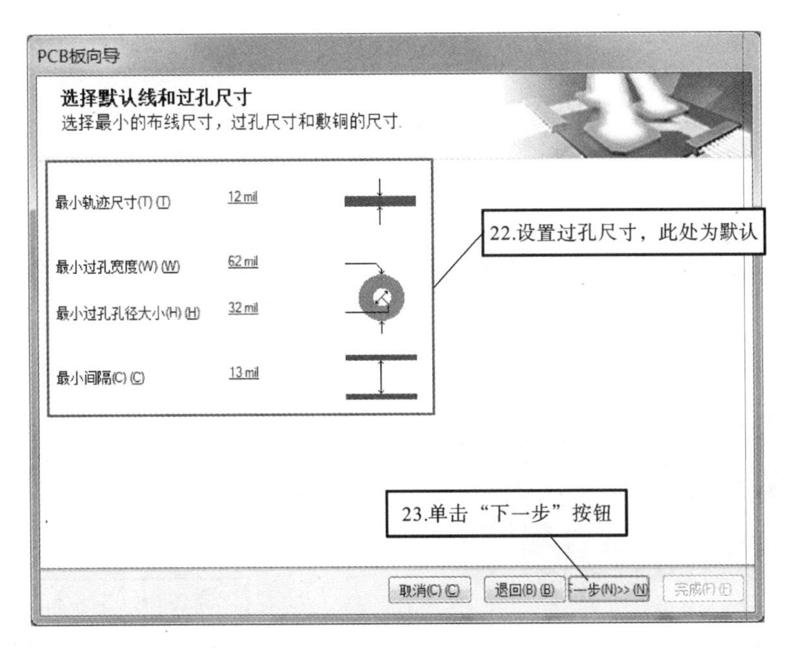

图 3-32　选择默认线和过孔尺寸

图 3-33　PCB 板向导设置完成

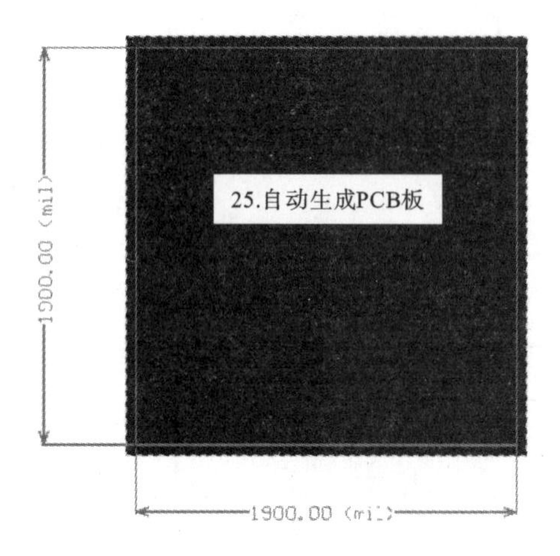

图 3-34 设计向导板框

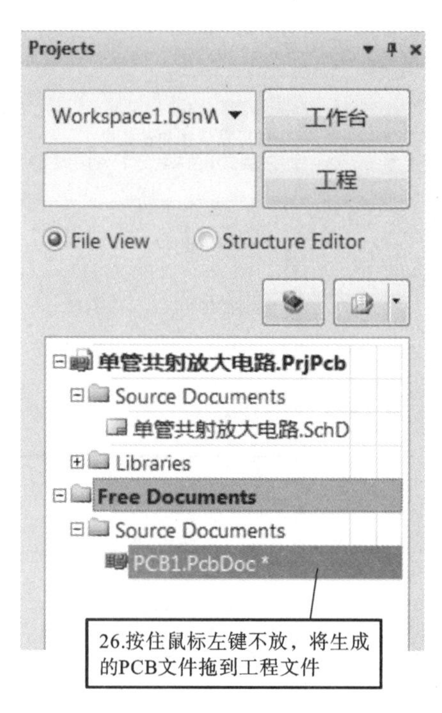

图 3-35 拖动 PCB 文件

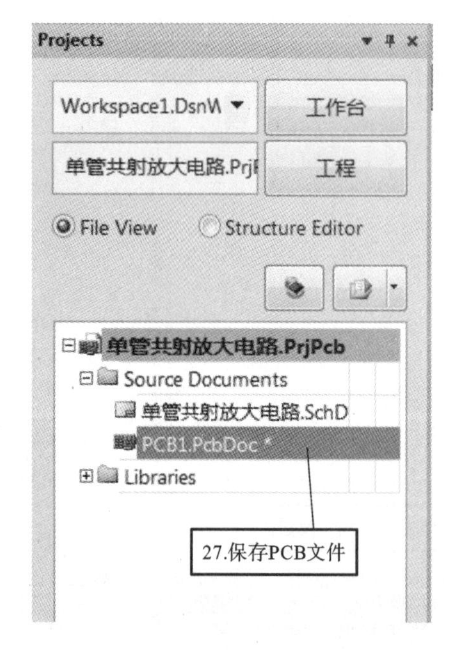

图 3-36 保存 PCB 文件

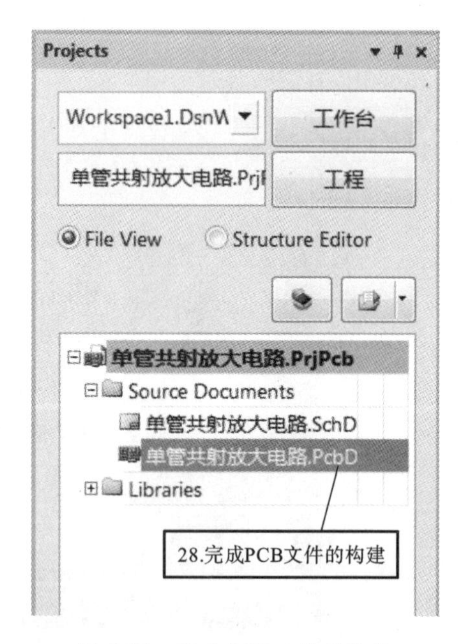

图 3-37 完成 PCB 文件的构建

任务 3.2 单管共射放大电路 PCB 布局

任务目标

◇ 掌握元件封装的添加和查找方法；

◇ 掌握导入 PCB 方法；

◇ 掌握 PCB 布局规则和布线方法。

任务内容

◇ 添加“单管共射放大电路”元件封装；

◇ 导入“单管共射放大电路”原理图；

◇ 对“单管共射放大电路”封装进行布局和布线。

3.2.1 元件封装的添加和查找

1. 元件封装的添加

原理图中的每个元件都要添加相应的封装，才能生成对应的PCB板。元件封装的添加过程分别如图 3-38 至图 3-45 所示。

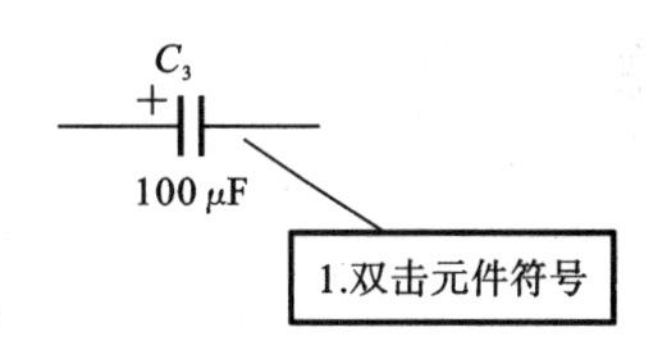

图 3-38 双击元件符号

采用相同的方法添加或修改所有元件的封装(Footprint)。

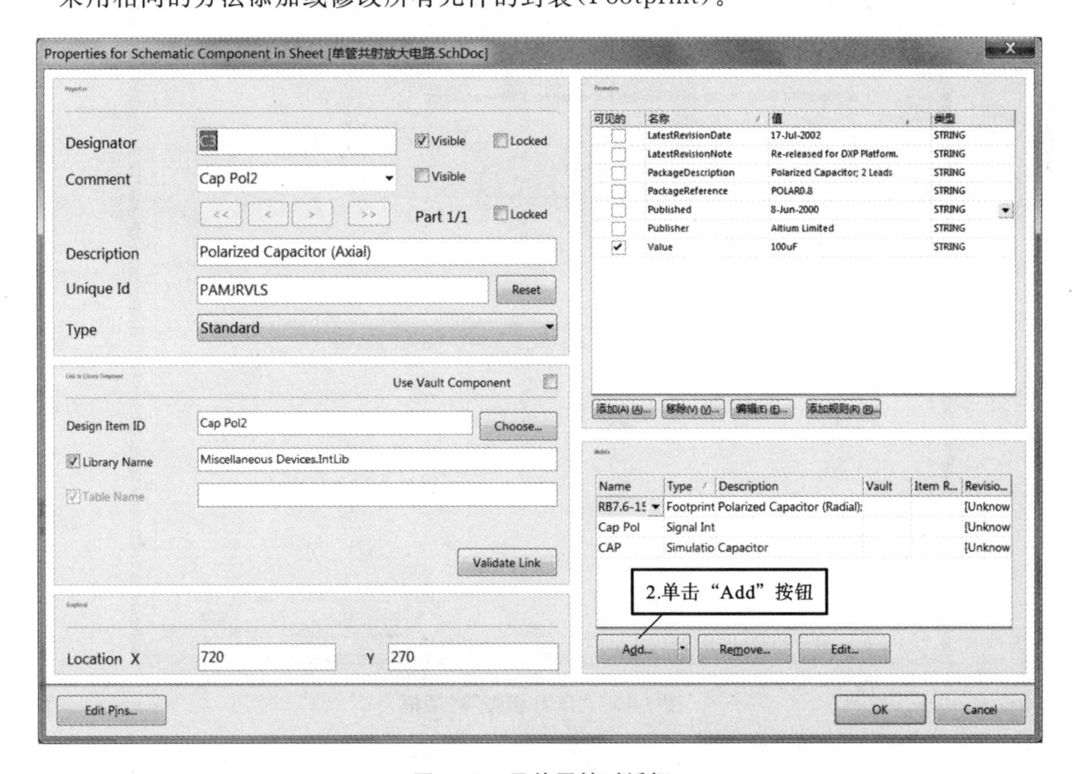

图 3-39 元件属性对话框

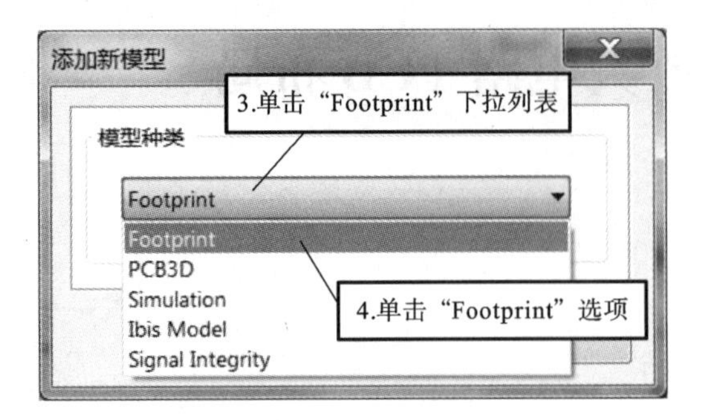

图 3-40 添加新模型

图 3-41 完成添加新模型

图 3-42 “PCB 模型”对话框

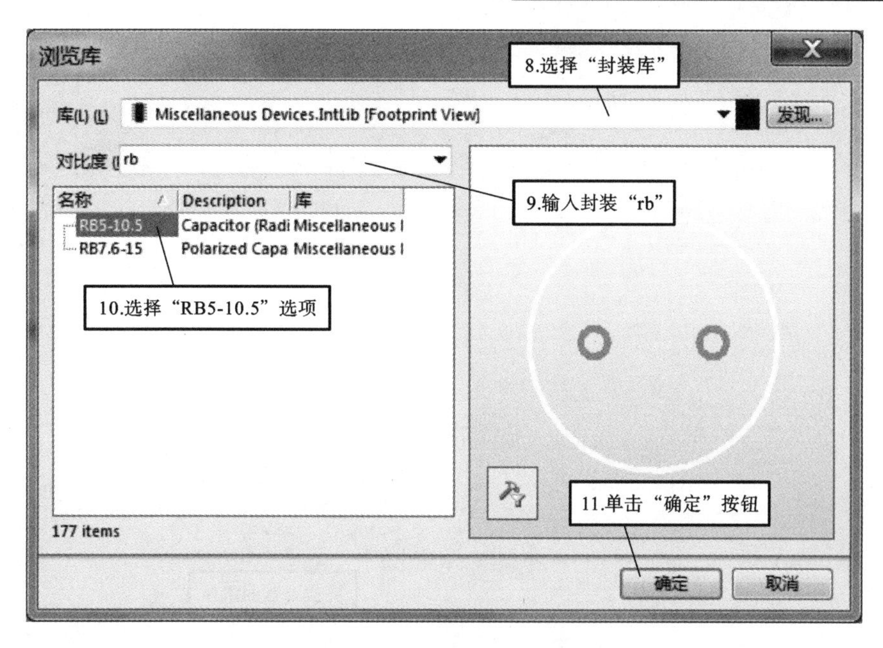

图 3-43 “浏览库”对话框 1

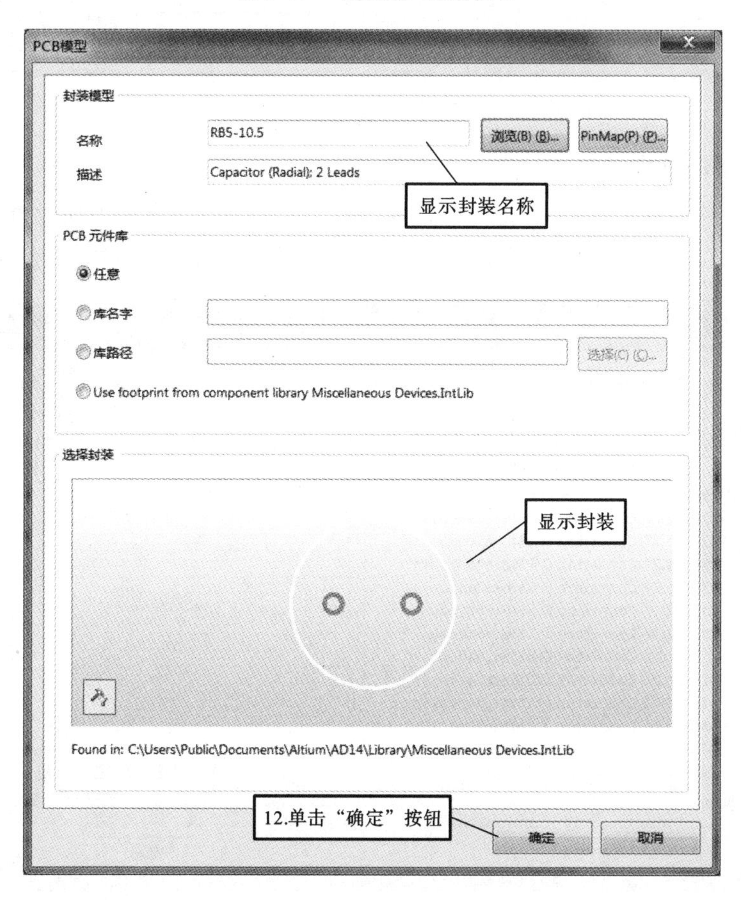

图 3-44 显示选择的封装

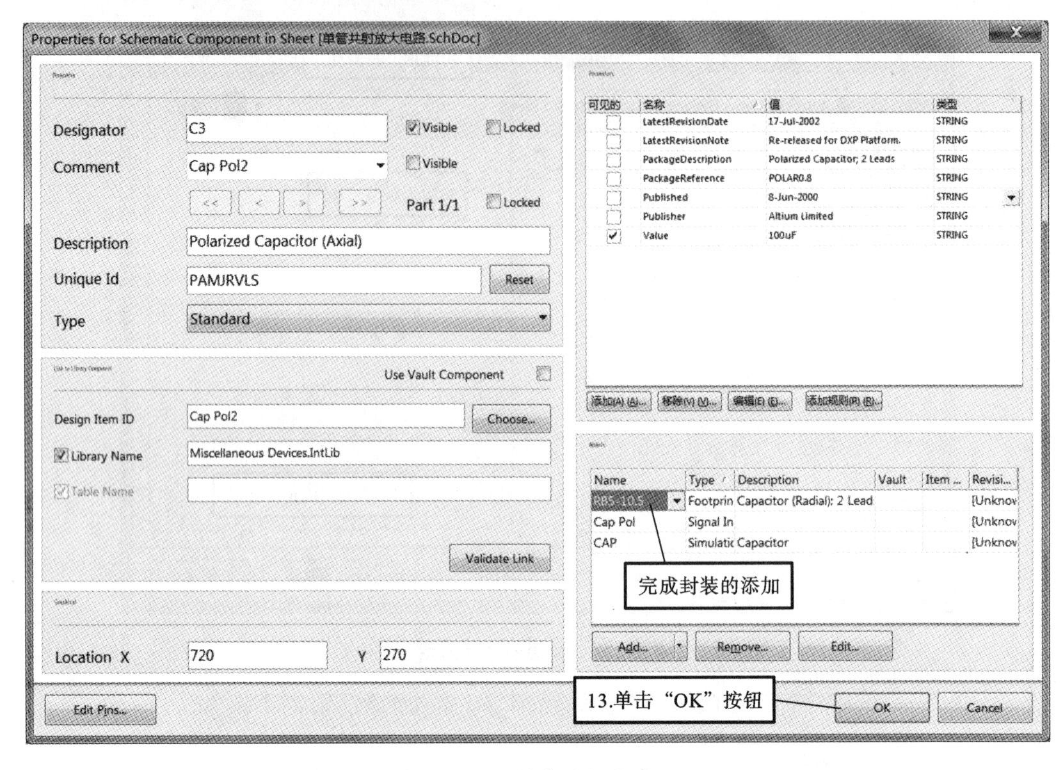

图 3-45 封装添加完成

2. 元件封装的查找

如果已知元件的封装,但不知道所在的库,那么可以通过查找来添加元件库。其过程先重复图 3-38 至图 3-41 所示步骤,然后按照图 3-46 至图 3-50 所示步骤完成查找。

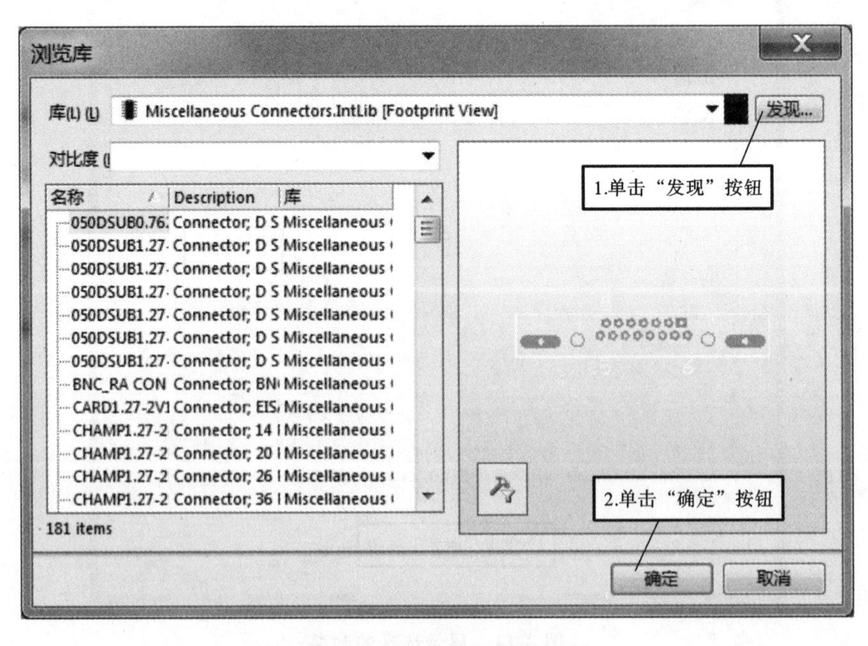

图 3-46 “浏览库”对话框 2

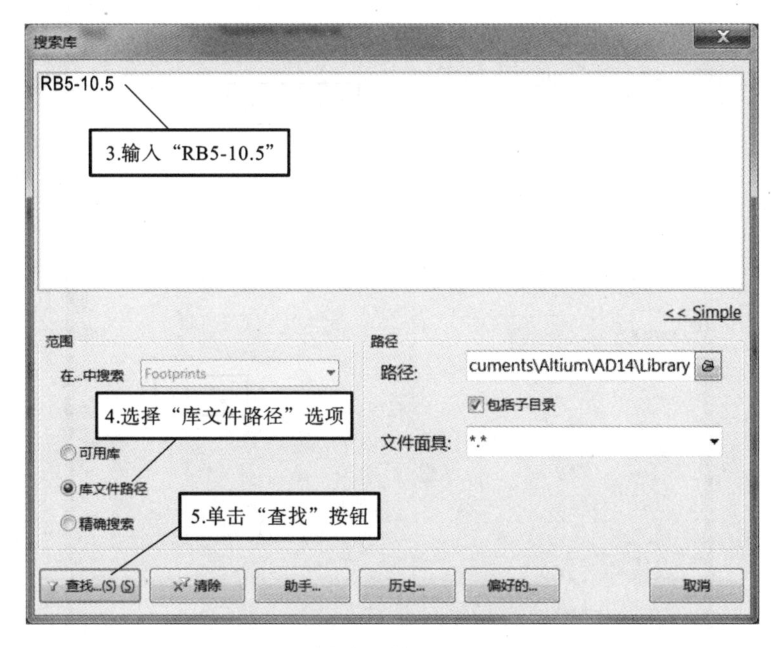

图 3-47 “搜索库”对话框

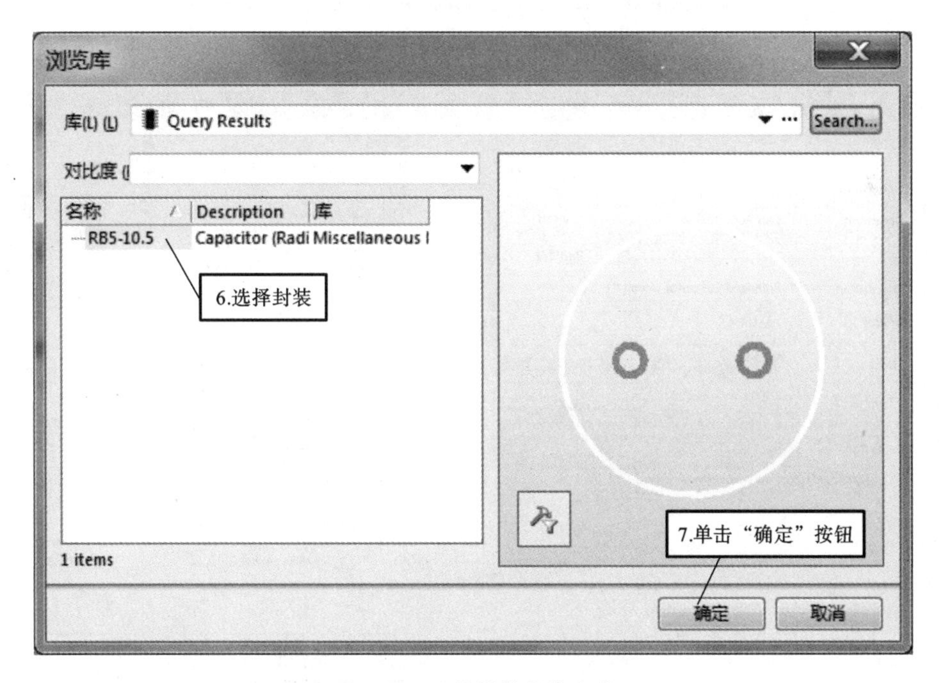

图 3-48 元件封装查找完成

图 3-49　显示查找的封装

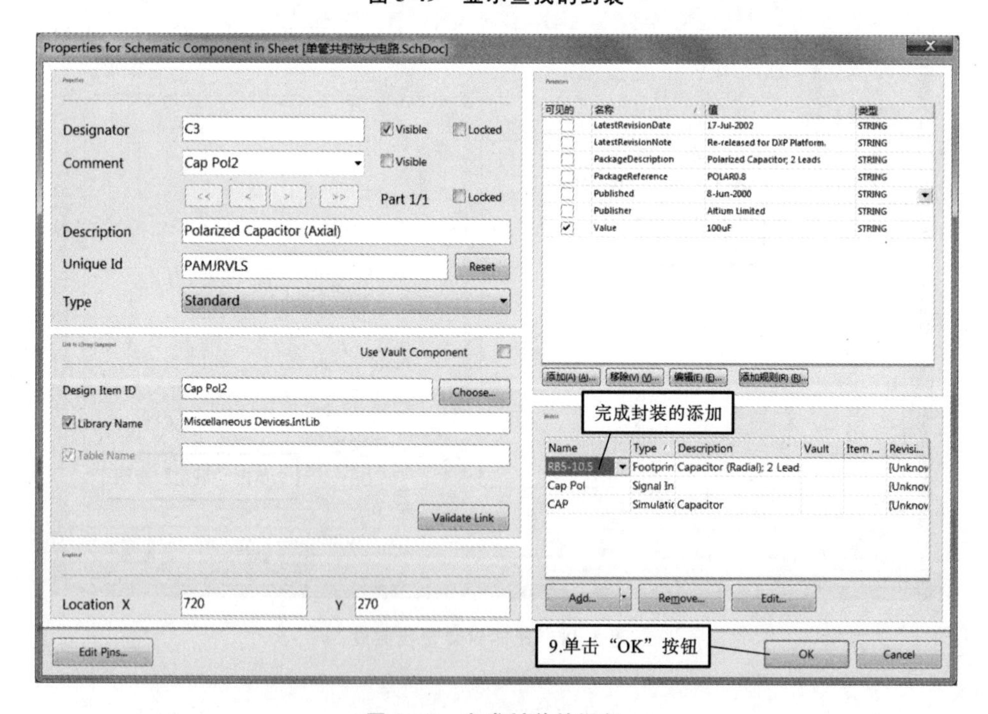

图 3-50　完成封装的添加

3.2.2 原理图导入 PCB

导入数据是将原理图文件中的信息导入 PCB 文件中，以便绘制 PCB，为布局和布线做准备，其过程分别如图 3-51 至图 3-55 所示。

图 3-51 调用工程更新对话框

图 3-52 项目检测

图 3-53 完成检测

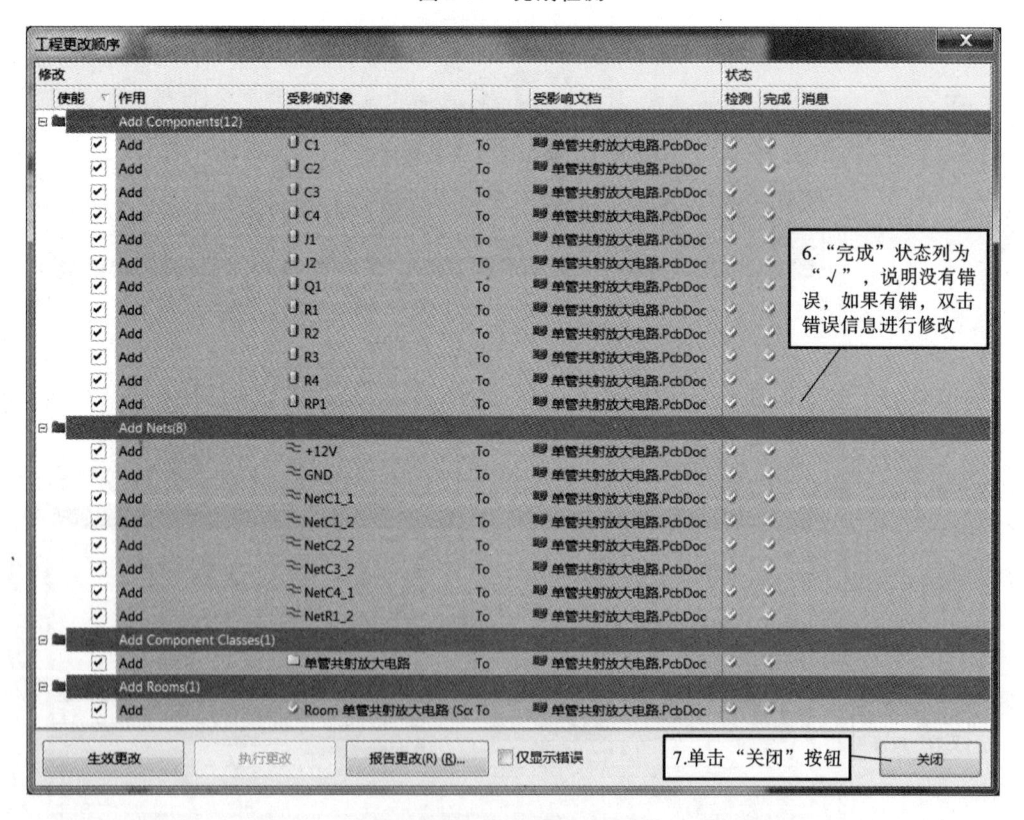

图 3-54 完成执行

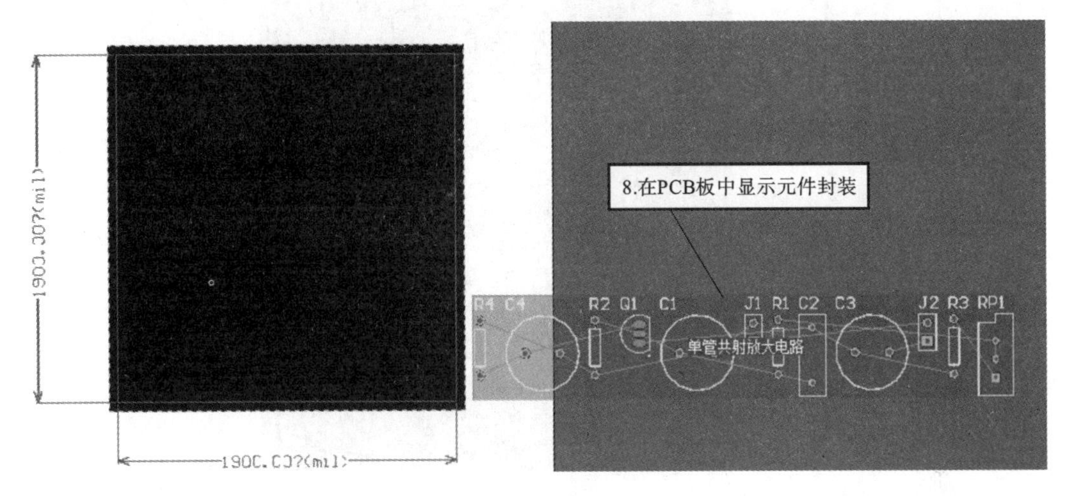

图 3-55 PCB 导入完成

3.2.3 PCB 布局

1. 元件布局规则

(1) 同一模块中的元件应采用就近集中原则,同时数字电路和模拟电路要分开。

(2) 一般 PCB 上的元件只能沿水平或者垂直方向排列,否则不利于元件的安装。

(3) 金属件不能与其他元件相碰,不能紧贴印制导线、焊盘。

(4) 发热元件应该远离热敏元件。

(5) 信号左进右出,上进下出。

(6) 太重的元件应当用支架加以固定,然后焊接。

(7) 尽可能缩短高频元件之间的连线,易受干扰的元件相互不能靠得太近。

2. ROOM 框

导入 PCB 封装后,可以看到元件封装有一个红框,此为 ROOM 框,用于显示单元电路的位置,即某个单元电路中的所有元件都被限制在 ROOM 框内,以便布局。

按住鼠标左键不动,拖动 ROOM 框即可将框内的所有元件封装在一起并拖动到 PCB 框内,如图 3-56 所示。

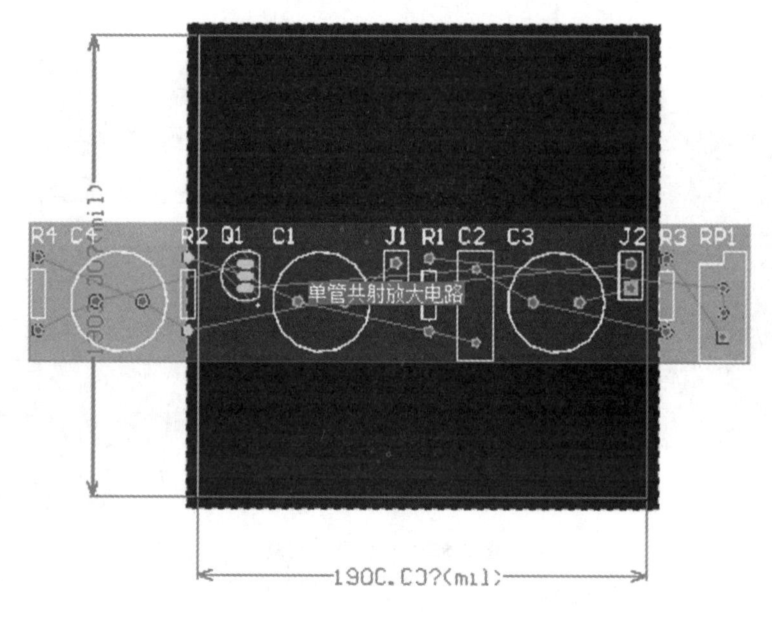

图 3-56 拖动 ROOM 框

为了方便元件布局，建议将 ROOM 框删除。其删除方法为单击 ROOM 框，按“Delete”键即可删除，如图 3-57 所示。

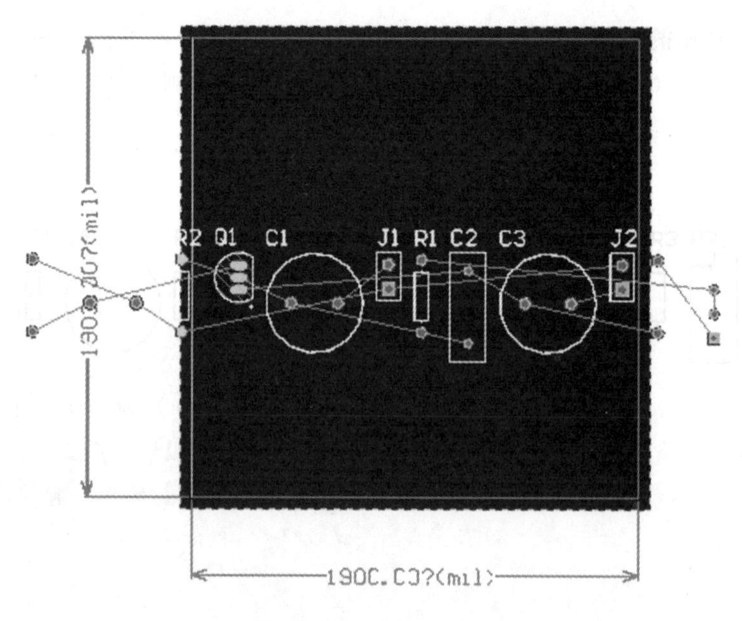

图 3-57 删除 ROOM 框

3. 手动布局

（1）元件封装的移动。

将鼠标移至要拖动的元件封装上，按住鼠标左键不放，并将其拖到合适位置，释放鼠标左键即可。

（2）元件封装的旋转。

将鼠标移至要旋转的元件封装上，按住鼠标左键不放，再按“空格”键，元件封装逆时针方向旋转 90°，释放鼠标左键，完成旋转。

注意：元件的封装不能使用“X”和“Y”键且不能对称。

（3）标识符的调整。

标识符的移动和旋转与元件封装的一样，也可以双击标识符对其进行调整，如图 3-58 所示。

图 3-58 标识符属性框

利用以上方法对“单管共射放大电路”的封装进行调整，其布局如图 3-59 所示。

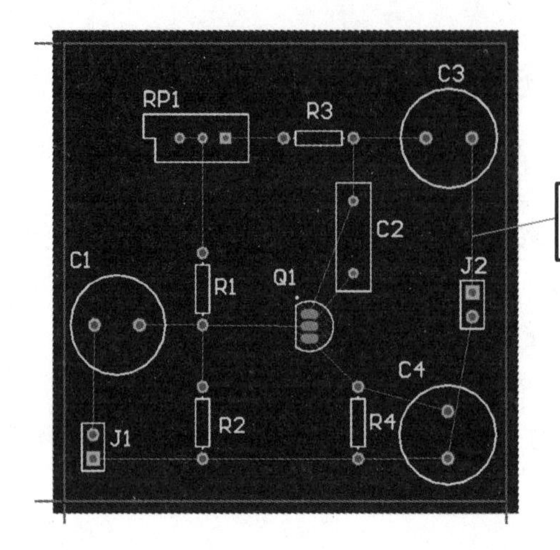

图 3-59 完成布局

3.2.4 PCB 布线

1. 布线规则

PCB 布线有单面布线、双面布线及多层布线。根据电路情况，为了获得满意的布线效果，布线需遵循以下基本原则。

(1) 导线尽可能为直线，要短，同一层导线不能交叉。

(2) 拐弯处为圆角或斜角，避免为直角或者尖角，因为在高频电路和布线密度高的情况下影响电气性能。

(3) 双面布线要避免顶层布线和底层布线相互平行，两面的导线应尽量相互垂直。

(4) 电源线和地线的宽度应尽量加粗，要比信号线宽。

(5) 摸拟小信号、高速信号、时钟信号和同步信号等关键信号线优先布线。

(6) 从电路板上连接关系最复杂的元件布线。

2. 设置布线规则

布线规则的设置主要包括 Routing(布线)、Electrical(电气)、SMT(表面贴装技术)、阻焊膜、助焊膜、Testpoint(测试点)、Manufacturing(制造)、High Speed Signal(高速信号)、Placement(放置)、Signal Integrity(信号完整性)等规则，如图 3-60 所示。

布线规则的设置过程如下。

(1) 布线宽度设置。

布线宽度主要设置信号线 Width、电源线 V_{CC} 和地线 GND 的宽度。"单管共射放大电路"的信号线宽度为 20 mil，电源线和地线的宽度均为 30 mil，其设置过程分别如图 3-61 至图 3-65 所示。

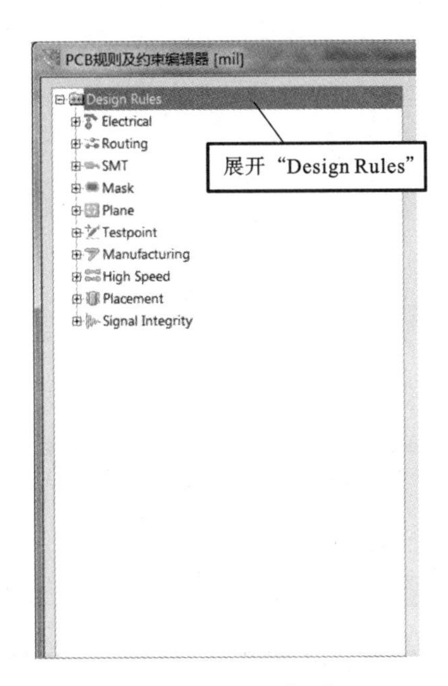

图 3-60 PCB 规则

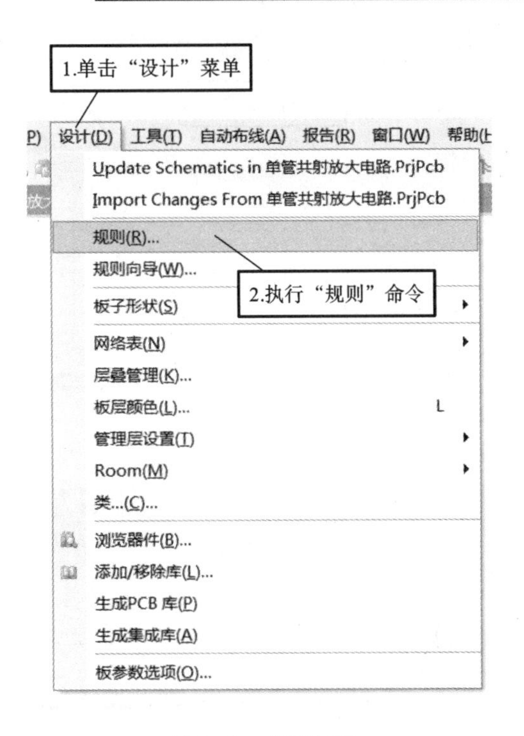

图 3-61 规则调用

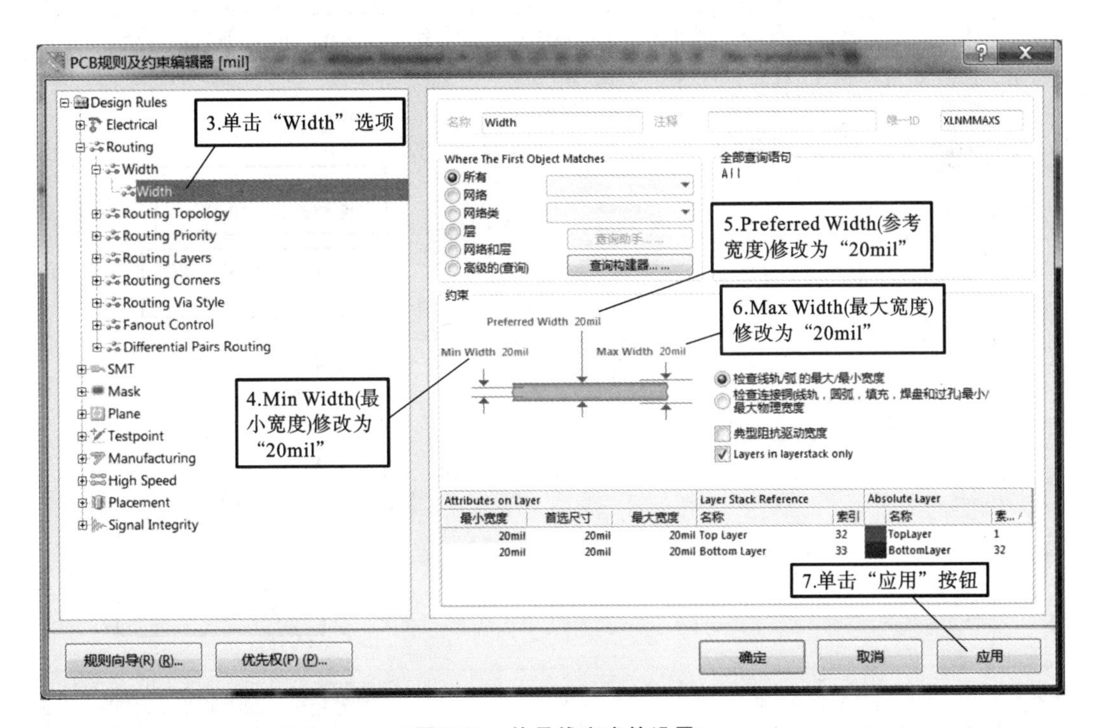

图 3-62 信号线宽度的设置

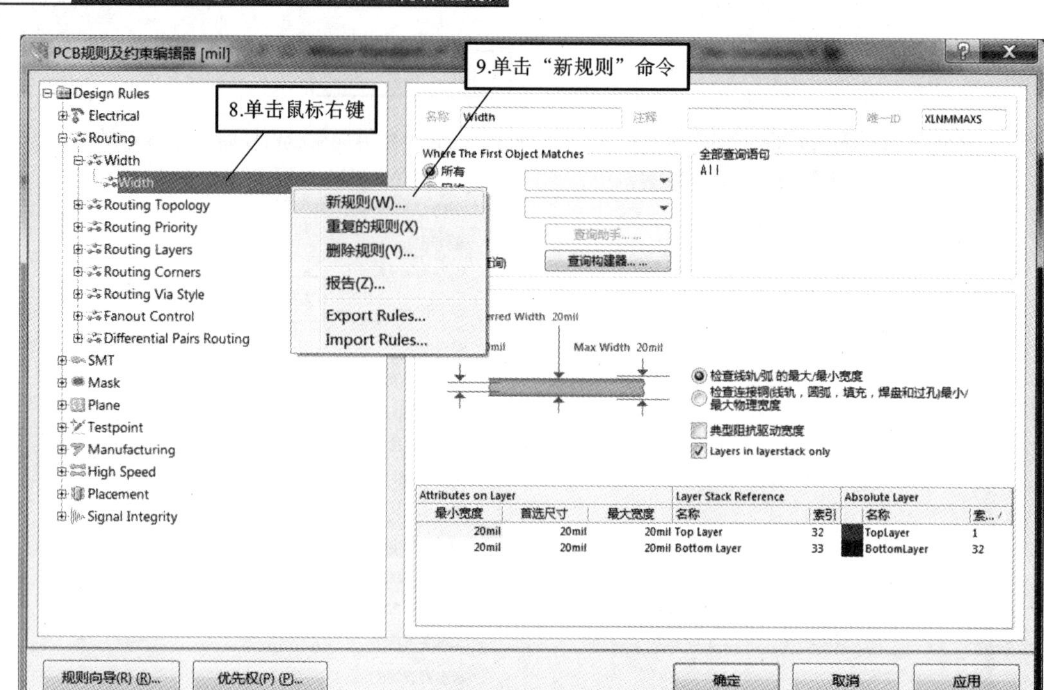

图 3-63 新规则的增加

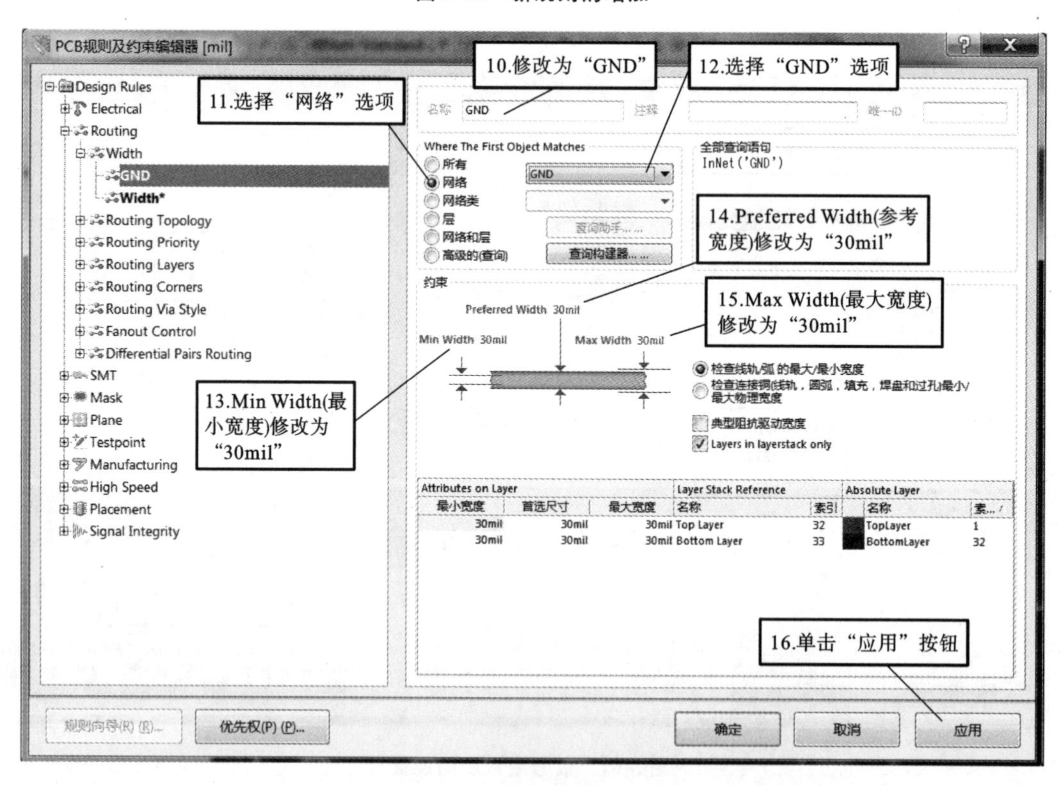

图 3-64 地线宽度的设置

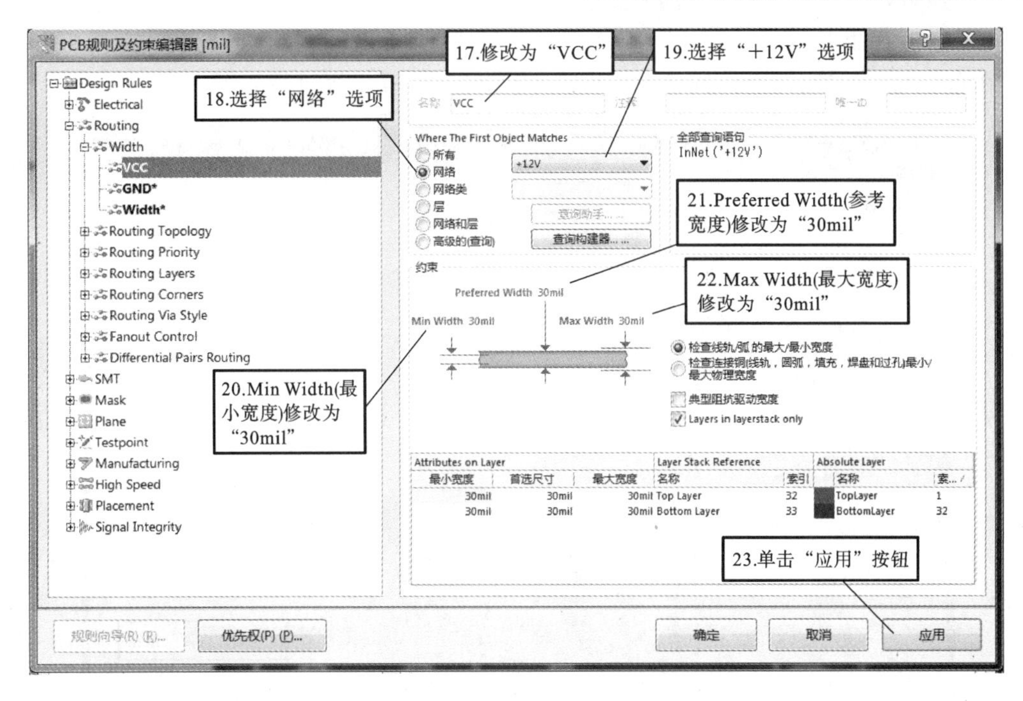

图 3-65 电源线宽度的设置

(2) 设置布线层。

该规则可以进行单、双层板的设置,“单管共射放大电路”采用单层板,其设置过程如图 3-66 所示。

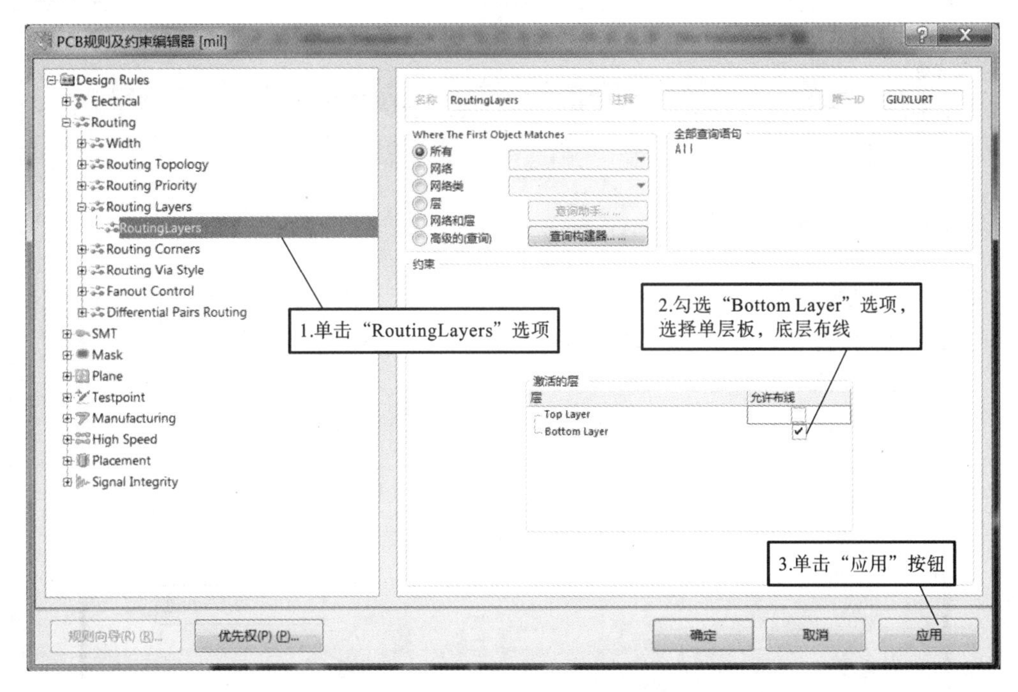

图 3-66 板层设置

(3) 设置拐角形状。

在布线的过程中,需要设置导线拐角的形状和宽度,其设置过程如图 3-67 所示。

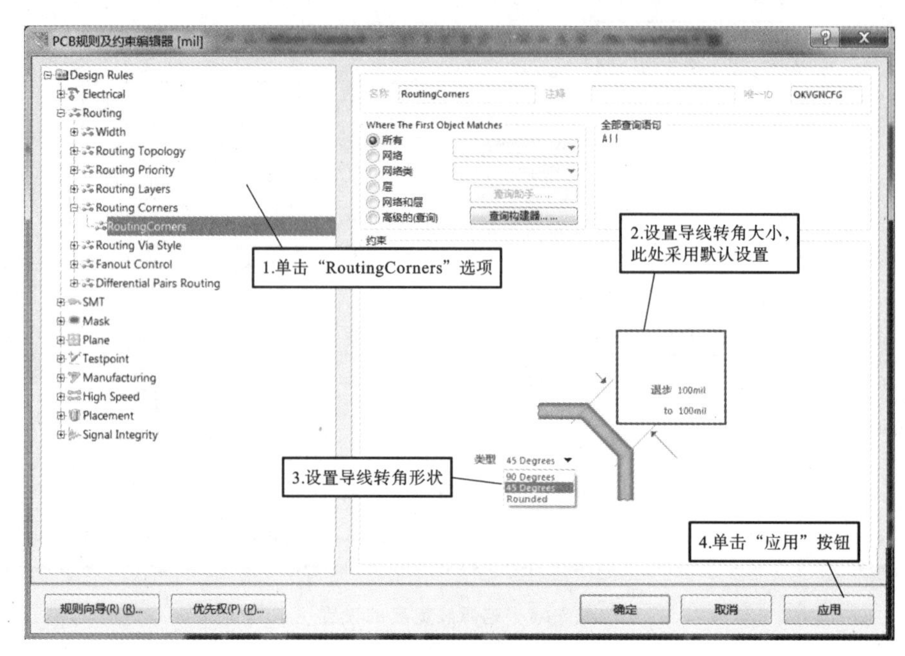

图 3-67 导线拐角形状的设置

(4) 设置过孔。

在双层板和多层板中,为连通各层之间的印制导线,需要在各层连通的导线的交汇处钻一个公共孔,即过孔。其设置过程如图 3-68 所示。

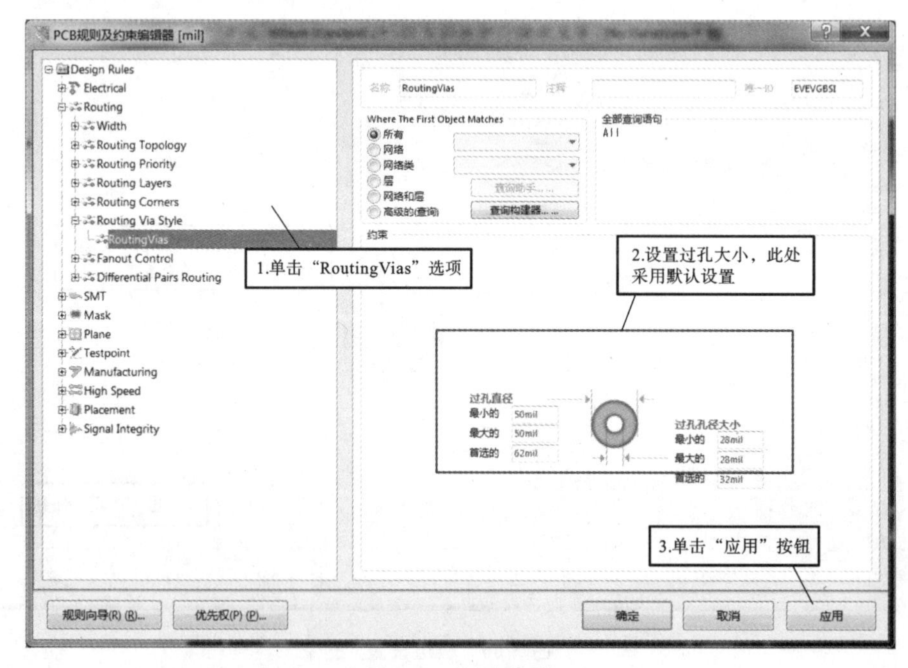

图 3-68 过孔设置

3. 手动布线

设置好规则后，即可开始手动布线。

“单管共射放大电路”采用的是单层板。首先将工作层切换到底层 Bottom Layer。其过程分别如图 3-69 至图 3-72 所示。

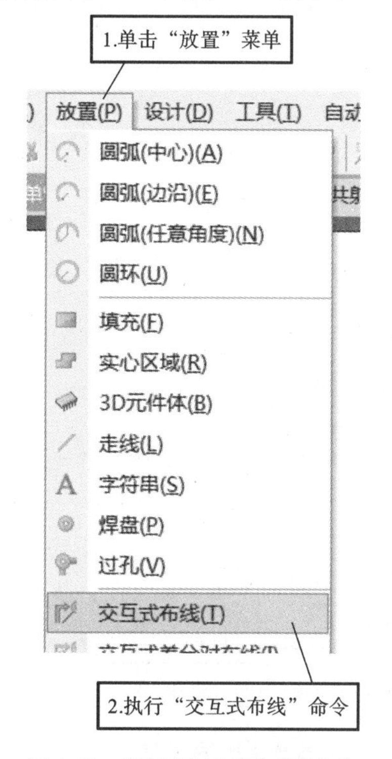

图 3-69 调用“交互式布线”命令

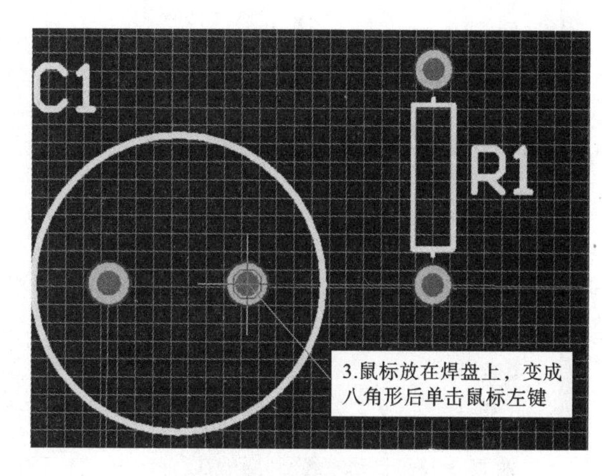

图 3-70 确定布线的起点

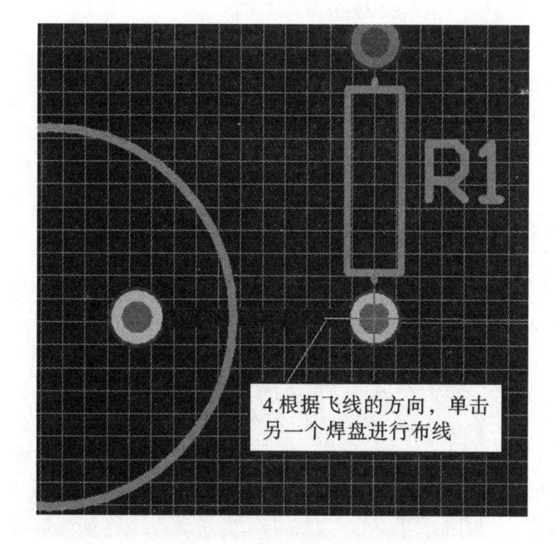

图 3-71 确定布线的终点

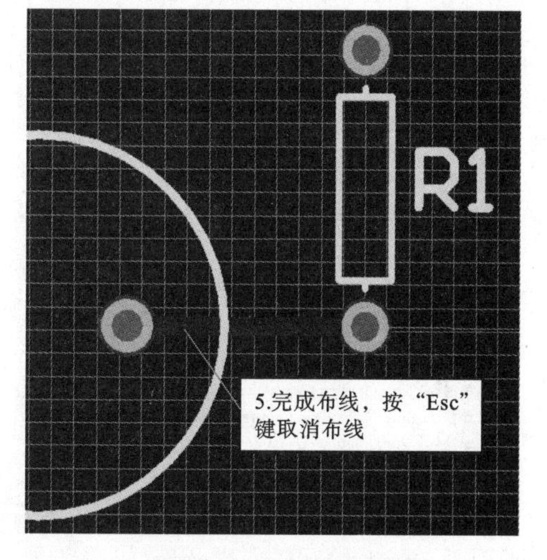

图 3-72 完成手动布线

利用以上方法将有飞线连接的部分进行手动布线，即完成整个电路板的布线。

4. 自动布线

将设计规则设置好后，除了采用手动布线外，还可以采用软件自带的自动布线功能对整个电路板进行布线。其过程分别如图 3-73 至图 3-76 所示。

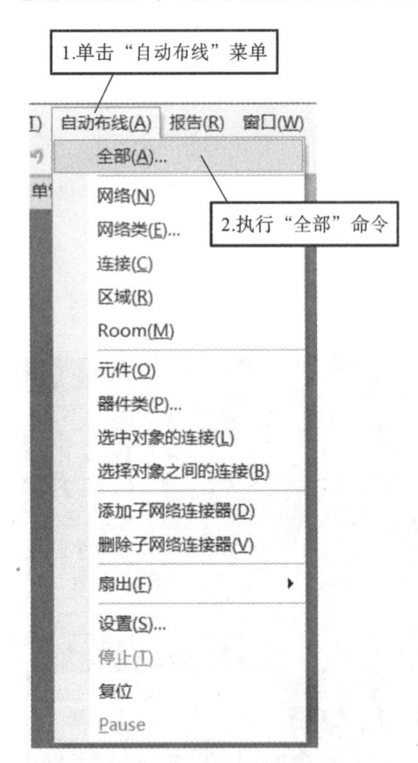

图 3-73 自动布线

图 3-74 “Situs 布线策略”对话框

图 3-75 关闭“Messages”对话框

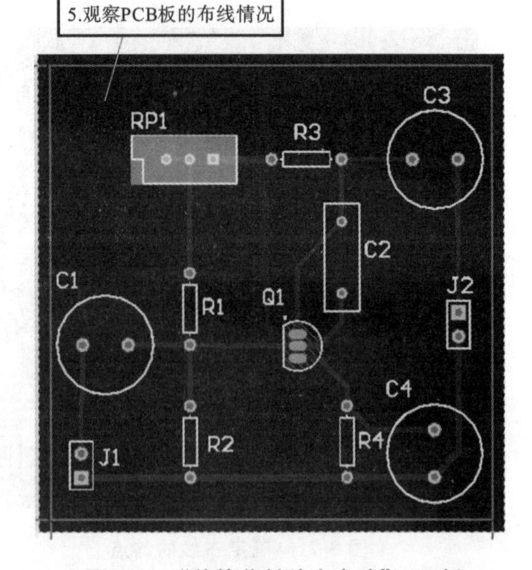

图 3-76 “单管共射放大电路”PCB 板

5. 调整布线

(1) 取消布线。

如果想删除布线,不必手动完成,AD 软件提供了取消布线的功能,其过程如图 3-77 所示。

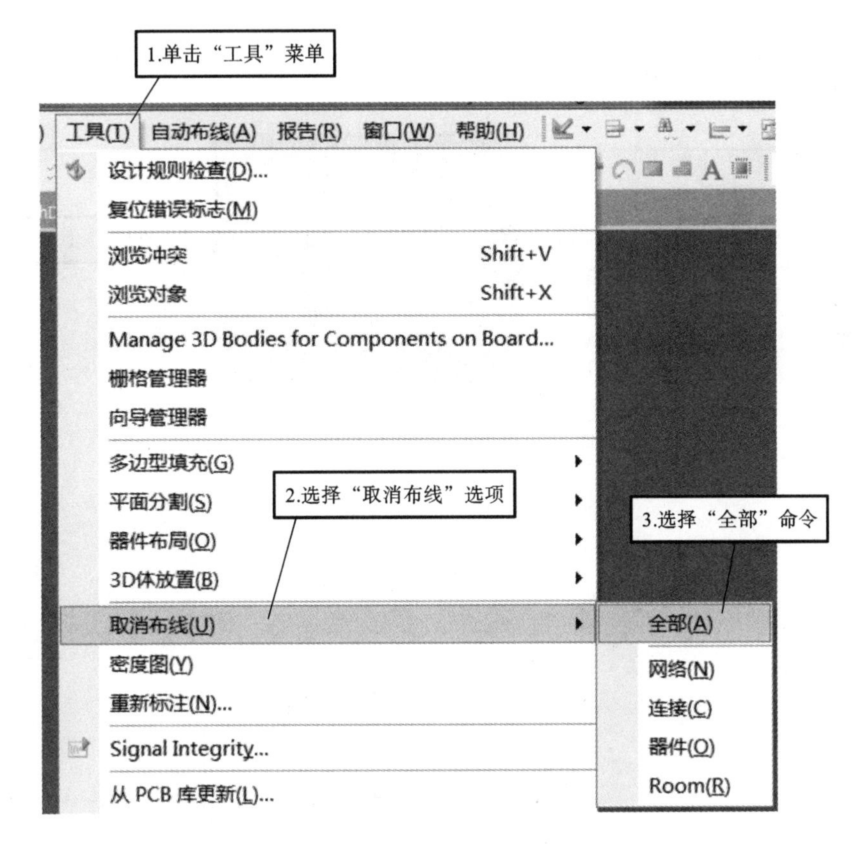

图 3-77 取消布线

(2) 删除不合理的布线。

对自动布线中不合理的布线,可以直接删除。其方法是单击走线,按“Delete”键删除不理想的布线即可。

再利用手动布线将删除的不合理的布线重新进行绘制。

6. 敷铜

在 PCB 上敷铜有以下作用:加粗电源网络的导线,使电源网络承载大电流;给电路中的高频单元放置敷铜区,吸收高频电磁波,以免干扰其他单元;整个线路板敷铜,提高抗干扰能力。

敷铜采用以下三种方法。

(1) 放置填充区。

切换到所需的层,按如图 3-78 所示执行放置填充区命令。这种方法只能放置矩形填充。双击矩形填充区,弹出如图 3-79 所示的“填充[mil]”对话框,在该对话框中可以设置填充所连接的网络。填充通常放置在 PCB 的顶层、底层或内部的电源层或接地层,不能包围元件等图形对象。

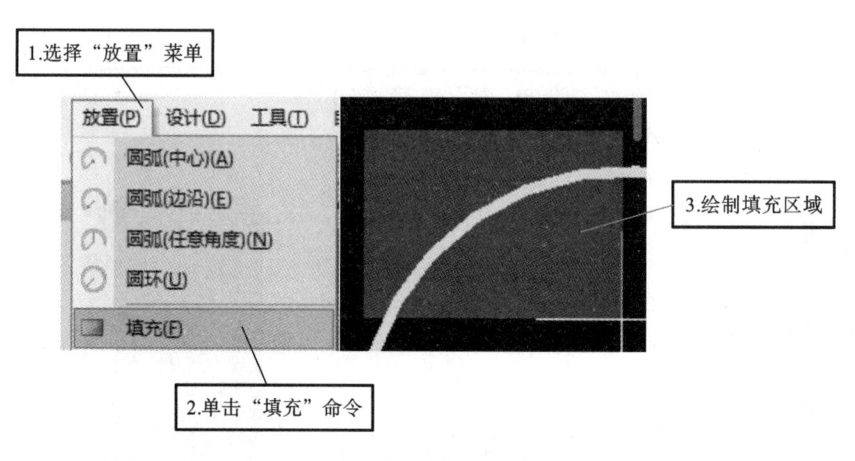

图 3-78 放置填充区

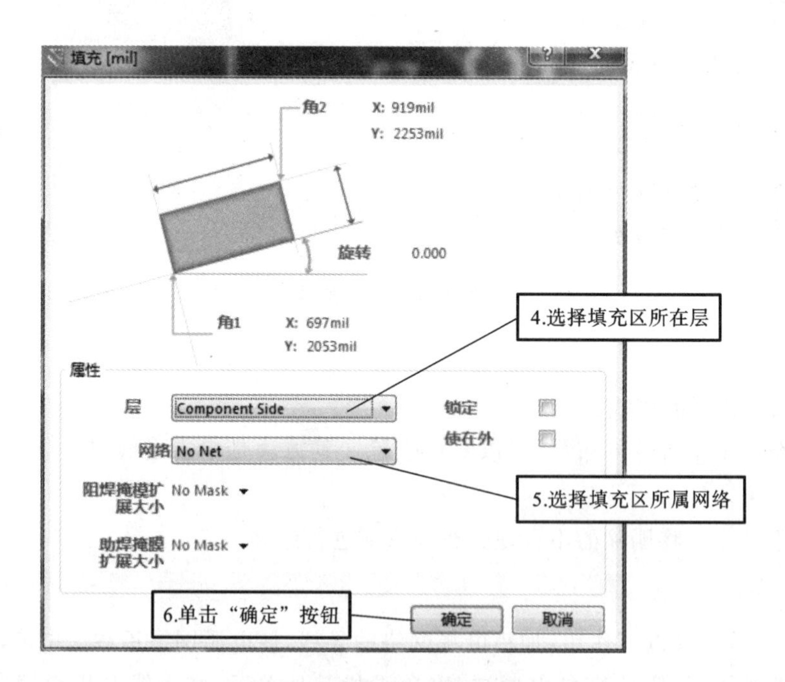

图 3-79 “填充[mil]”对话框

(2) 放置实心区域。

切换到所需的层，放置实心区域，画出多边形区域，如图 3-80 所示。在“区域[mil]”对话框中可以设置填充所连接的网络，如图 3-81 所示。其形状可以改变，但是不能包围元件等图形对象。

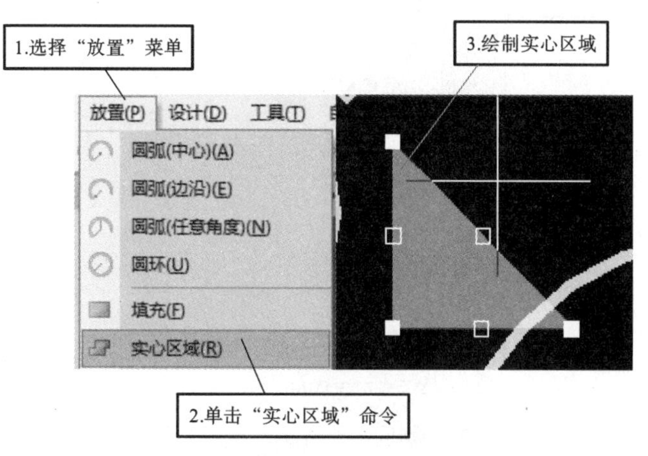

图 3-80 放置实心区域

图 3-81 “区域[mil]”对话框

(3) 放置敷铜区。

① 放置实心敷铜区。执行“放置”菜单→“多边形敷铜”命令，弹出“多边形敷铜[mil]”对话框，如图 3-82 所示。

图 3-82 执行“多边形敷铜”命令

② 放置镂空敷铜区。在“多边形敷铜[mil]”对话框中,“填充模式”选择“Hatched(Tracks/Arcs)”,属性设置如图 3-83 所示。

Hatched(Tracks/Arcs):敷铜区内为镂空敷铜区域。

轨迹宽度:设置导线宽度。

栅格尺寸:设置网格尺寸。

包围焊盘宽度:选择敷铜包围焊盘的方式是圆弧(Arc)还是八角形(Octagons)。

孵化模式:选择镂空样式,包括 90 度、45 度、水平的和垂直的。

7. 补泪滴

在电路板设计中,为了让焊盘更坚固,防止机械制板时焊盘与导线之间断开,常在焊盘和导线连接处用铜膜布置一个过渡区,形状像泪滴,故常称为补泪滴(Teardrops)。焊盘通过补泪滴操作,可看出补泪滴的效果,如图 3-84 所示。

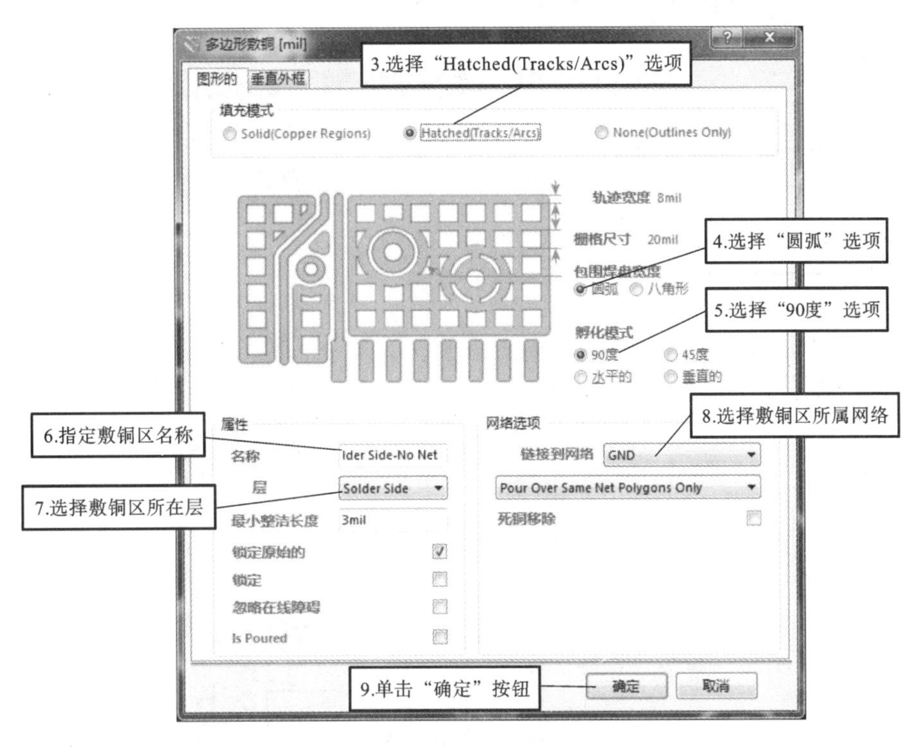

图 3-83 "多边形敷铜[mil]"对话框

操作方法:执行"工具"菜单→"滴泪"命令(见图 3-85),将弹出如图 3-86 所示的"Teardrops"对话框。

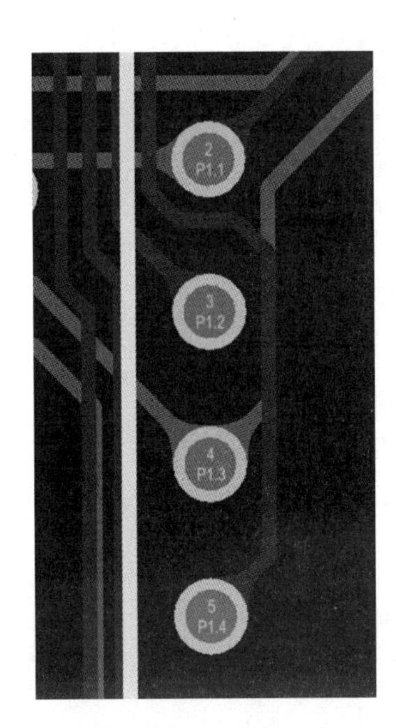

图 3-84 补泪滴效果

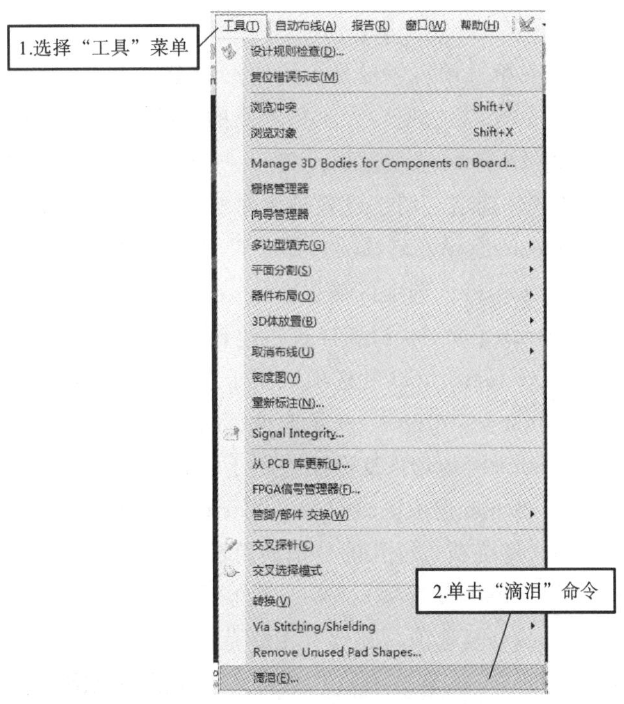

图 3-85 执行"工具"菜单→"滴泪"命令

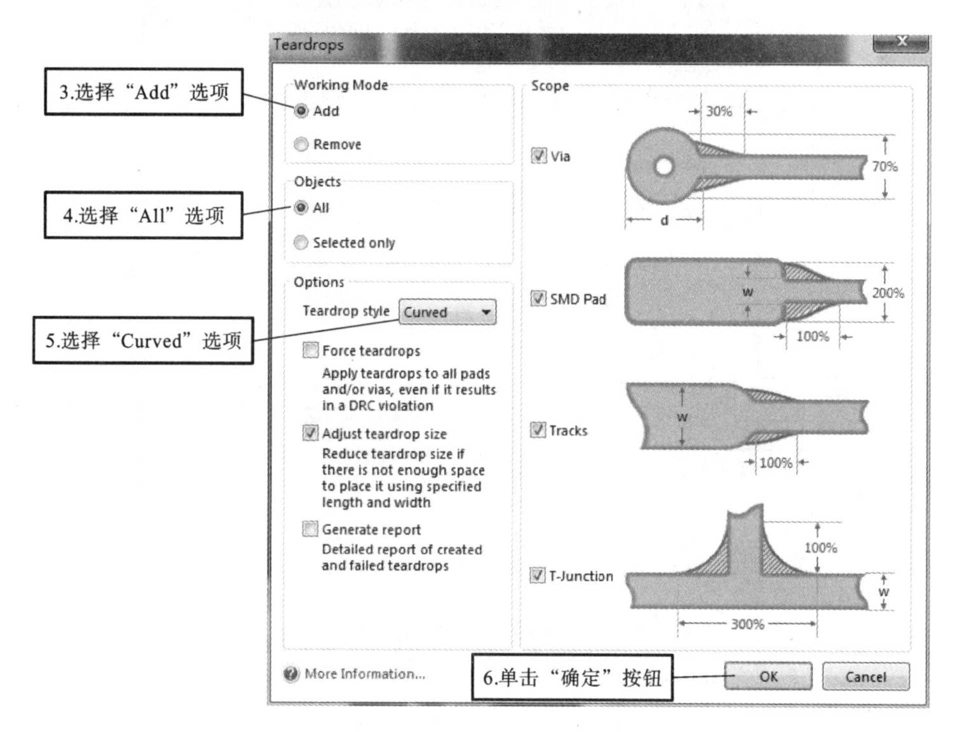

图 3-86 "Teardrops"对话框

各项参数说明如下。

(1) Working Mode 选项区域设置。

Add(单选项):表示是泪滴的添加操作。

Remove(单选项):表示是泪滴的删除操作。

(2) Objects 选项区域设置。

All(单选项):用于设置是否对所有的组件进行补泪滴。

Selected only(单选项):用于设置是否只对所选中的组件进行补泪滴。

(3) Options 选项区域设置。

Teardrop style(泪滴样式):包含 Curved(圆弧形)、Line(直线形)。

Force teardrops(复选项):用于设置是否强制性补泪滴。

Adjust teardrop size(复选项):用于设置是否自动调整泪滴大小。

Generate report(复选项):用于设置补泪滴操作结束后是否生成补泪滴的报告文档。

(4) Scope 选项区域设置。用于设置下面四种不同类型的泪滴范围大小。

Via(复选项):过孔的补泪滴范围大小。

SMD Pad(复选项):SMD 焊盘补泪滴范围大小。

Tracks(复选项):连线补泪滴范围大小。

T-Junction(复选项):T 型交叉线补泪滴范围大小。

任务 3.3 设计规则检查

任务目标

◇ 掌握设计规则检查方法；

◇ 掌握原理图与 PCB 之间的更新方法。

任务内容

◇ 对“单管共射放大电路”进行设计规则检查；

◇ 对“单管共射放大电路”的 PCB 与原理图进行更新。

3.3.1 设计规则检查概述

电路板布线完毕后，在输出设计文件之前，要进行完整的设计规则检查(DRC)，即对布线的结果进行检查，查看是否有违反设计规则的布线，比如导线宽度、安全距离、元件间距、过孔等。其过程如图 3-87、图 3-88 所示。

图 3-87 运行设计规则检查

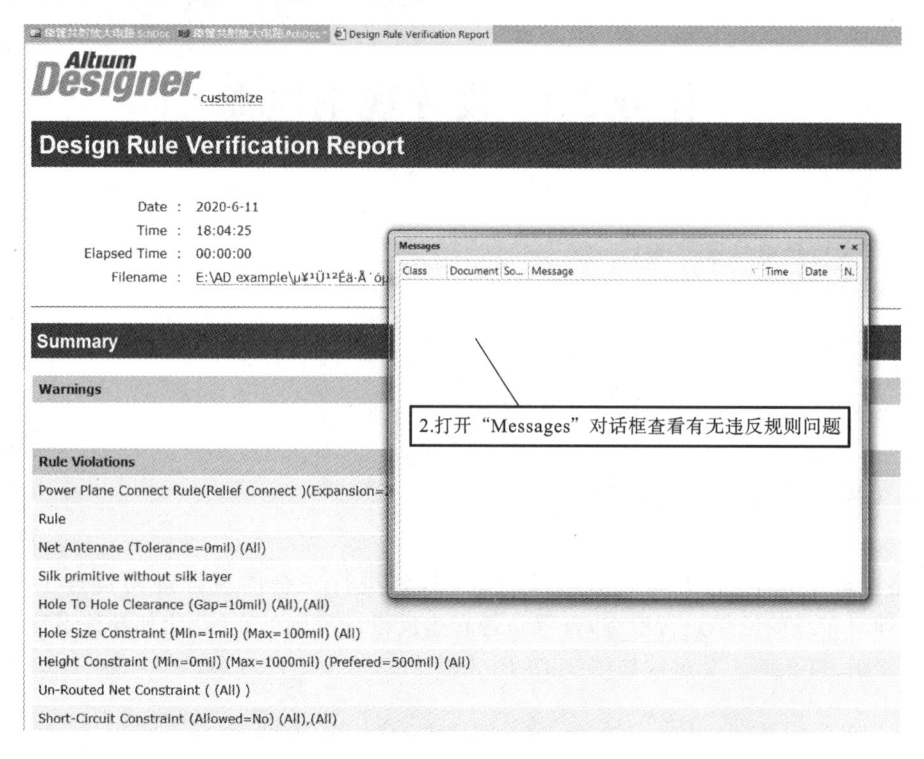

图 3-88 DRC 结果

2. 电路板 3 维显示

电路板可以进行 2 维和 3 维之间的转换，其转换过程如图 3-89 所示。

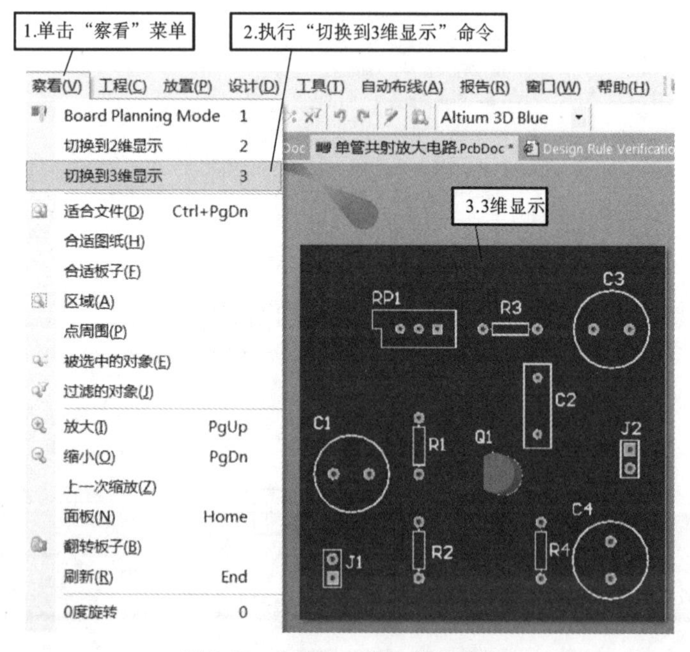

图 3-89 2 维和 3 维之间的转换

3.3.2 PCB 与原理图之间的更新

(1) PCB 更新到原理图。

如果在 PCB 环境中更改了某个元件的封装，以电容 C1 为例，将 PCB 中电容 C1 的封装由 RB5-10.5 修改为 CAPR5-4X5，其过程分别如图 3-90 至图 3-97 所示。

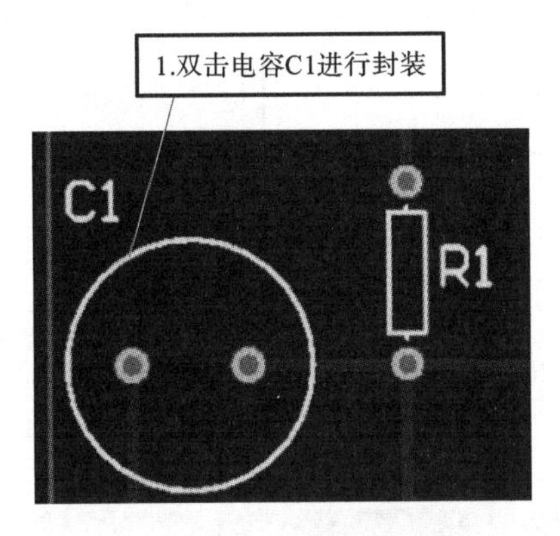

图 3-90 双击电容 C1

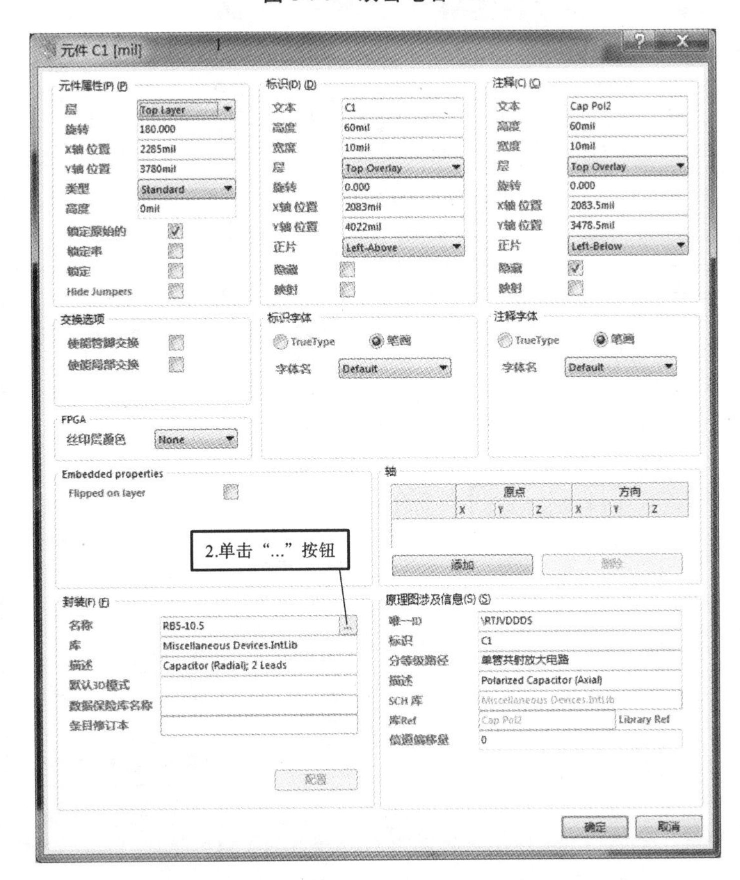

图 3-91 元件封装属性对话框

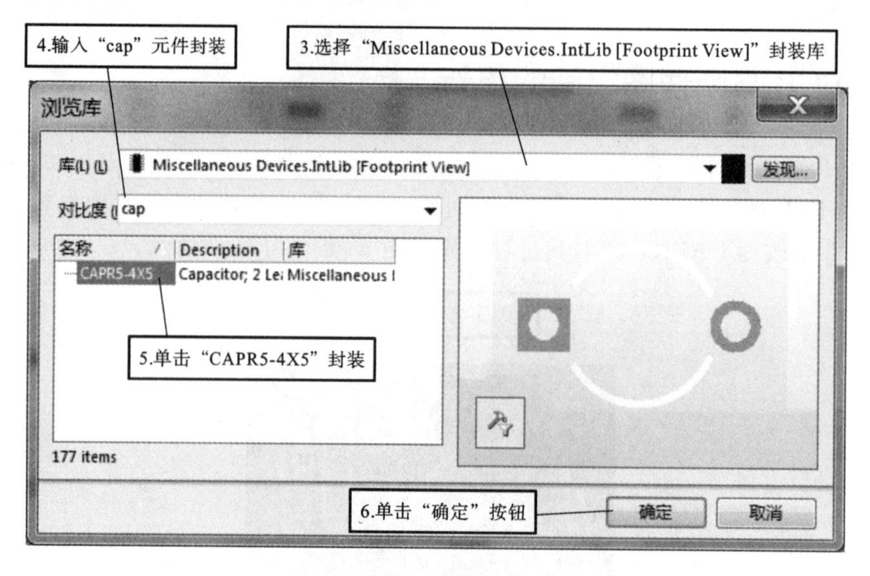

图 3-92 查找封装

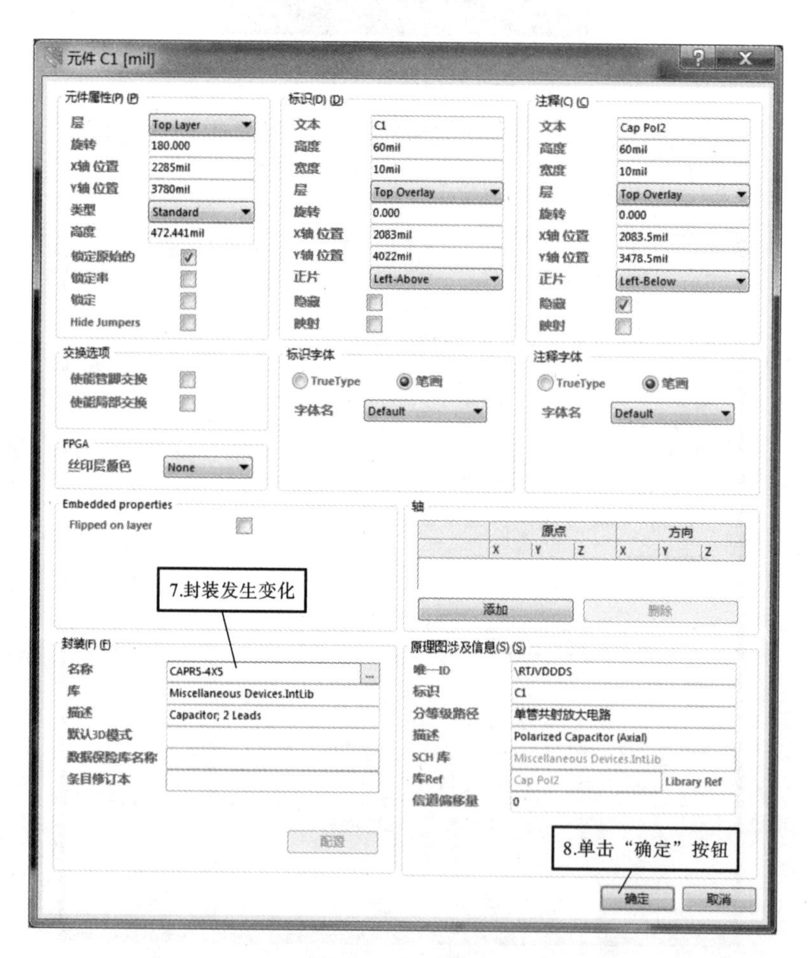

图 3-93 修改完成

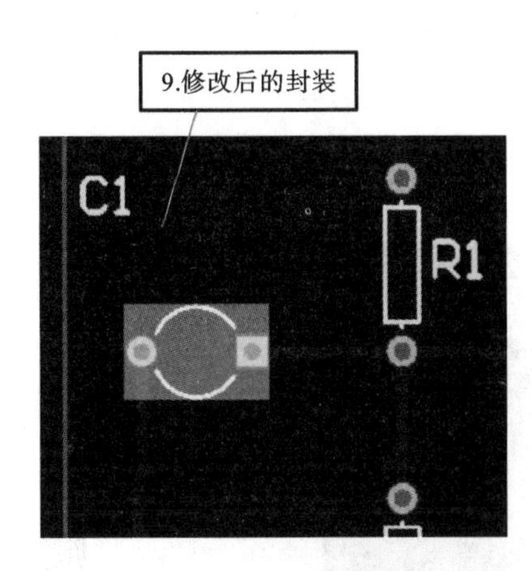

图 3-94　完成封装的更换

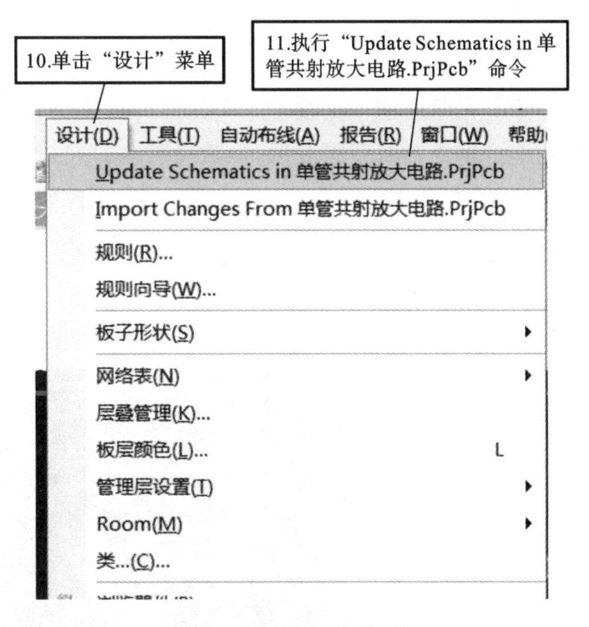

图 3-95　启动更新对话框

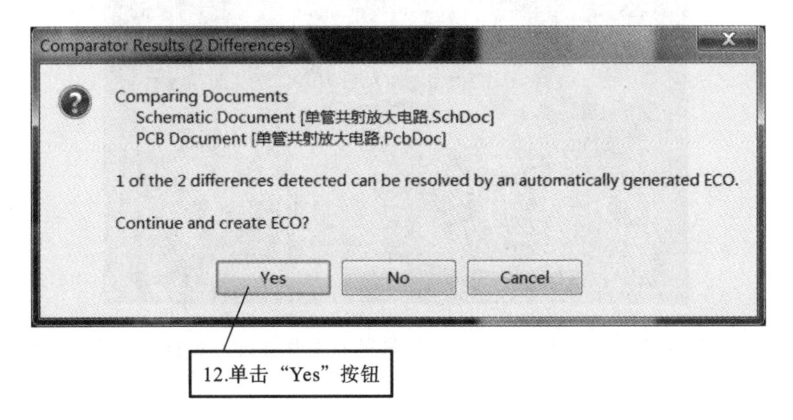

图 3-96　更新确认对话框

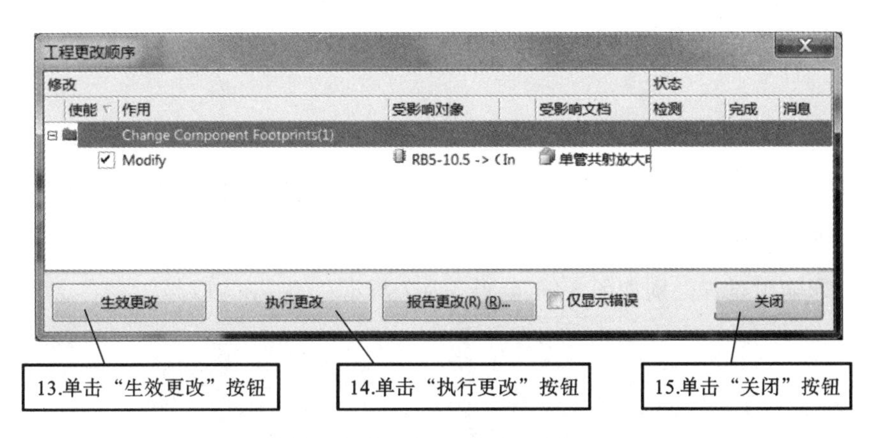

图 3-97　“工程更改顺序”对话框

执行以上操作后，可以回到原理图，双击电容元件，发现其封装已经发生变化。

(2) 原理图更新到 PCB。

如果在原理图中更改了某个元件的封装，其操作步骤请参照第 3.2.1 节中的操作步骤，在此不再重复。封装更改后，再重新装载封装，重新连线即可完成 PCB 的绘制。

将"单管共射放大电路"C1、C2、C3 的封装都修改为 CAPR5-4X5 后的 PCB 如图 3-98 所示。

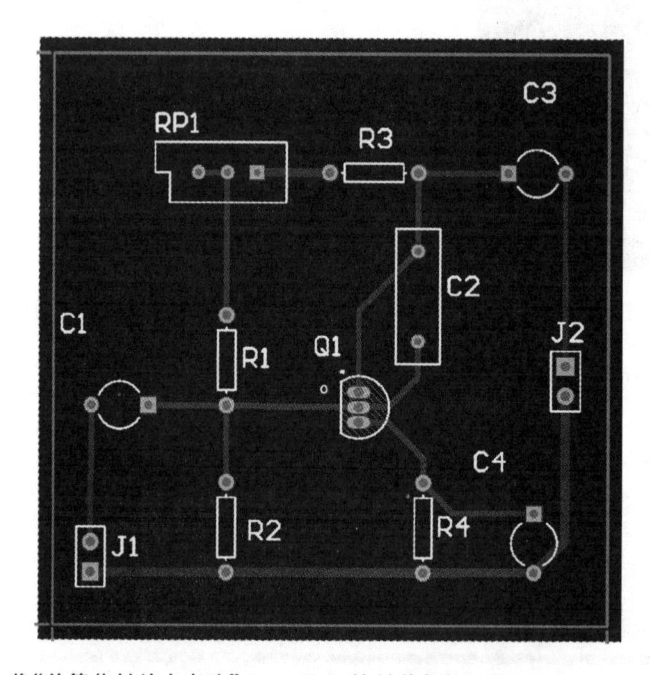

图 3-98 将"单管共射放大电路"C1、C2、C3 的封装都修改为 CAPR5-4X5 后的 PCB

3.3.3 报表及打印传输

1. 元件的报表输出

在 PCB 中，元件的报表输出与原理图中元件的报表输出一样，在此不再赘述。

2. PCB 打印输出

PCB 打印输出过程分别如图 3-99 至图 3-107 所示。

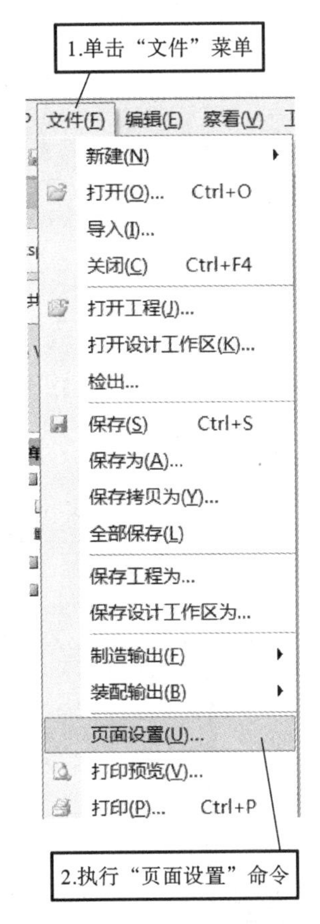

图 3-99 调用页面设置

3.单击“高级”按钮

图 3-100 打印输出对话框

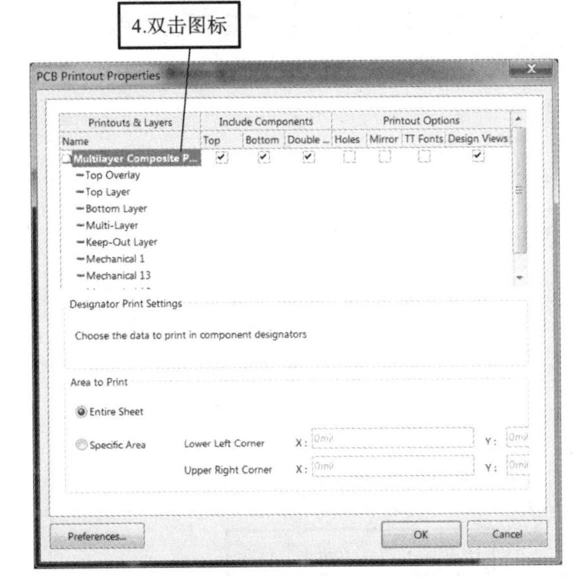

图 3-101 “PCB Printout Properties”对话框 1

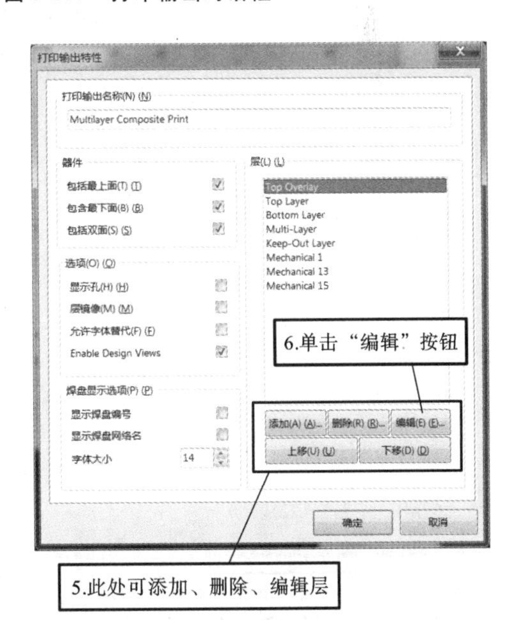

图 3-102 “打印输出特性”对话框 1

图 3-103 “板层属性”对话框

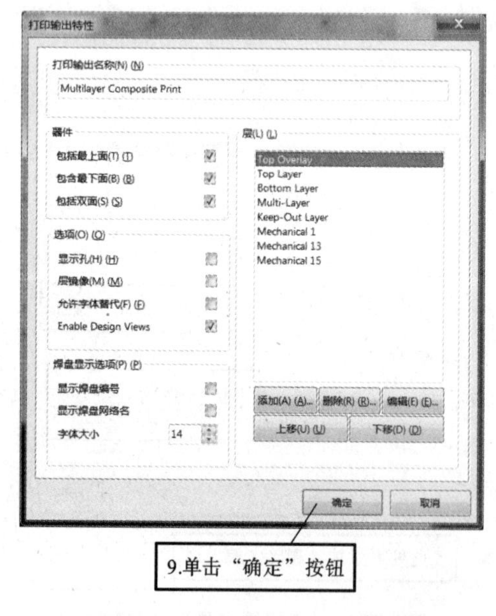

图 3-104 “打印输出特性”对话框 2

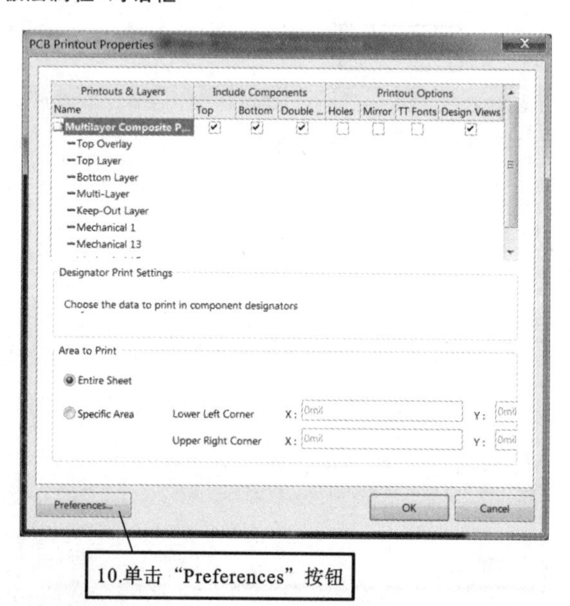

图 3-105 “PCB Printout Properties”对话框 2

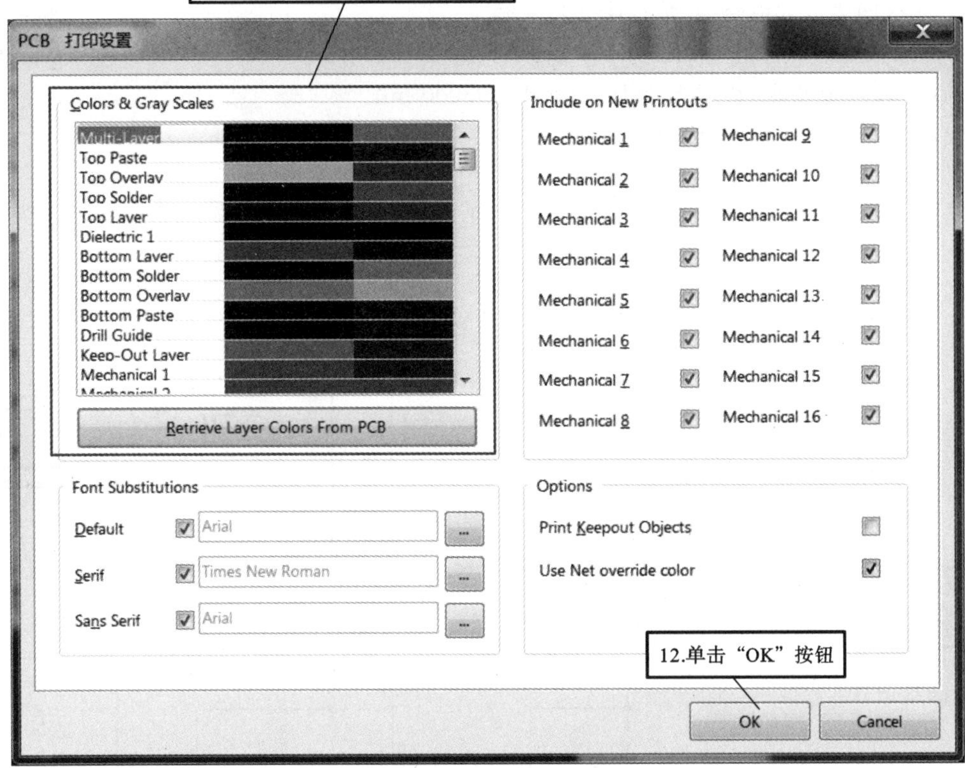

图 3-106 “PCB 打印设置”对话框

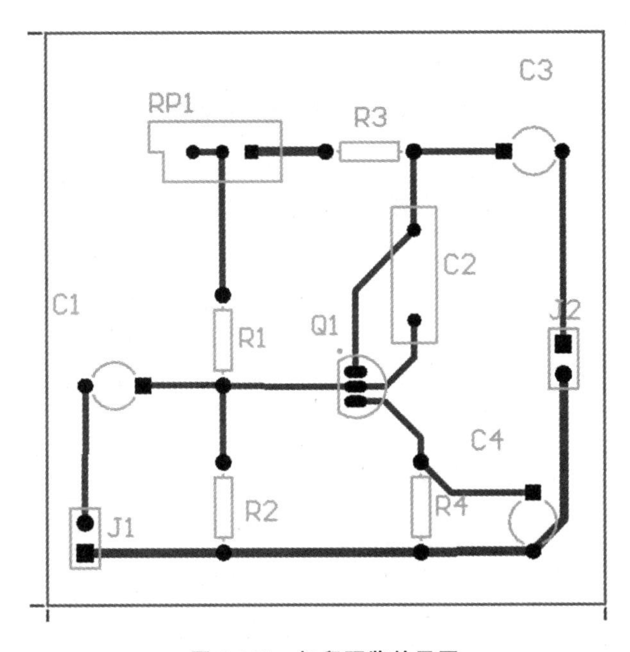

图 3-107 打印预览效果图

实例扩展

1. 完成两级放大电路的PCB设计与绘制。

两级放大电路的原理图如图3-108所示，具体要求如下。

(1) 手动绘制板框，板框大小为3000 mil×3000 mil。

(2) 单层板采用手工布线方法。

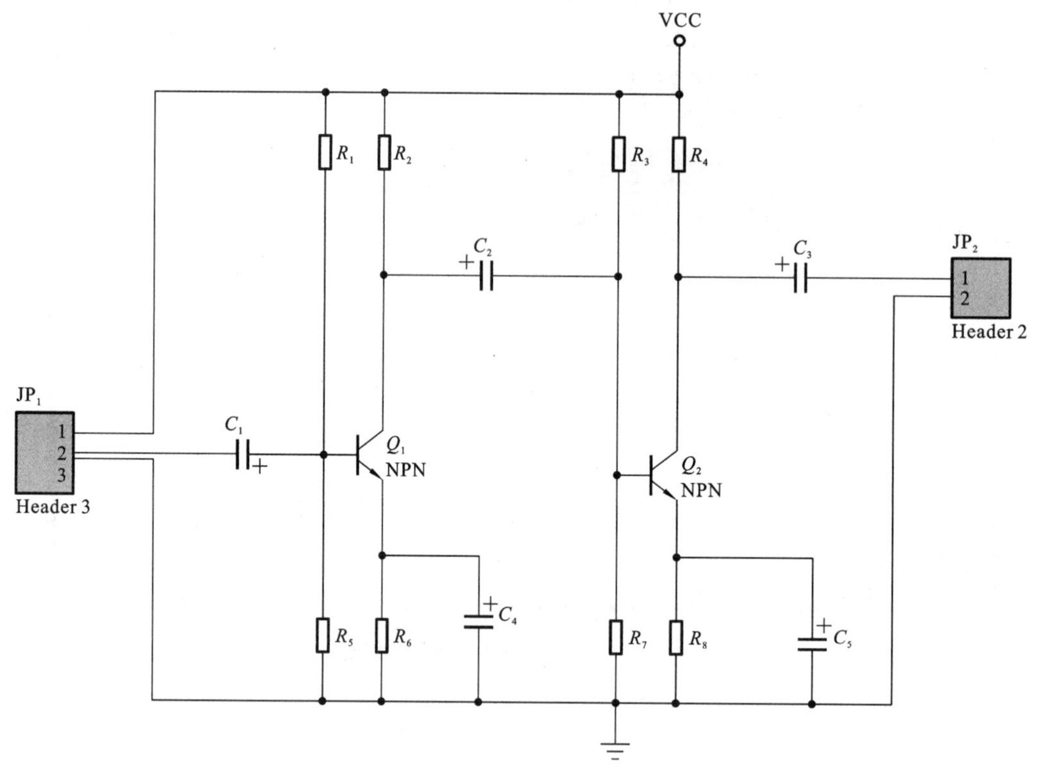

图 3-108　两级放大电路原理图

两级放大电路的材料清单如表3-3所示。

表 3-3　两级放大电路的材料清单

Comment	Designator	Footprint	LibRef
Cap Pol1	C_1、C_2、C_3、C_4、C_5	RB5-10.5	Cap Pol1
Header 3	JP_1	HDR1X3	Header 3
Header 2	JP_2	HDR1X2	Header 2
NPN	Q_1、Q_2	TO-92A	NPN
Res2	R_1、R_2、R_3、R_4、R_5、R_6、R_7、R_8	AXIAL-0.4	Res2

2. 完成语音放大电路的PCB设计与绘制。

语音放大电路原理图如图3-109所示，具体要求如下。

(1) 利用设计向导绘制板框，板框大小为3500 mil×2000 mil。

(2) 双层板采用自动布线，手动修改方法。

语音放大电路的元件材料清单如表3-4所示。

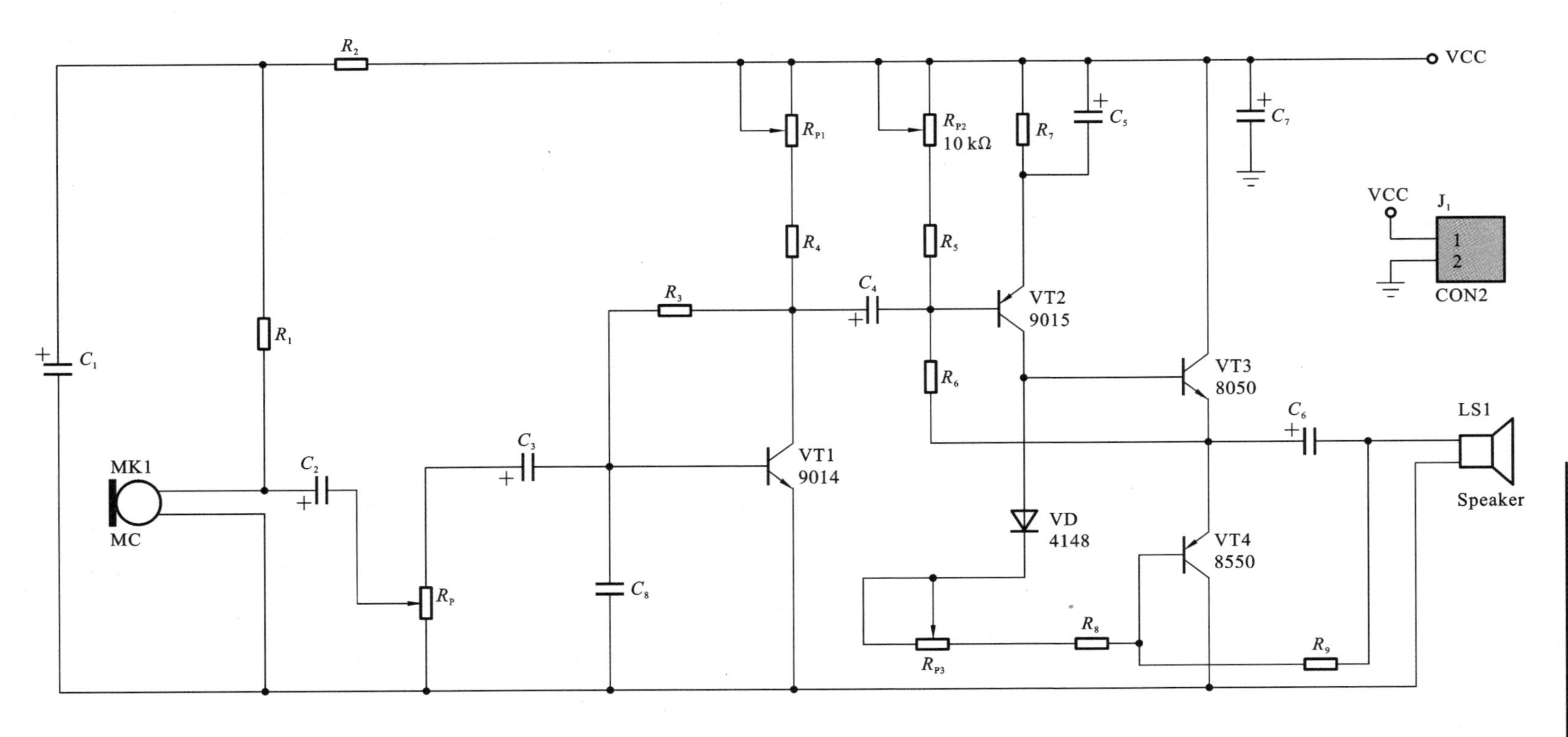

图 3-109 语音放大电路原理图

表 3-4　语音放大电路的元件材料清单

Comment	Designator	Footprint	LibRef
Cap Pol2	C_1、C_2、C_3、C_4、C_5	RB5-10.5	Cap Pol2
Cap Pol2	C_6、C_7	RB7.6-15	Cap Pol2
Cap	C_8	RAD-0.3	Cap
CON2	J_1	HDR1X2	Header 2
Speaker	LS1	PIN2	Speaker
MC	MK1	PIN2	Mic2
Res2	R_1、R_2、R_3、R_4、R_5、R_6、R_7、R_8、R_9	AXIAL-0.4	Res2
RPot	R_P、R_{P1}、R_{P2}、R_{P3}	VR5	RPot
4148	VD	DO-35	Diode 1N4148
9014	VT1	TO-92A	2N3904
9015	VT2	TO-92A	2N3906
8050	VT3	TO-92A	2N3904
8550	VT4	TO-92A	2N3906

第三部分

倒计时光电报警器设计

制作倒计时光电报警器原理图元件

任务4.1　绘制简单元件

任务目标

◇ 掌握原理图库的创建方法；

◇ 掌握图4-1倒计时光电报警模块原理图各元件的创建及设置方法。

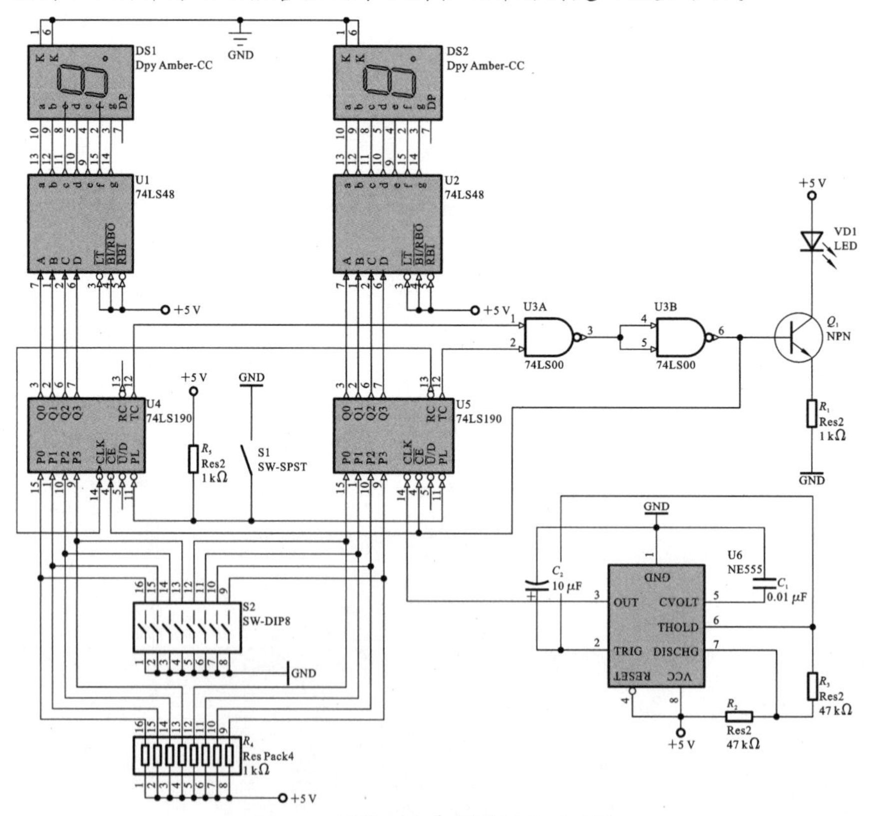

图4-1　倒计时光电报警模块原理图

任务内容

◇ 新建原理图库文件；

◇ 在库中创建元件原理图。

倒计时报警电路中由于某些元件在Altium Designer元件库中没有，所以需要进行绘制，其整体原理图的操作流程如图4-2所示。

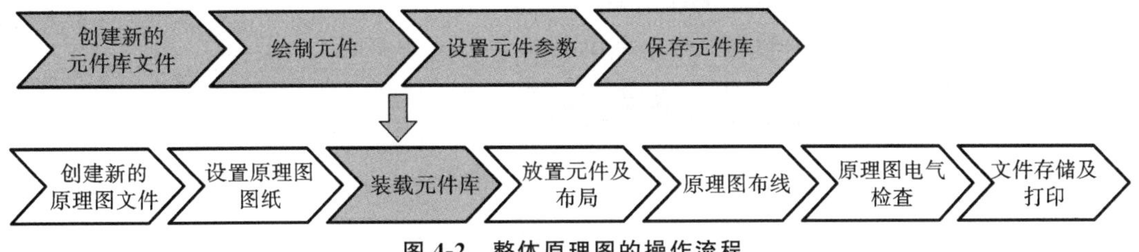

图4-2 整体原理图的操作流程

4.1.1 新建原理图库文件

想要创建新的元件，就要先有存放元件的库文件。在工程下，新建原理图库文件的过程分别如图4-3和图4-4所示。在保存创建好的原理图库文件后对其进行重命名，如图4-5所示。

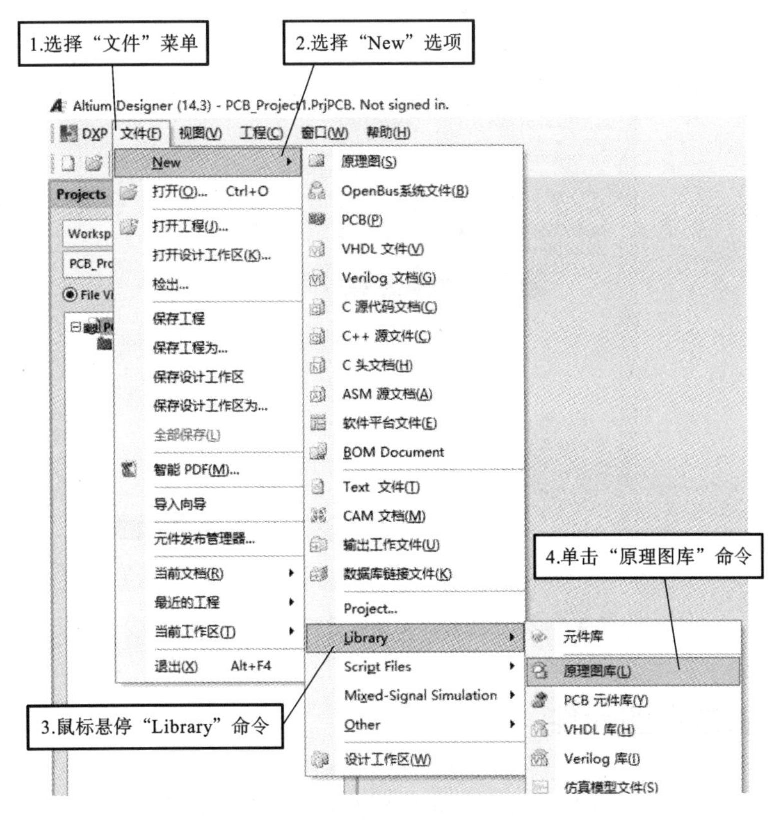

图4-3 创建原理图库文件

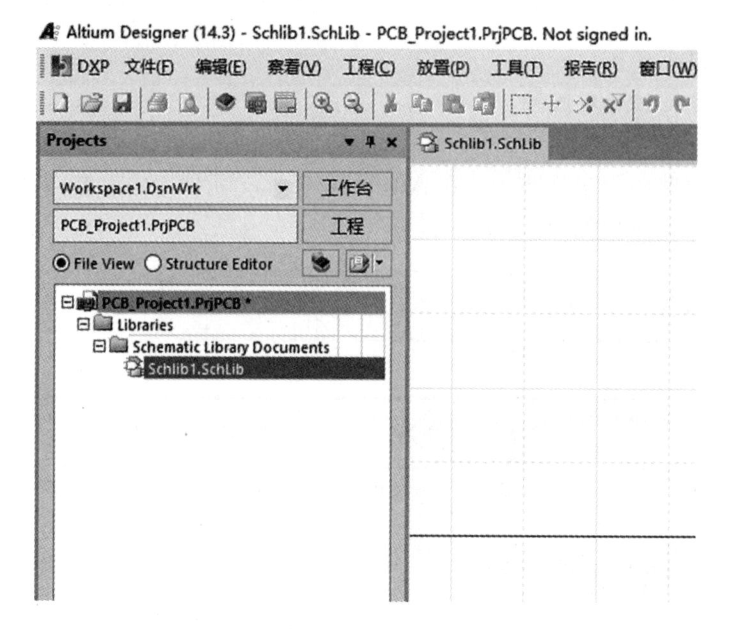

图 4-4 创建完成的原理图库文件

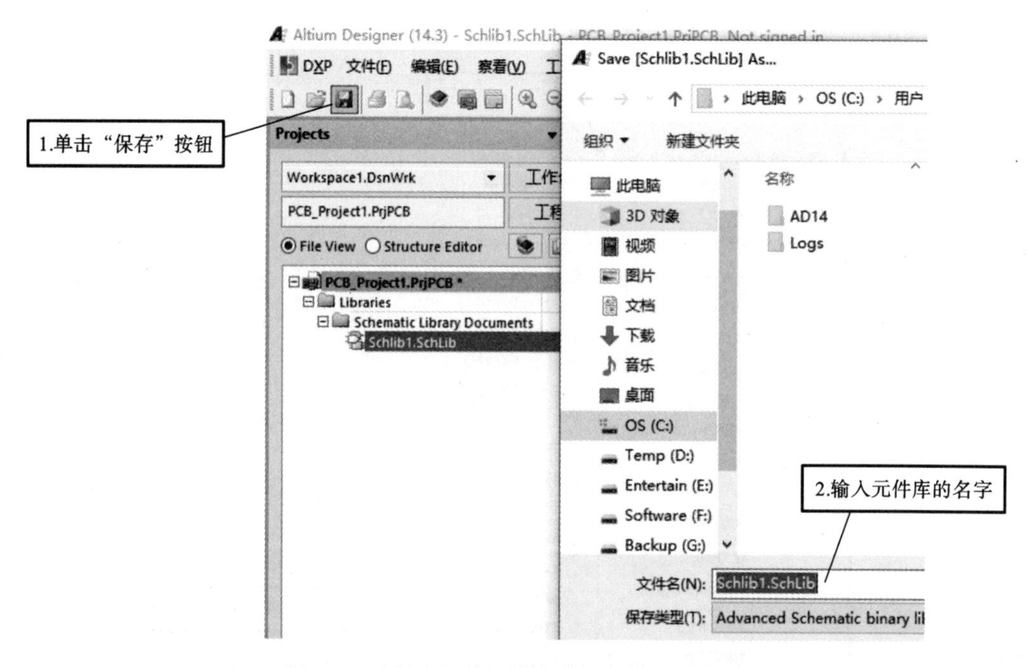

图 4-5 对创建好的元件库进行保存和重命名

4.1.2 绘制原理图元件

下面以创建“二极管”为例：首先进入元件库页面，元件列表中有一个默认的元件“Component_1”，将其重命名为“二极管”，如图 4-6 至图 4-8 所示。

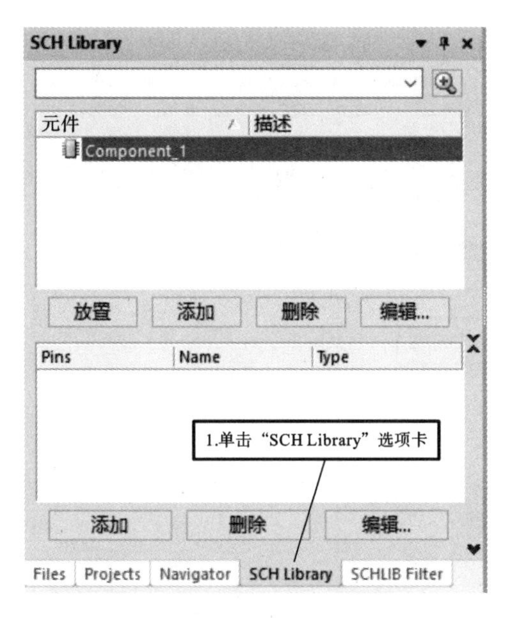

图 4-6　进入元件库页面

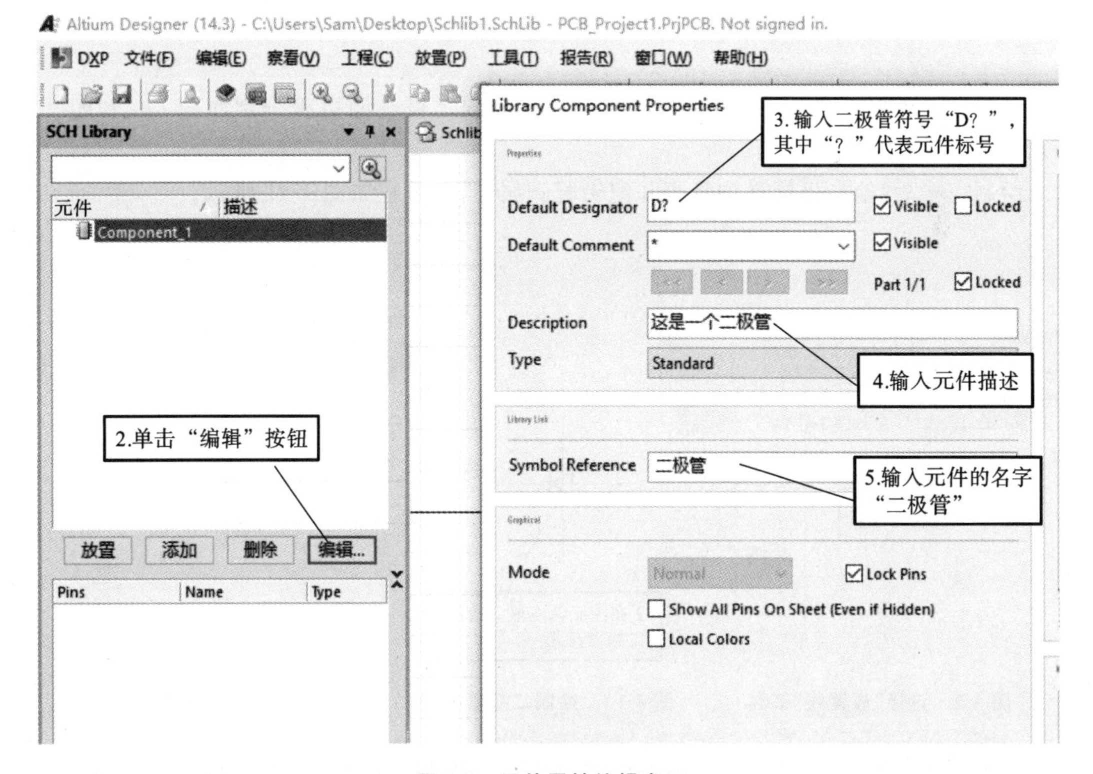

图 4-7　元件属性编辑窗口

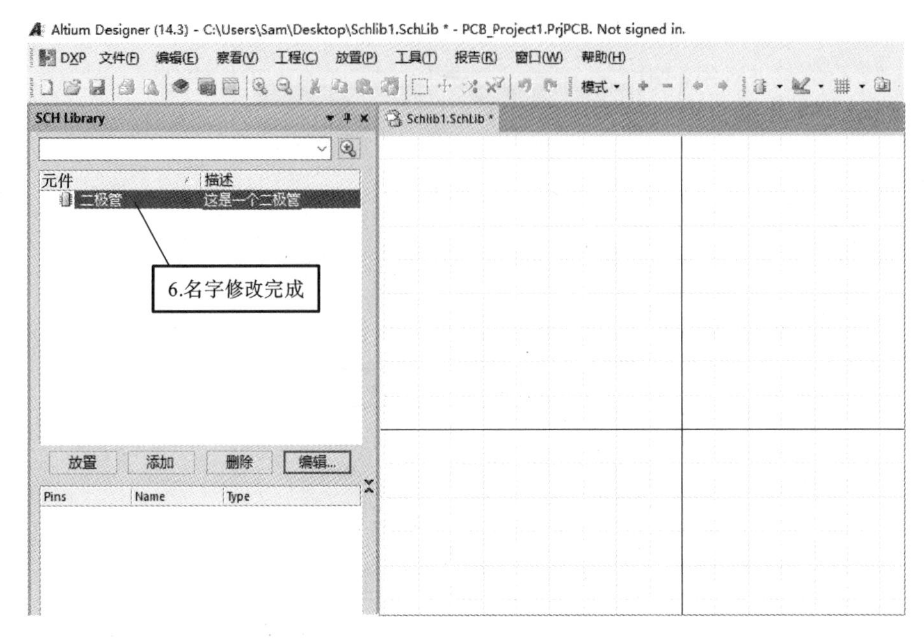

图 4-8 编辑完成之后的状态

编辑完元件属性之后，便可以绘制元件了。绘制二极管的过程分别如图 4-9 和图 4-10 所示。

绘制完毕后，给二极管添加管脚并编辑管脚属性，其过程如图 4-11 所示。

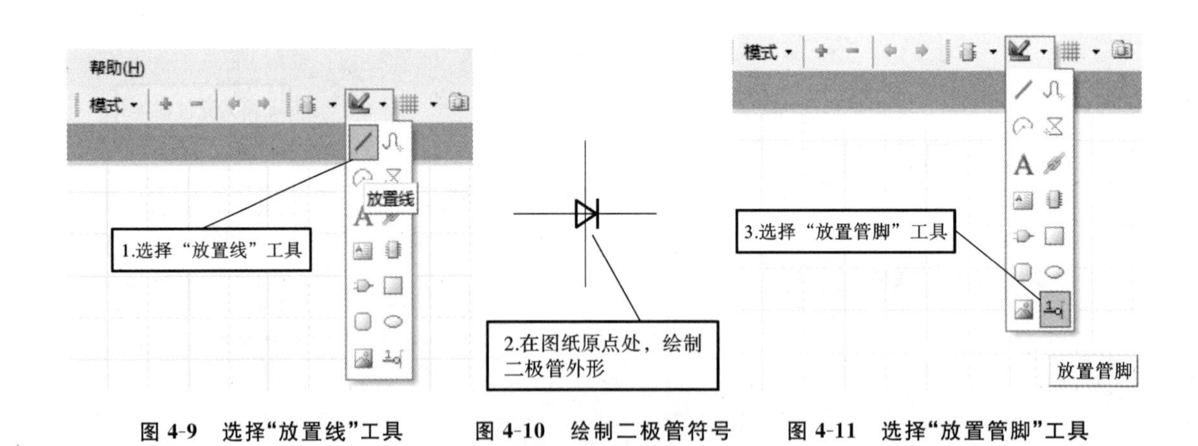

图 4-9 选择“放置线”工具　　图 4-10 绘制二极管符号　　图 4-11 选择“放置管脚”工具

管脚尚未放置之前，按“Tab”键会弹出“管脚属性”对话框，可以对管脚属性进行设置，如图 4-12 所示。

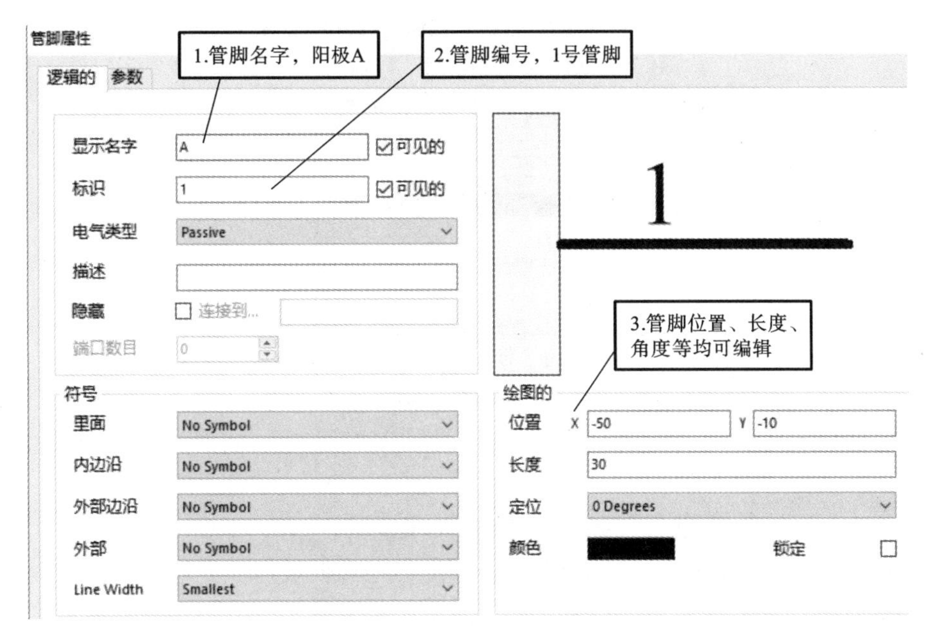

图 4-12 “管脚属性”编辑界面

将 1 号管脚 A、2 号管脚 K 分别放置在二极管符号旁，注意管脚的电器捕捉点要朝向元件外部，如图 4-13 所示。

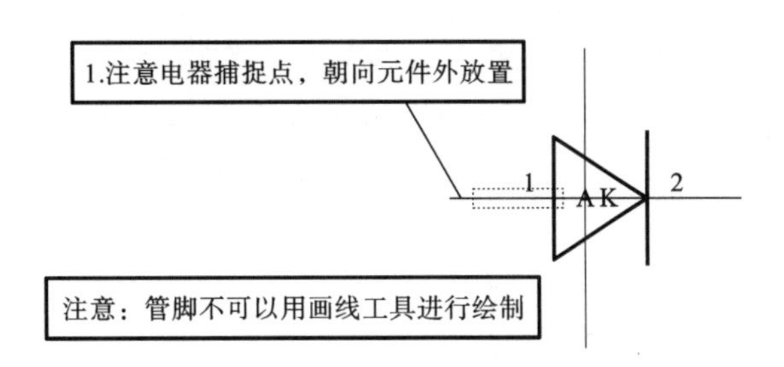

图 4-13 完成后的二极管外形图

做完之后记得保存。如果需要修改管脚，双击管脚即可弹出“管脚属性”对话框，请在修改完成之后务必再次保存。

4.1.3 调用制作的原理图元件

绘制好的元件可以在元件库界面进行调用，其过程如图 4-14 和图 4-15 所示。

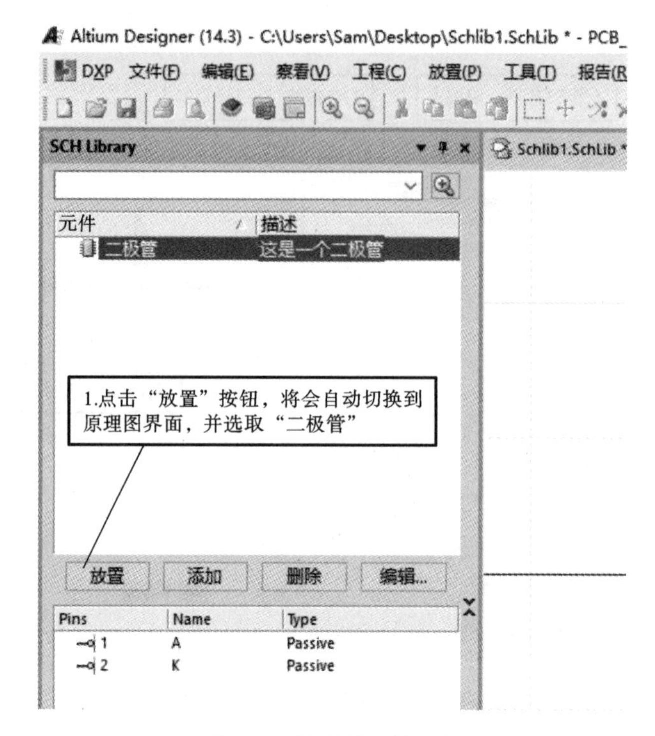

图 4-14 调用绘制的元件

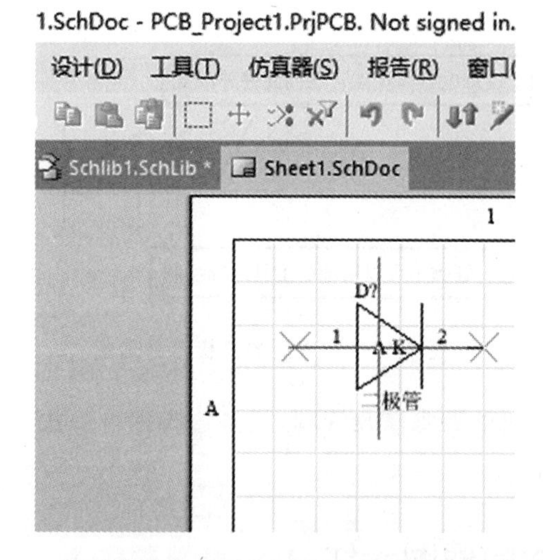

图 4-15 软件自动打开原理图界面，并选取“二极管”元件

也可以在原理图界面通过选择元件库，并从库中选取元件进行放置，其操作过程如图4-16和图 4-17 所示。

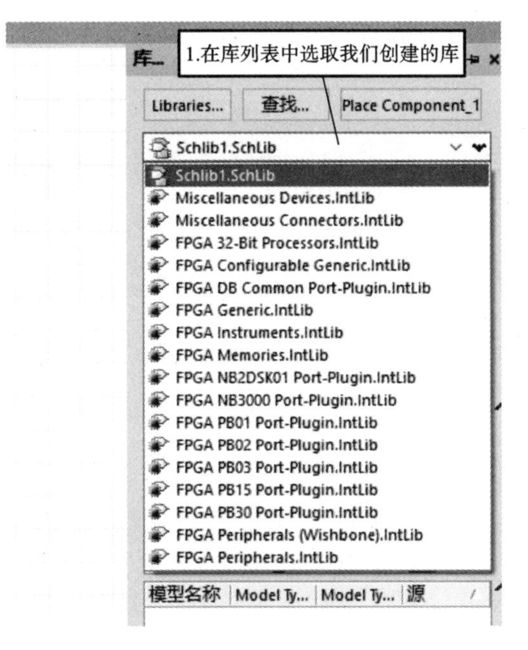

图 4-16　在原理图界面选择创建的库

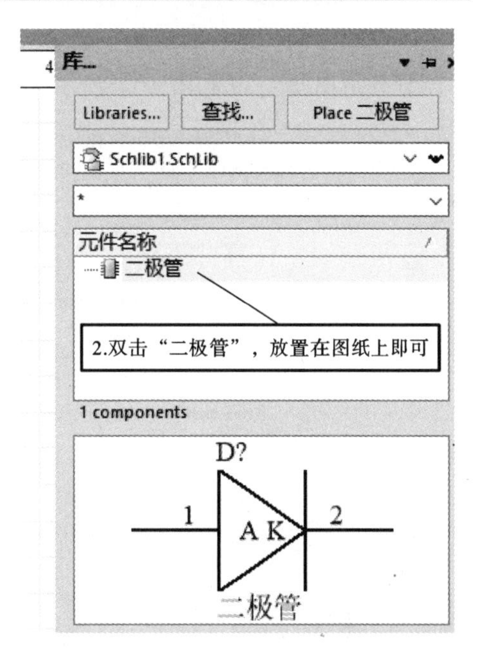

图 4-17　在元件库列表中选择二极管

4.1.4　修改原理图元件

如果对所制作的元件不满意，或者需要修改某些参数，则可以回到原理图库中对元件进行编辑，其过程如图 4-18 所示。

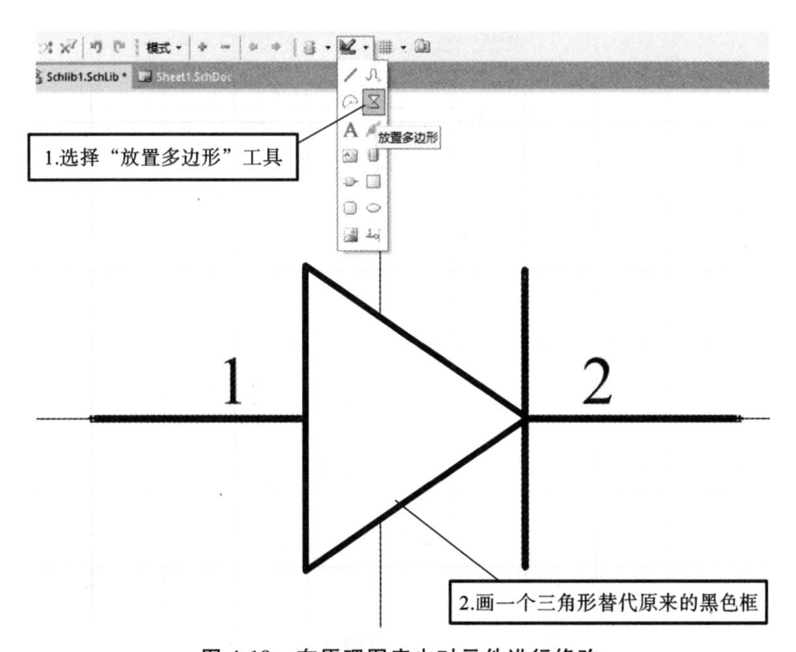

图 4-18　在原理图库中对元件进行修改

为了制作的二极管能顺利生成PCB，我们还需要对其执行添加封装的操作。其具体操作流程分别如图4-19和图4-20所示。

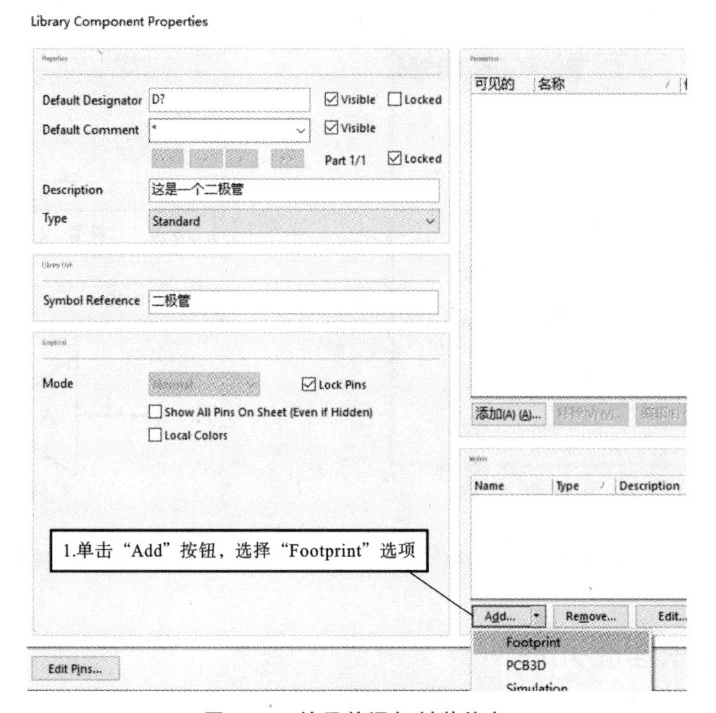

图4-19 给元件添加封装信息

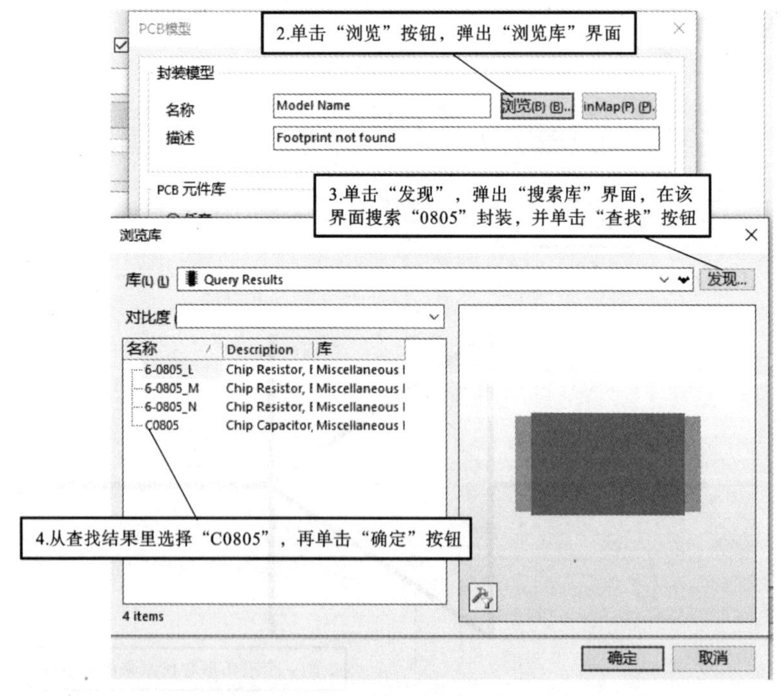

图4-20 给元件添加合适的封装

通过这些操作，元件的属性跟之前已经不一样了，首先要保存所有的更新信息，为了让我们做的更新能同步到之前的原理图纸上，需要做更新操作。其具体过程如图 4-21 至图 4-23 所示。

图 4-21 先保存所有的更新信息

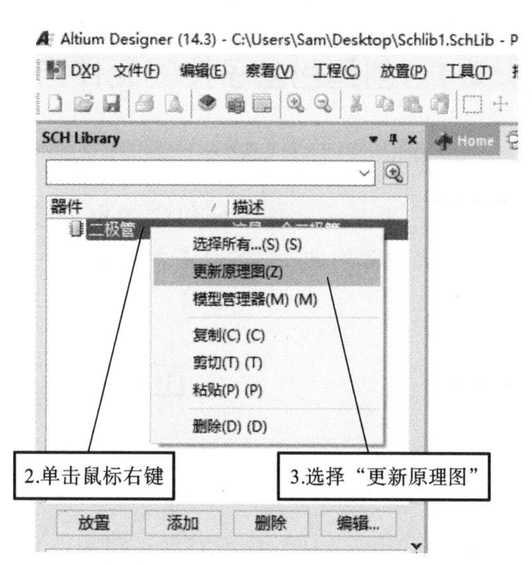

图 4-22 将更新同步到原理图纸上

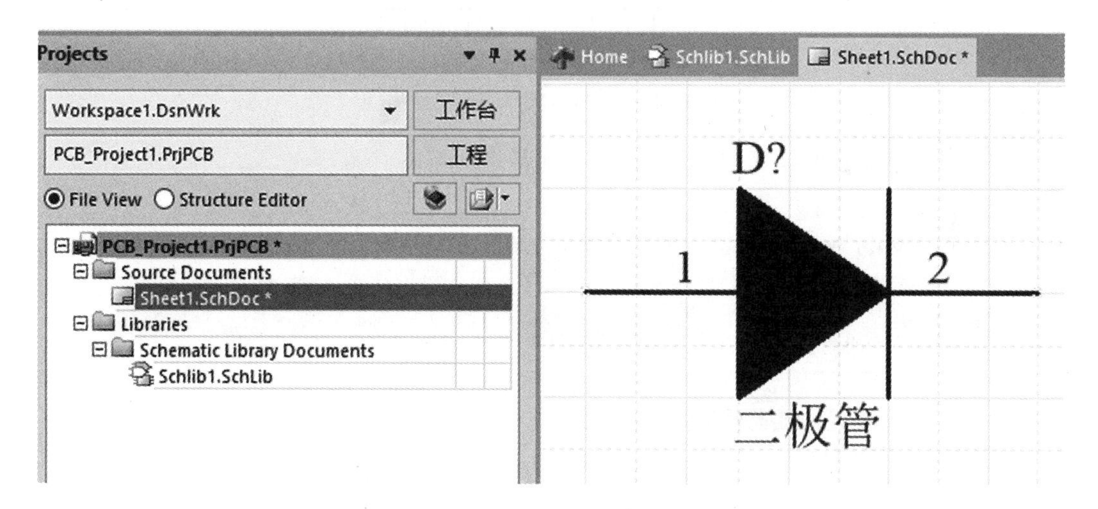

图 4-23 原理图纸上的元件信息得到同步

任务 4.2 绘制复杂元件

任务目标

◇ 掌握包含子件的元件的创建方法；

◇ 掌握元件原理图和封装管脚对应的方法。

任务内容

◇ 分别创建 74LS00 芯片和 NE555 芯片的原理图；

◇ 调用系统库中三极管原理图并将其管脚和封装管脚进行对应。

4.2.1 创建包含子件的元件方法

1. 新建 74LS00 芯片

子件，即一个元件内所包含的重复单元，这些单元的功能一致，只是管脚不一样。典型例子就是常用的 74LS00 芯片，该芯片内含 4 个同样的二输入与非门，其内部结构如图 4-24所示。

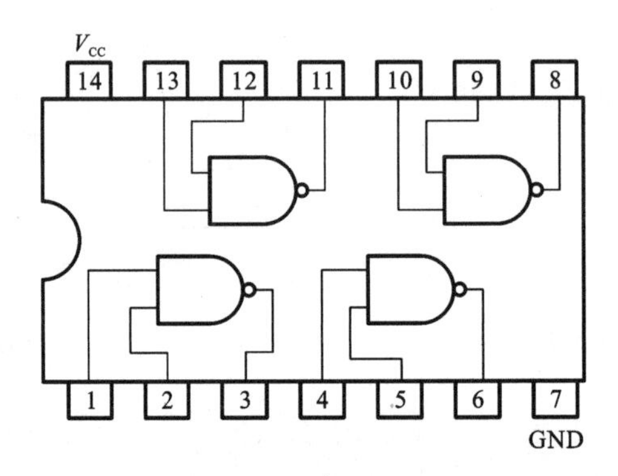

图 4-24 74LS00 芯片的内部结构

新建 74LS00 芯片的过程分别如图 4-25、图 4-26 所示。

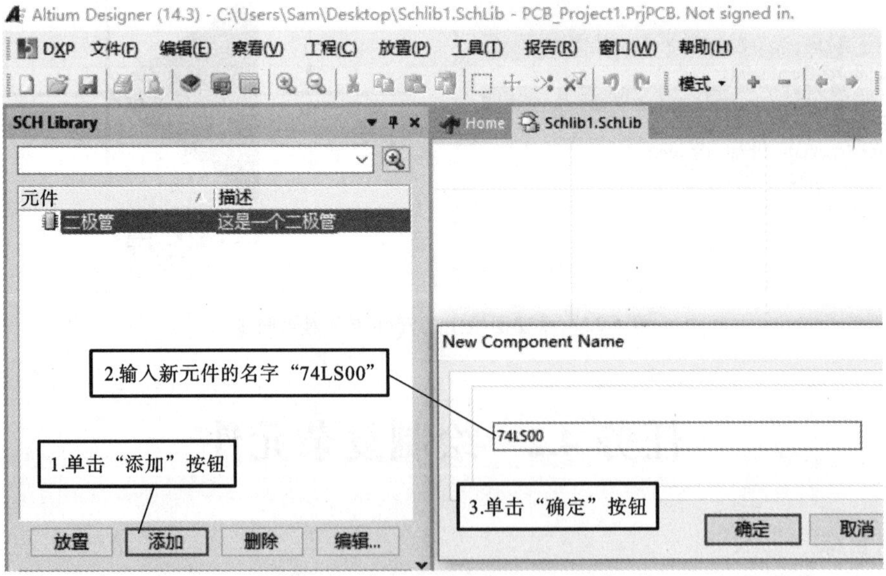

图 4-25 在库中创建 74LS00 元件

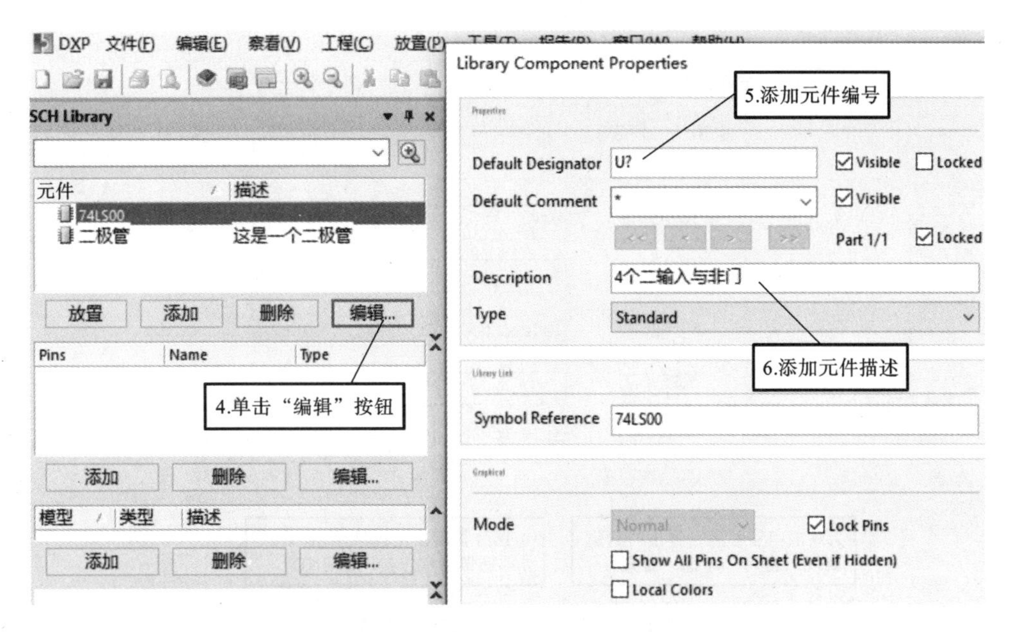

图 4-26 修改 74LS00 元件信息

2. 绘制 74LS00 内部部件

对于含有子件的元件，其元件创建流程如图 4-27 至图 4-32 所示。

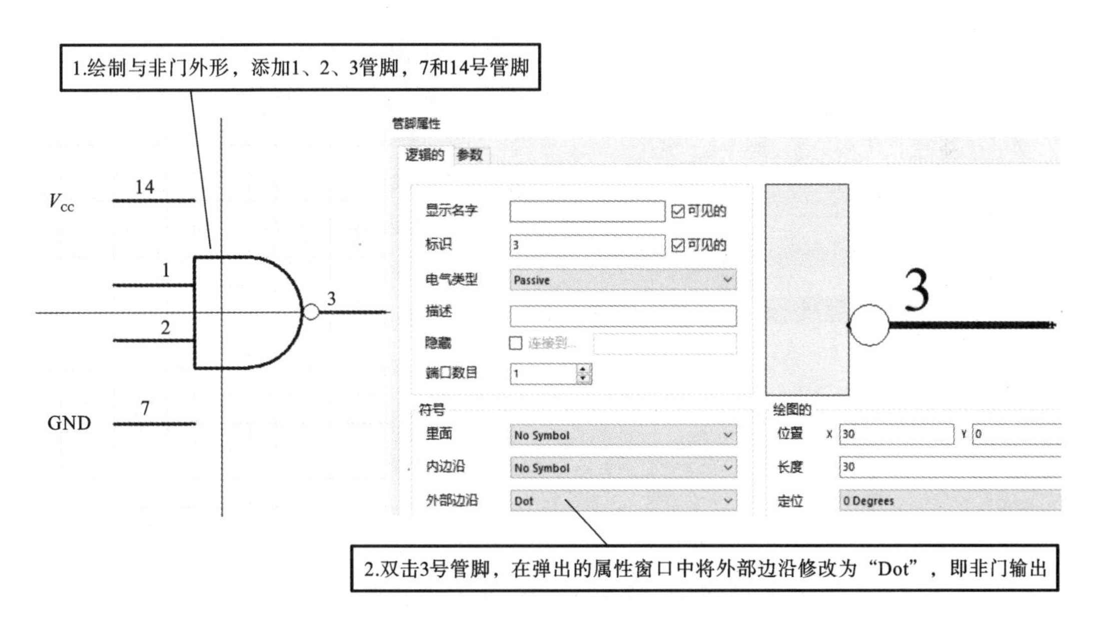

图 4-27 绘制第一个子件的原理图并修改管脚属性

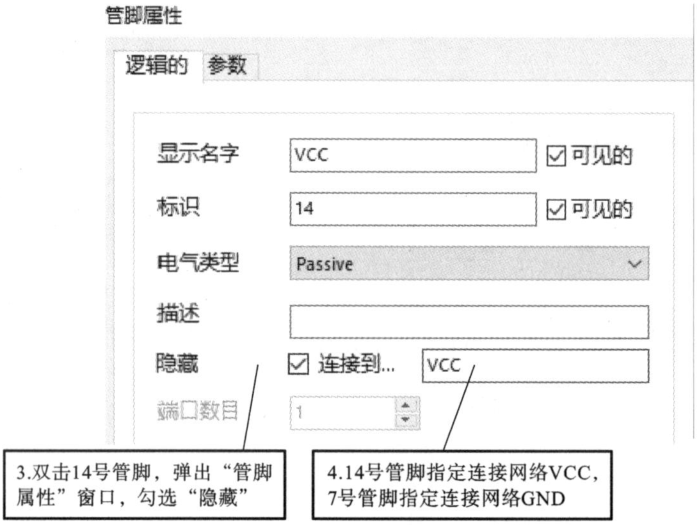

管脚属性

逻辑的 参数

显示名字 VCC ☑可见的

标识 14 ☑可见的

电气类型 Passive

描述

隐藏 ☑ 连接到... VCC

端口数目 1

3.双击14号管脚，弹出“管脚属性”窗口，勾选“隐藏”

4.14号管脚指定连接网络VCC，7号管脚指定连接网络GND

图 4-28　隐藏管脚并指定连接网络

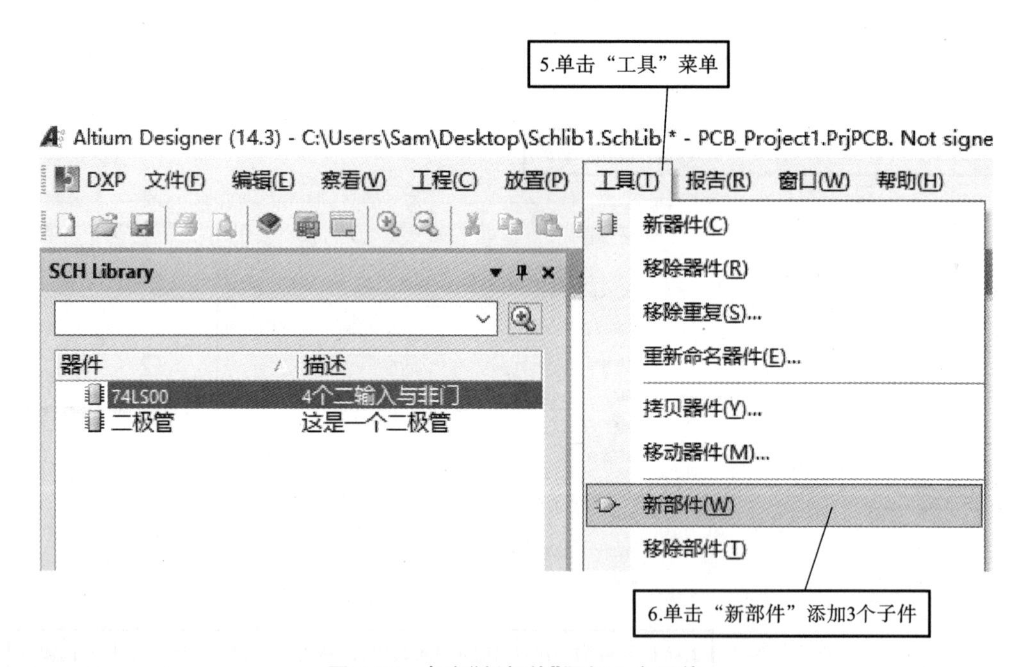

图 4-29　点击“新部件”添加 3 个子件

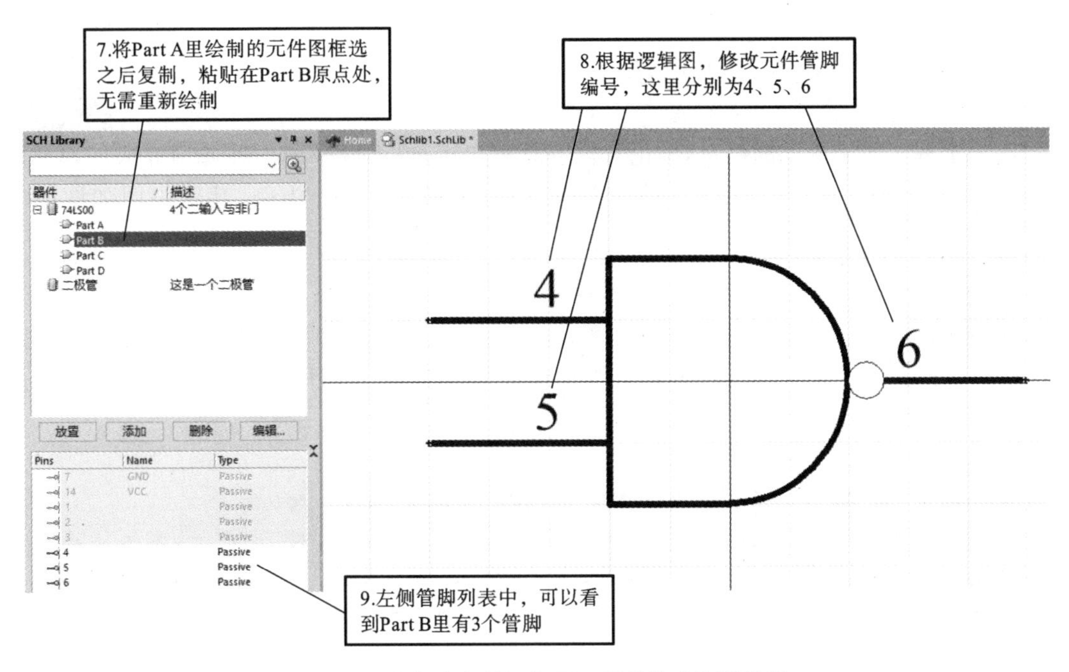

图 4-30 给每个部件添加原理图并修改管脚编号

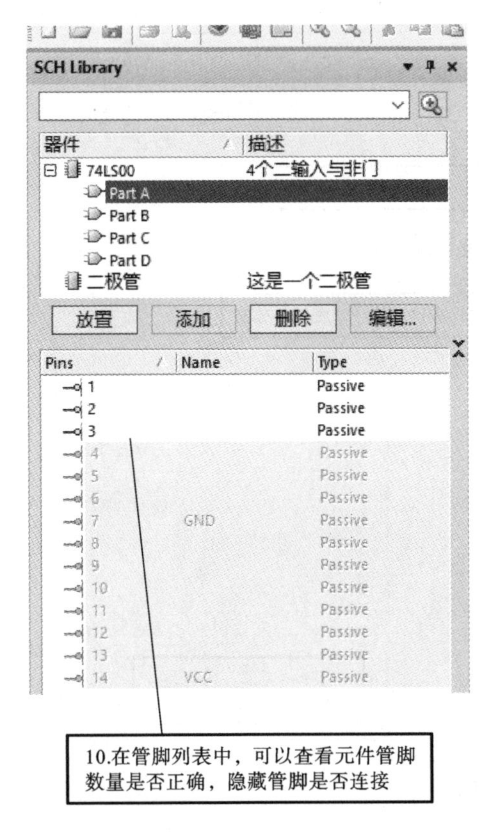

图 4-31 完成之后检查管脚数量是否正确

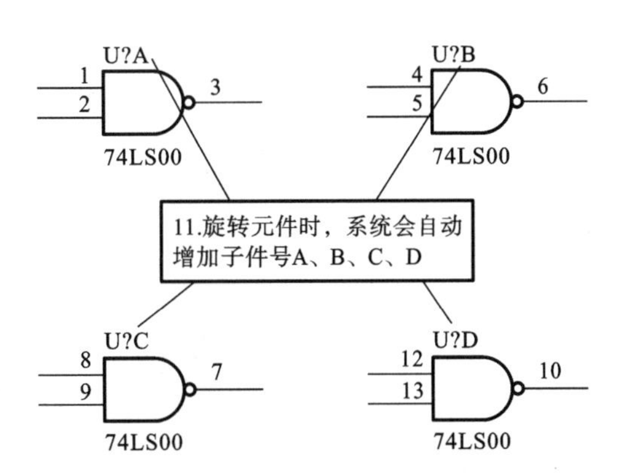

图 4-32 在图纸上放置 74LS00

4.2.2 通用的元件创建方法

只要掌握了元件的管脚信息,不论其内部原理如何,也可以采用一种通用方法创建其电路原理图。下面以创建 NE555 芯片为例,其管脚图如图 4-33 所示。

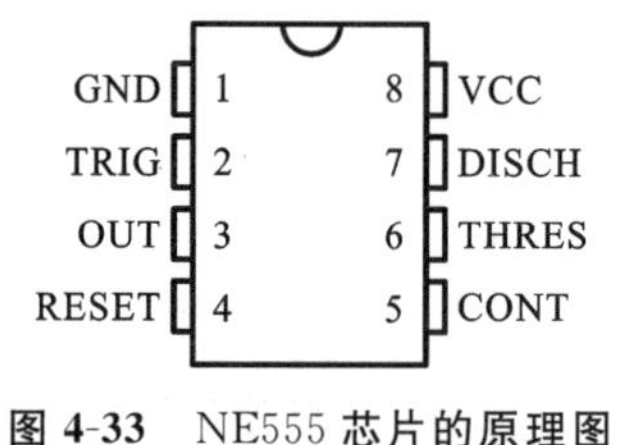

图 4-33 NE555 芯片的原理图

1. 创建、编辑元件

在原理图元件库中创建新的元件,放置管脚,编辑属性等。创建该芯片的操作流程如图 4-34 至图 4-37 所示。

1.在原理图元件中单击“添加”按钮

2.输入元件名称“NE555”

图 4-34 在原理图元件库中创建新元件 NE555

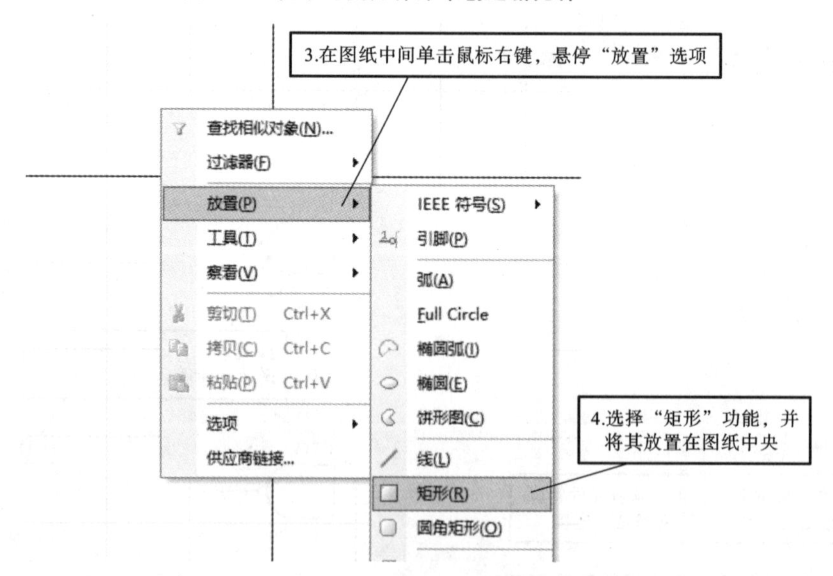

图 4-35 创建芯片主体

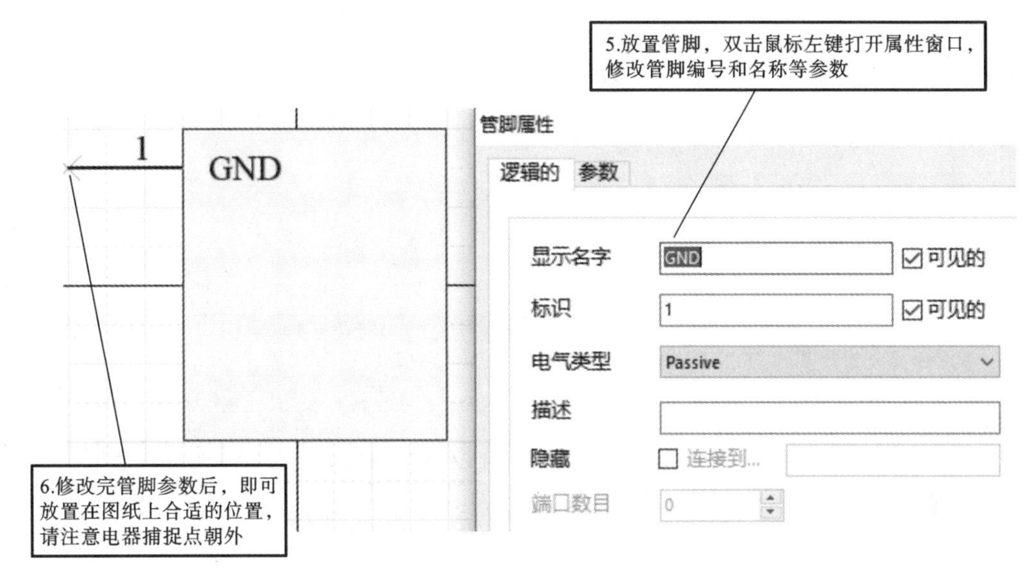

图 4-36 按照原理图修改管脚编号和名称

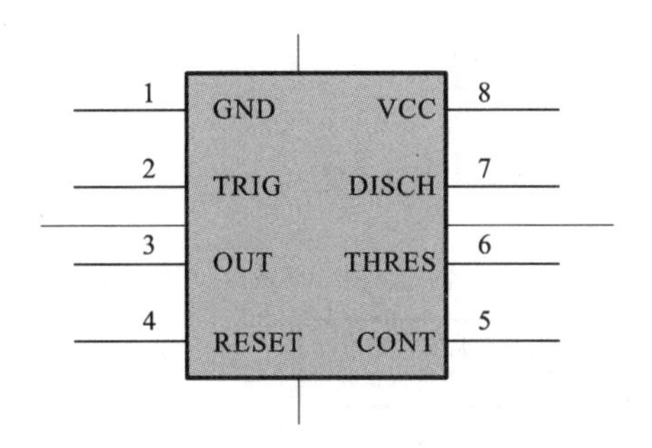

图 4-37 完成后的 NE555 芯片

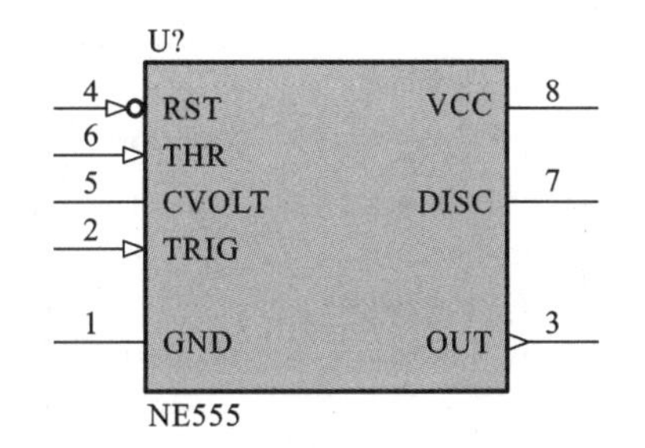

图 4-38 另外一种正确的 NE555 芯片画法

元件图完成后，请修改元件默认符号、元件描述等信息，保存即可。请注意元件管脚的顺序，为了绘制原理图的方便，并非一定要按照其芯片的管脚顺序进行，只要其对应封装无误，在绘制原理图的时候这些画法都是正确的。例如图 4-38 也是完全正确的 NE555 芯片画法。

2. 给元件添加封装

原理图制作完成后，需要添加封装信息，这里以 DIP8 封装为例，其操作流程分别如图 4-39和图 4-40 所示。

图 4-39 添加封装信息

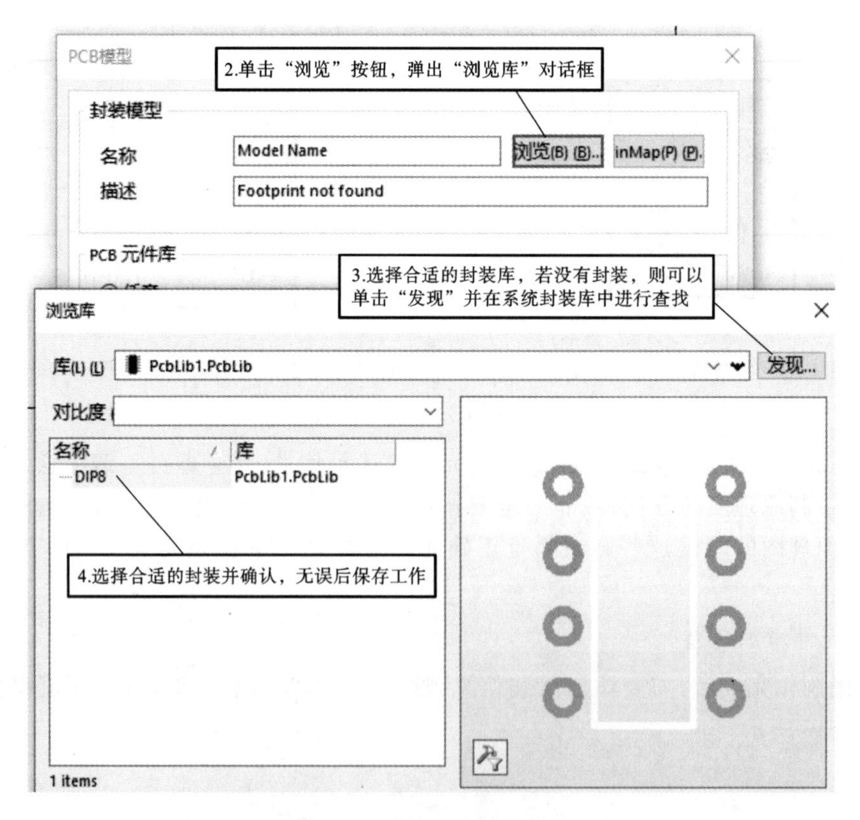

图 4-40 选择创建好的封装

4.2.3 原理图管脚和封装管脚的对应

1. 调用系统原理图库中的元件

在制作元件原理图的时候,可以直接使用系统库中的元件。例如,可以直接调用图 4-41 所示的三极管并制作成我们需要的元件。其操作过程如图 4-42 至图 4-46 所示。

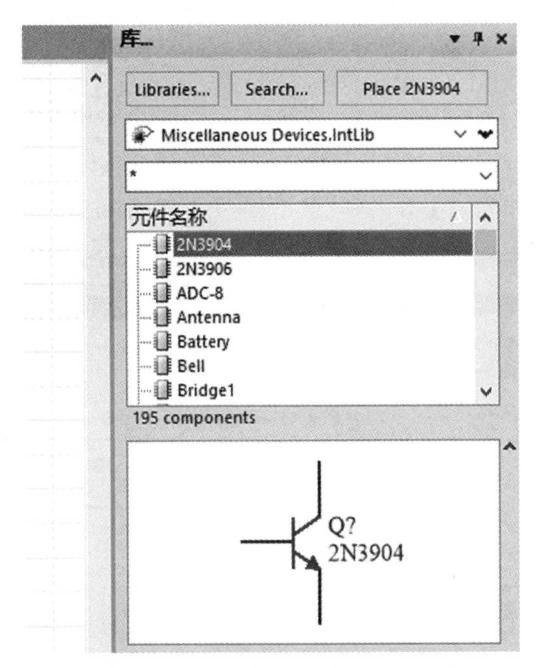

图 4-41 系统元件库中提供的三极管

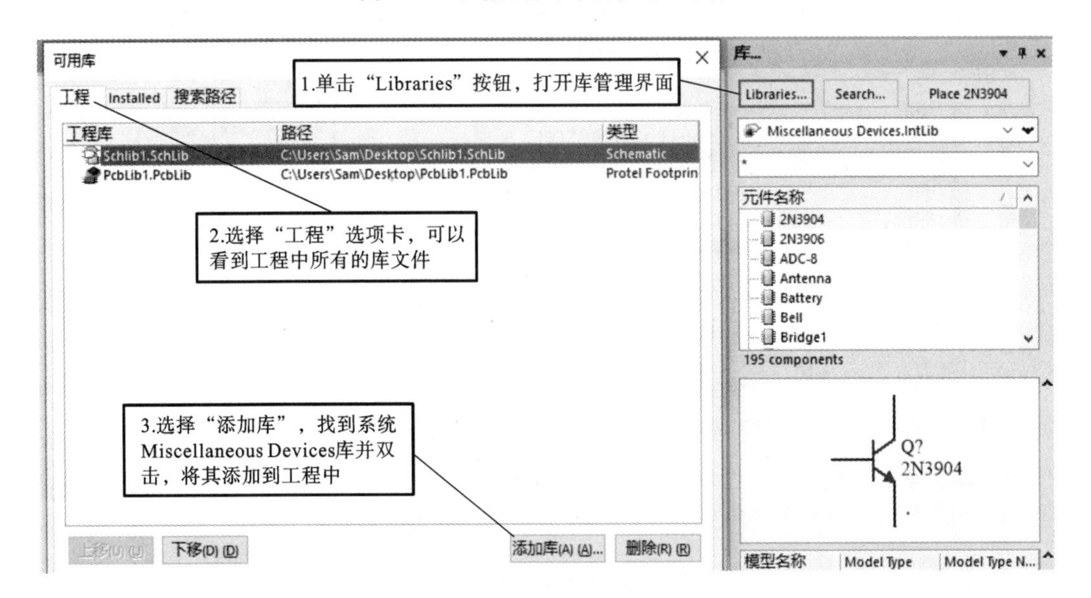

图 4-42 将系统库安装到工程中

首先将元件所在的系统库安装进工程，这样就可以打开系统库。

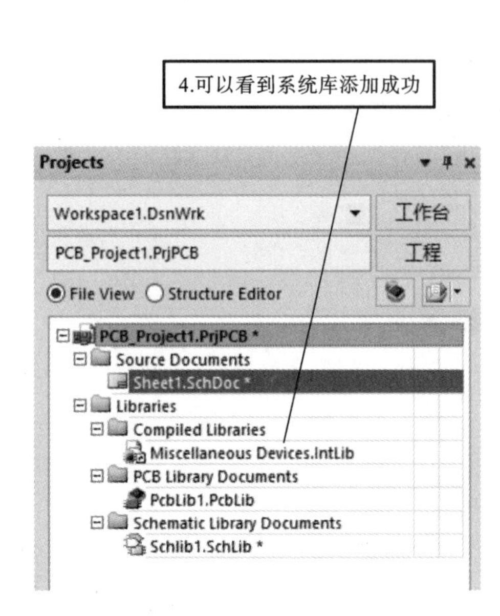

图 4-43　系统库添加成功

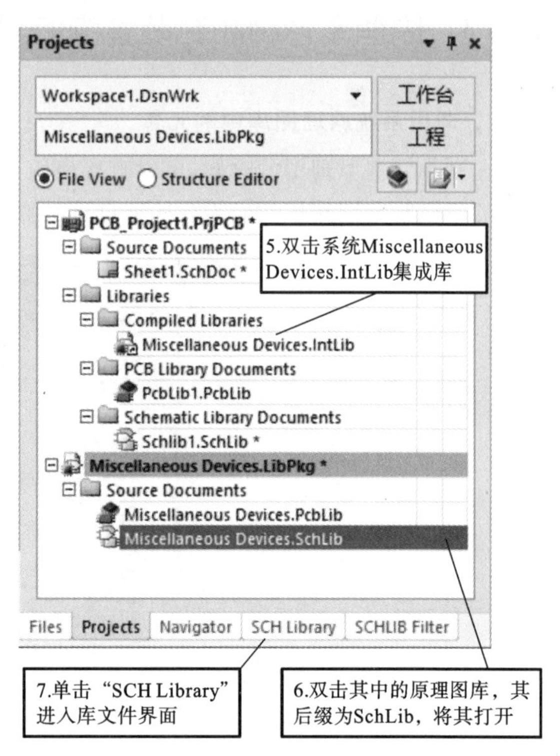

图 4-44　打开系统集成库中的原理图库

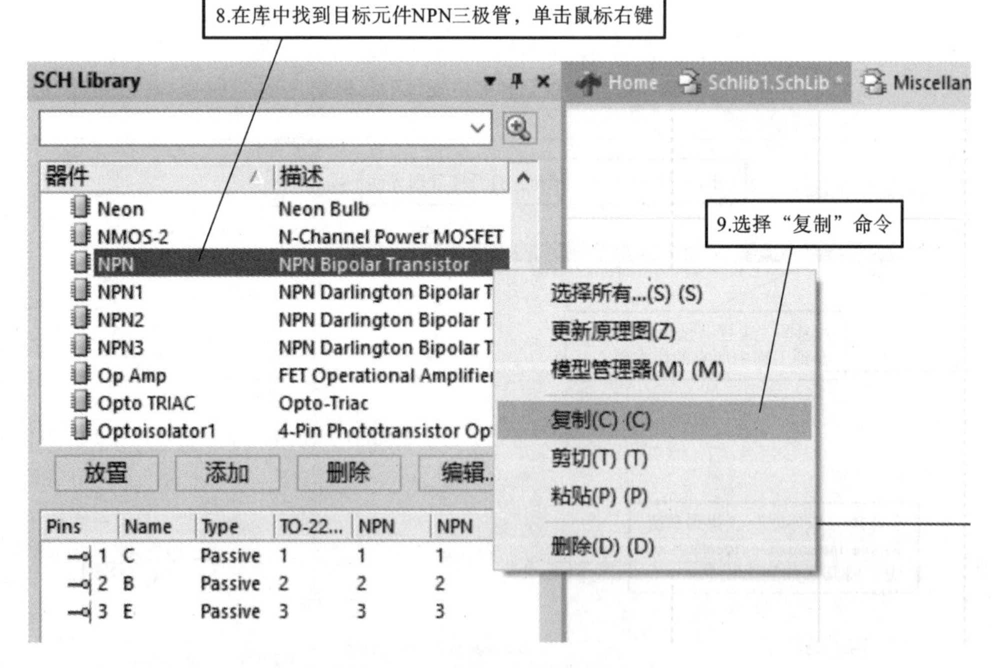

图 4-45　对目标元件进行复制

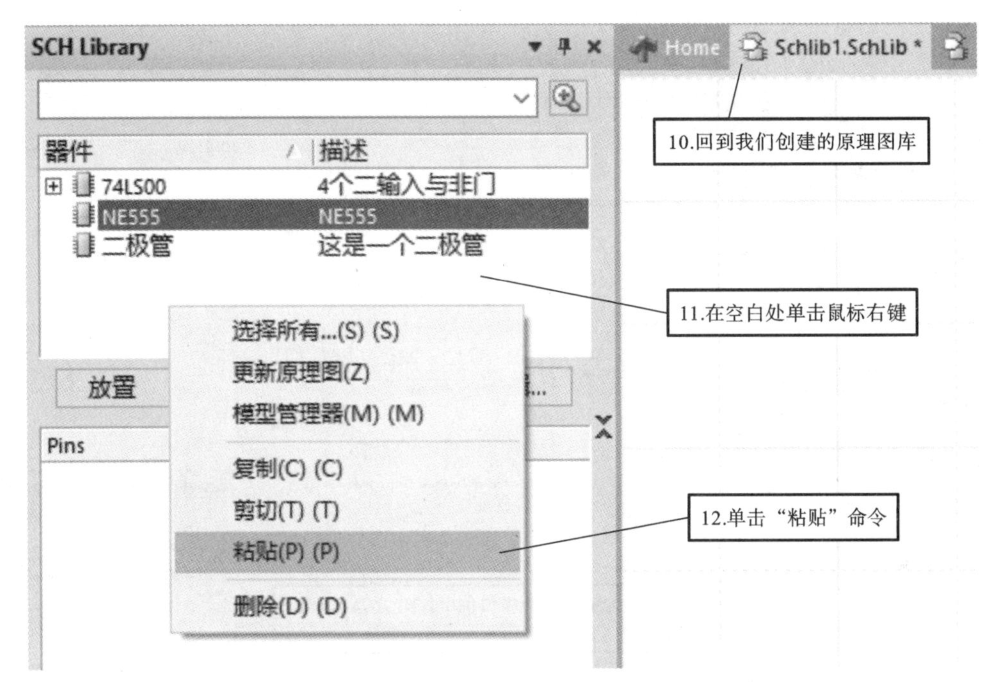

图 4-46 在自建原理图库中粘贴对象

进入系统的杂项原理图库中，可以将其中的元件进行复制，然后粘贴到我们自建的库中。这样我们就完成了元件的复制，极大节省了时间并提高了元件设计的效率。

2. 将元件的原理图和封装引脚进行对应

上述过程完成后，三极管自带一个叫“TO-226-AA”的封装，该封装的拓扑结构如图 4-47 所示。对比封装和原理图发现，其发射极和集电极管脚编号不是一一对应的关系，因此需要对其进行管脚修订，其操作流程分别如图 4-48 至图 4-52 所示。

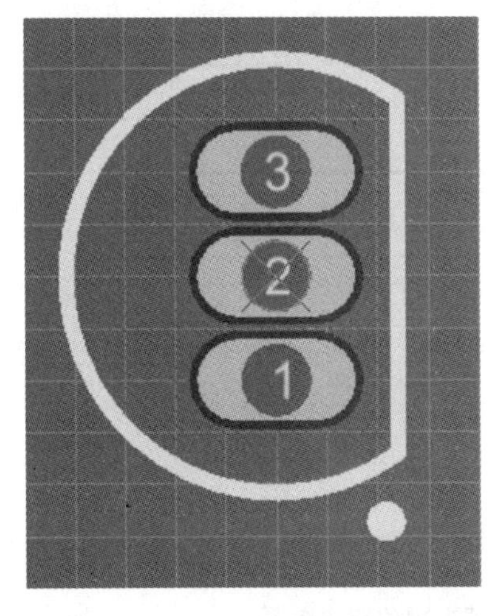

图 4-47 TO-226-AA 封装的拓扑结构

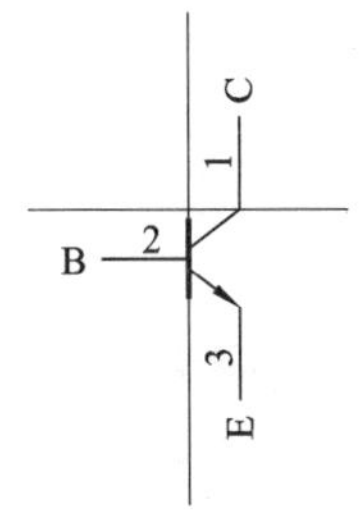

图 4-48 NPN 三极管的引脚

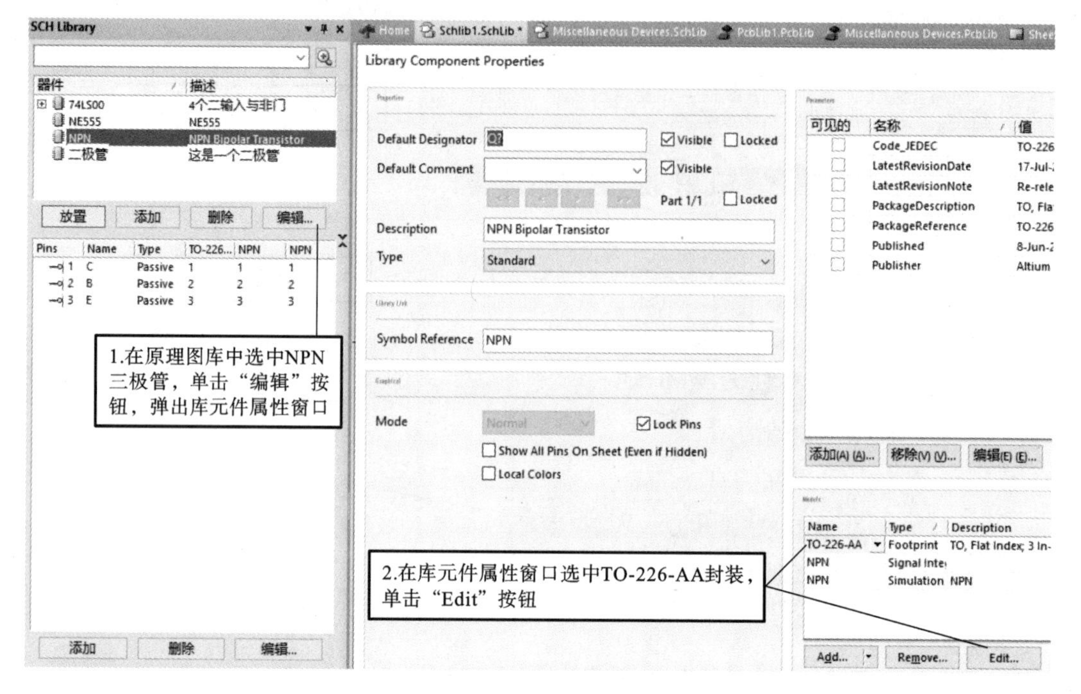

图 4-49　编辑三极管属性界面

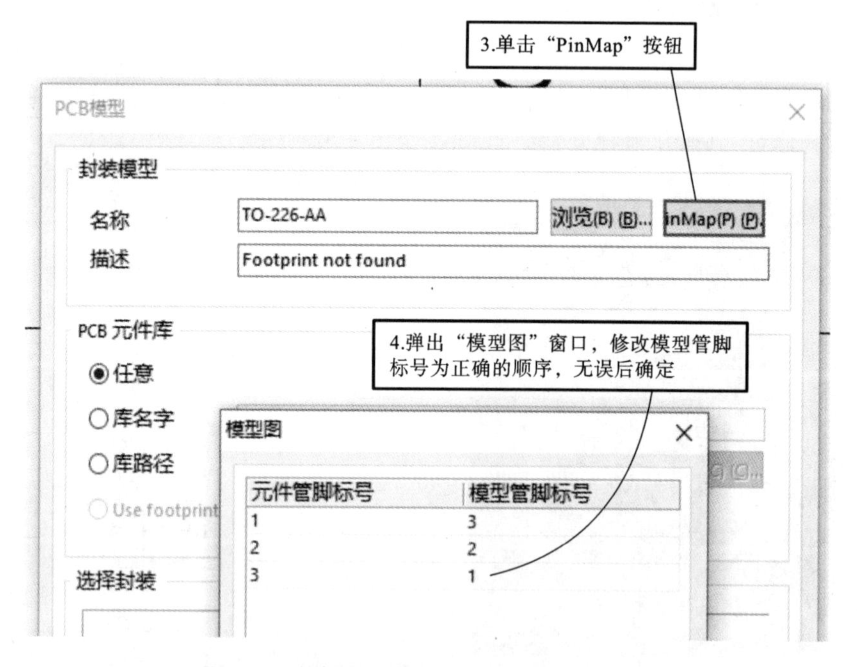

图 4-50　编辑原理图和封装引脚的对应关系

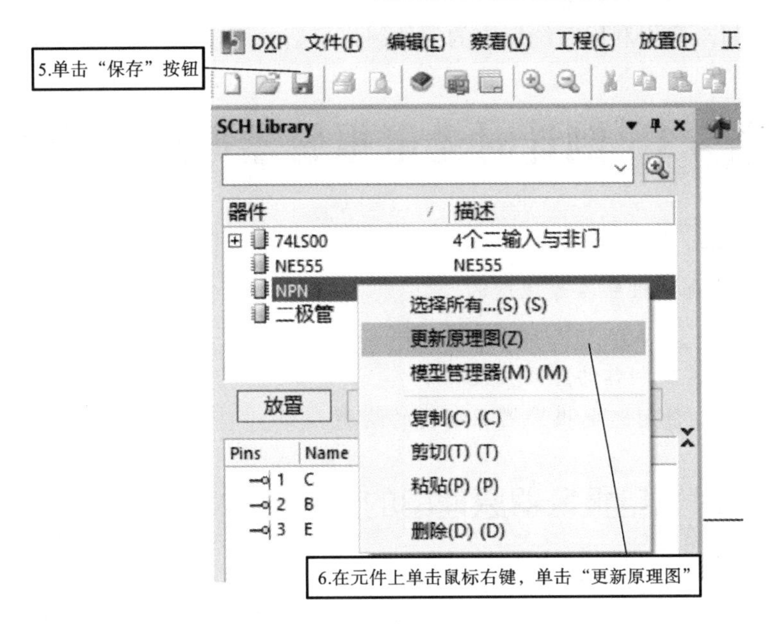

图 4-51 保存工作并同步更新

随后回到原理图中，双击三极管元件，检查其管脚信息是否已经得到更新，如图 4-52 所示。

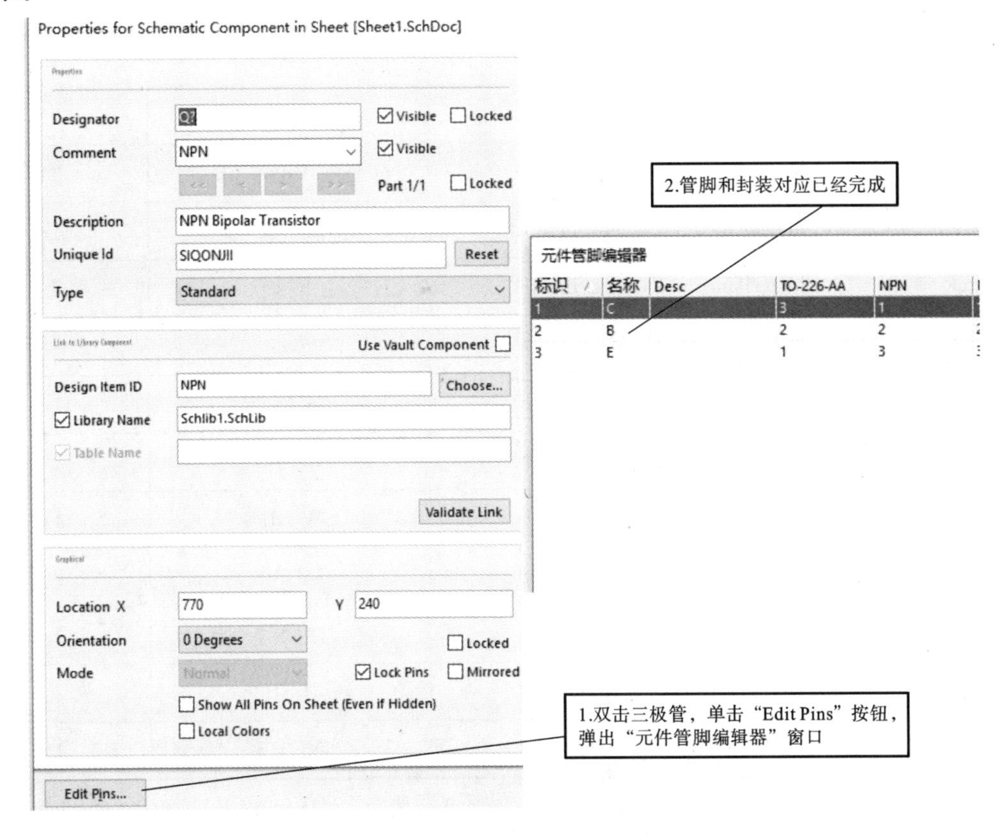

图 4-52 原理图和封装管脚编号已对应

通过上述操作，我们利用系统库中的元件制作了新的原理图，并对应了正确的封装。

任务 4.3 倒计时光电报警器原理图的绘制

任务目标

◇ 完成倒计时光电报警器原理图的绘制。

任务内容

◇ 创建列表中需要制作的原理图元件；

◇ 完成图 4-1 倒计时光电报警器原理图的绘制。

4.3.1 倒计时光电报警器原理图的元件清单

倒计时光电报警电路元件列表清单如表 4-1 所示。

表 4-1 倒计时光电报警电路元件列表清单

元件编号	元件所在库	元件在库中的名称	元件数量
C_1	Miscellaneous Devices. IntLib	CAP	1
C_2	Miscellaneous Devices. IntLib	CAP POL3	1
VD1	Miscellaneous Devices. IntLib	LED2	1
DS1、DS2	Miscellaneous Devices. IntLib	Dpy Amber-CC	2
Q_1	Miscellaneous Devices. IntLib	NPN	1
R_1、R_5	Miscellaneous Devices. IntLib	Res2	2
R_2、R_3	Miscellaneous Devices. IntLib	Res2	2
R_4	Miscellaneous Devices. IntLib	Res Pack4	1
S1	Miscellaneous Devices. IntLib	SW-SPST	1
S2	Miscellaneous Devices. IntLib	SW-DIP8	1
U1、U2	schlib1. schlib(自建原理图库)	74LS48	2
U3	schlib1. schlib(自建原理图库)	74LS00	1
U4、U5	schlib1. schlib(自建原理图库)	74LS190	2
U6	schlib1. schlib(自建原理图库)	NE555	1

4.3.2 制作 74LS48 和 74LS190 元件的原理图

在本例中，需要绘制的元件还有 74LS48 和 74LS190 芯片，所以接下来只需要完成这两个元件的原理图即可。

(1) 在元件库中添加 74LS48，如图 4-53 所示。

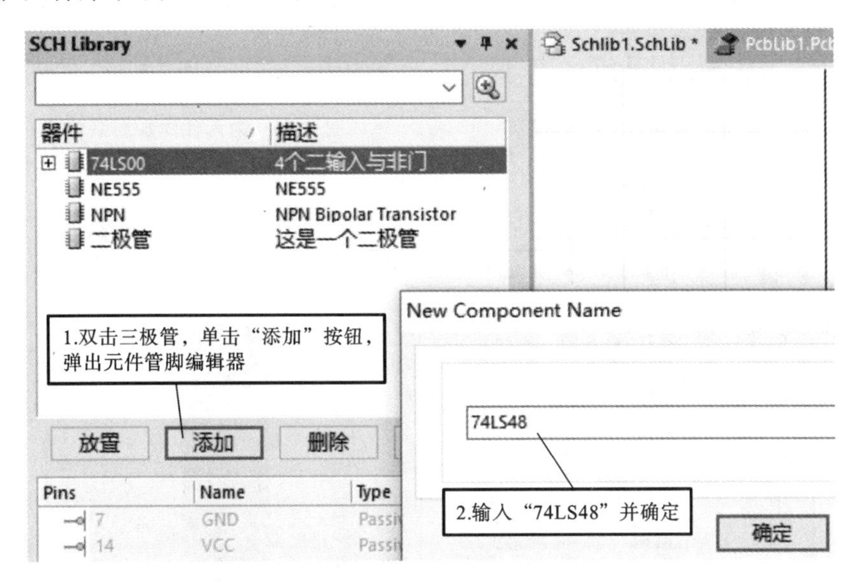

图 4-53 在自建原理图库中创建 74LS48

(2) 根据 74LS48 的原理图绘制其外形并添加管脚，其操作分别如图 4-54 和图 4-55 所示。

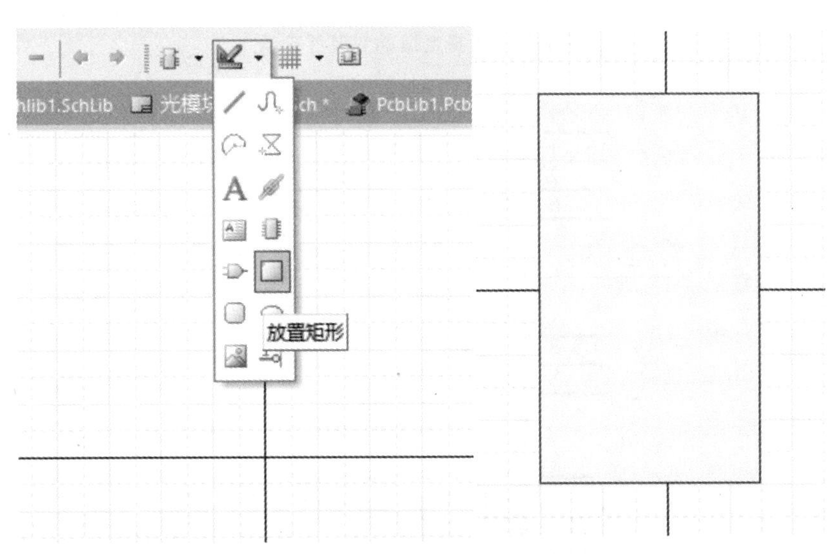

图 4-54 在图纸上放置矩形

（3）为元件添加封装信息，其操作如图 4-56 至图 4-58 所示。

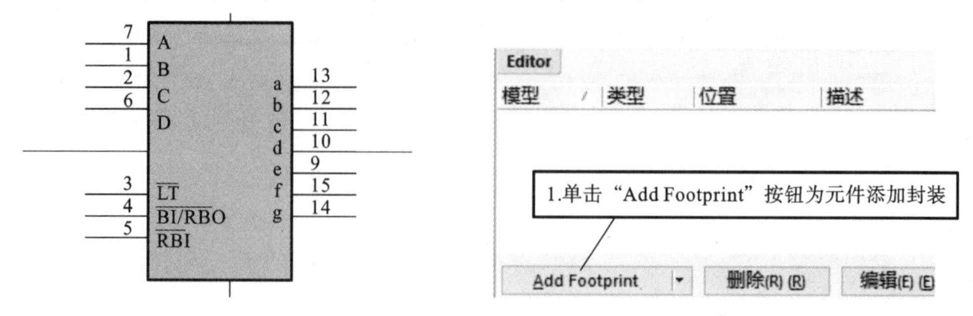

图 4-55　放置管脚并修改管脚名称

图 4-56　为元件添加封装信息

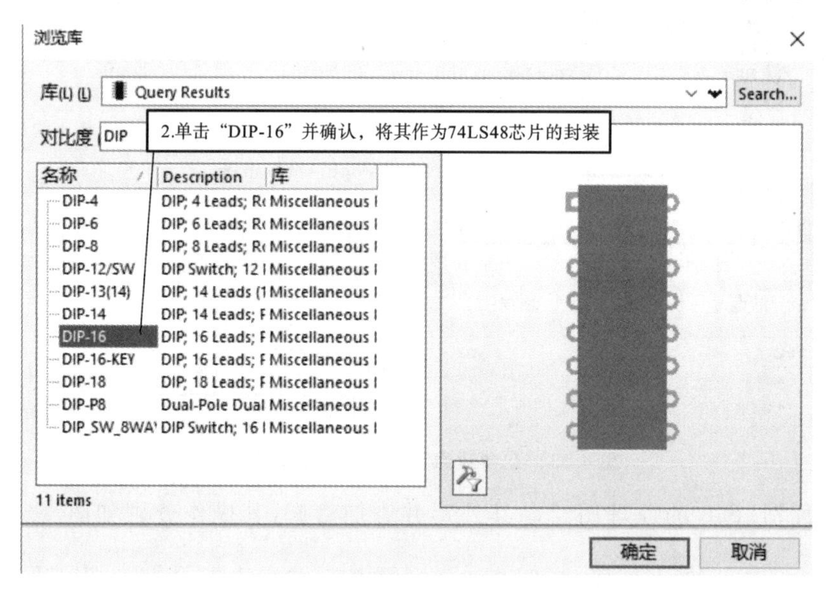

图 4-57　选择合适的封装并确认

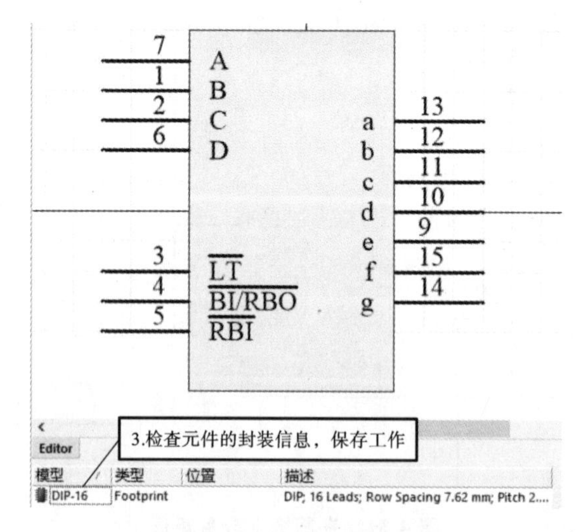

图 4-58　确认元件有封装信息

(4) 以同样的方式创建 74LS190 芯片并添加 DIP-16 封装,如图 4-59 所示。

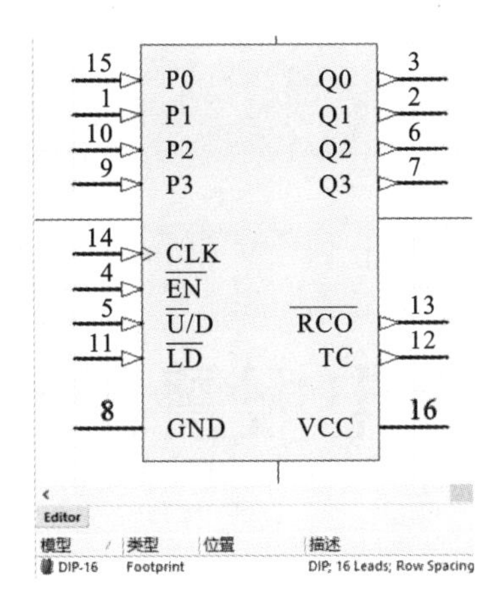

图 4-59 绘制 74LS190 芯片并添加封装信息

(5) 在完成所有元件的准备工作后,即可开始绘制倒计时光电报警器原理图。

实例扩展

1. 请绘制如图 4-60 所示的 MAX232N 芯片原理图,其封装为 DIP-16。
2. 请绘制如图 4-61 所示的 AT89S51 单片机原理图,其封装为 DIP-40。

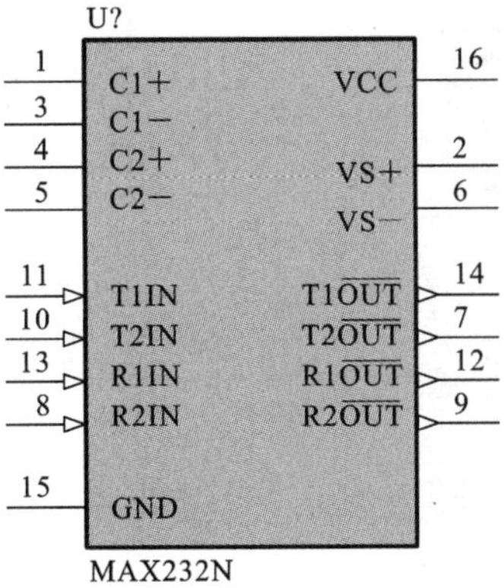

图 4-60 MAX232N 芯片原理图

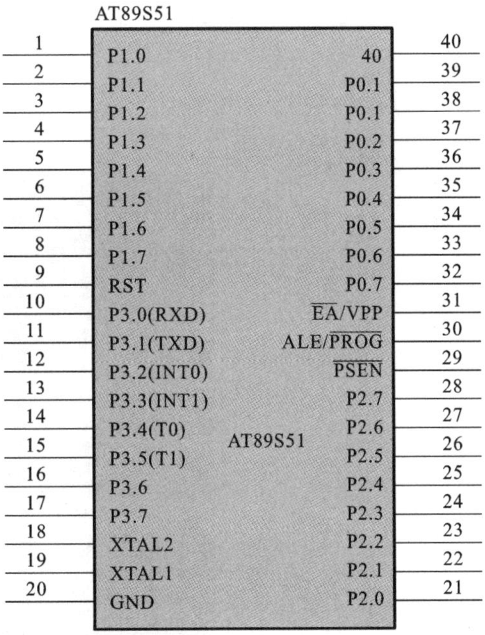

图 4-61 AT89S51 单片机原理图

5

制作倒计时光电报警器元件封装

任务 5.1　制作 PCB 封装

任务目标

◇ 掌握利用封装创建向导来制作元件封装；

◇ 掌握根据元件尺寸参数设计元件封装。

任务内容

◇ 新建封装库文件；

◇ 在库中创建倒计时光电报警器(见图 5-1)里的各种元件封装。

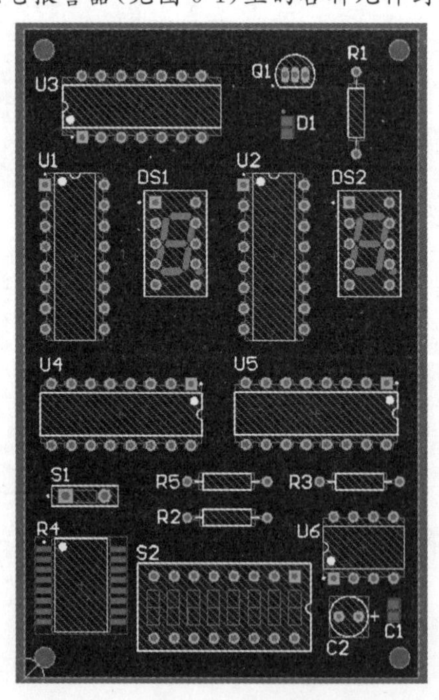

图 5-1　倒计时光电报警器 PCB

倒计时报警电路中由于某些元件封装在 Altium Designer 封装库中，所以需要进行绘制，其 PCB 整体的操作流程如图 5-2 所示。

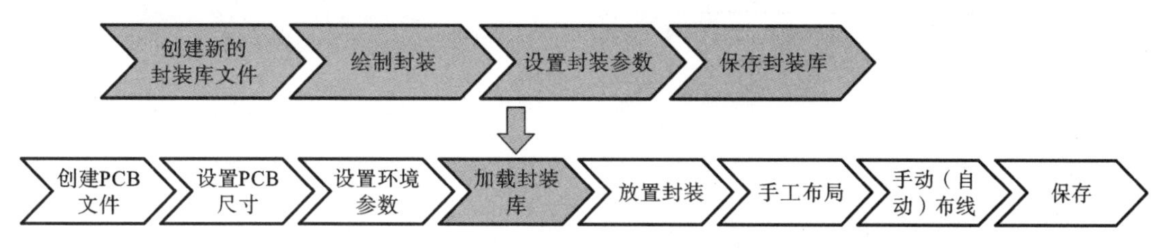

图 5-2 设计 PCB 的操作流程

5.1.1 新建封装库文件

元件封装是指元件的整体和管脚。在 AD 软件中，封装就是指元件与 PCB 连接的焊盘及其拓扑结构。例如，插孔元件是管脚穿过 PCB，而贴片元件是贴在 PCB 表面上，通过管脚添加锡焊来实现电气连接。图 5-3 是常见的双列直插芯片封装及其在 AD 软件中的封装。

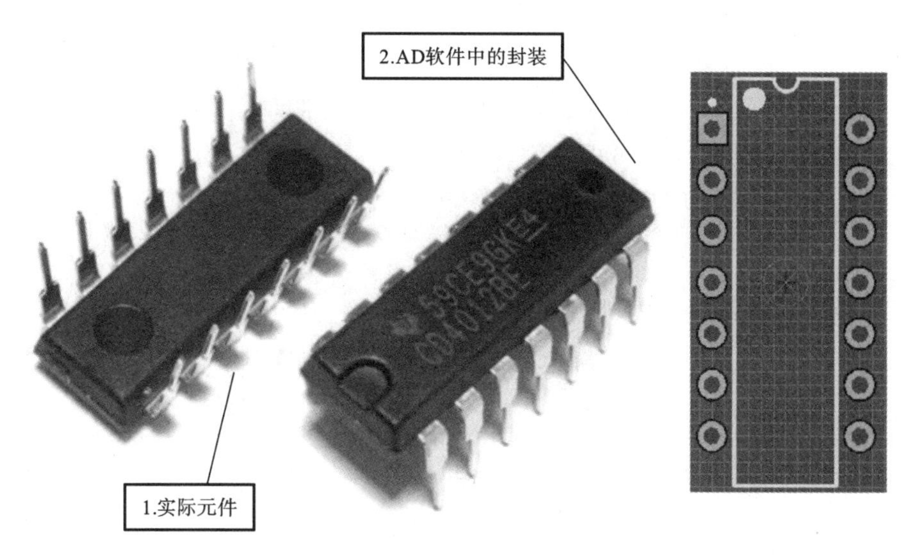

图 5-3 双列直插芯片封闭及其在 AD 软件中的封装

要做到实际元件可以完美地安装在 PCB 上，那么 AD 软件中的封装必须和实际元件一模一样，所以必须获得实际元件的精确尺寸，才能设计好封装。

首先讲解如何在 AD 软件中建立封装库。封装库，顾名思义就是存放各种封装的仓库。其创建流程如图 5-4、图 5-5 所示。

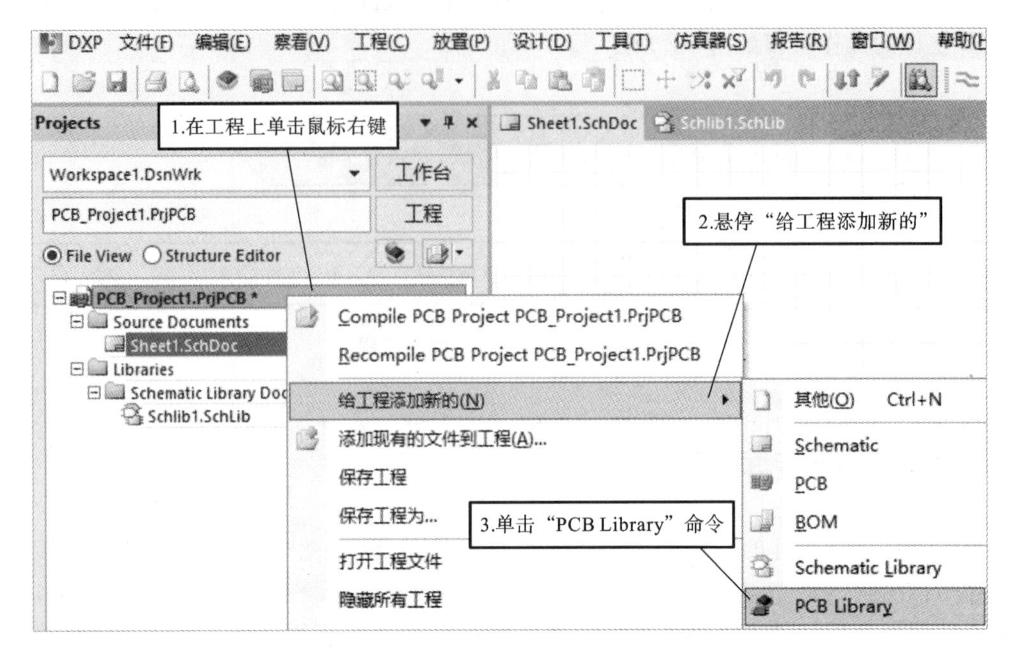

图 5-4 封装库文件的创建

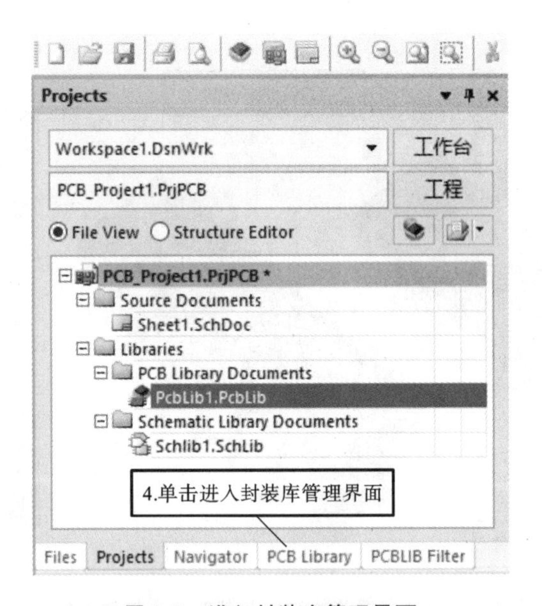

图 5-5 进入封装库管理界面

5.1.2 利用 PCB 元件向导制作元件封装

下面以创建一个直插电容器封装为例：首先打开元件向导，在过程中设置各种参数，其操作流程分别如图 5-6 至图 5-15 所示。

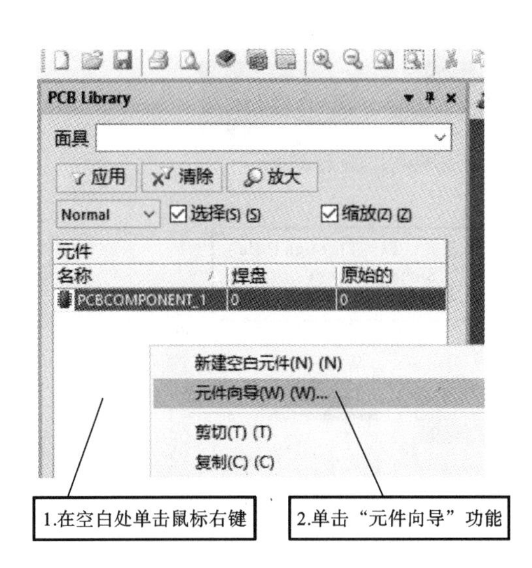

图 5-6 打开元件向导

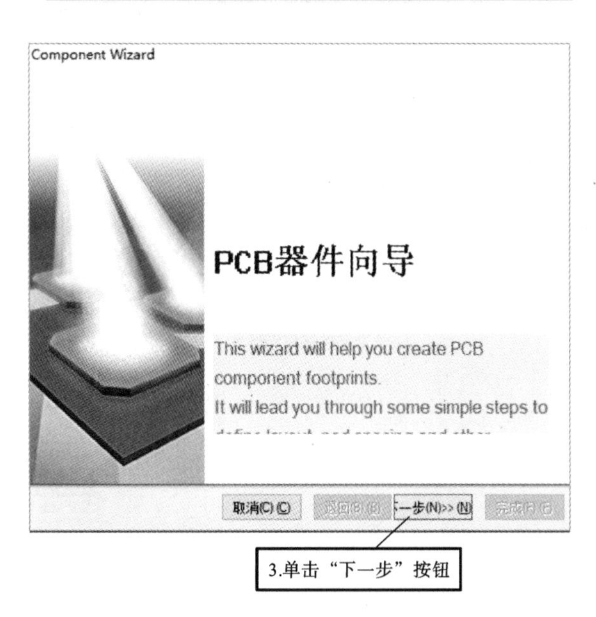

图 5-7 PCB 器件向导界面

图 5-8 器件类型选择界面

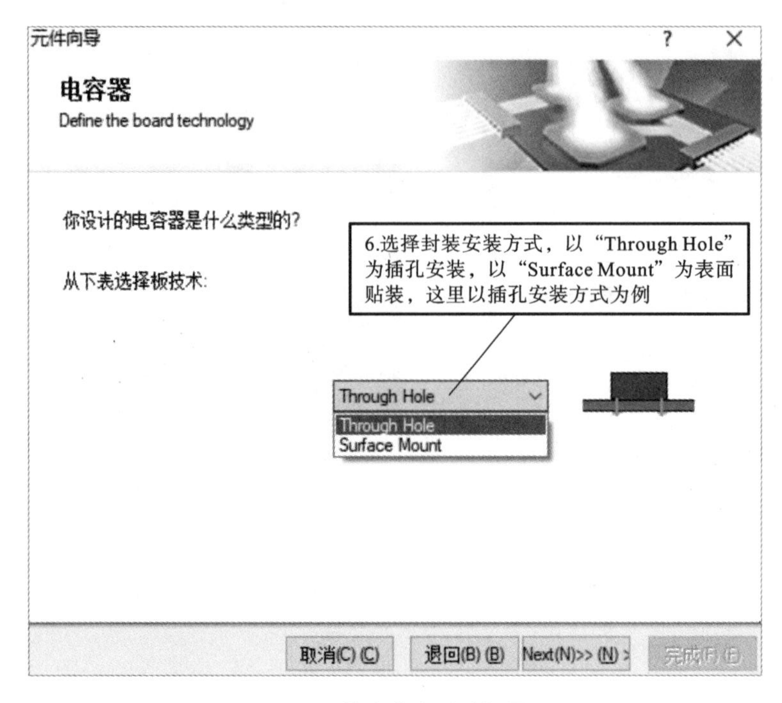

图 5-9 元件安装类型选择界面

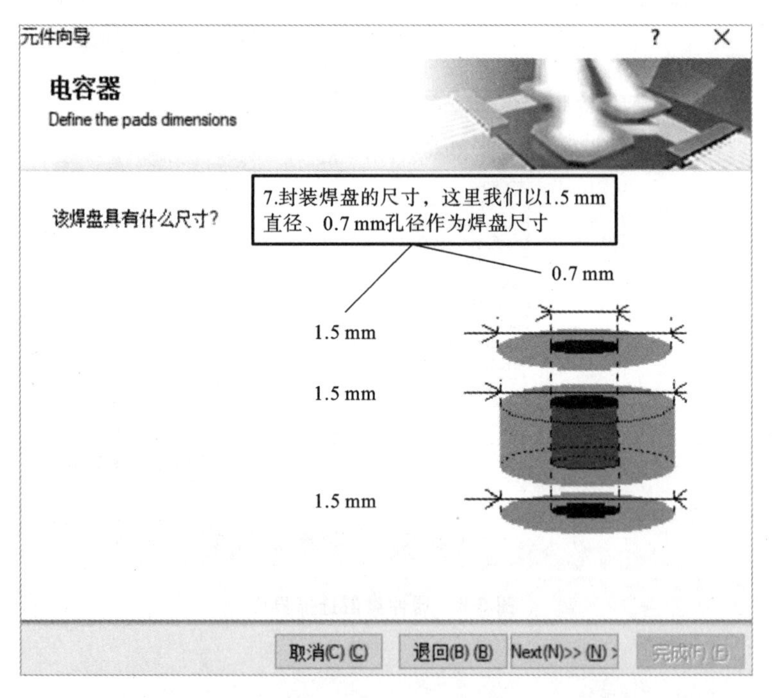

图 5-10 采用插孔安装方式的焊盘尺寸设置界面

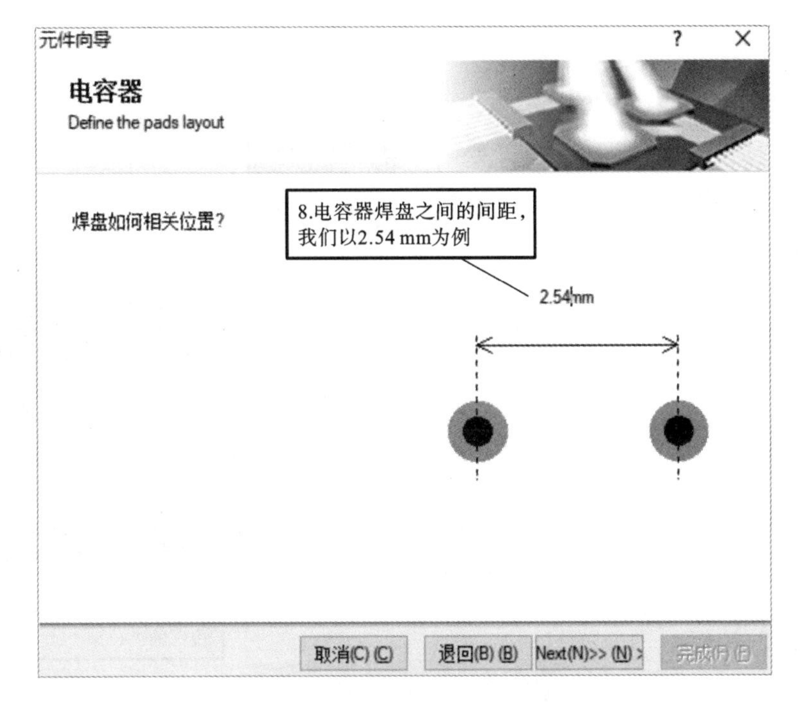

图 5-11　电容器焊盘间距设置界面

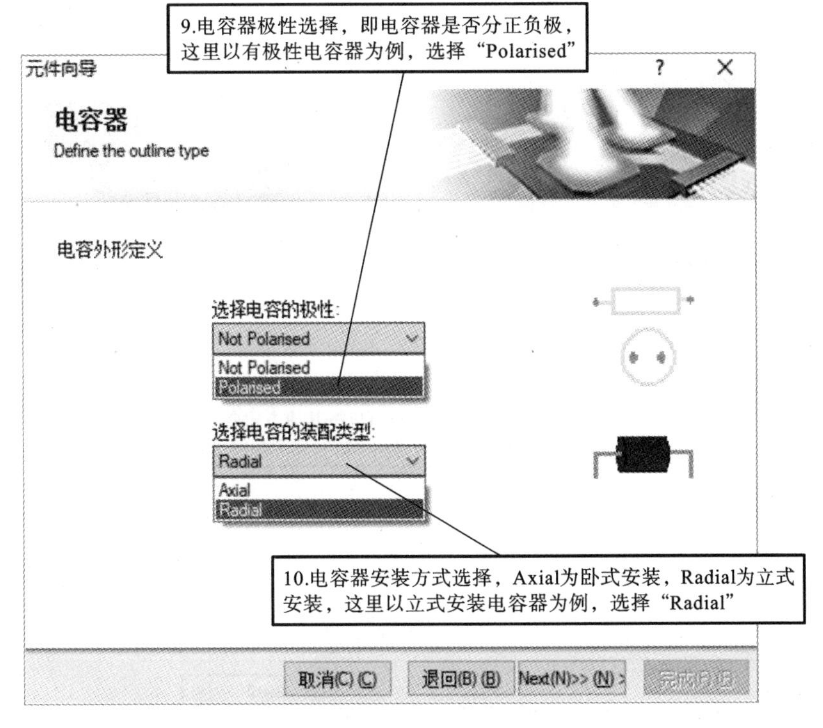

图 5-12　电容器极性及安装方式选择界面

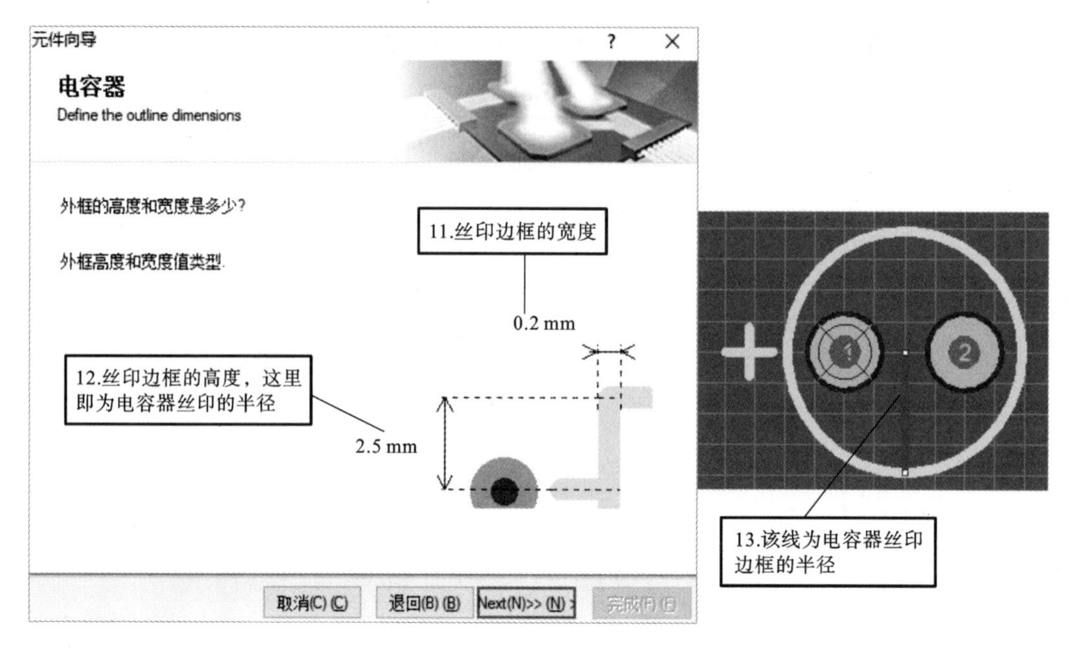

图 5-13　电容器外框尺寸设置界面

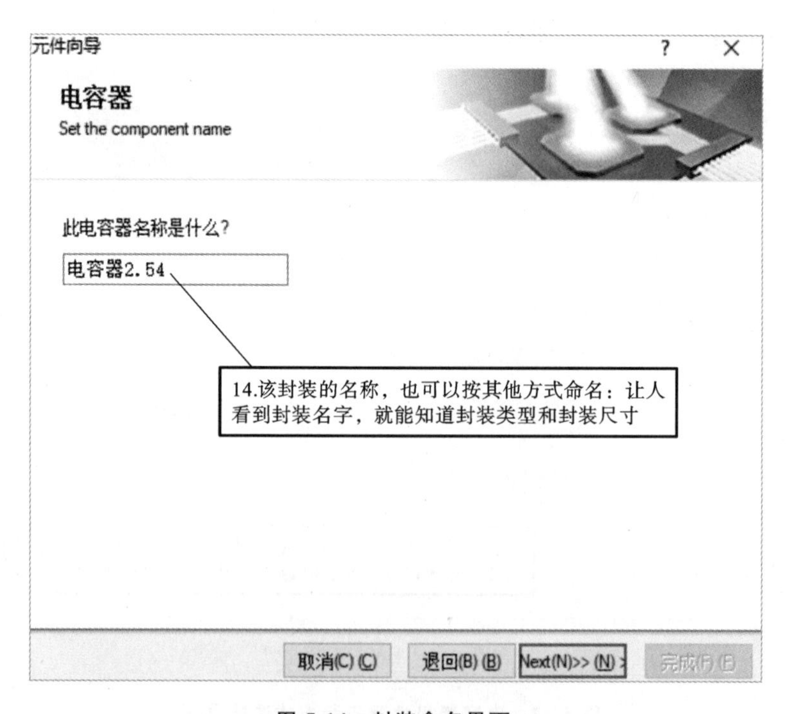

图 5-14　封装命名界面

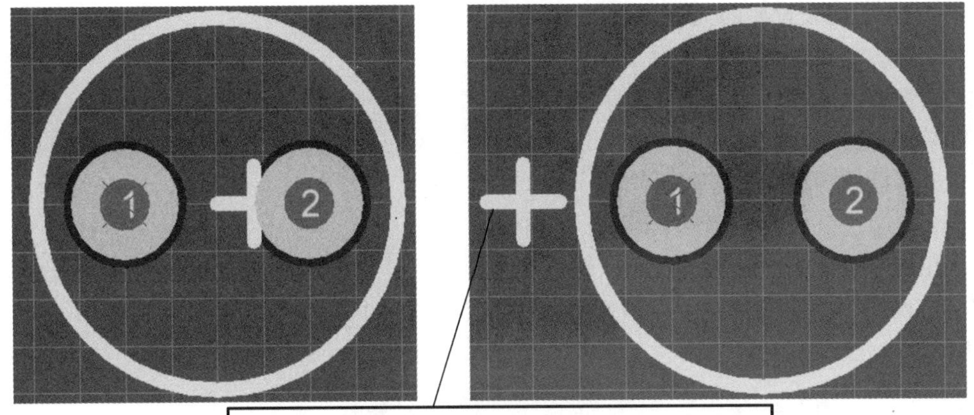

图 5-15 对生成的封装进行调整

调整完毕后，单击保存按钮。

5.1.3 手工制作元件封装

AD 软件并不能提供所有元件的封装，这就需要使用者根据自己所用的元件设计封装。下面以某芯片的资料(见图 5-16)为例，讲解手工制作元件封装的流程，其过程分别如图 5-17 至图 5-36 所示。

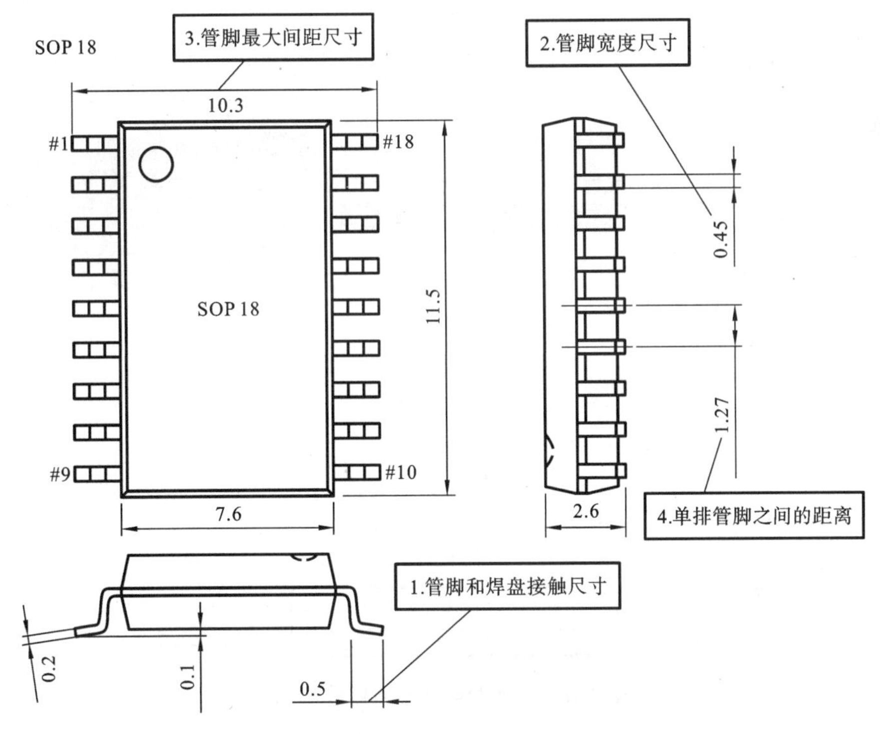

图 5-16 某芯片的尺寸资料图(单位:mm)

图 5-16 中比较重要的几个参数说明如下。

（1）管脚和焊盘接触尺寸为 0.5 mm。

（2）管脚宽度尺寸为 0.45 mm。

（3）管脚最大间距尺寸为 10.3 mm。

（4）单排管脚之间的距离为 1.27 mm。

（5）丝印边框的大小为 11.5 mm×7.6 mm。

利用图 5-16 中的这些数据，可以算出芯片焊盘尺寸大约为 0.7 mm×0.5 mm（比管脚略大即可），两列焊盘间距大约为（10.3－0.5）mm＝9.8 mm。制作流程分别如图 5-17 至图 5-20所示。

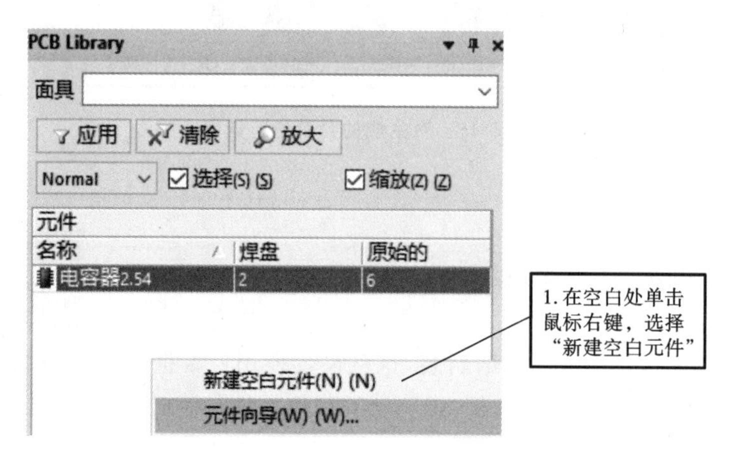

图 5-17　建立空白元件封装

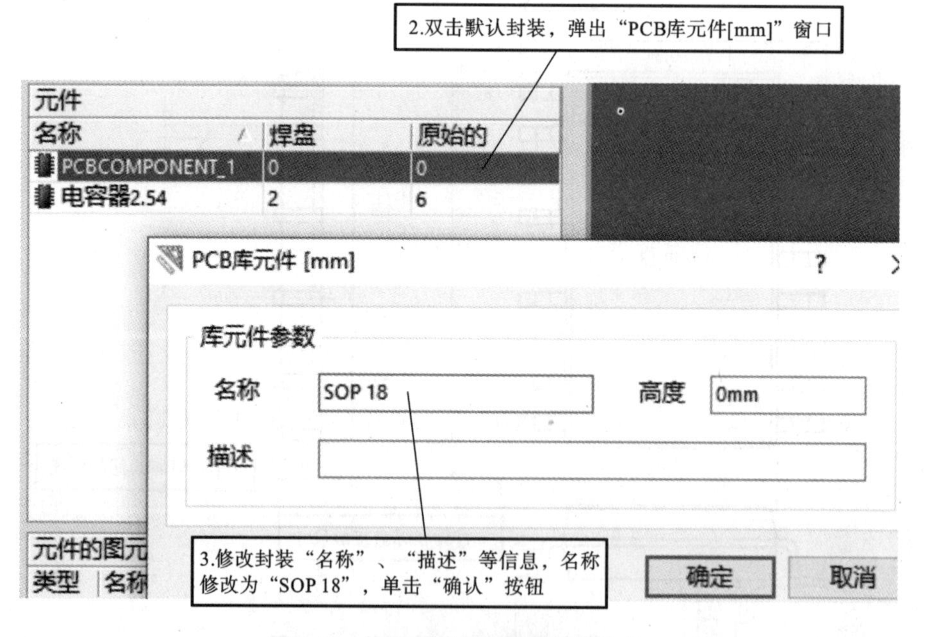

图 5-18　修改封装名称和描述等信息

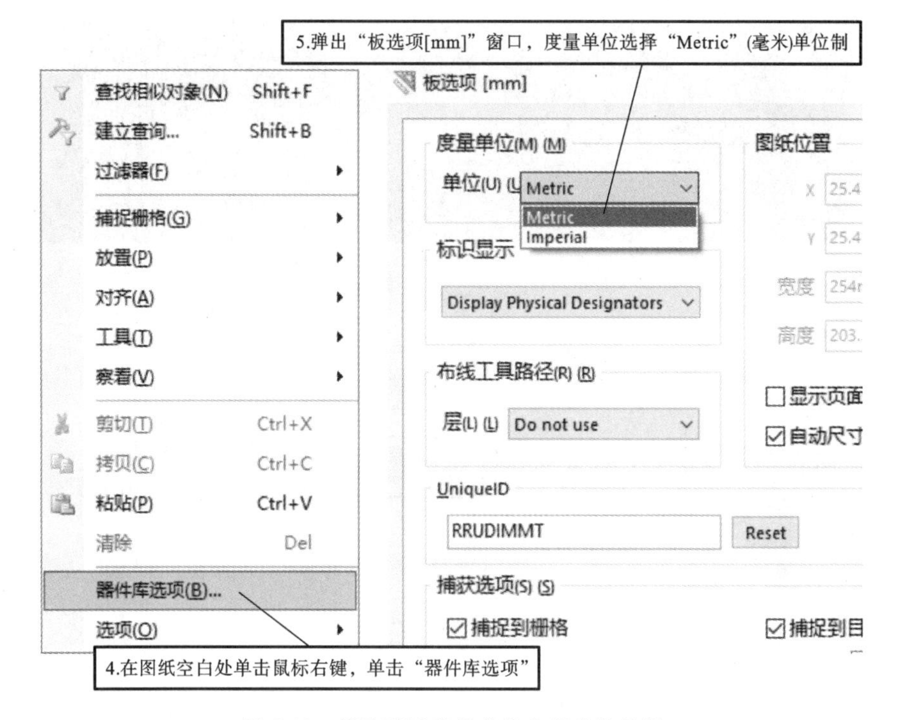

图 5-19 修改默认度量单位为毫米单位制

图 5-20 开始定位第一个焊盘

开始定位第一个焊盘，并修改焊盘属性参数，如图 5-21 所示。

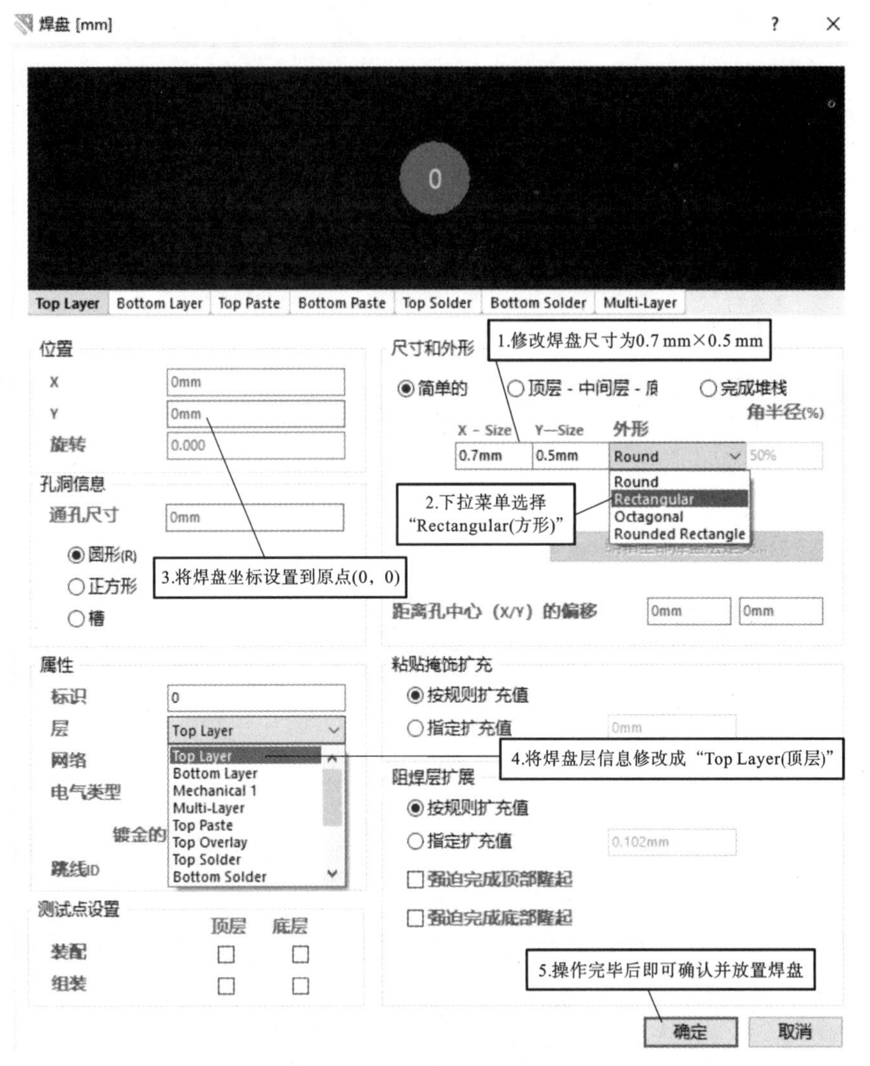

图 5-21 修改焊盘属性参数 1

选中已编辑好的焊盘，按“Ctrl+C”组合键对其进行复制，然后选择特殊粘贴，如图 5-22 至图 5-27 所示。

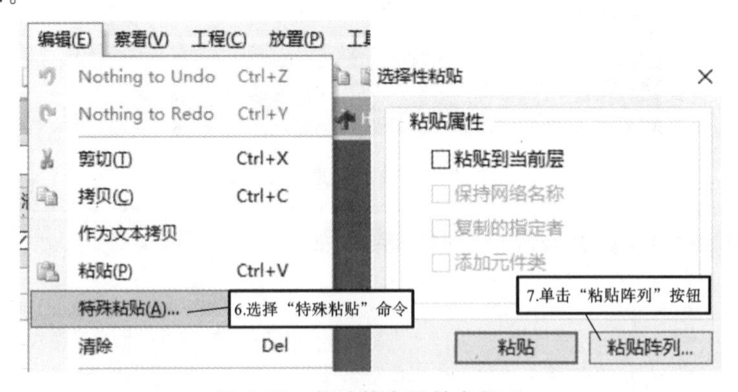

图 5-22 修改焊盘属性参数 2

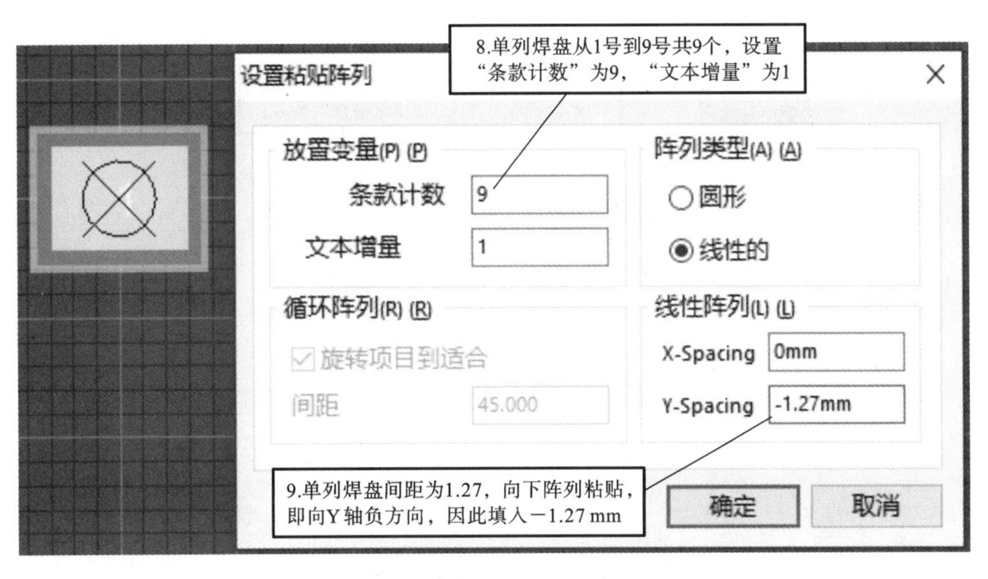

图 5-23 利用阵列粘贴完成单列焊盘

10.以1号焊盘为起点，单击鼠标左键，即可完成阵列粘贴

图 5-24 完成单列焊盘的粘贴

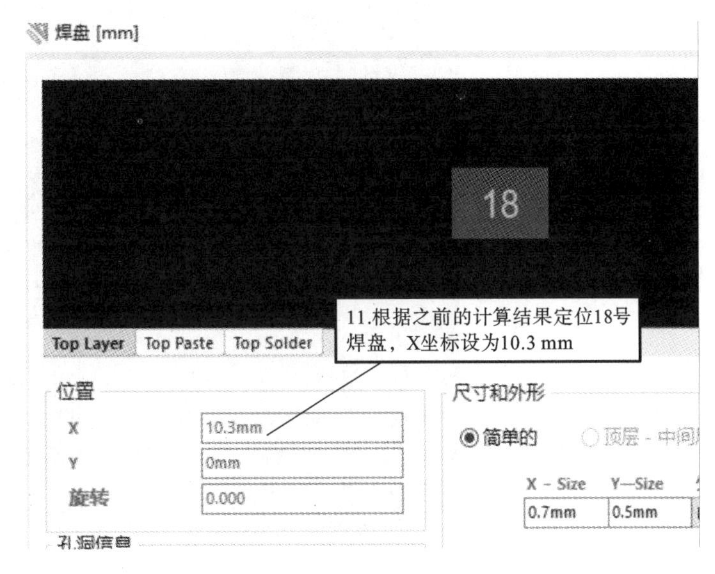

图 5-25 定位另一列焊盘

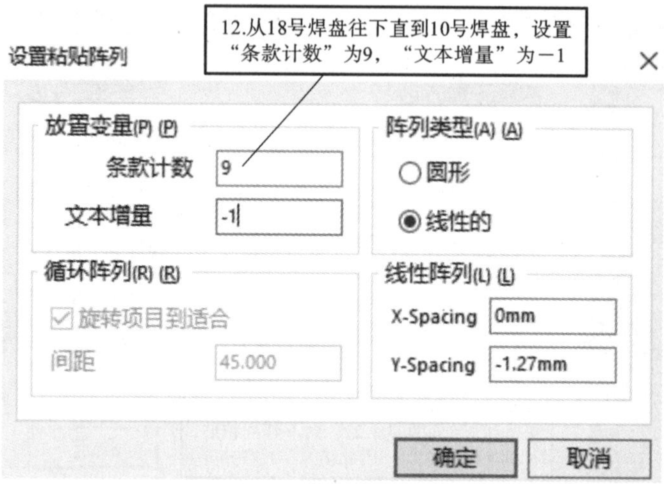

12.从18号焊盘往下直到10号焊盘，设置“条款计数”为9，“文本增量”为－1

设置粘贴阵列

放置变量(P) (P)
条款计数 9
文本增量 -1

阵列类型(A) (A)
圆形
线性的

循环阵列(R) (R)
旋转项目到适合
间距 45.000

线性阵列(L) (L)
X-Spacing 0mm
Y-Spacing -1.27mm

确定 取消

图 5-26 继续完成其他焊盘

图 5-27 焊盘布局完成

焊盘布局完成后，再完成边框的定位，选择焊盘对称中心来定位，流程分别如图 5-28 至图 5-39 所示。

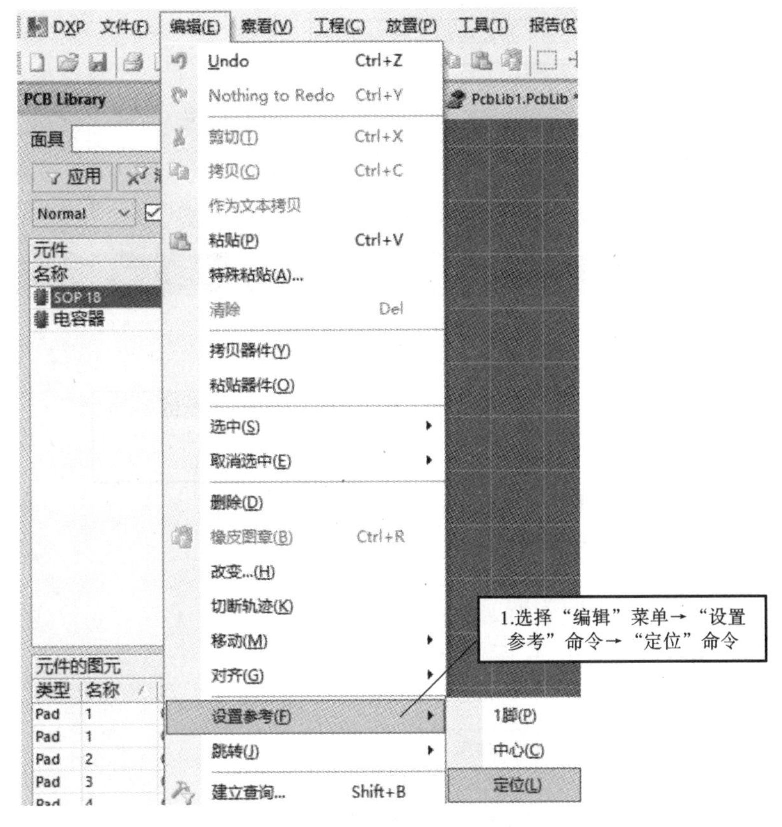

图 5-28 重新设置定位点

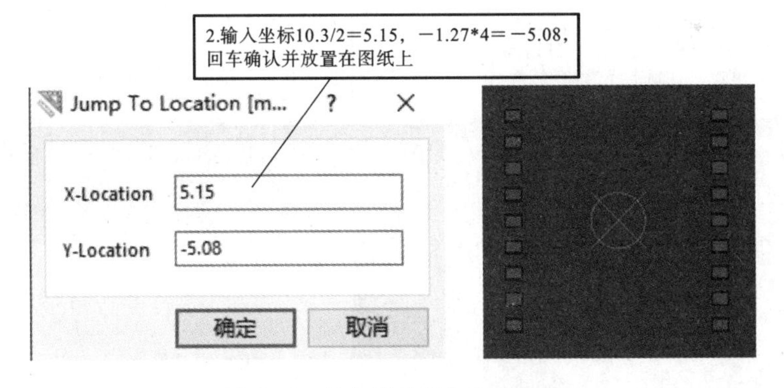

图 5-29 输入新的定位中心坐标

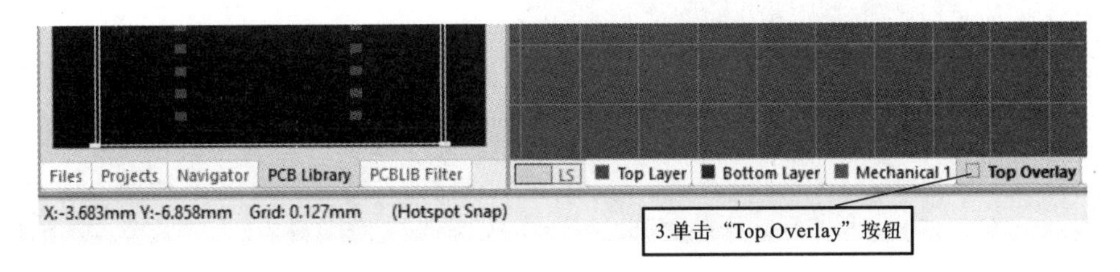

图 5-30 切换到丝印层绘制丝印边框

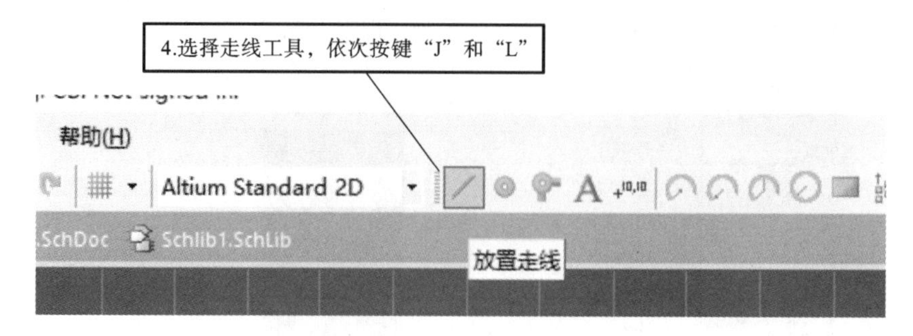

图 5-31 选择走线工具

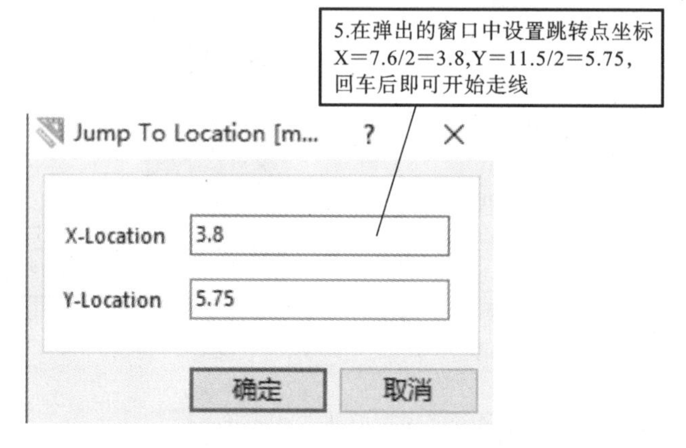

图 5-32 定位丝印边框右上点

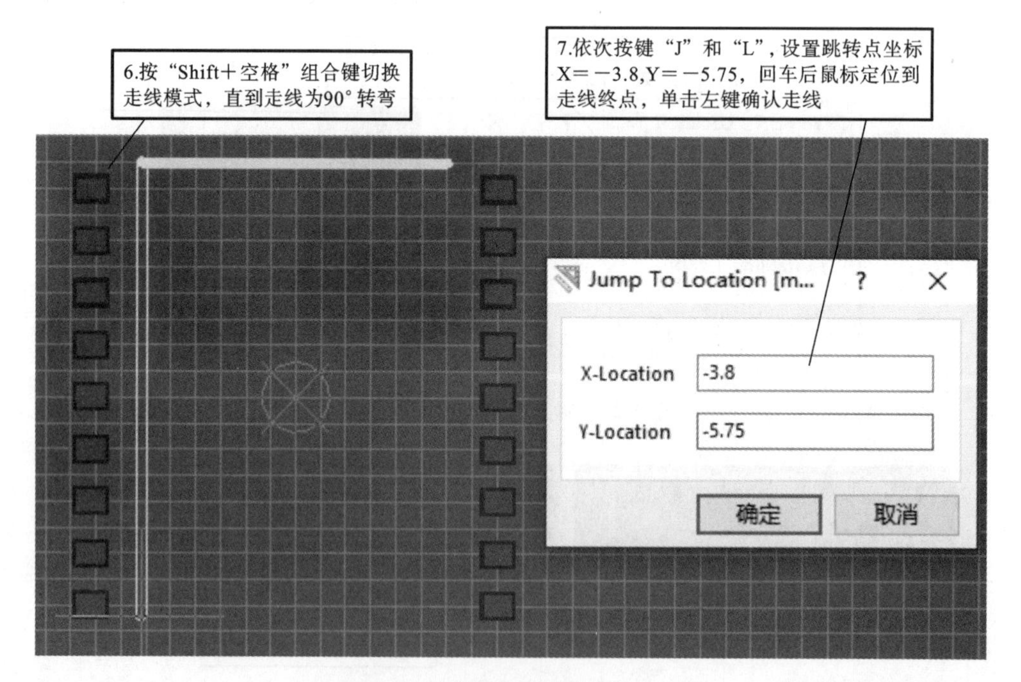

图 5-33 定位丝印边框左下点

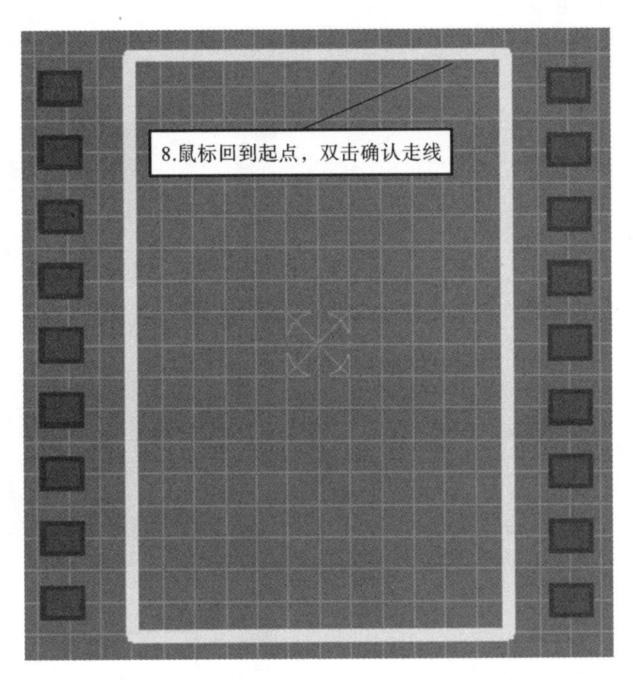

图 5-34 完成丝印边框定位

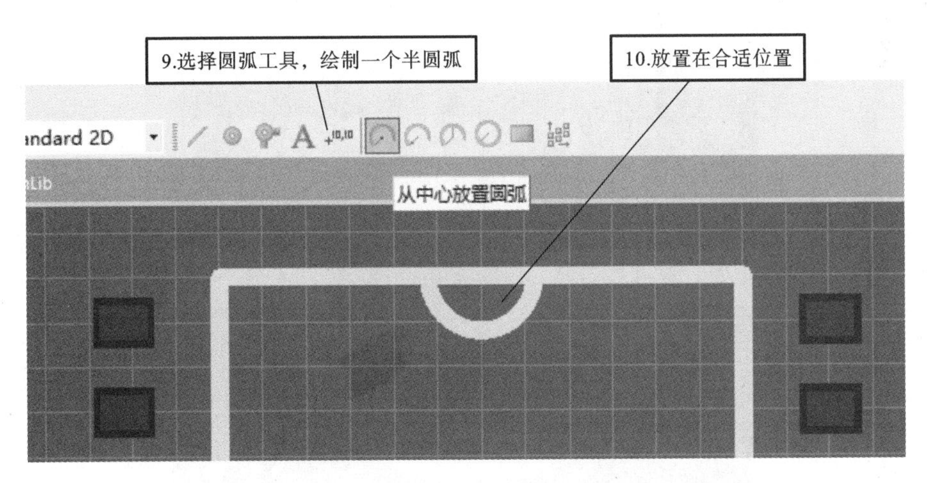

图 5-35 利用圆弧工具放置半圆弧在合适的位置

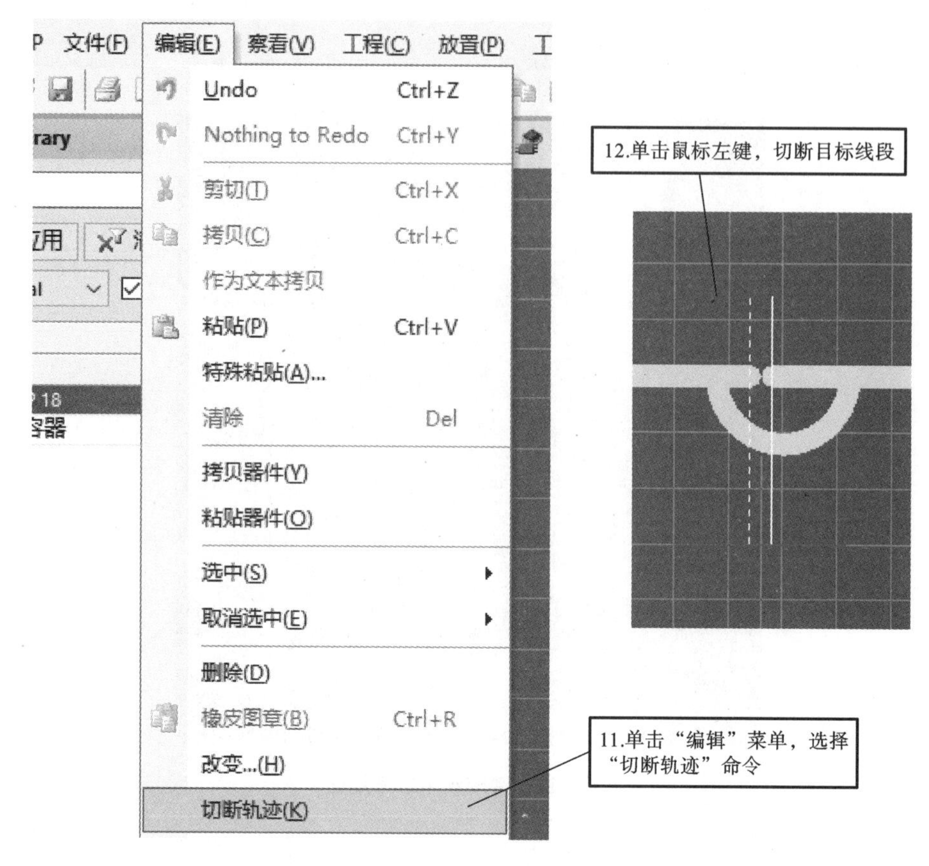

图 5-36 使用工具切断圆弧的中间连线

图 5-37 将切断的线段与圆弧相连

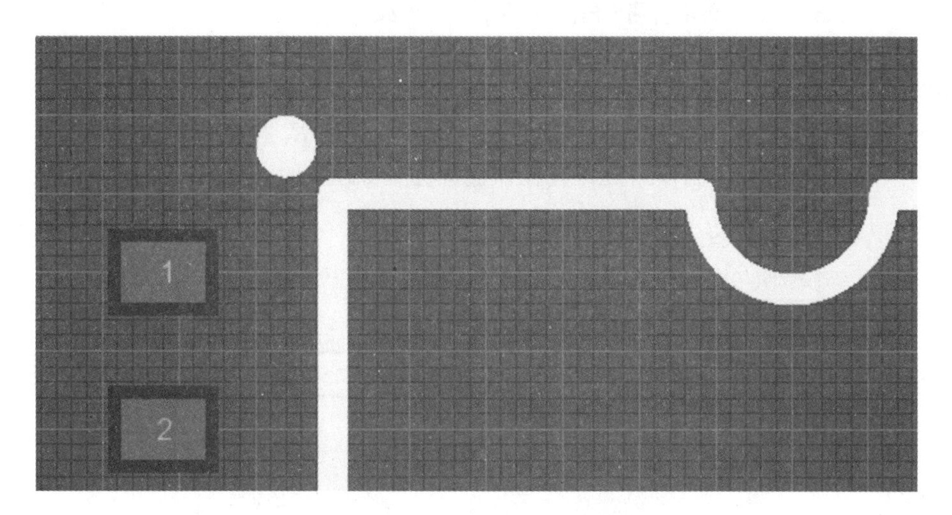

图 5-38 也可在 1 号管脚附近放置丝印点

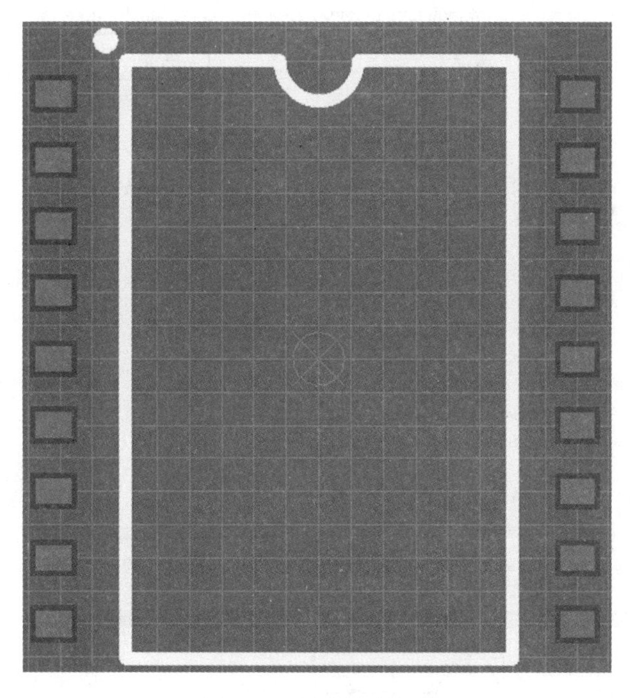

图 5-39 封装基本完成

5.1.4 利用 IPC 封装向导制作元件封装

IPC 是美国印刷电路板协会的缩写，IPC 制定了一系列的标准和规范，一般来说，只要包含芯片的文档资料，就可很容易地制作出封装。下面以创建 R_4 排阻的封装 SOP 16 为例，讲解如何用 IPC 封装向导来制作封装。其操作流程分别如图 5-40 至图 5-46 所示。

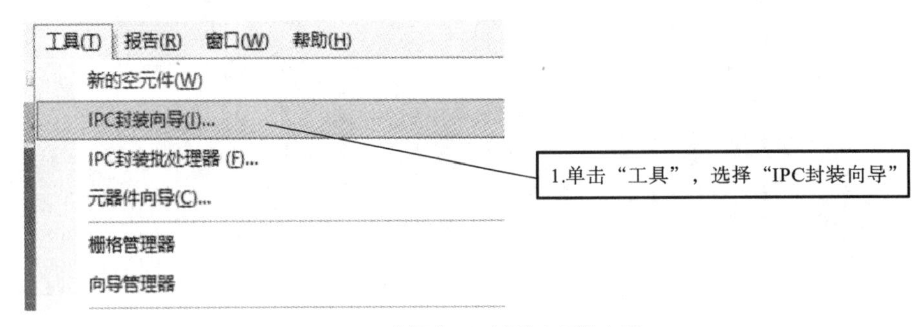

图 5-40 选择“IPC 封装向导”功能

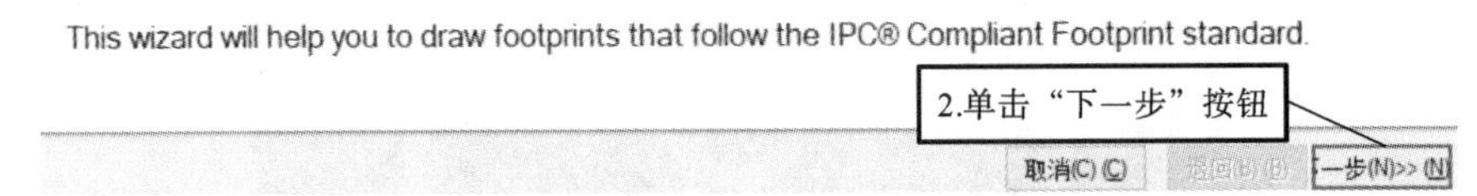

图 5-41 进入 IPC 封装向导功能

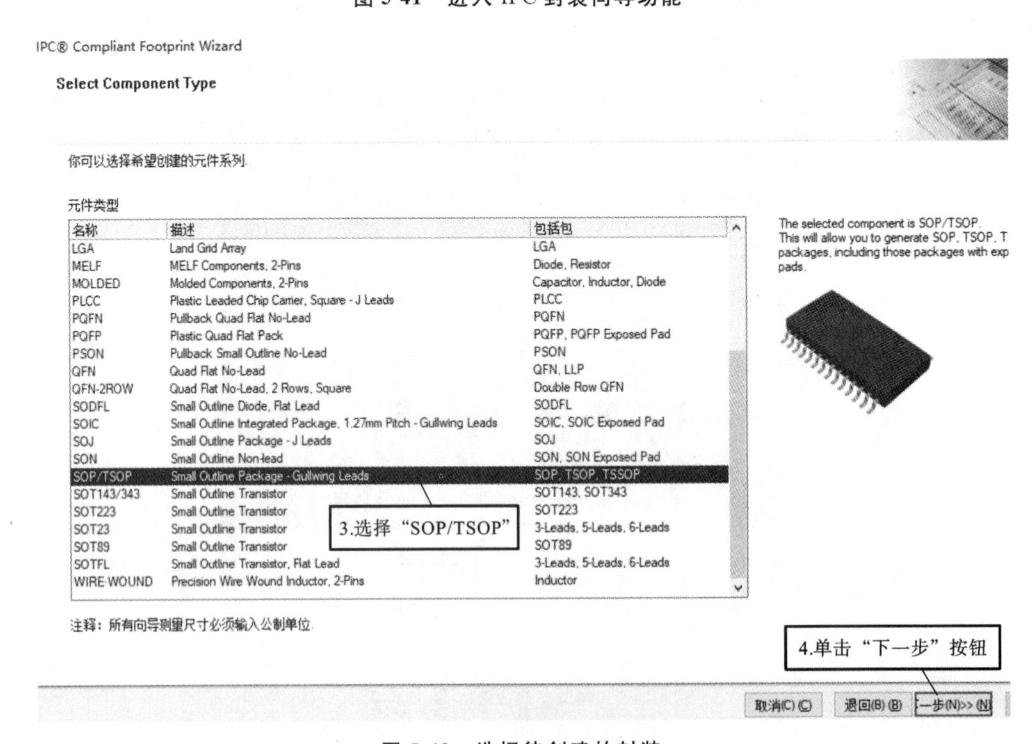

图 5-42 选择待创建的封装

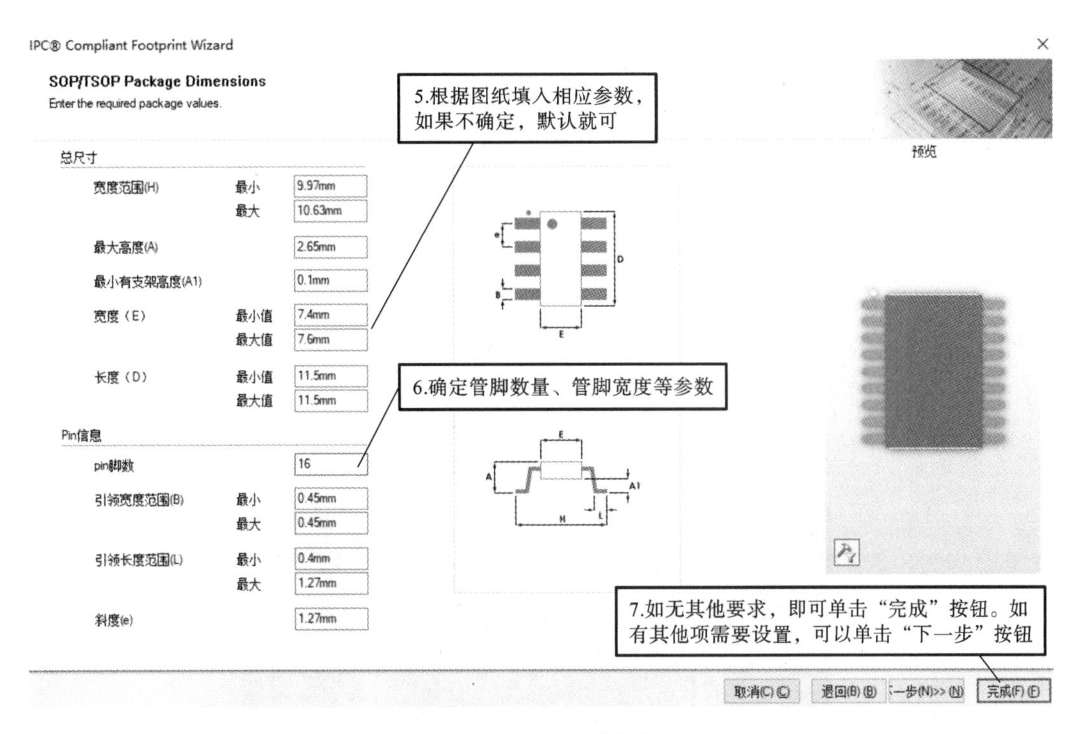

图 5-43　输入封装参数

IPC® Compliant Footprint Wizard

SOP/TSOP Package Thermal Pad Dimensions

Enter the required thermal pad values.

8.如果芯片封装含有热焊盘，请勾选并在下方填入热焊盘参数

☐添加热焊盘

热焊盘范围(E2)	最小	0mm
	最大	0mm
热焊盘范围(D2)	最小	0mm
	最大	0mm

Bottom View

E2

D2

图 5-44　热焊盘尺寸设置

图 5-45　封装名称设置

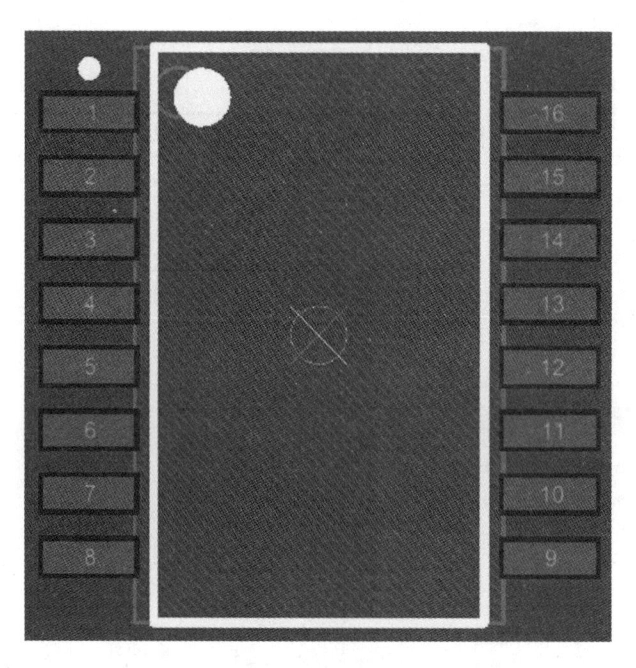

图 5-46　封装制作完成

5.1.5　制作简单的元件 3D 预览

在制作完元件封装后，或者在进行 PCB 元件布局后，可以通过 3D 预览功能了解元件的 3D 外形或者布局情况。但是，由于系统库的局限，并非所有元件都有 3D 体，这时可以根据元件的真实尺寸制作一个粗略的 3D 体，以便于我们在元件布局的时候进行更加合理的规划。这里以电容器的 3D 体制作为例，其制作流程分别如图 5-47 至图 5-51 所示。

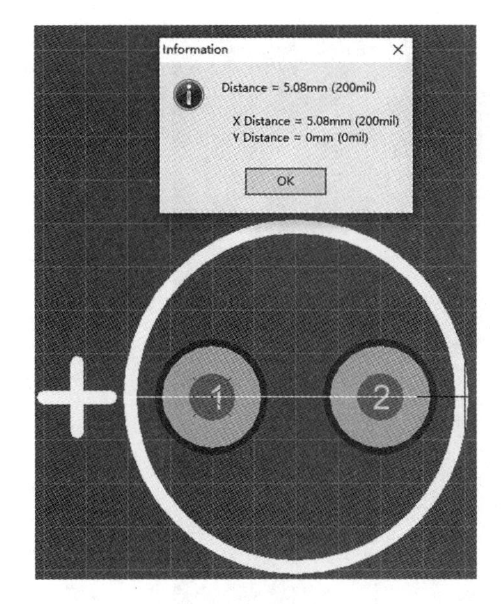

图 5-47 电容器外型尺寸

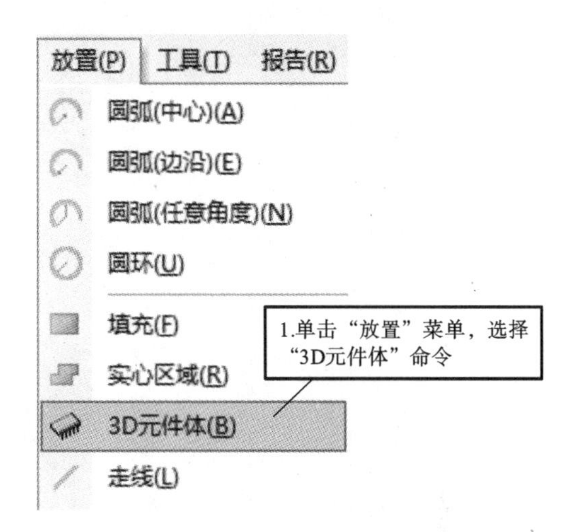

图 5-48 选择“放置”菜单→“3D 元件体”命令

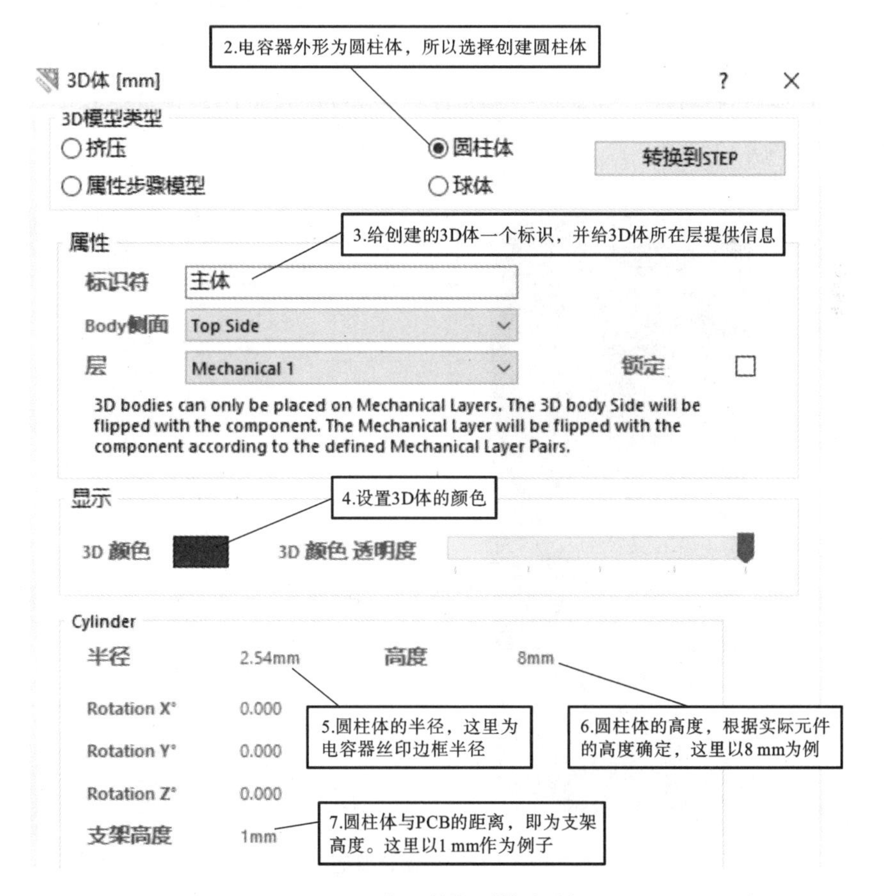

图 5-49 “3D 体[mil]”对话框

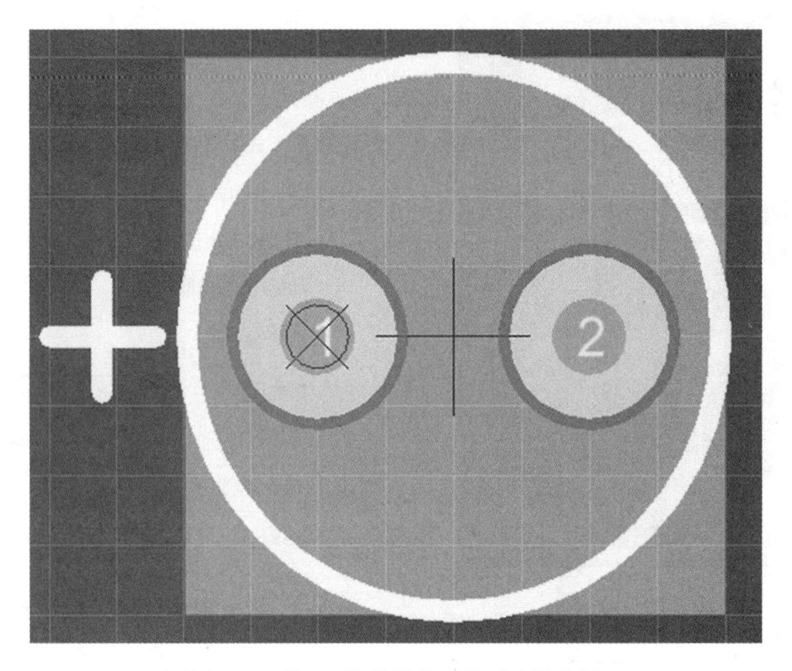

图 5-50　将 3D 体放置在元件对应的位置

放置好 3D 体后，按数字键 3 即可打开元件封装 3D 的预览图。预览模式下，按数字键 2 即可回到 2D 模式下。

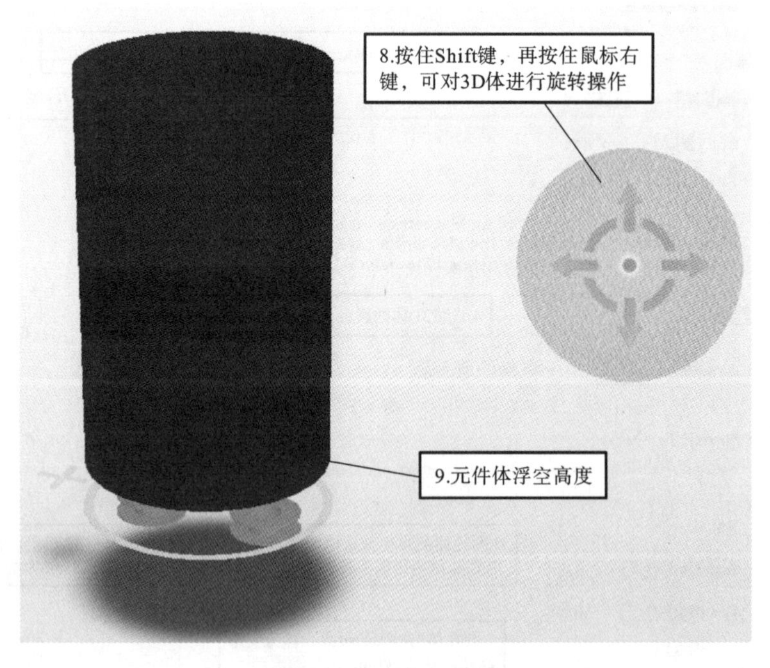

图 5-51　3D 体预览图

如果有对应的元件 STEP 模型，也可以利用导入的方式创建 3D 体预览，如图 5-52 所示。

1.选择“属性步骤模型”，即STEP模型

3D体 [mm]

3D模型类型

挤压 圆柱体 转换到STEP

属性步骤模型 球体

属性

标识符 主体

Body侧面 Top Side

层 Mechanical 1 锁定

3D bodies can only be placed on Mechanical Layers. The 3D body Side will be flipped with the component. The Mechanical Layer will be flipped with the component according to the defined Mechanical Layer Pairs.

显示

3D 颜色 3D 颜色 透明度

属性步骤模型

文件名

Rotation X° 0.000 从磁盘更新

Rotation Y° 0.000 删除

Rotation Z° 0.000 更改为嵌入的

支架高度 0mm

插入步骤模型

2.选择“插入步骤模型”，即导入STEP模型，接下来找到已创建好的STEP模型即可

图 5-52 导入已有的 STEP 模型

若元件外型复杂，也可以创建多个 3D 体进行叠加显示，例如用 3 个 3D 体叠加可以构成如图 5-53 所示的元件外型。

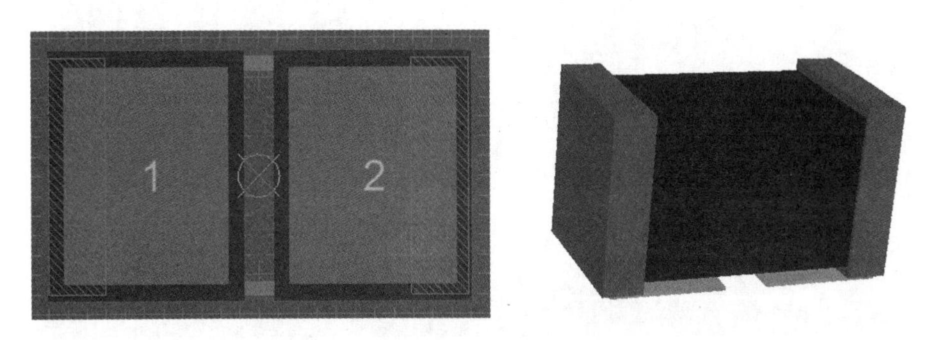

图 5-53 由 3 个 3D 体叠加构成的元件外型

5.1.6 其他元件封装信息

还需要完成的元件封装信息如下。

(1) 数码管封装。

读者可以根据尺寸选择合适的方式,创建该封装、3D 体,并将原理图中的数码管封装设定为 8seg-display,如图 5-54 所示。

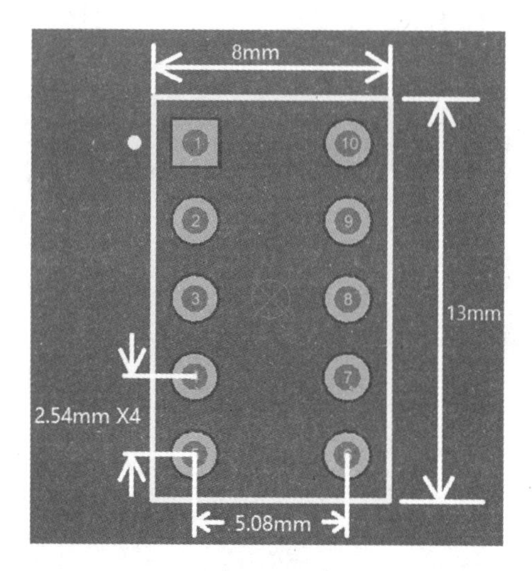

图 5-54 数码管封装 8seg-display

(2) 拨码开关封装。

拨码开关 S2 封装 DIP-16-KEY 如图 5-55 所示。

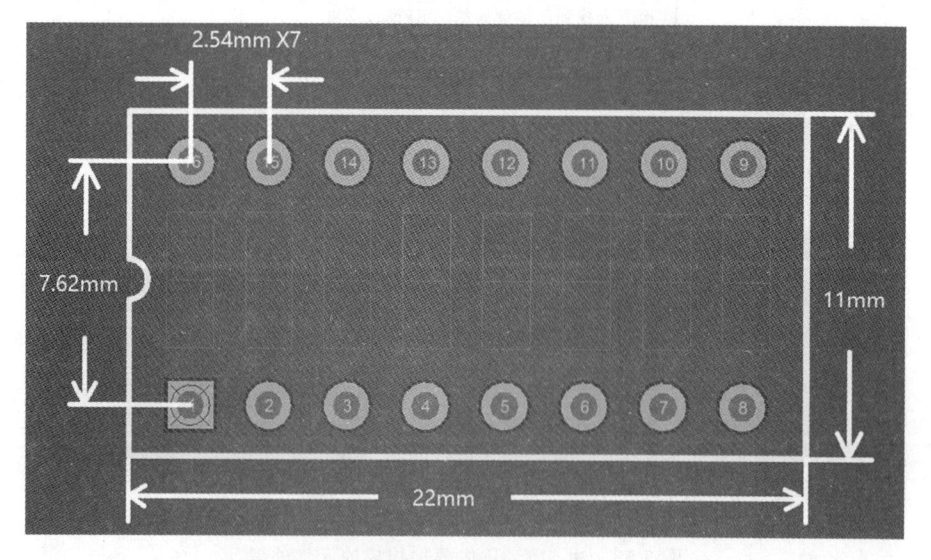

图 5-55 拨码开关 S2 **封装** DIP-16-KEY

拨码开关封装需要添加 3D 体,分别为元件本体和按键开关,如图 5-56 所示。

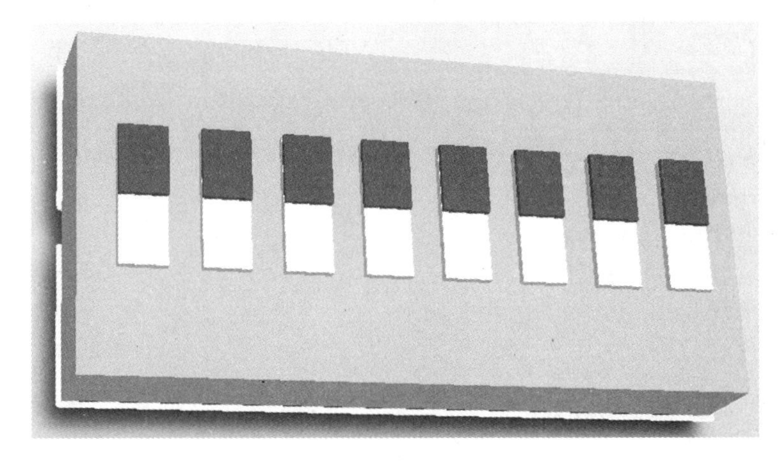

图 5-56 封装 DIP-16-KEY 的 3D 体

任务 5.2 调用封装并设计 PCB

任务目标

◇ 掌握调用元件封装的方法；

◇ 利用制作好的封装绘制 PCB。

任务内容

◇ 给元件添加创建的封装；

◇ 生成对应的 PCB，并通过 3D 预览检查元件布局。

5.2.1 调用元件封装

我们可以将制作好的多个封装赋给原理图中的元件，在生成 PCB 的时候，便可以灵活地选用所需要的封装。下面我们创建一个电容器原理图，并将之前制作的电容器封装赋给它，其操作流程分别如图 5-57 至图 5-62 所示。

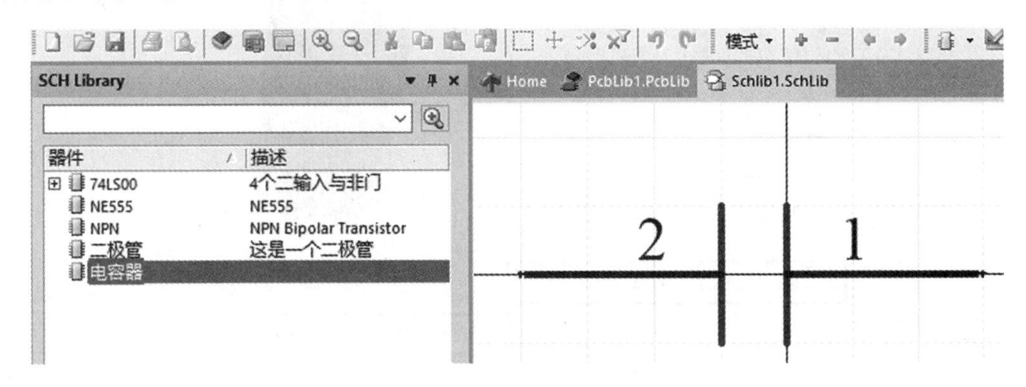

图 5-57 创建一个电容器原理图元件

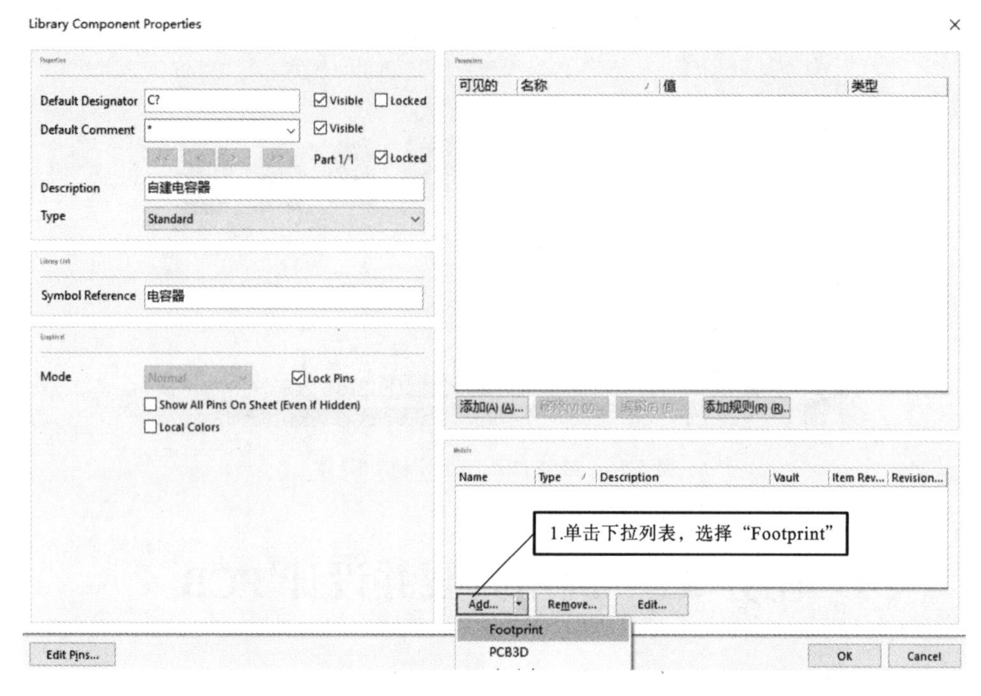

图 5-58 打开元件属性窗口并添加封装

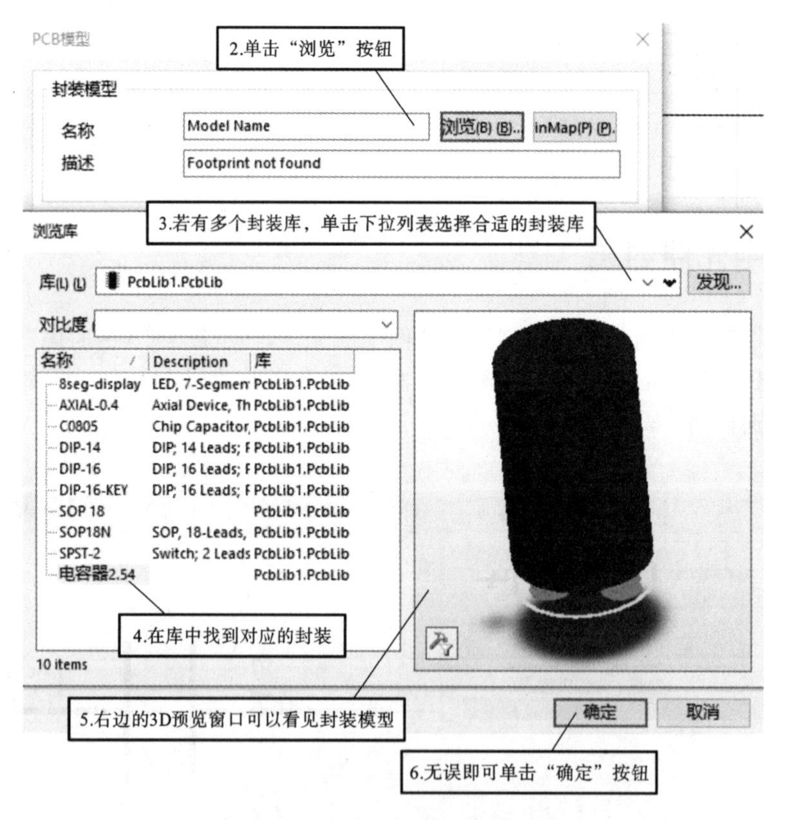

图 5-59 选择封装库以及对应的封装

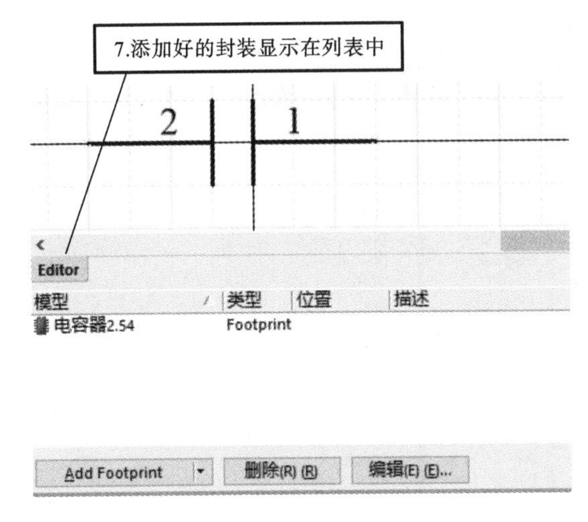

图 5-60　添加好的封装

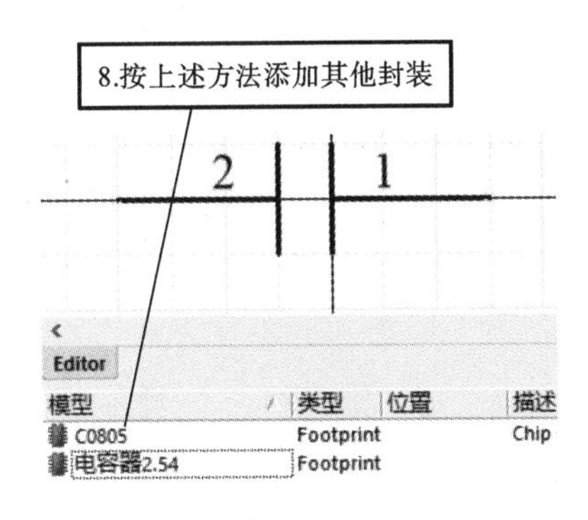

图 5-61　继续添加其他封装类型

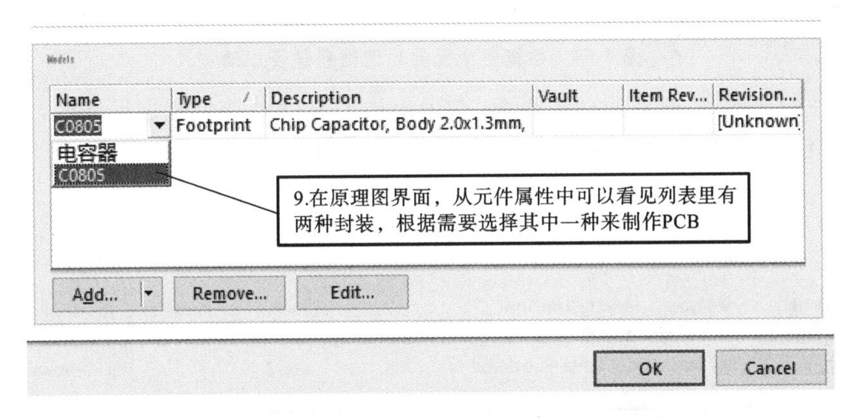

图 5-62　可从原理图界面看到元件的多种封装

5.2.2　利用自建元件库里的元件绘制原理图并生成 PCB

绘制完原理图后，可以打开封装管理器查看所有元件的封装是否正确，分别如图 5-63 和图 5-64 所示。

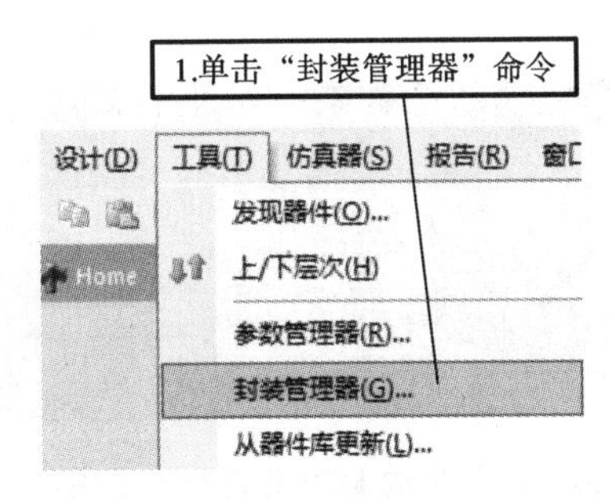

图 5-63　打开封装管理器

Footprint Manager - [PCB_Project1.PrjPCB]

元件列表　　2.检查各个元件封装信息是否正确

Drag a column header here to group by that column

19 Components (0 Selected)

选择的	标识	评论	Current Footprint	设计项目ID
	C1	0.01uF	C0805	CAP
	C2	10uF	电容器2.54	CAPACITOR POL
	D1	LED	C0805	LED
	DS1	Dpy Amber-CC	8seg-display	Dpy Amber-CC
	DS2	Dpy Amber-CC	8seg-display	Dpy Amber-CC
	Q1	NPN	TO-92A	NPN
	R1	Res2	AXIAL-0.4	Res2
	R2	Res2	AXIAL-0.4	Res2
	R3	Res2	AXIAL-0.4	Res2
	R4	Res Pack4	SOP16	Res Pack4
	R5	Res2	AXIAL-0.4	Res2
	S1	SW-SPST	SPST-2	SW-SPST
	S2	SW-DIP8	DIP-16-KEY	SW-DIP8
	U1	74LS48	DIP-16	74LS48
	U2	74LS48	DIP-16	74LS48
	U3	74LS00	DIP-14	74LS00
	U4	74LS190	DIP-16	74LS190
	U5	74LS190	DIP-16	74LS190
	U6	NE555	DIP-8	555

图 5-64　检查各个元件封装信息是否正确

如有元件封装不对，即可回到主界面，双击出错的元件对其封装进行修改，或者选择正确的封装，如图 5-65 所示。如果没有问题，则可以由原理图纸生成对应的 PCB，如图 5-66 所示。

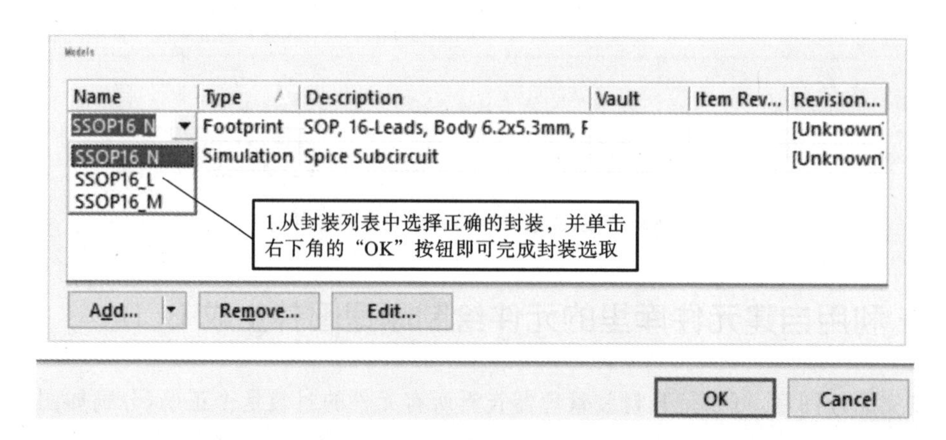

图 5-65　修改元件封装

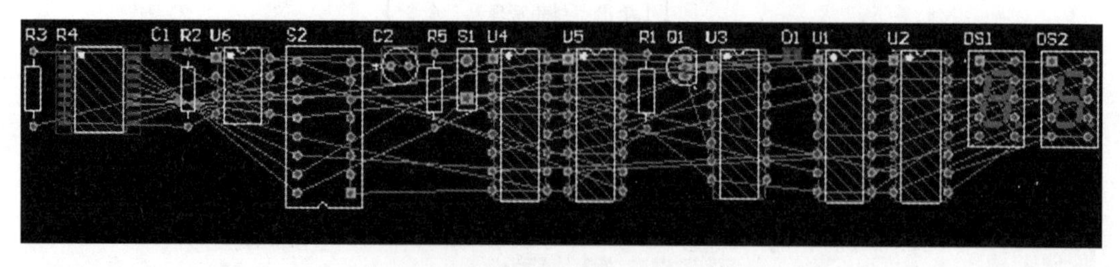

图 5-66　生成 PCB 并进行初步检查

设计PCB的大小为80×60(单位为mm),剪切和安装孔的直径为2.5 mm、距离边界各为2.5 mm,进行元件布局,如图5-67所示。初步布局后即可进入3D视图,检查元件封装之间是否有冲突,元件布局是否合理,如图5-68所示。

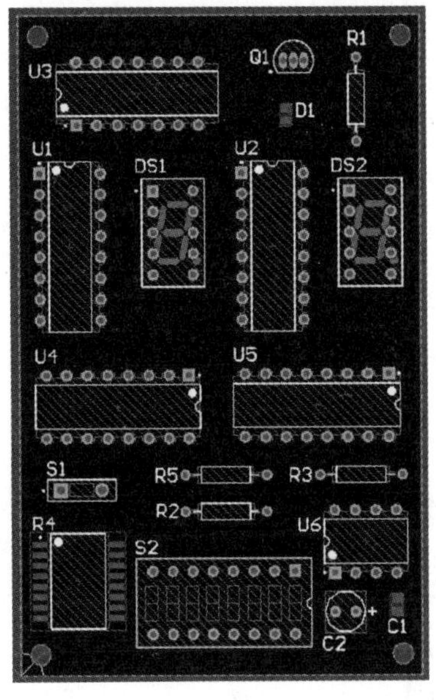

图5-67 设计PCB并进行元件布局

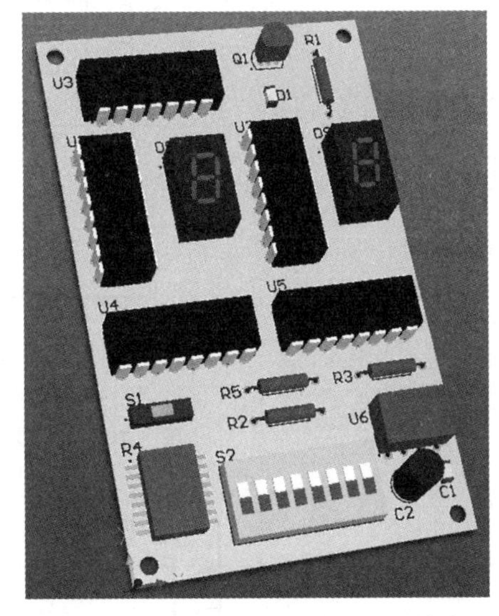

图5-68 在3D视图中预览PCB元件布局

若检查无误,即可进行布线、敷铜和补泪滴等操作,这里不再一一赘述操作流程。

实例扩展

1. 请根据以下CAD图纸和尺寸(见图5-69),创建QFP44封装(单位为mm)。

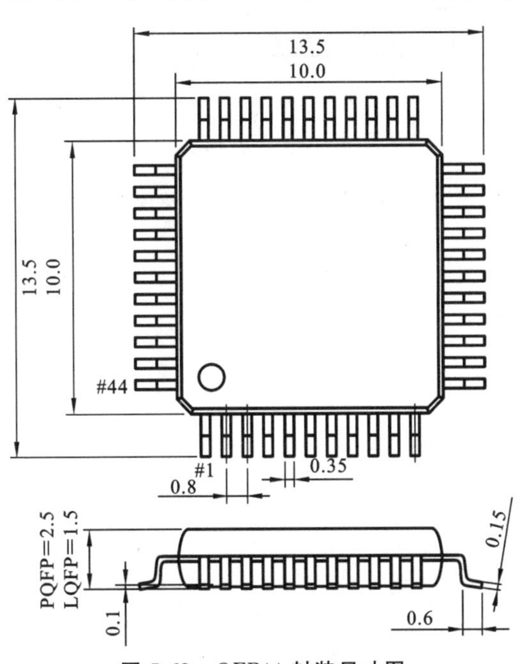

图5-69 QFP44封装尺寸图

2. 请根据以下 QFN 封装图纸(见图 5-70、图 5-71),绘制其封装,并命名为 QFN28(单位为 mm)。

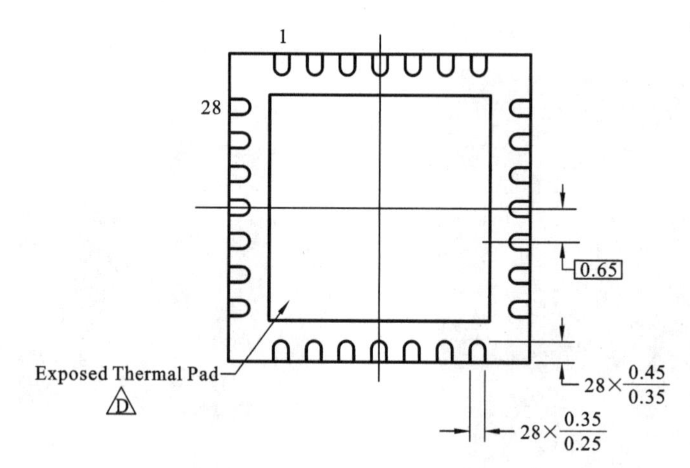

图 5-70 QFN28 芯片的封装尺寸

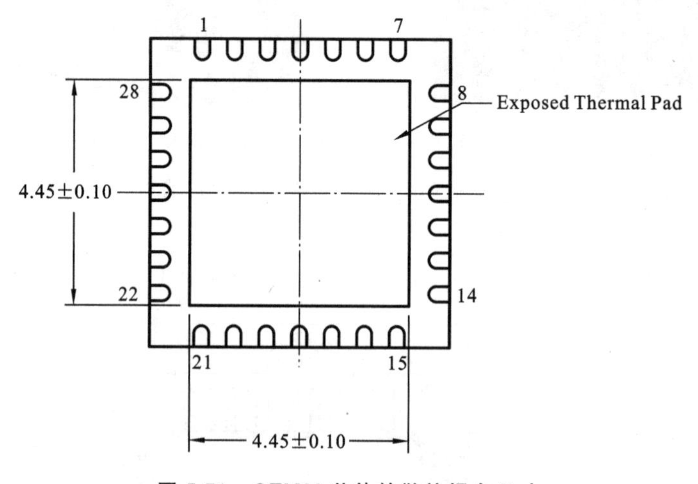

图 5-71 QFN28 芯片的散热焊盘尺寸

第四部分

单片机开发板电路设计

6

单片机开发板电路设计层次原理图电路

任务 6.1　认识层次原理图电路设计

任务目标

◇ 掌握层次原理图的设计方法；

◇ 掌握层次原理图的创建、绘制方法及层次间切换的方法。

任务内容

◇ 创建层次原理图相关文件；

◇ 绘制层次原理图顶层电路原理图。

6.1.1　层次原理图的设计方法

对于一个非常复杂的原理图，不可能将这个原理图画在一张图纸上，有时甚至不可能由一个人单独完成，此时，使用层次原理图设计可以轻松解决这个问题。层次原理图的设计方法是一种模块化的设计方法。设计者可以将系统划分为多个子系统，子系统下面又可划分为若干个功能模块，功能模块再细分为若干个基本模块。设计好基本模块，定义好各模块之间的连接关系，即可完成整个设计过程。层次原理图设计概念的提出，大大方便了复杂电路图的设计过程。

1. 层次原理图概述

层次式电路通过方块电路来表示各个功能模块，每个方块电路由一张下层原理图来等价表示，是上层电路图和下层电路图联系的纽带。因为在上层电路图中可以看到许多方块电路，所以很容易看懂整个工程的全局结构。如果想进一步了解细节，则可以进入每个方块电路查看，直到最下层的基本电路为止。

2. 设计层次原理图的方法

在进行层次原理图电路设计时，关键是各层次之间信号的正确传输，这主要通过子图符号的输入、输出端口和网络标号来实现。

6.1.2 绘制层次原理图的原则及步骤

通常层次原理图的设计可以采用以下两种方法。

(1) 自上而下的设计方法。

自上而下的设计方法是先建立系统总图,用方块电路代表它的下一层子系统,然后分别绘制各方块电路所对应的子电路图。

(2) 自下而上的设计方法。

自下而上的设计方法是先建立底层子电路图,然后用这些子电路图生成对应的方块电路,从而产生上层原理图,最后完成系统的原理总图。

6.1.3 绘制层次电路原理方块电路图

本节采用自上而下的设计方法,以“单片机实验开发板”为例介绍绘制层次原理方块电路图的一般过程。

1. 新建工程文件

新建工程文件的过程如图 6-1 和图 6-2 所示。

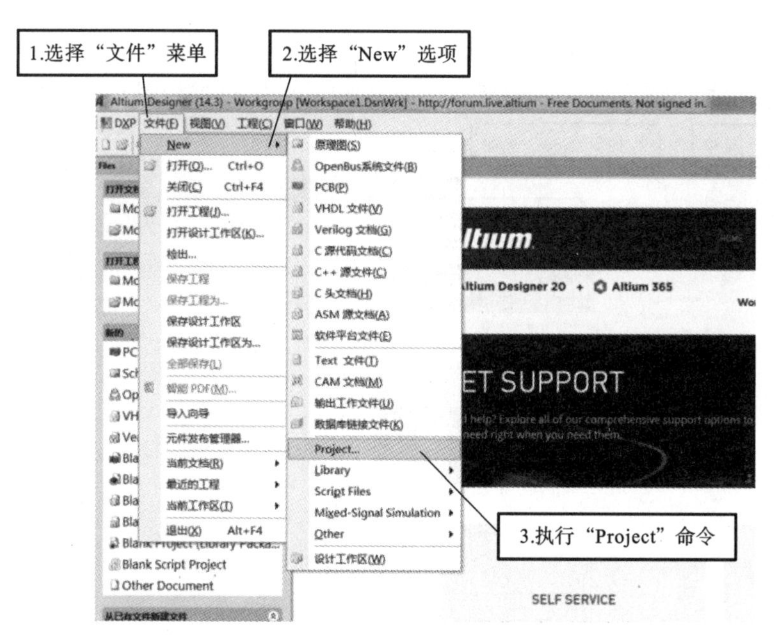

图 6-1 建立工程文件

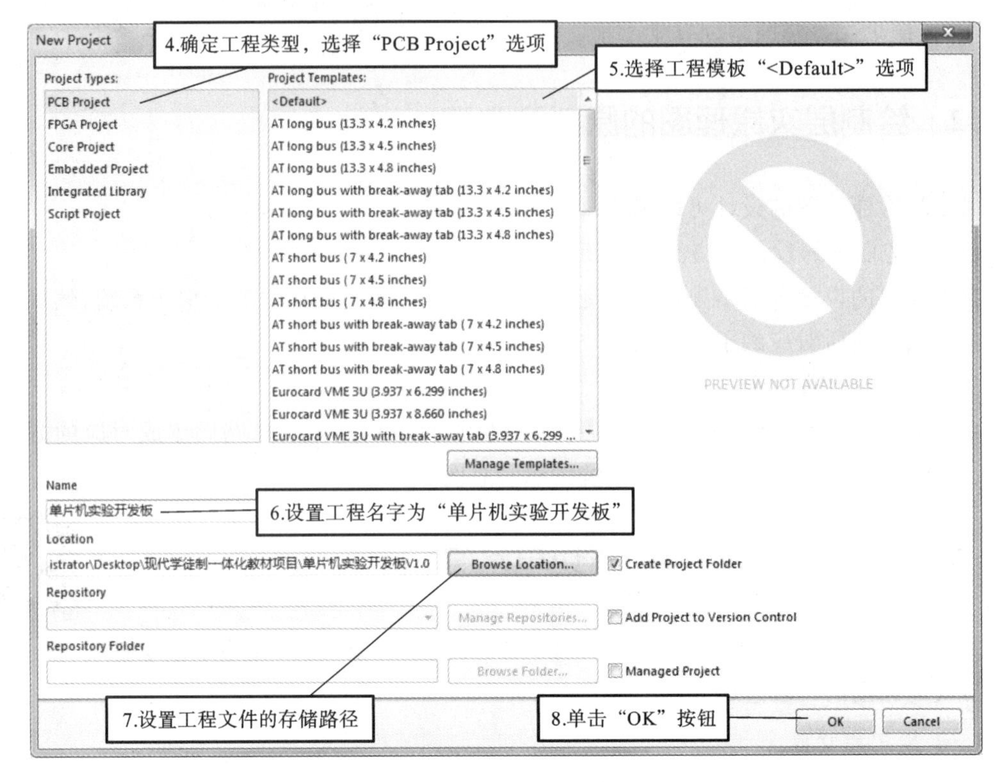

图 6-2 设置工程文件参数

2. 新建层次原理图顶层原理图文件

建立工程文件后，在工程文件中建立一个原理图文件，过程如图 6-3 至图 6-6 所示。

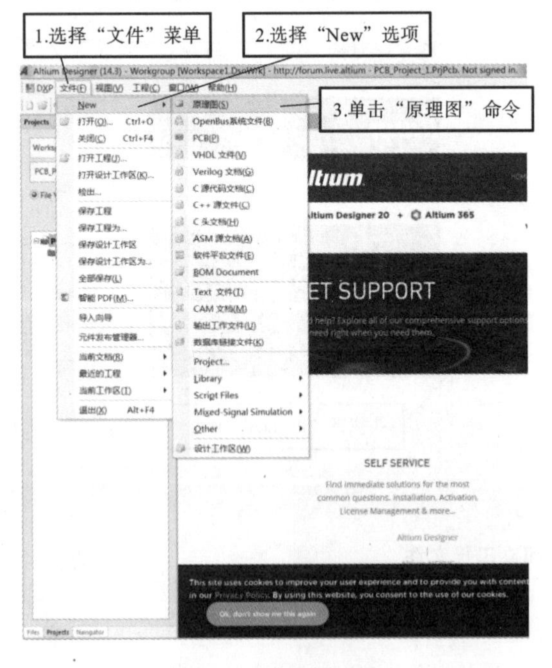

图 6-3 建立原理图

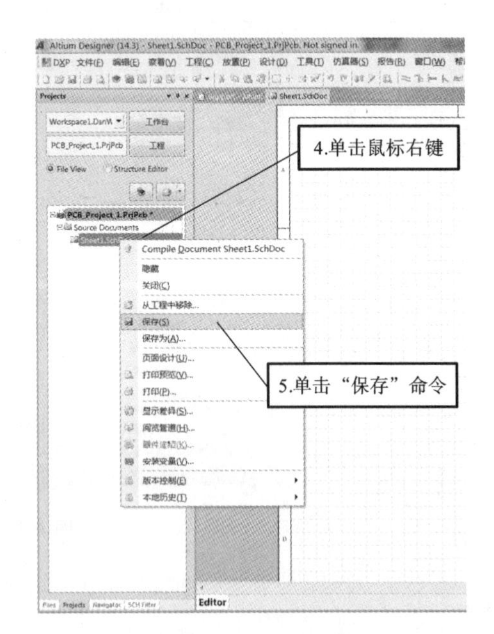

图 6-4 保存原理图

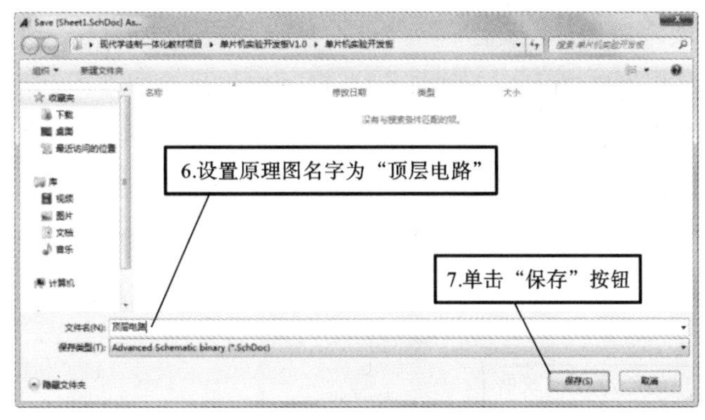

图 6-5 设置原理图名字

图 6-6 完成原理图的建立

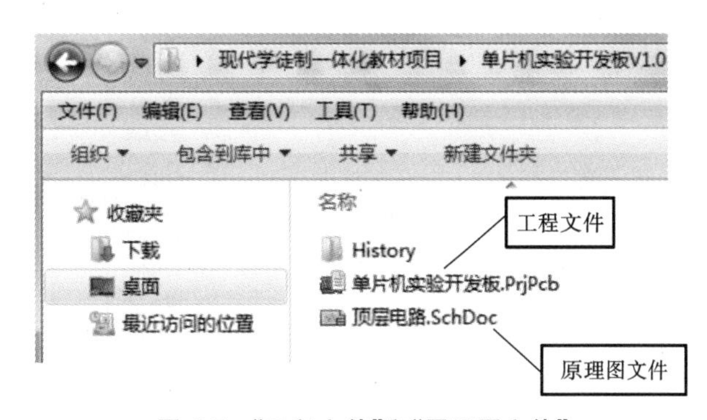

图 6-7 “工程文件”和“原理图文件”

打开文件保存的路径即可找到“工程文件”和“原理图文件”，如图 6-7 所示。工程文件的后缀为“. PrjPcb”，原理图文件的后缀为“. SchDoc”。

打开层次原理图顶层原理图后的编辑器界面如图 6-8 所示。

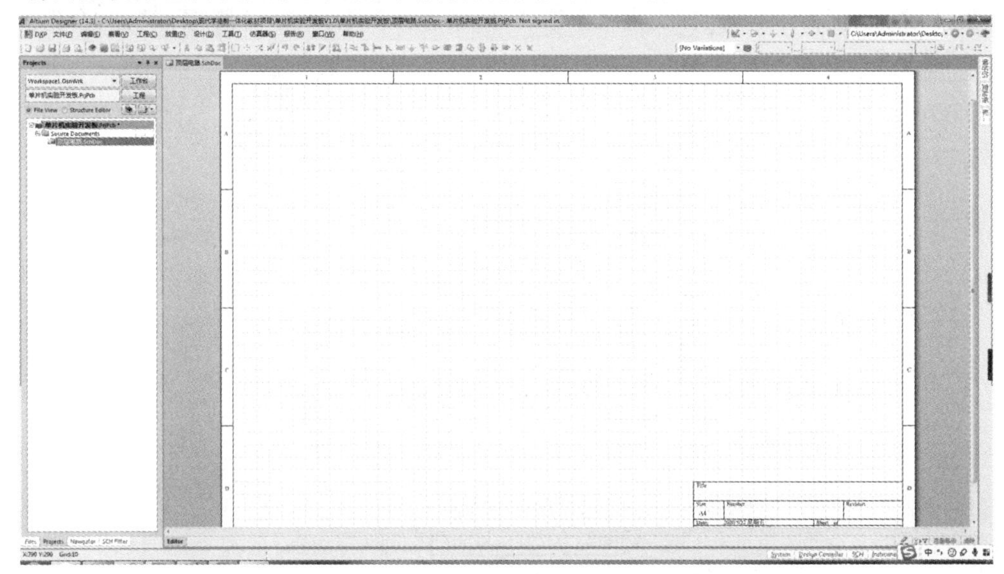

图 6-8 打开层次原理图顶层原理图后的编辑器界面

3. 绘制原理方块电路图

在工作平面上打开连线(Wiring)工具栏,执行绘制方块电路命令,方法如下。

左键单击“Wiring”工具栏中的按钮或者执行“放置”→“图表符”命令,如图 6-9 所示。

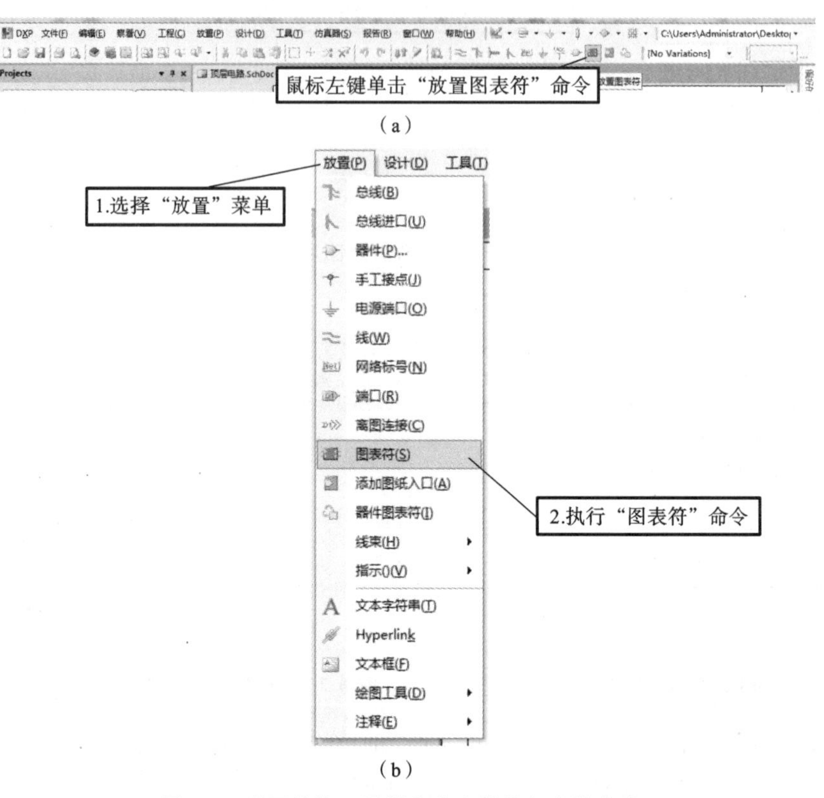

图 6-9 利用快捷工具栏和命令栏执行方块电路

执行“图表符”命令后,光标变为十字形状,并带着方块电路,这时按“Tab”键,会出现“方块符号”对话框,如图 6-10 所示。

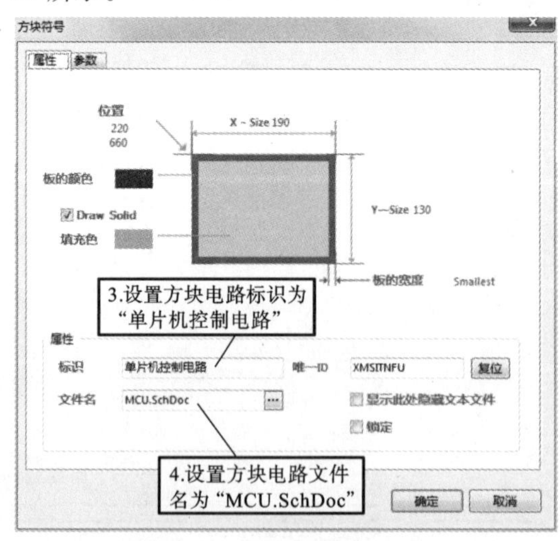

图 6-10 “方块符号”对话框

在“方块符号”对话框中，在“属性”编辑框中设置文件名为“MCU. SchDoc”，这表明该电路代表了 MCU 模块。在“属性”编辑框中设置方块图的标识为“单片机控制电路”。

设置完属性后，确定方块电路的大小和位置。将光标移动到适当的位置后，单击鼠标左键，确定方块电路的左上角位置。然后拖动鼠标，移动到适当的位置后，单击鼠标左键，确定方块电路的右下角位置。这样我们就定义了方块电路的大小和位置，绘制出了一个名为“单片机控制电路”的方块电路，如图 6-11 所示。

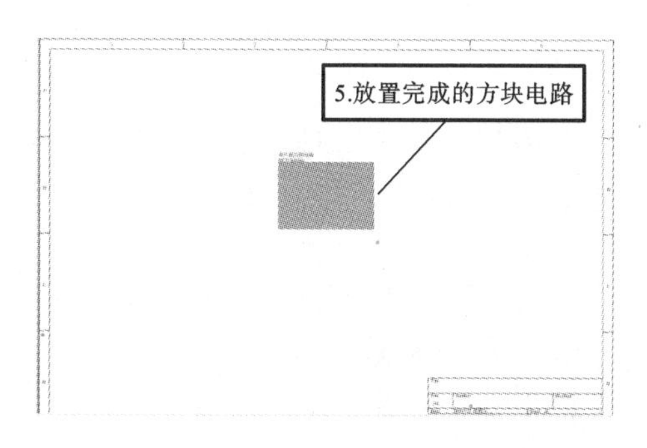

图 6-11　绘制完成的方块电路

如果设计者要更改方块电路名或其代表的文件名，只需用鼠标单击文字标注，就会弹出如图 6-10 所示的“方块符号”对话框，在该对话框中可以进行修改。

绘制完方块电路后，系统仍处于放置方块电路的命令状态下，可用同样的方法放置另一个方块电路，并设置相应的方块图文字。绘制完成的全部方块电路如图 6-12 所示。

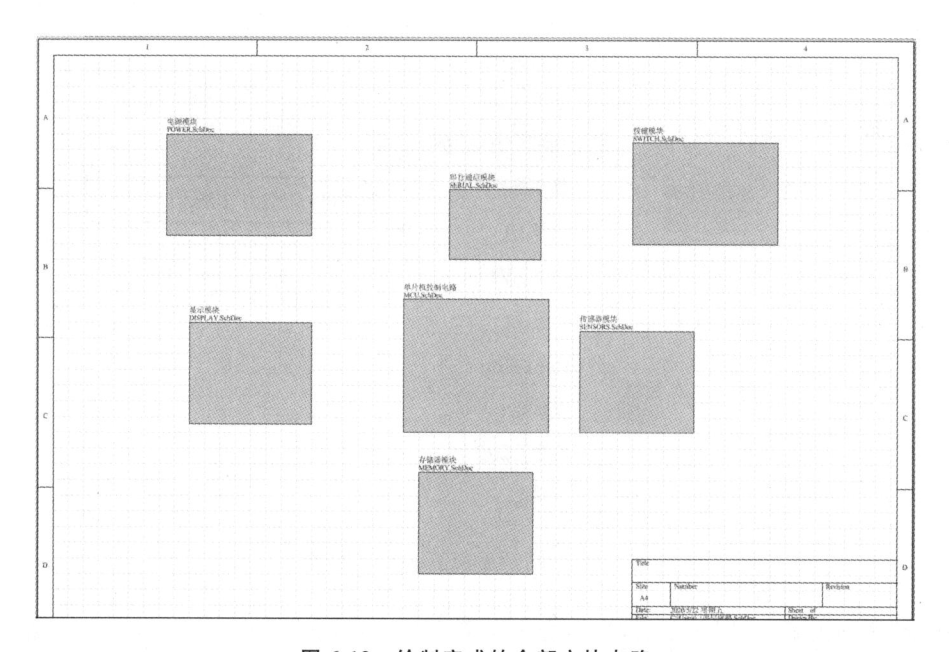

图 6-12　绘制完成的全部方块电路

依次放置好“单片机实验开发板”层次电路中的 7 个子模块，其对应的标识名和文件名如表 6-1 所示。

表 6-1　子模块对应的标识名和文件名

序号	1	2	3	4	5	6	7
标识名	单片机控制电路	电源模块	传感器模块	串行通信模块	显示模块	按键模块	存储器模块
文件名	MCU.SchDoc	POWER.SchDoc	SENSORS.SchDoc	SERIAL.SchDoc	DISPLAY.SchDoc	SWITCH.SchDoc	MEMORY.SchDoc

接着放置方块电路端口，方法是用鼠标左键单击连线(Wiring)工具栏中的按钮，或者执行菜单命令“放置”→“添加图纸入口”，如图 6-13 所示。

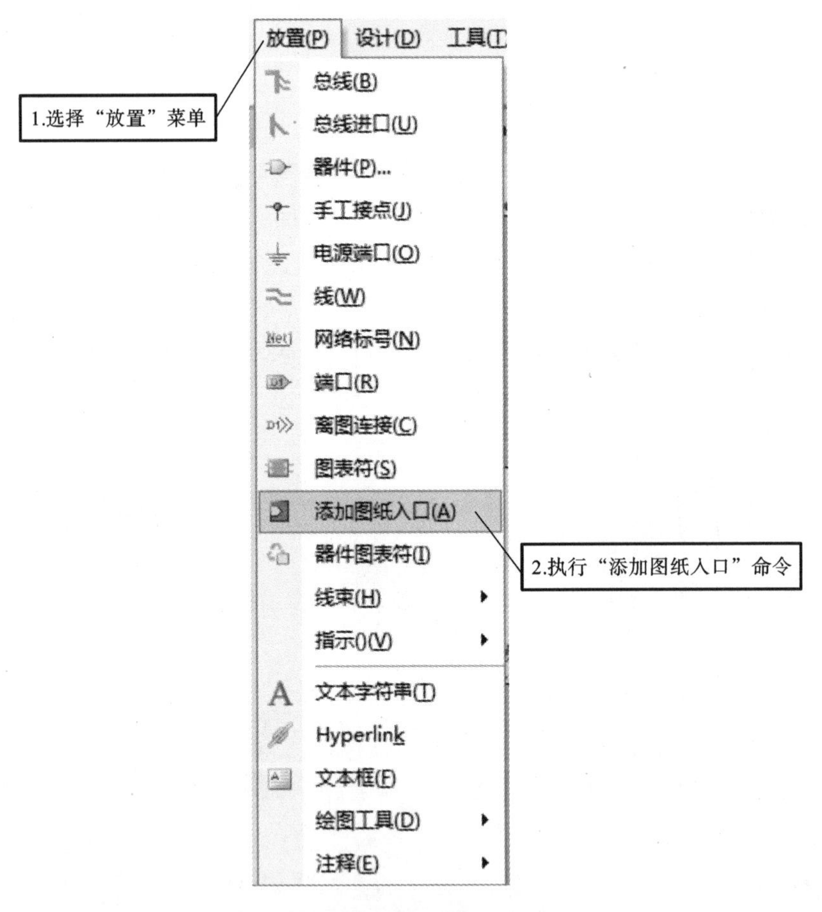

图 6-13　执行“添加图纸入口”命令

执行“添加图纸入口”命令后，光标变为十字形状，然后在需要放置端口的方块图上单击鼠标左键，此时光标处就带着方块电路的端口符号，如图 6-14 所示。

在“添加图纸入口”命令状态下，按“Tab”键，系统会弹出“方块入口”对话框，如图 6-15 所示。

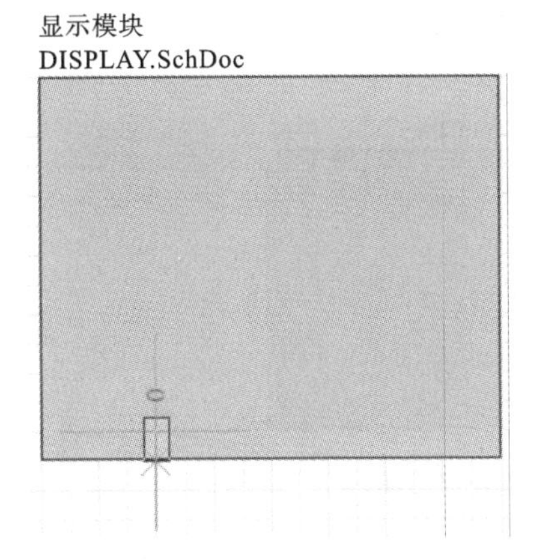

图 6-14 放置方块入口

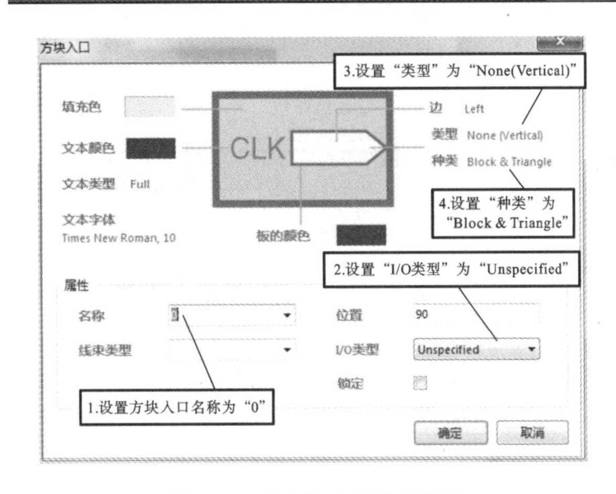

图 6-15 "方块入口"对话框

在"方块入口"对话框中,将方块入口的"名称"设置为"0"即指"P0.0";"I/O 类型"选项有不指定(Unspecified)、输出(Output)、输入(Input)和双向(Bidirectional)4 种,在此设置为 Unspecified;端口类型设置为"None(Vertical)";种类选项有 Block & Triangle(矩形和三角形)、三角形(Triangle)、箭头(Arrow)3 种,在此设置为 Block & Triangle,其他选项设计者自己设置。

设置完属性后,将光标移动到适当的位置,单击鼠标左键将其定位,此时,系统仍处于放置方块入口的命令状态下。可用同样的方法放置另一个方块入口,并设置相应的方块图文字,当方块电路的全部入口放置完毕时,单击鼠标右键退出放置方块入口的命令状态,如图 6-16 所示。

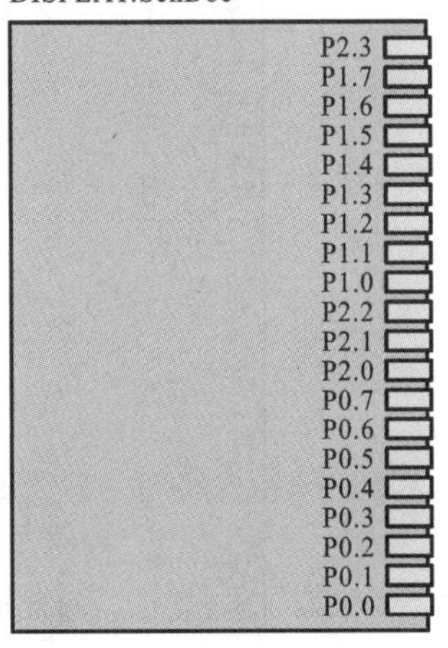

图 6-16 放置完成方块入口的显示模块端口图

同样,根据实际电路的安排,可以在其余方块电路上放置其对应入口,分别如图 6-17 至图 6-19 所示。

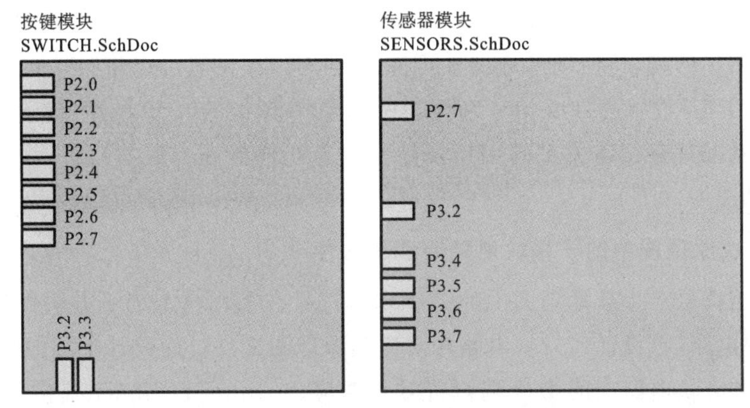

图 6-17 按键模块及传感器模块端口图

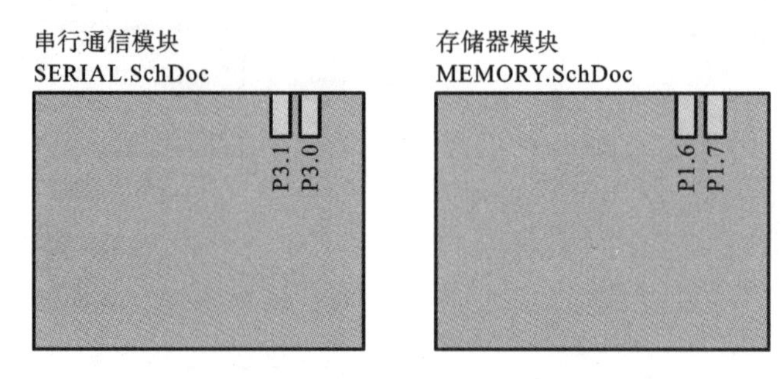

图 6-18 串行通信模块及存储器模块端口图

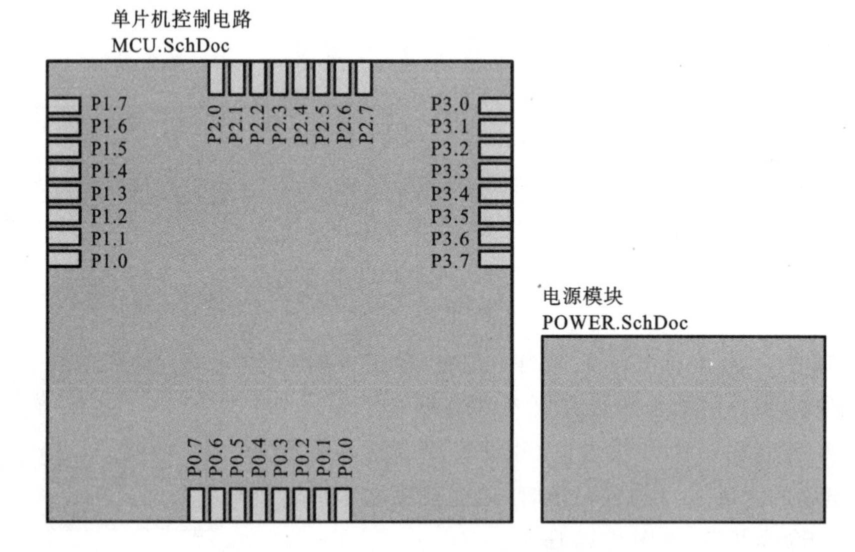

图 6-19 单片机控制电路及电源模块端口图

注意:因为只有具有相同名称的端口才能相互连接,所以在不同的方块图上往往放置有多个具有相同名称的端口,但端口的属性可能不同,例如,我们可以将"P3.0"端口在一个方块图中的"I/O 类型"设置为"Output",而在另一个方块图上的"I/O 类型"设置为"Input"。

将电气关系上具有相连关系的端口用导线或总线连接在一起,完成一个层次原理图的上层方块图,如图 6-20 所示。

4. 生成层次原理图中的子模块电路原理图文件

由方块电路符号产生新原理图中的 I/O 端口符号在采用自上而下方法设计层次原理图时,先建立方块电路,再设计该方块电路相对应的原理图文件。而设计下层原理图时,其 I/O 端口符号必须和方块电路上的 I/O 端口符号相对应。Altium Designer 提供了一种捷径,即由方块电路符号直接产生原理图文件的端口符号。

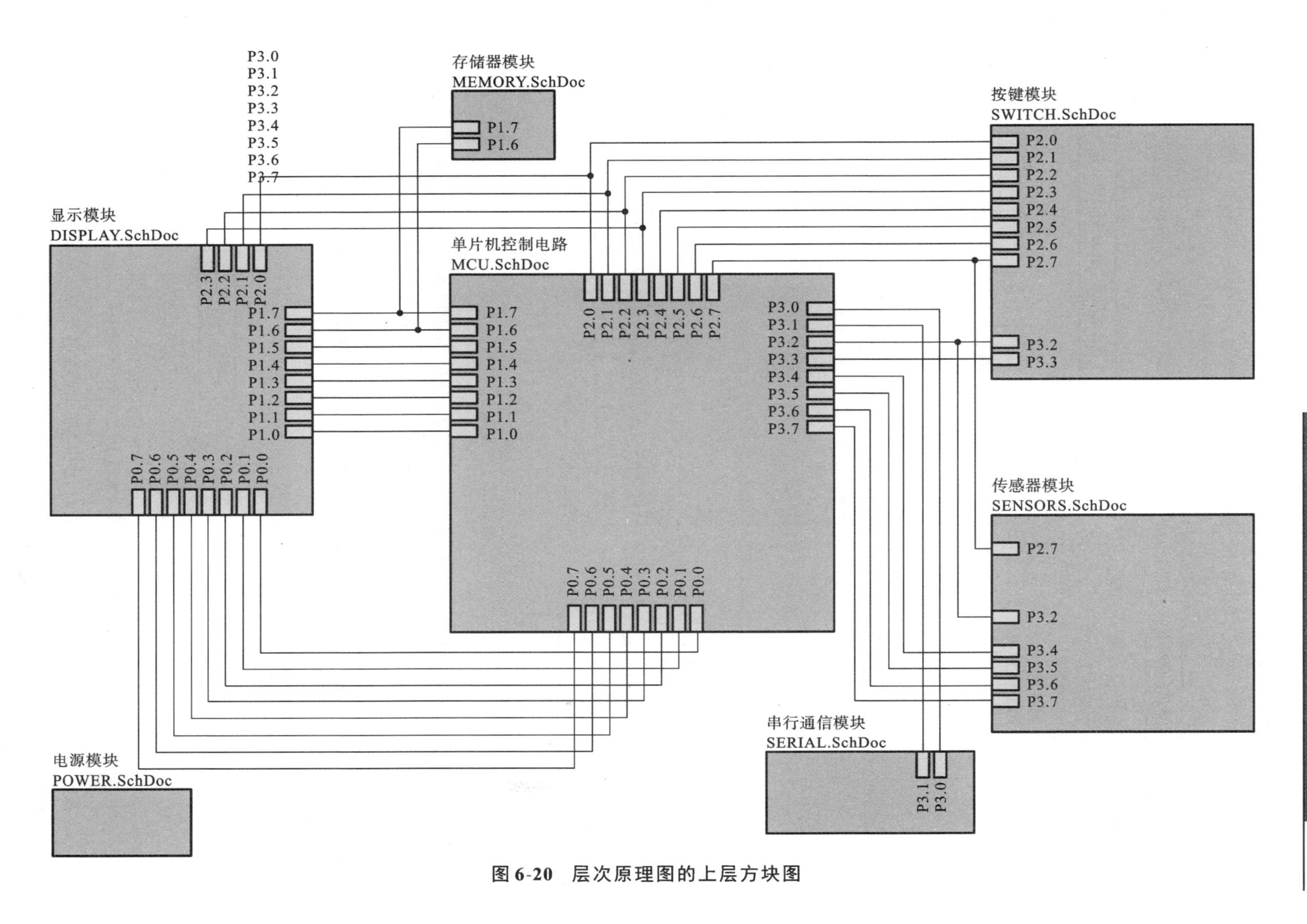

图 6-20 层次原理图的上层方块图

下面讲述其设计步骤。

(1) 选择“设计”菜单→“产生图纸”命令,如图 6-21 所示。

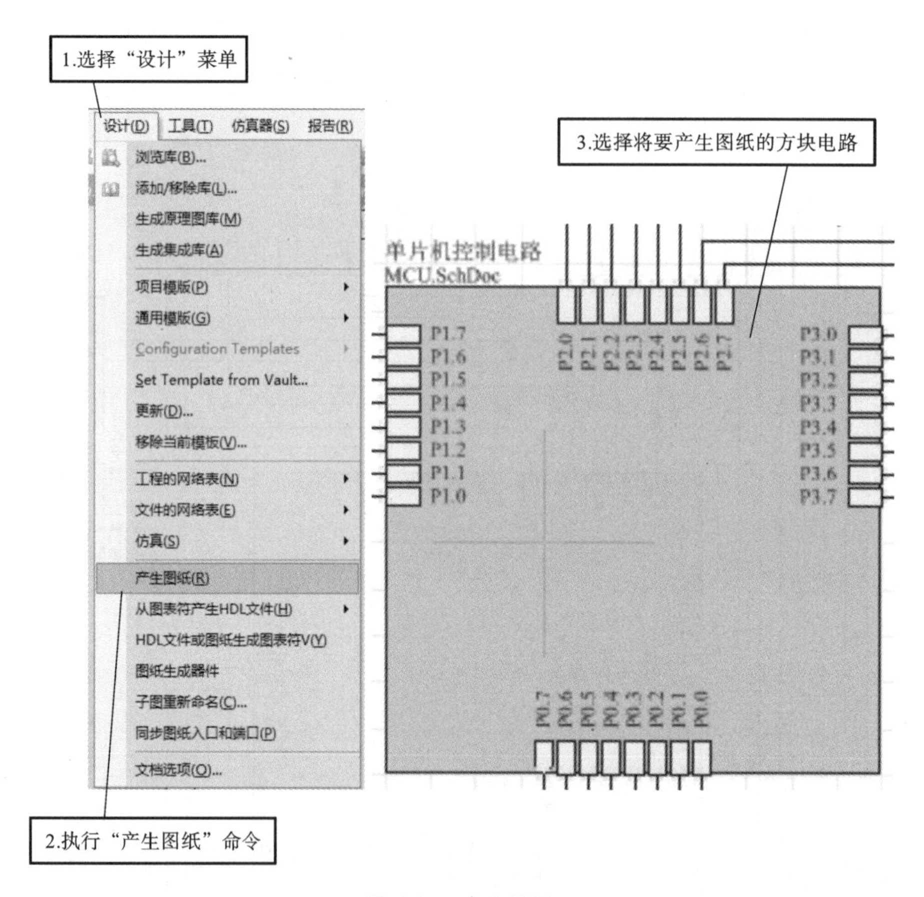

图 6-21 产生图纸

(2) 执行“产生图纸”命令后,光标变成十字形状,移动光标到某一方块电路上,单击鼠标左键,会出现如图 6-22 所示的确认端口 I/O 方向提示框。单击该提示框中的“Yes”按钮,所产生的 I/O 端口的电气特性与原来方块电路中的相反,即输出变为输入。单击该提示框中的“No”按钮,所产生的 I/O 端口的电气特性与原来方块电路中的相同,即输出仍为输出。

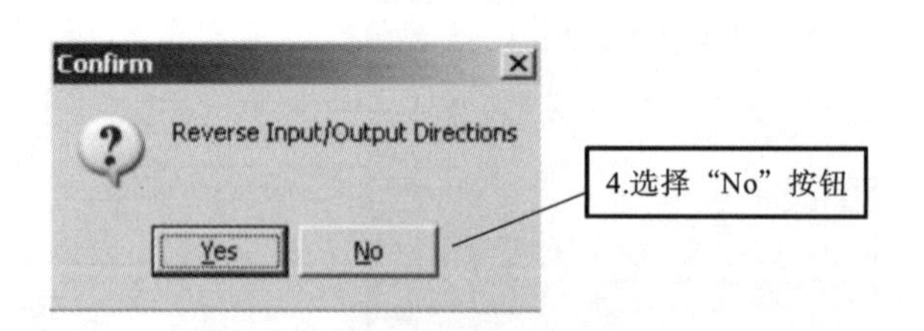

图 6-22 确认端口 I/O 方向对话框

(3) 此处选择单击“No”按钮,则系统自动生成一个文件名为“MCU. SchDoc”的原理图文件,并布置好 I/O 端口,如图 6-23 所示。

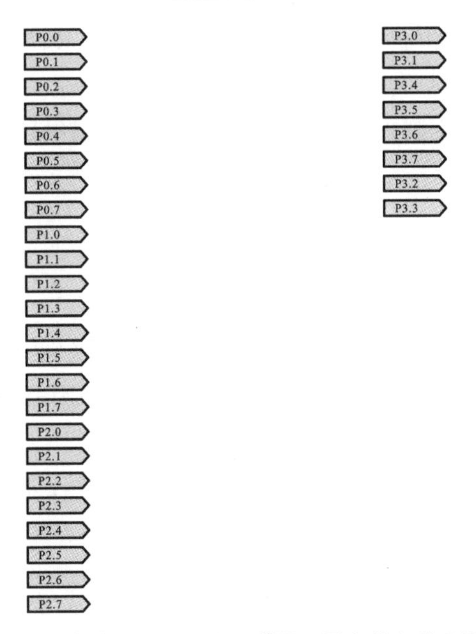

图 6-23 生成的"MCU. SchDoc"原理图文件中的 I/O 端口

使用同样的方法将顶层电路中的其余方块电路对应的原理图文件依次生成后并保存。

顶层电路图绘制完成，对应子方块电路文件也已生成后，为了标识顶层方块电路文件和其余方块电路文件之间的层次关系，执行"工程"→"阅读管道"命令，按层次显示单片机开发板下的原理图文件，具体方法及结果如图 6-24 所示。

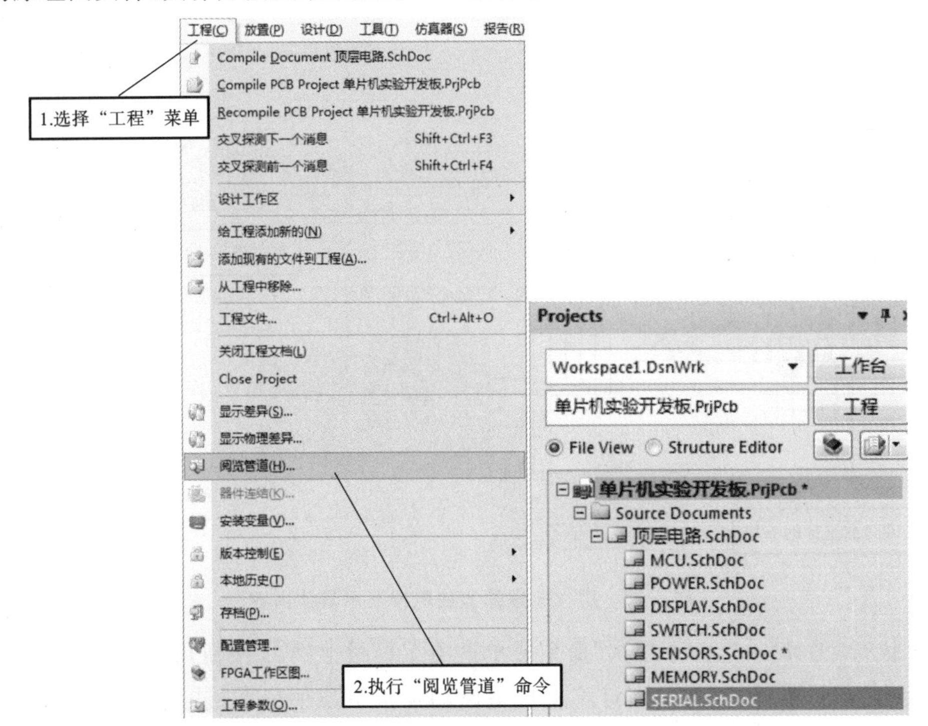

图 6-24 层次显示原理图目录

(4) 模块具体化。生成的电路原理图已经有了现成的I/O端口,在确认新的电路原理图上的I/O端口符号与对应的方块电路上的I/O端口符号完全一致后,设计者就可以按照该模块组成放置元件和连线,绘制出具体的电路原理图,绘制电路原理图的过程在这里不再赘述。

6.1.4 层次原理图之间的切换

在层次电路中,经常要在各层电路图之间相互切换,切换的方法主要有两种。

(1) 利用设计管理器,鼠标指向所需文档,便可在右边工作区中显示该电路图,如图6-25所示。

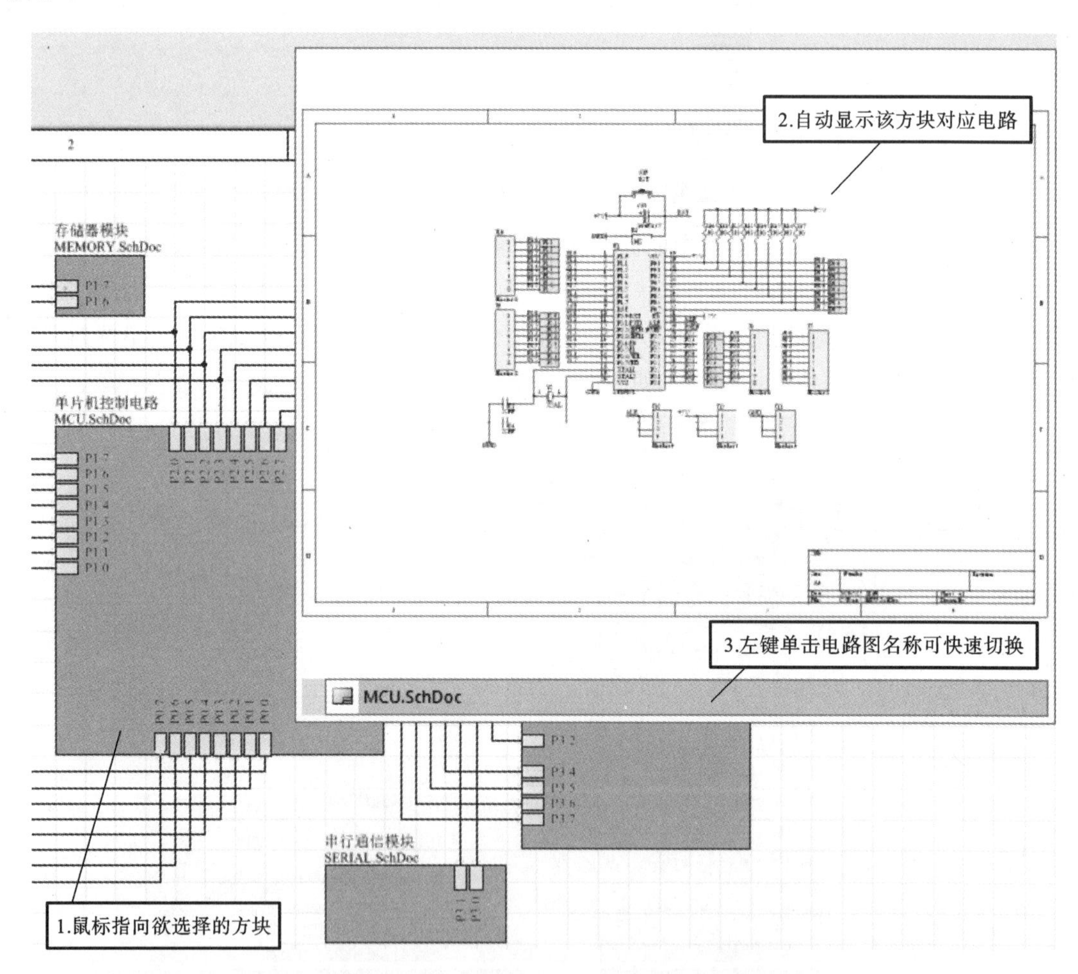

图6-25 层次原理图方块电路显示具体内容

(2) 执行"工具"→"上/下层次"命令或单击主工具栏上的按钮,将光标移至需要切换的子图符号上,单击鼠标左键,即可将上层电路切换至下层的子图;若是从下层电路切换至上层电路,则是将光标移至下层电路的I/O端口上,单击鼠标左键进行切换,如图6-26所示。

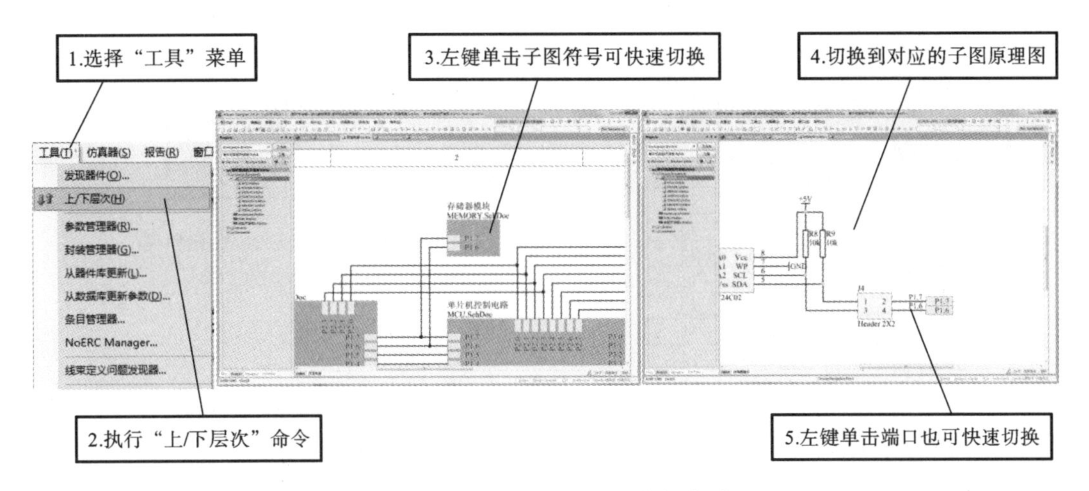

图 6-26　层次原理图上/下层的切换过程

任务 6.2　绘制层次电路子模块原理图

任务目标

◇ 掌握层次电路子模块原理图的绘制方法；

◇ 掌握层次电路子模块原理图的编译方法。

任务内容

◇ 绘制层次电路子模块原理图相关元件；

◇ 绘制层次电路子模块原理图。

6.2.1　绘制层次电路子模块原理图中的新元件

在实际应用中，若遇到所需要的元件在自带的库里找不到的情形，这时就需要自己绘制新元件。本例中需自制的元件有以下几种，具体名称与管脚分布如图 6-27 至图 6-35 所示。

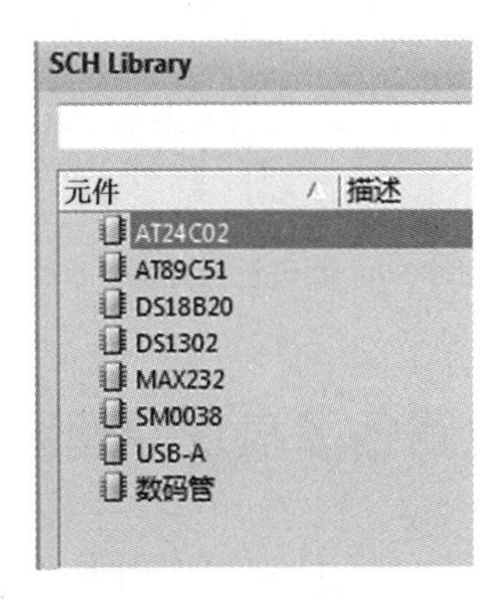

图 6-27　本例中需自制的元件

图 6-28　AT24C02 元件图

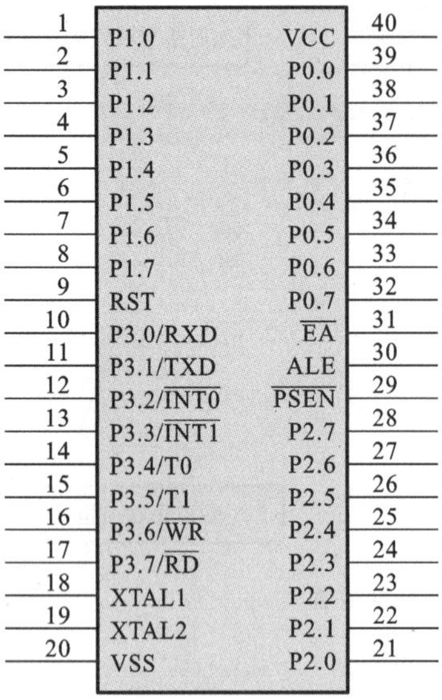

图 6-29 AT89C51 元件图

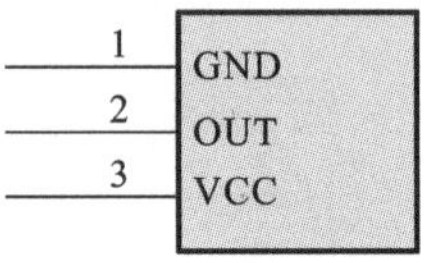

图 6-30 DS18B20 元件图

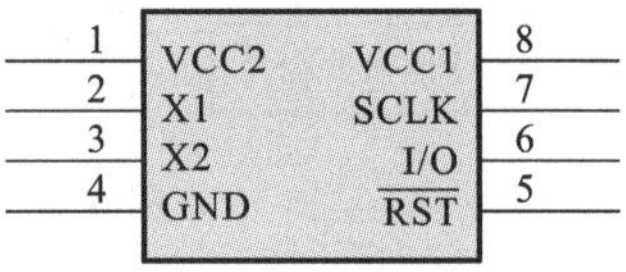

图 6-31 DS1302 元件图

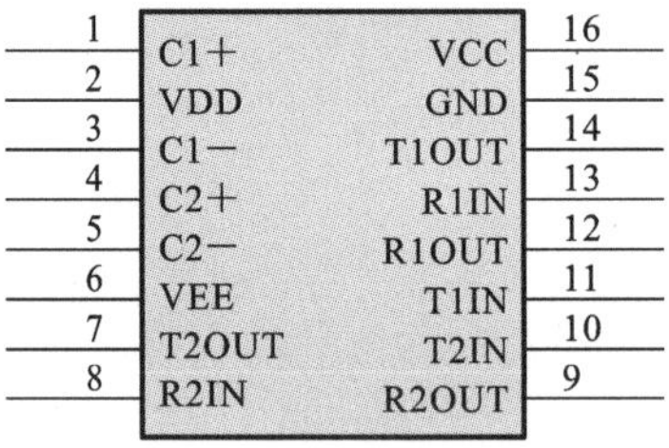

图 6-32 MAX232 元件图

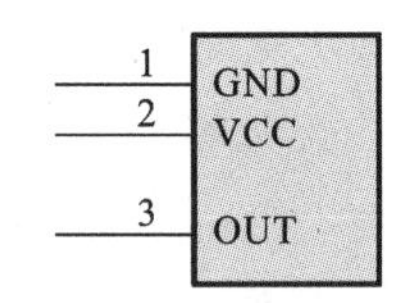

图 6-33 SM0038 元件图

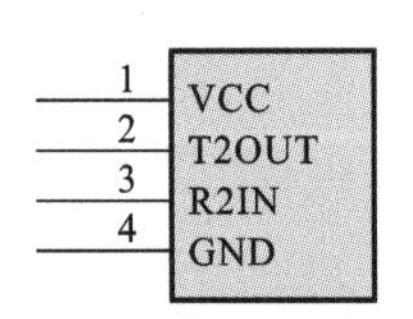

图 6-34 USB-A 元件图

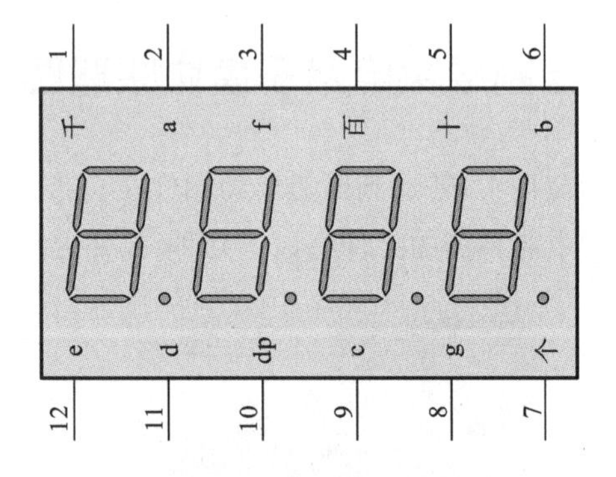

图 6-35 数码管元件图

6.2.2 绘制"单片机实验开发板"层次电路各子模块原理图

顶层电路图绘制完成,对应的子模块电路文件也已全部生成。"单片机实验开发板"层次电路中 7 个子模块的具体电路图如图 6-36 至图 6-41 所示。具体绘制方法此处不再重复。

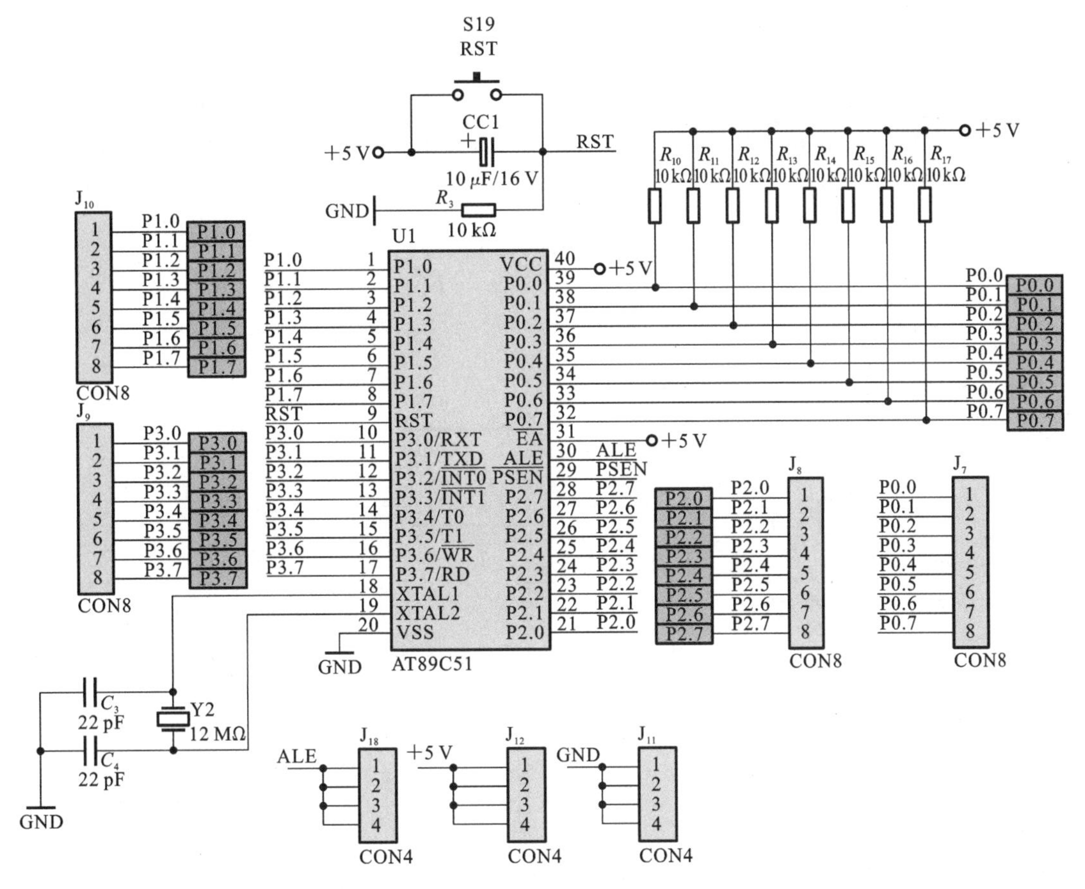

图 6-36 MCU 子模块原理图

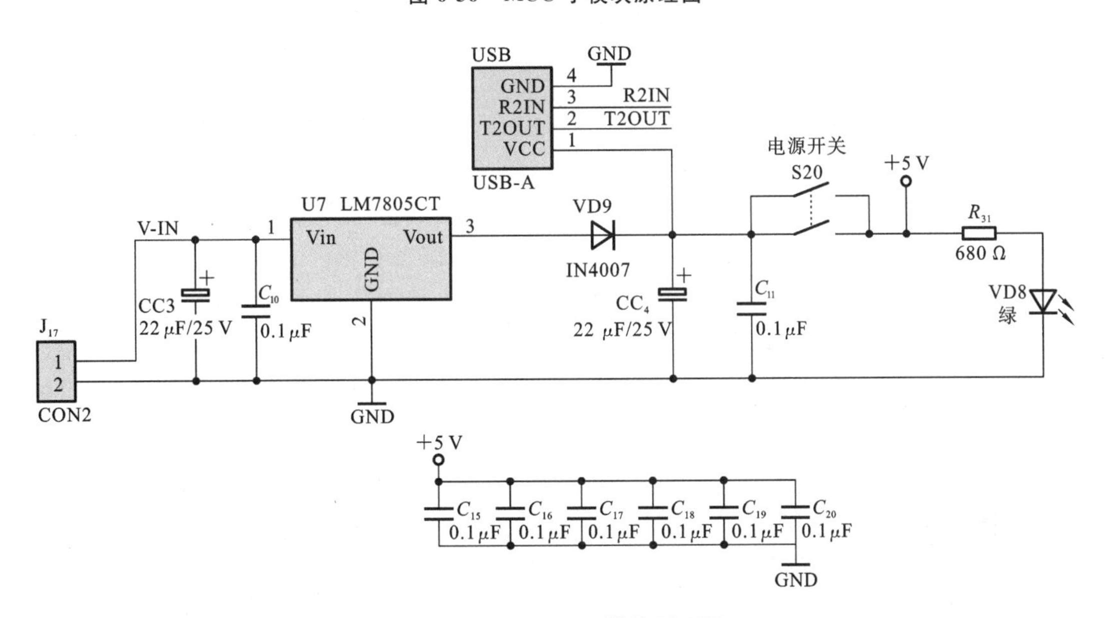

图 6-37 POWER 子模块原理图

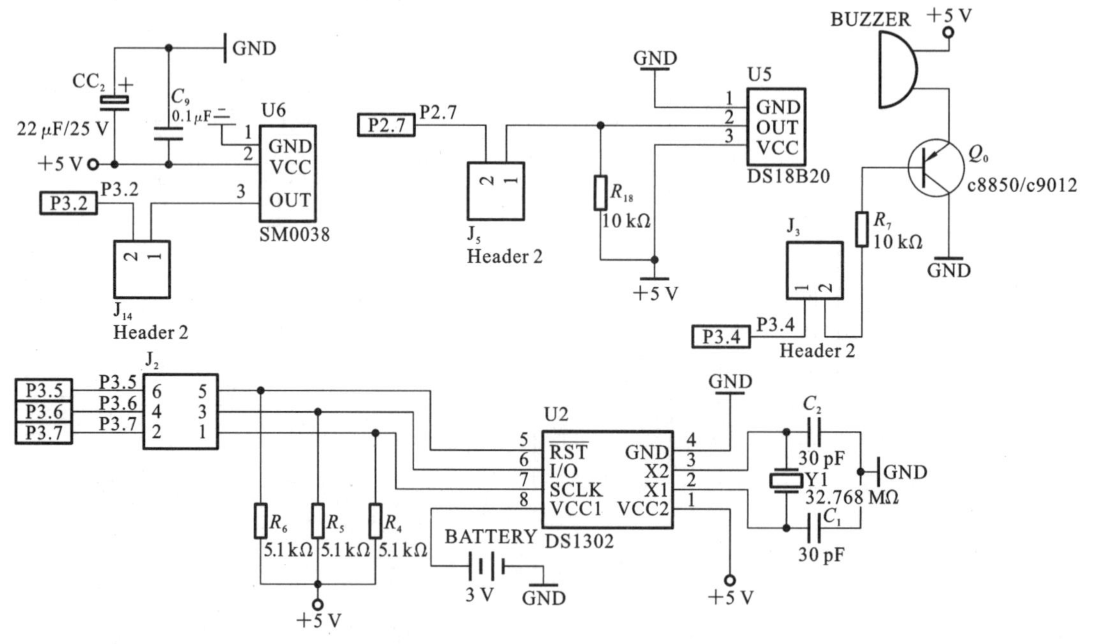

图 6-38 SENSOR 子模块原理图

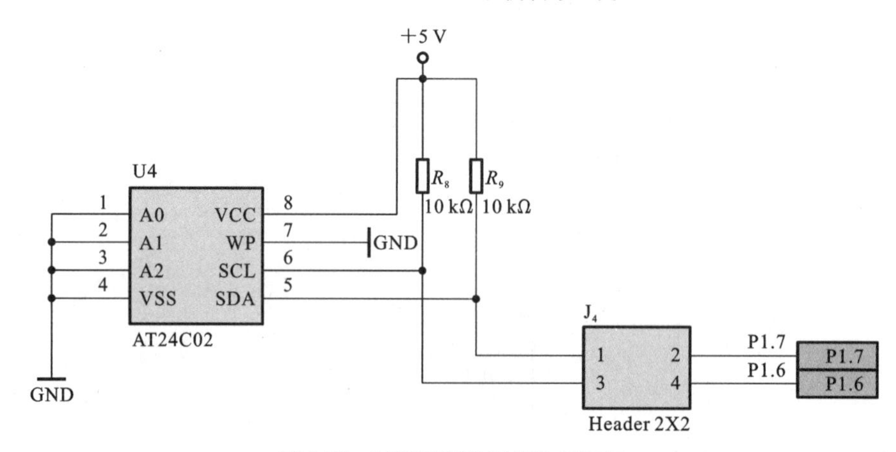

图 6-39 MEMORY 子模块原理图

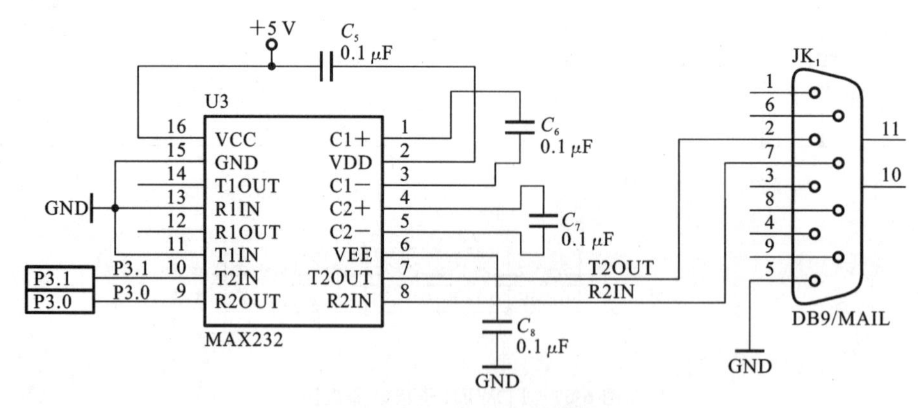

图 6-40 SERIAL 子模块原理图

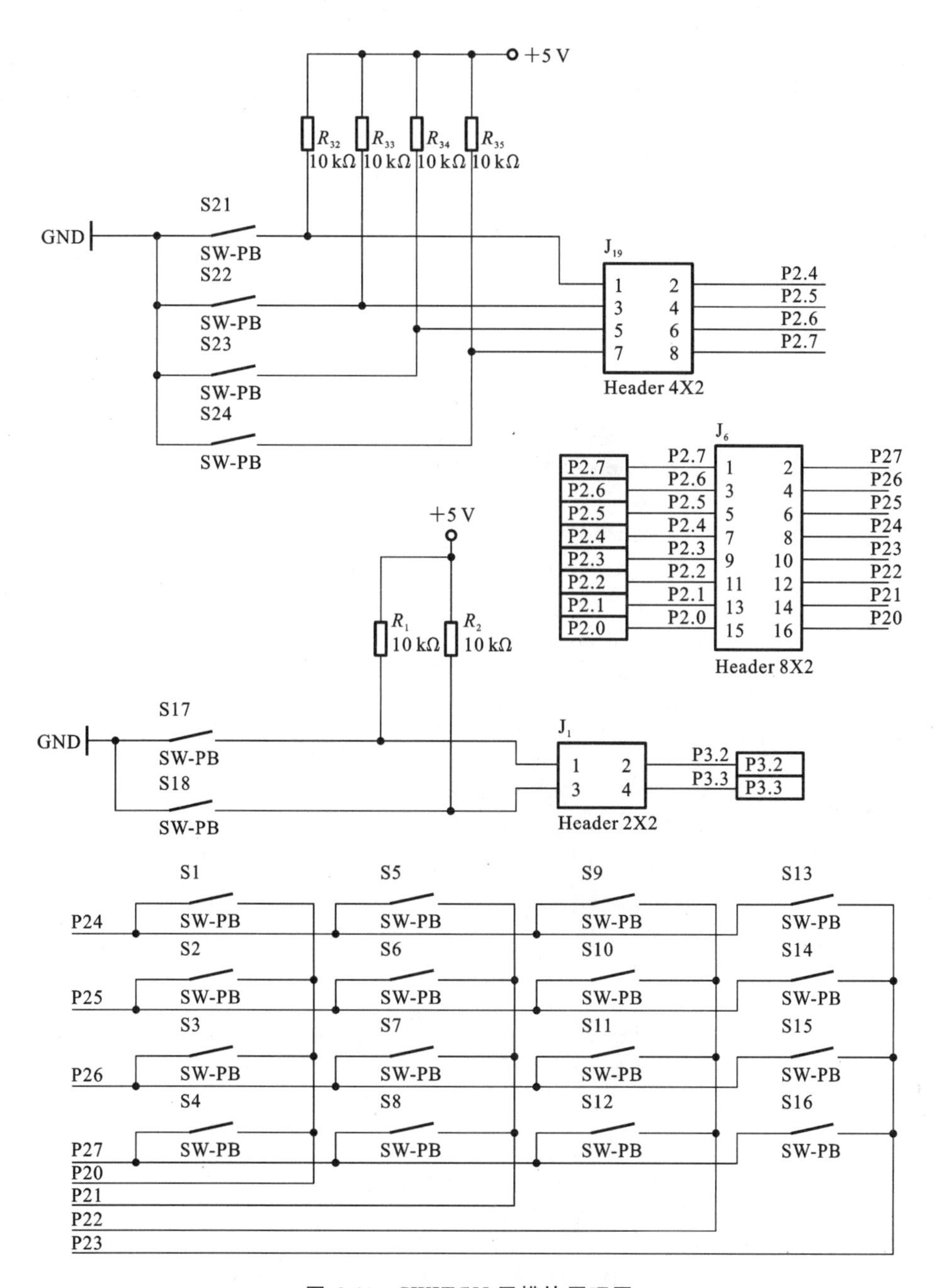

图 6-41 SWITCH 子模块原理图

6.2.3 层次原理图编译及查错

电气连接可检查原理图中是否有电气特性不一致的情况。例如,某个输出管脚连接到另一个输出管脚就会造成信号冲突,未连接完整的网络标签会造成信号中断,重复的流水号会使系统无法区分出不同的元件等。以上这些都是不合理的电气冲突现象,系统会按照设计者的设置以及问题的严重性分别以错误(Error)或警告(Warning)等信息来提请设计者注意。

1. 设置电气连接检查规则

设置电气连接检查规则,首先要打开设计的原理图文档,然后执行“工程”→“工程参数”,如图6-42所示。

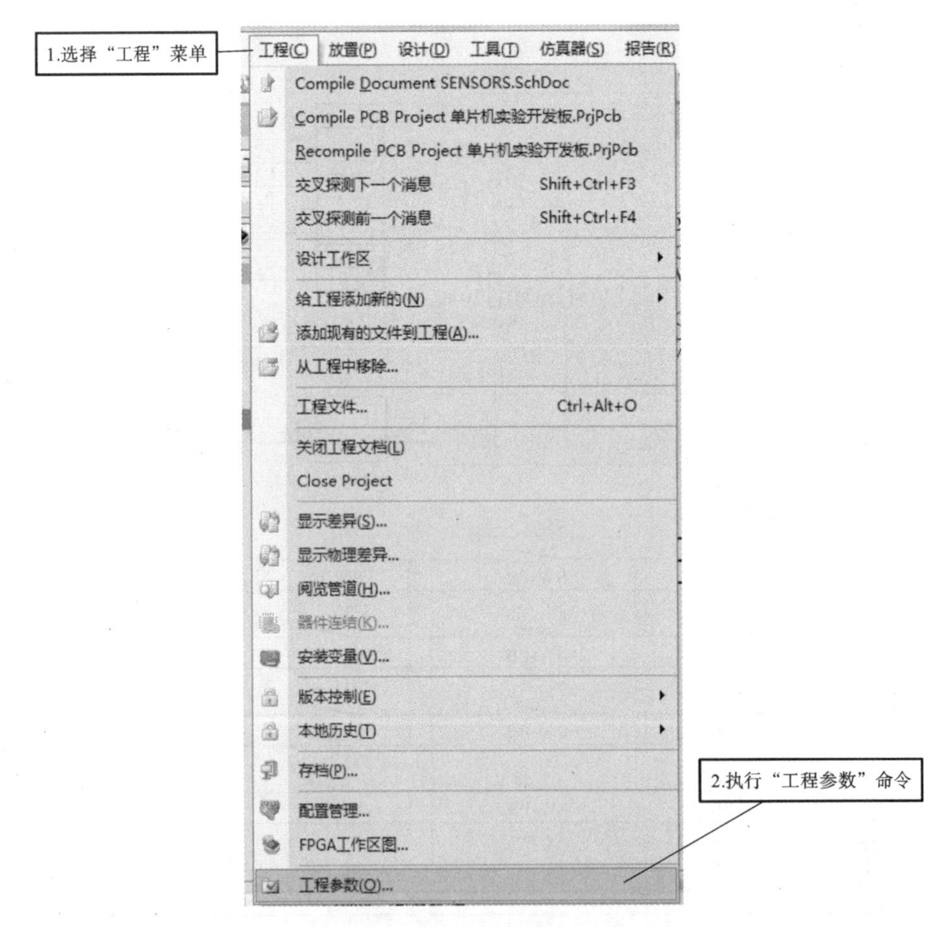

图6-42 执行“工程参数”命令

在图6-43所示的“Options for PCB Project 单片机实验开发板.PrjPcb”对话框中进行设置,如对“Error Reporting(错误报告)”和“Connection Matrix(连接矩阵)”标签页设置检查规则。

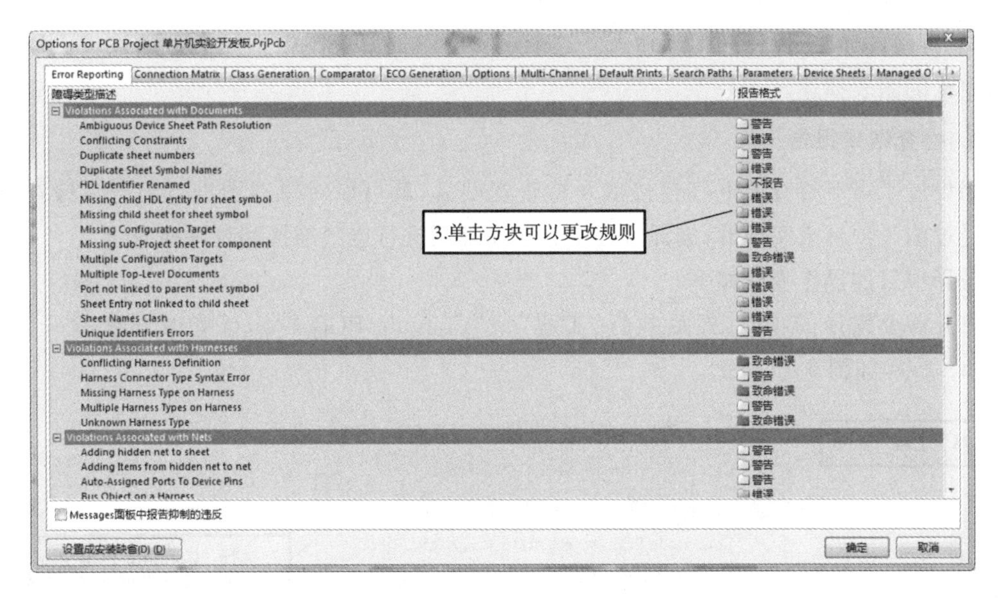

图 6-43 "Options for PCB Project **单片机实验开发板**.PrjPcb"**对话框中的**"Error Reporting"**标签页**

"Error Reporting"标签页主要用于设置设计草图检查规则。"障碍类型描述"栏表示检查设计者的设计是否违反类型设置的规则,"报告格式"栏表明违反规则的严格程度。如果要修改"报告格式",则单击需要修改的违反规则对应的"报告格式",并从下拉列表中选择严格程度:重大错误(Fatal Error)、错误(Error)、警告(Warning)、不报告(No Report)等。

"Options for PCB Project 单片机实验开发板.PrjPcb"对话框中的"Connection Matrix"标签页如图 6-44 所示,表明错误类型的严格程度,这将在运行电气连接检查错误报告时产

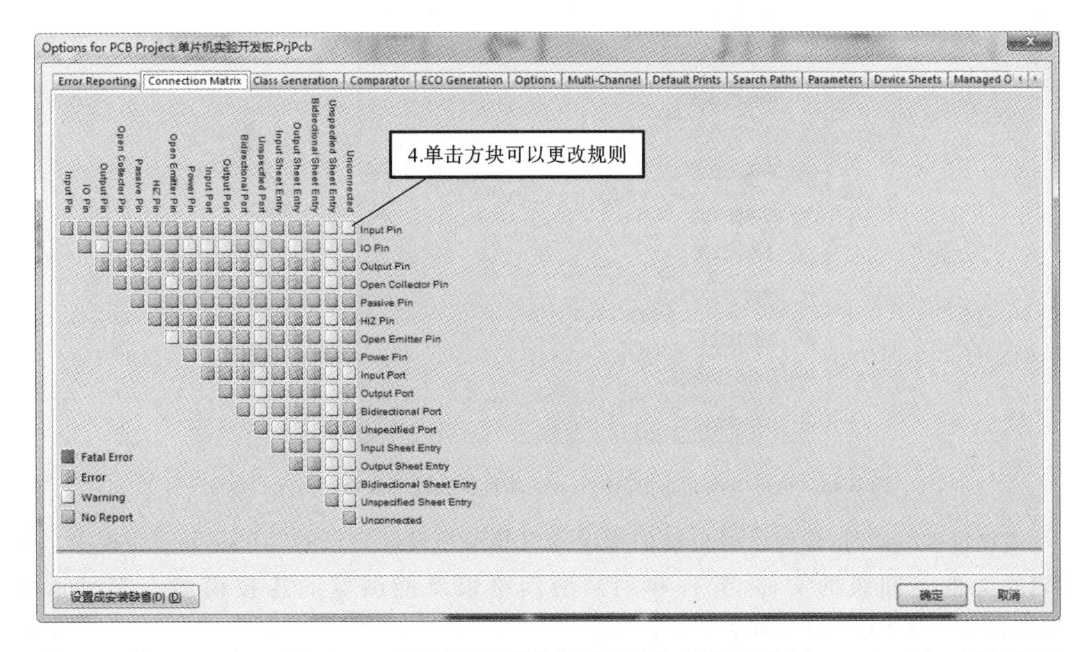

图 6-44 "Options for PCB Project **单片机实验开发板**.PrjPcb"**对话框中的**"Connection Matrix"**标签页**

生，如管脚间的连接、元件和图纸输入。这个矩阵给出了原理图中不同类型的连接点以及是否被允许的图表描述。

2. 检查结果报告

当设置了需要检查的电气连接以及检查规则后，就可以对原理图进行检查。检查原理图是通过编译项目来实现的，编译过程中会对原理图进行电气连接和规则检查。

编译项目的操作步骤如下。

打开需要编译的项目，然后执行“工程”→“Compile PCB Project 单片机实验开发板.PrjPcb”命令，如图 6-45 所示。

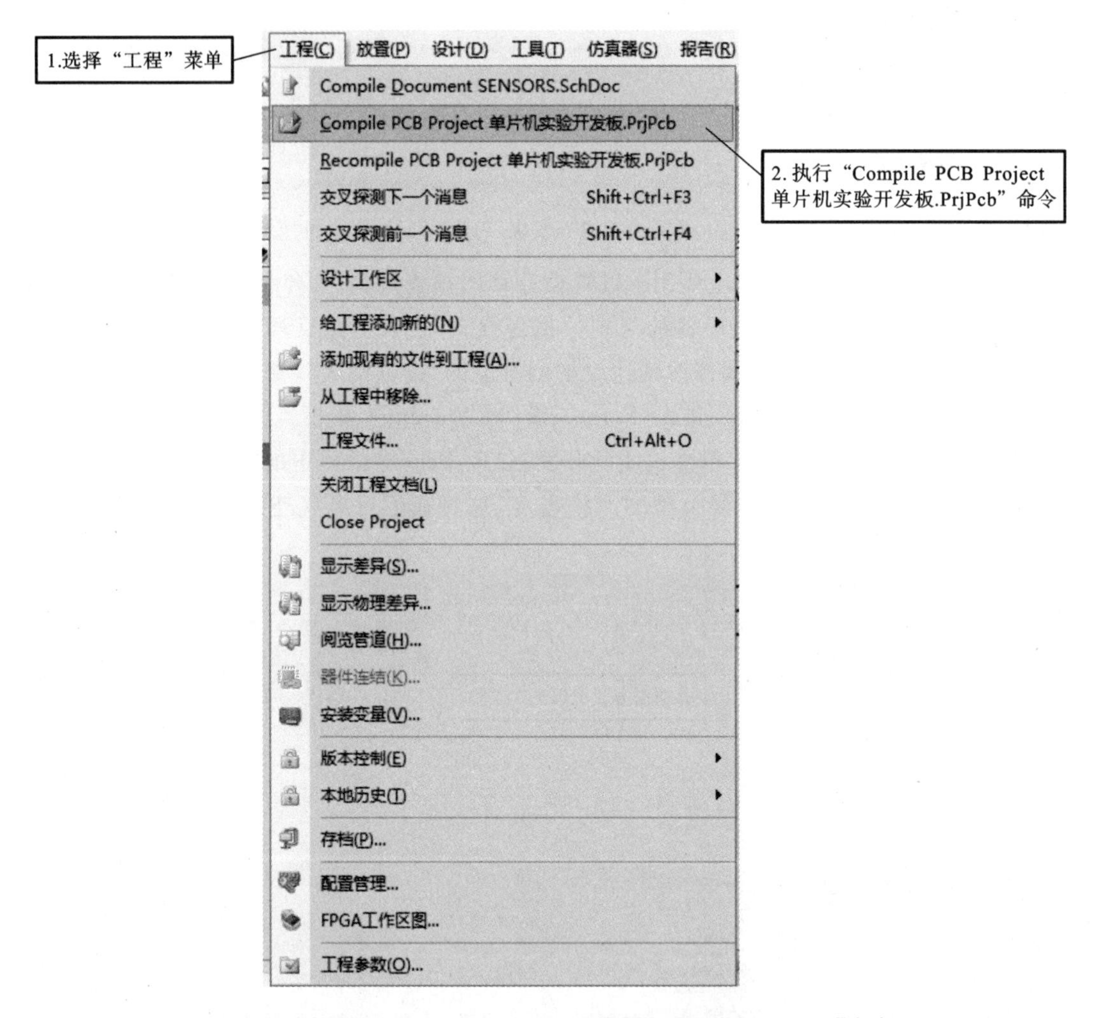

图 6-45 执行“Compile PCB Project 单片机实验开发板.PrjPcb”命令

当项目被编译时，任何已经启动的错误均将显示在设计窗口的“Messages”面板中。被编辑的文件与同级的文件、元件和列出的网络以及能浏览的连接模型一起显示在“Compiled”面板中，并且以列表方式显示。

如果电路绘制正确，那么“Messages”面板应该是空白的。如果报告给出错误，则需要检查电路并确认所有的导线连接是否正确,并加以修正。图 6-46 即为一个项目的电气规则检查结果。

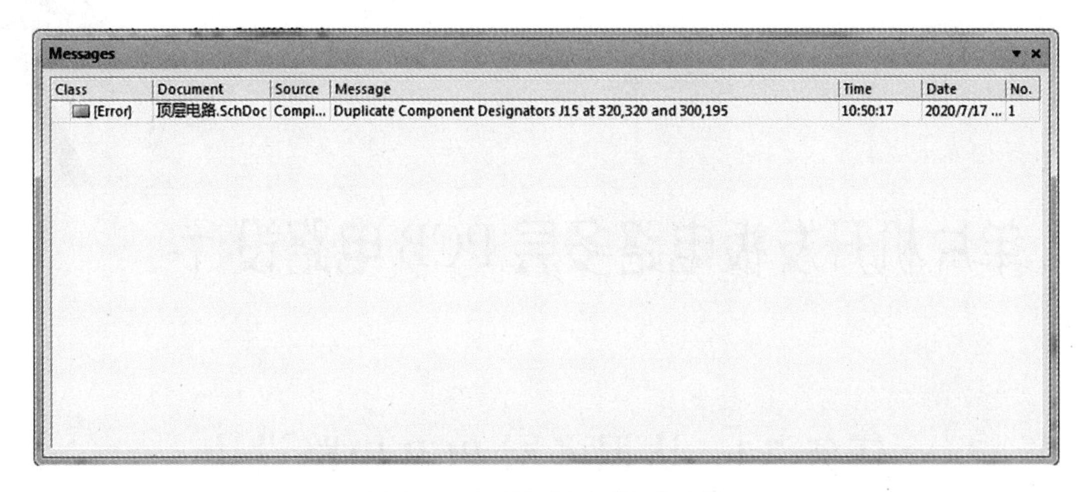

图 6-46 一个项目的电气规则检查报告

7

单片机开发板电路多层 PCB 电路设计

任务 7.1 认识多层 PCB 电路设计

任务目标

◇ 了解多层 PCB 电路的基本概念及使用场合；

◇ 掌握多层 PCB 电路绘制的方法。

任务内容

◇ 创建多层 PCB 电路的相关封装；

◇ 绘制多层 PCB 电路图。

7.1.1 认识多层 PCB 电路

一般 PCB 有单层板、双层板、四层板、多层板等。单层板是一种单面敷铜的印刷电路板，因此只能利用其敷了铜的一面设计电路导线和组件的焊接。双层板是包括顶层和底层的双面都敷铜的电路板，它的双面都可以布线焊接，中间为绝缘层，是最常用的一种电路板。如果在双层板的顶层和底层之间加上别的层，就构成多层板，比如放置由两个电源板层构成的四层板就是多层板。

在设计多层 PCB 之前，设计者需要先根据电路的规模、电路板的尺寸、电磁兼容(EMC)的要求来确定所采用的电路板结构，也就是决定采用四层、六层还是更多层的电路板。确定层数的要求之后，再确定内电层的放置位置以及如何在这些层上分布不同的信号。这就是多层 PCB 层叠结构的选择问题。层叠结构是影响 PCB EMC 性能的一个重要因素，也是抑制电磁干扰的一种重要手段。

一般的电路设计用双层板和四层板即可满足设计需要，但在高级电路中，或者有特殊要求(比如对抗高频干扰要求很高)的情况下才会使用六层及六层以上的多层板。多层板制作时是一层一层压合的，所以层次越多，设计或者制作过程将更加复杂，设计的时间与成本将大大提高。

7.1.2 PCB 工作层面的管理及设置

本节将以项目 6 中的“单片机实验开发板”电路为例详细介绍设计四层 PCB 的基本方法。进行 PCB 设计之前，首先应规划电路板的外观尺寸和工作层。

规划 PCB 有两种方法：一是利用 Altium Designer 提供的向导工具生成，二是手动设计规划电路板。

1. 利用 Altium Designer 提供的向导生成电路板

Altium Designer 提供了 PCB 文件向导生成工具，通过这个图形化的向导工具，可以使复杂的电路板设置工作变得简单。下面介绍其操作步骤。

启动 Altium Designer，单击工作区底部的“File”选项，再执行“PCB Board Wizard”命令，如图 7-1 所示。从“Files”工作面板中启动“Altium Designer New Board Wizard”，具体如图 7-2 所示。

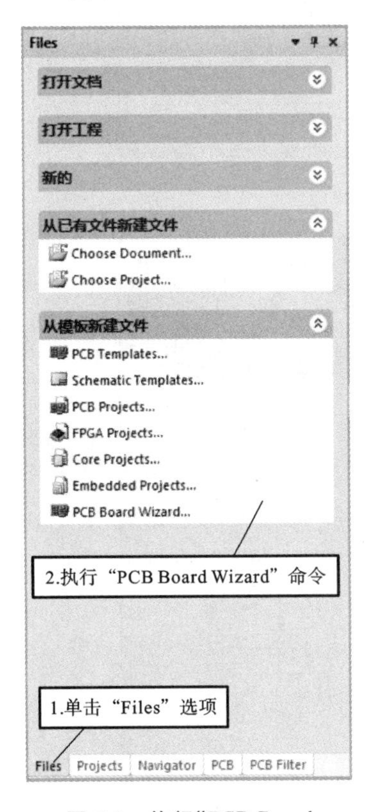

图 7-1 执行“PCB Board Wizard”命令

图 7-2 启动 PCB 向导

在“选择板单位”对话框中，默认的度量单位为英制的，也可以选择公制的，二者的换算关系为 1 inch=25.4 mm，如图 7-3 所示。本例选择英制的。

在“选择板剖面”对话框中给出了多种工业标准板的轮廓或尺寸，可根据设计的需要选择。本例选择“Custom”(自定义电路板的轮廓和尺寸)，如图 7-4 所示。

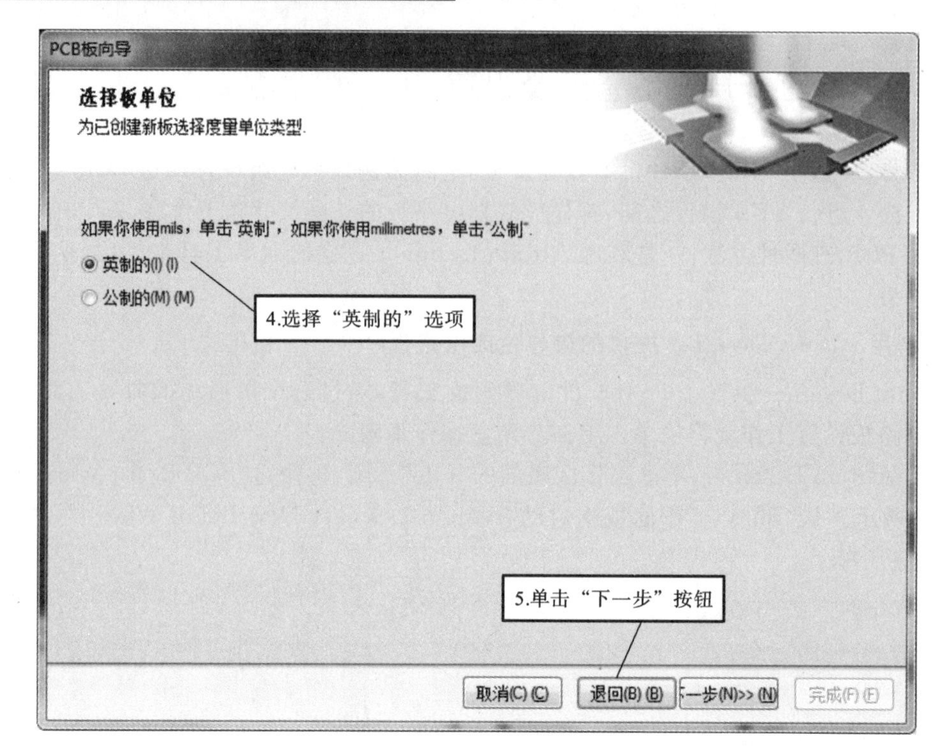

图 7-3 “选择板单位”对话框

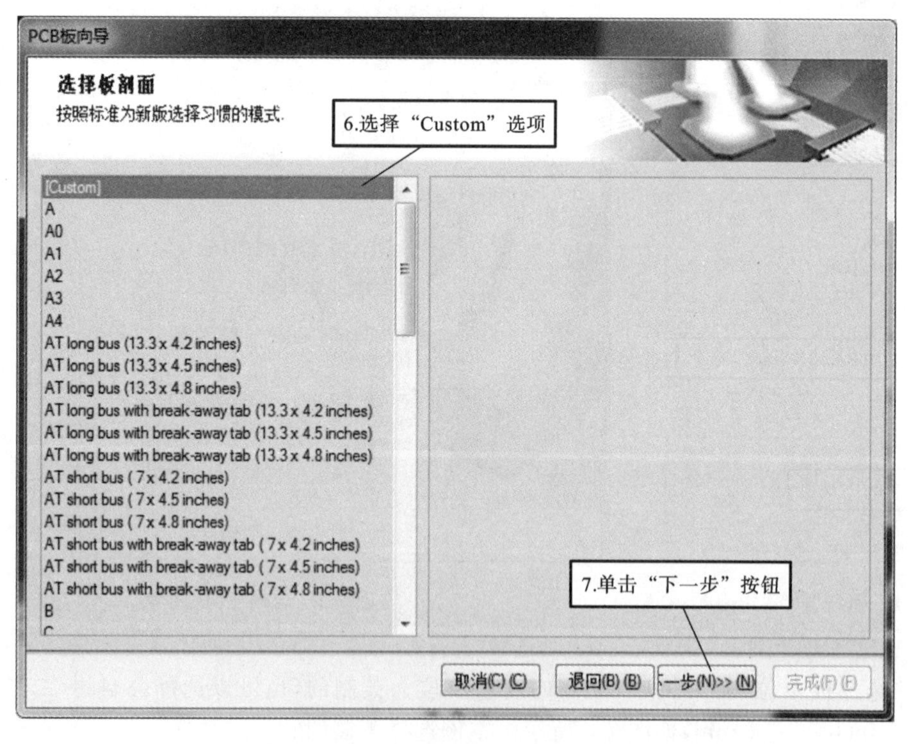

图 7-4 电路板轮廓选择对话框

在“选择板详细信息”对话框中确定 PCB 的外形，有矩形、圆形和定制的三种。在“板尺寸”下的“宽度”和“高度”栏中键入尺寸即可。本例定义 PCB 的尺寸为 4500 mil×4100 mil 的矩形电路板，如图 7-5 所示。

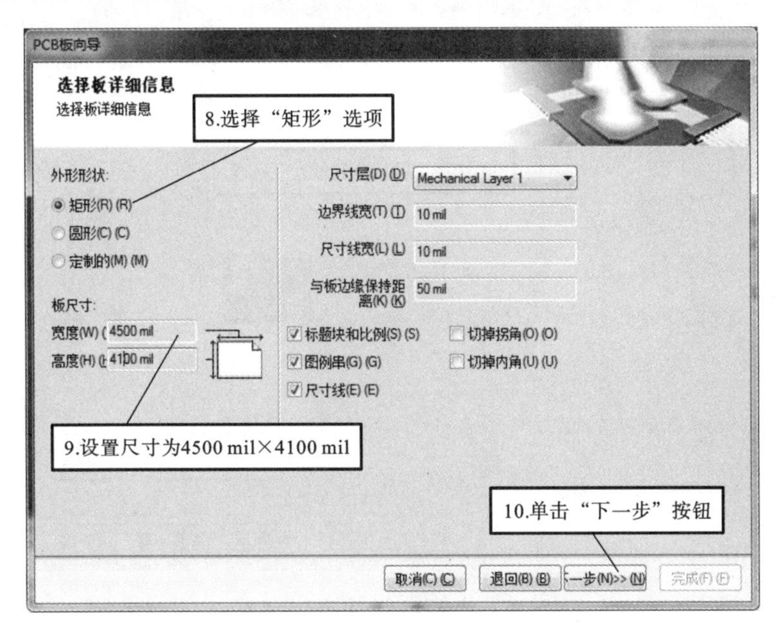

图 7-5 自定义电路板选项的参数设置

在“选择板层”对话框中设置信号层和电源平面。本例需要新建的是四层板，所以这里设置了 2 个信号层、2 个电源平面，如图 7-6 所示。

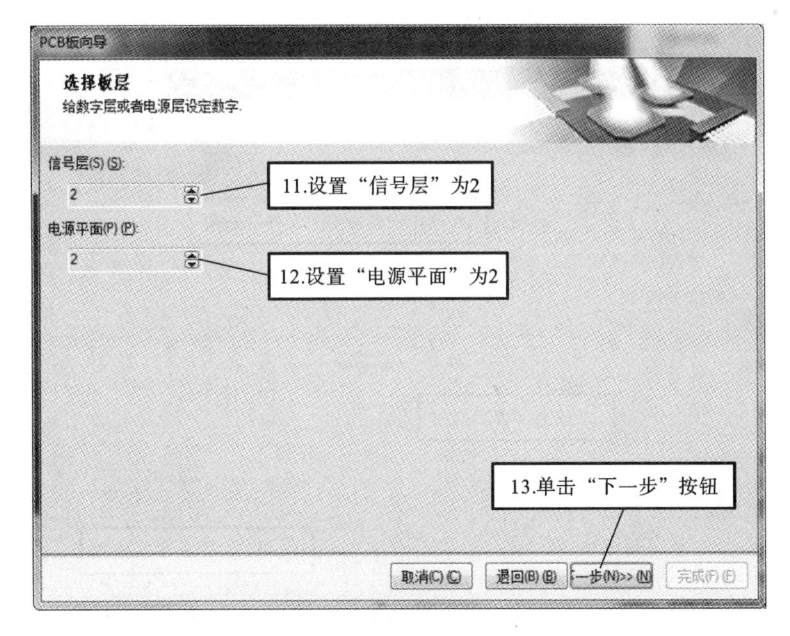

图 7-6 在“选择板层”对话框中设置信号层和电源平面

在“选择过孔类型”对话框中，有两种过孔类型可以选择，即“仅通过的过孔”、“仅盲孔和埋孔”。如果是双层板，则选择“仅通过的过孔”。本例选择“仅盲孔和埋孔”，如图 7-7 所示。

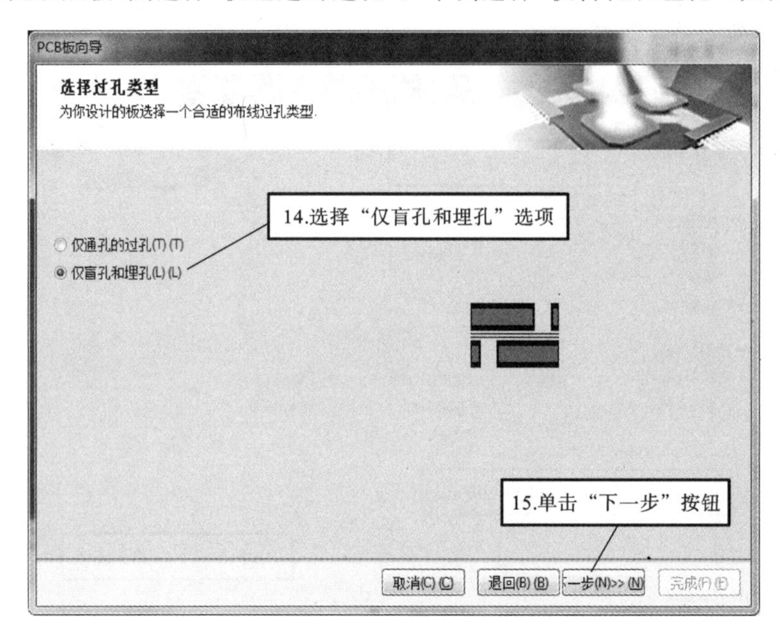

图 7-7 “选择过孔类型”对话框

在“选择元件和布线工艺”对话框中可以设置电路板中使用的元件是表面装配元件还是通孔元件。如果 PCB 中选用“表面装配元件”，则要选择的元件不是放在电路板的两面，如图 7-8 所示。如果 PCB 中选用“通孔元件”，则要设置相邻焊盘之间的导线数，如图 7-9 所示。本例中按照图 7-9 进行设置。

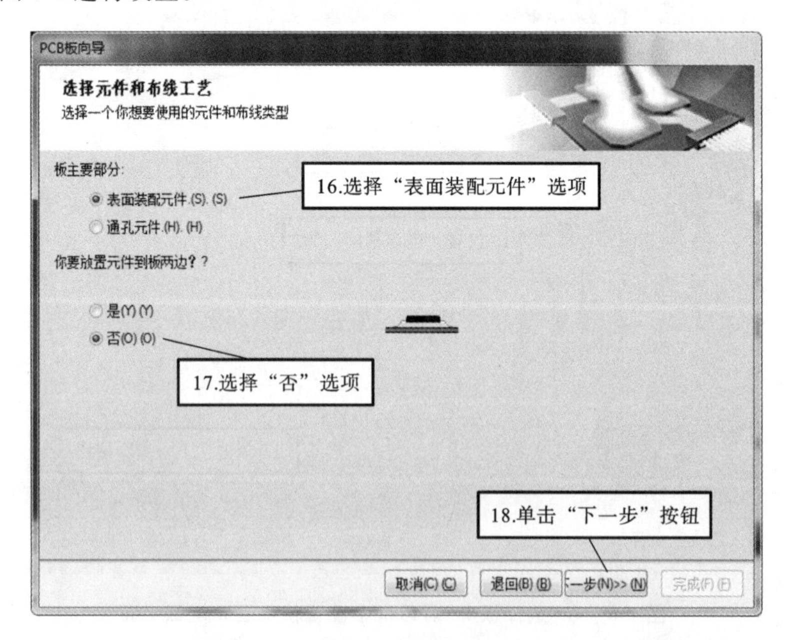

图 7-8 在“选择元件和布线工艺”对话框中选用“表面装配元件”

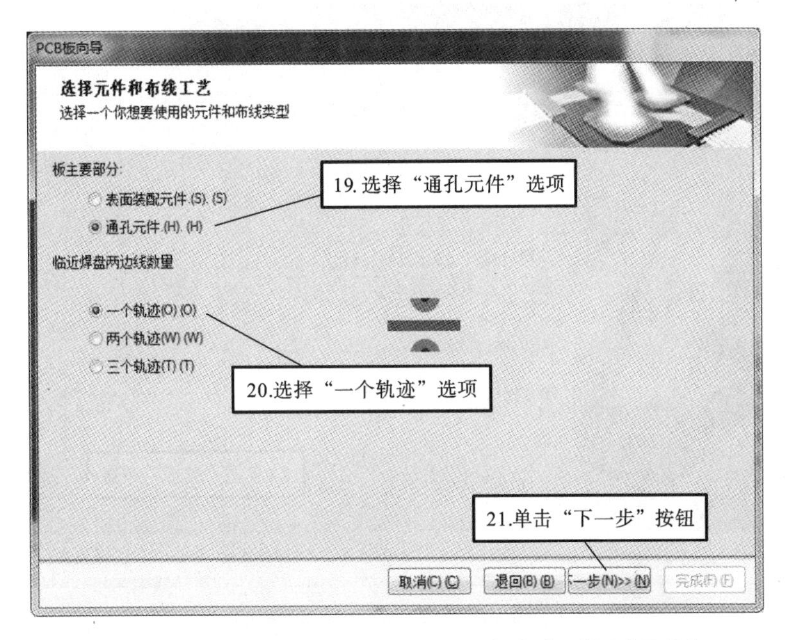

图 7-9　在“选择元件和布线工艺”对话框中选用“通孔元件”

在“选择默认线和过孔尺寸”对话框中可以设置导线的最小过孔宽度、最小轨迹尺寸、最小过孔孔径大小和最小间隔等参数，如图 7-10 所示。这里我们保持默认值不变。

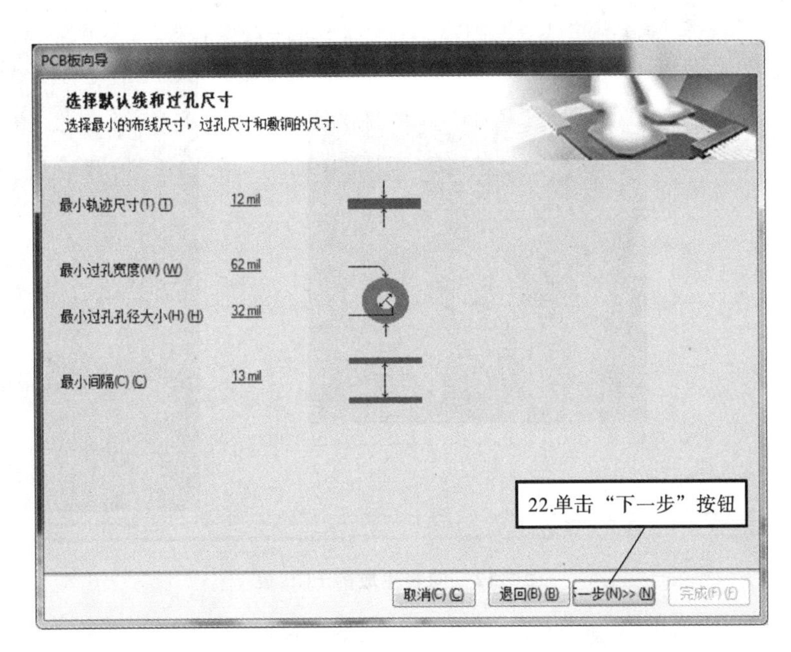

图 7-10　“选择默认线和过孔尺寸”对话框

以上参数设置完成后会弹出“PCB 板向导”对话框，如图 7-11 所示。

图 7-11 “PCB 板向导”对话框

启动 PCB 编辑器，将新建的 PCB 板文件默认命名为 PCB1. PcbDoc，PCB 编辑区会出现设计好的 4500 mil×4100 mil 的 PCB，如图 7-12 所示。

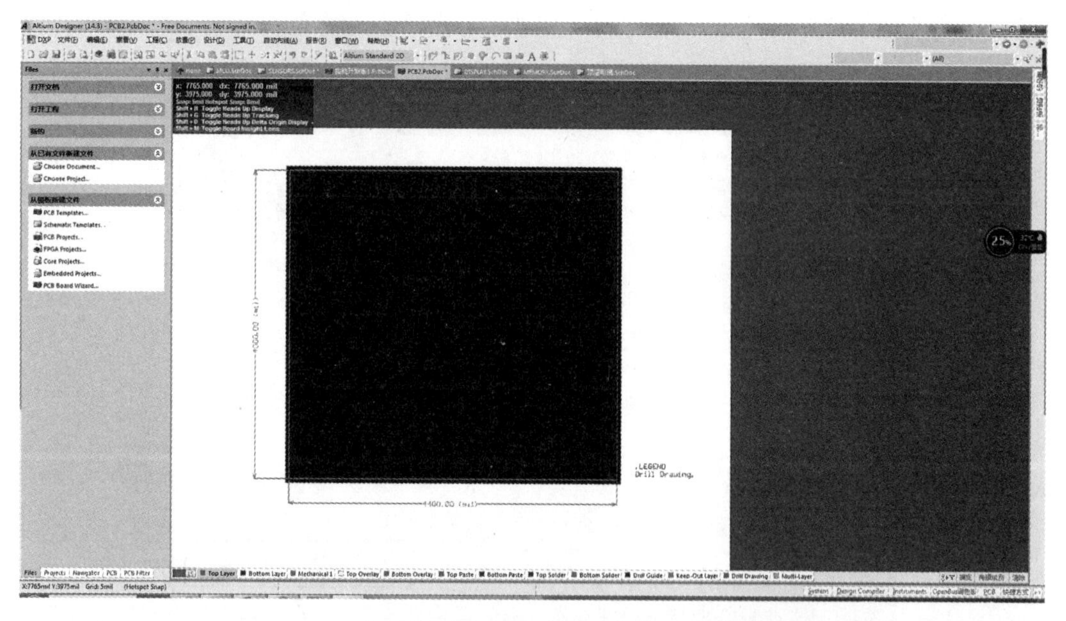

图 7-12 向导生成的 PCB 板

至此，完成了创建 PCB 新文件的工作。还需要将建好的 PCB 文件放入当前工程中去，方法是用鼠标按住新的 PCB 文件，移动鼠标将其拖入对应的工程文件下，再松开鼠标的左键，具体效果如图 7-13 所示。最后，记得存盘和重新命名文件。

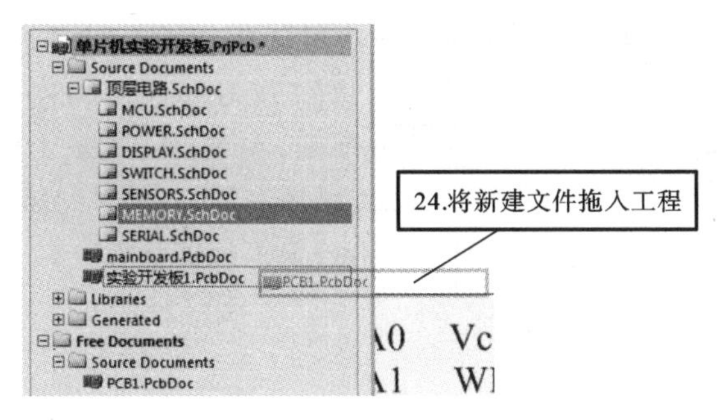

图 7-13　将新建的 PCB 文件拖入工程

2. 手动规划电路板

虽然利用向导可以生成一些标准规格的电路板，但更多时候需要自己规划电路板。实际设计的 PCB 板都有严格的尺寸要求，这就需要认真地规划，准确地定义电路板的物理尺寸和电气边界。

手动规划电路板的一般步骤如下。

创建空白的 PCB 文件，执行“文件”→“新建”→“PCB”命令，如图 7-14 所示，启动 PCB 编辑器。新建的 PCB 文件默认名称为 PCB1. PcbDoc，此时在 PCB 编辑区会出现空白的 PCB 图纸，如图 7-15 所示。

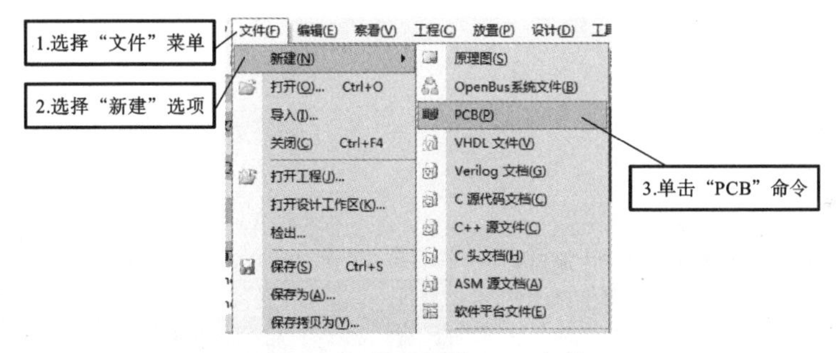

图 7-14　创建新的 PCB 文件

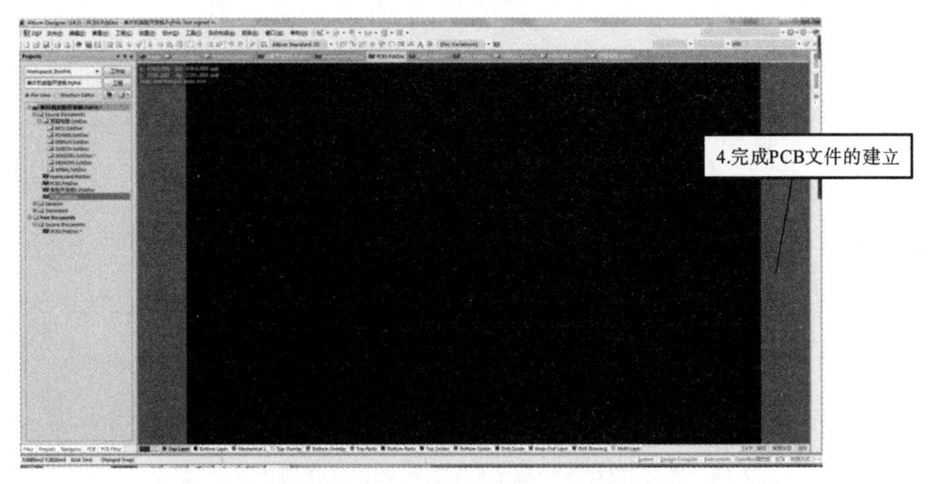

图 7-15　新建的空白 PCB 文件

设置 PCB 板的物理边界。PCB 板的物理边界就是 PCB 板的外形。本例中，我们要建立的板子尺寸为 4500 mil×4100 mil。下面为新建的 PCB 板绘制物理边界。将当前的工作层切换到 Mechanical 1(第一机械层)，如图 7-16 所示，在 Mechanical 1 层中绘制一个尺寸大小为 4500 mil×4100 mil 的封闭矩形。用鼠标左键圈选刚才绘制的矩形区域后，设置物理边界，如图 7-17 所示。完成后如图 7-18 所示。最后退出编辑状态。

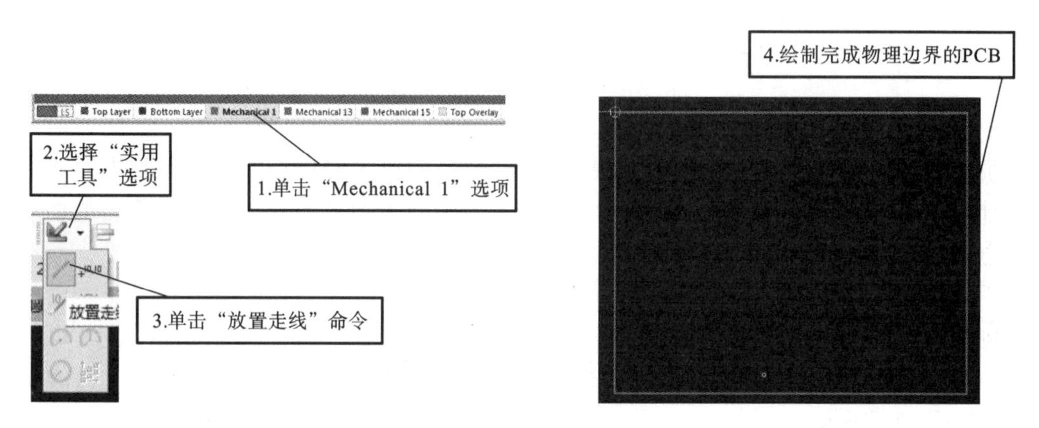

图 7-16　编辑 PCB 板的外形

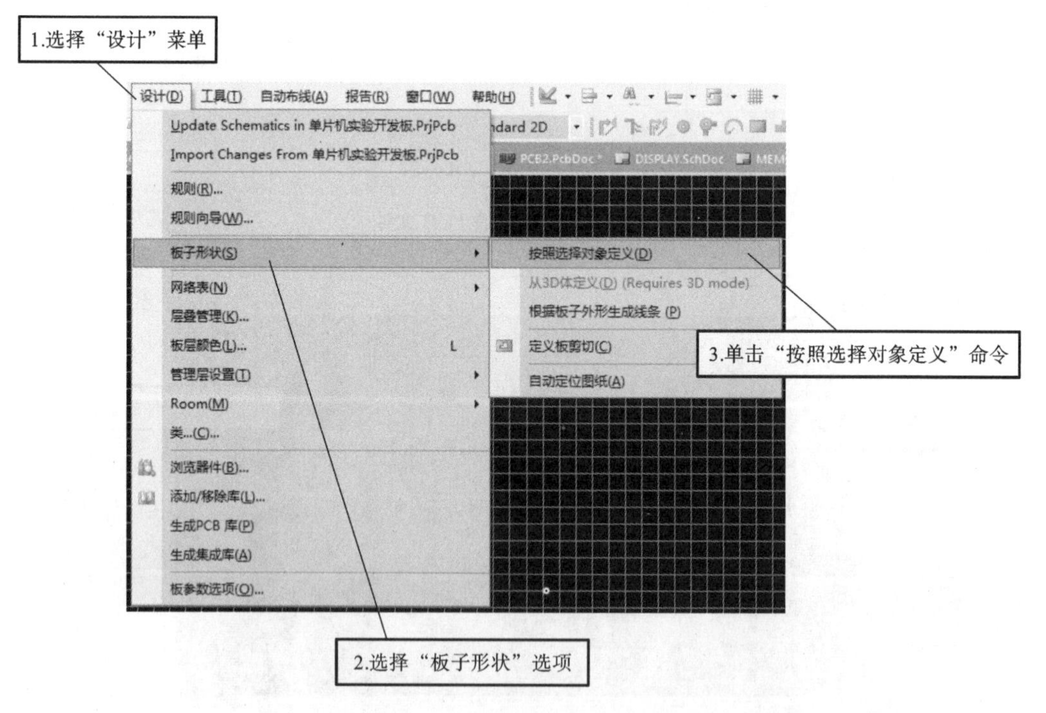

图 7-17　执行“设计”→“板子形状”→“按照选择对象定义”命令

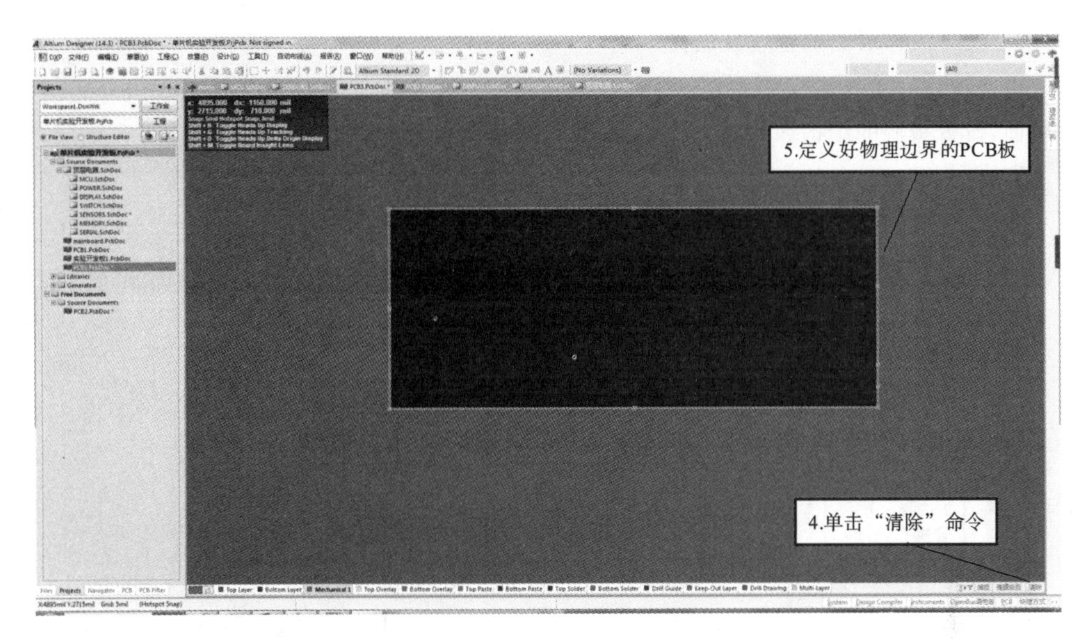

图 7-18 设置 PCB 板的物理边界

设置 PCB 板的电气边界。PCB 板的电气边界用于设置元件以及布线的放置区域范围，它必须在 Keep-Out-Layer(禁止布线层)绘制。

规划电气边界的方法与规划物理边界的方法完全相同，只是要在 Keep-Out-Layer(禁止布线层)上操作。方法是：首先将 PCB 编辑区的当前工作层切换为 Keep-Out-Layer，然后与绘制物理边界的方法类似，绘制一个封闭图形即可。在本例中，我们设置电气边界与物理边界的距离为 50 mil，设置好电气边界的 PCB 板如图 7-19 所示。

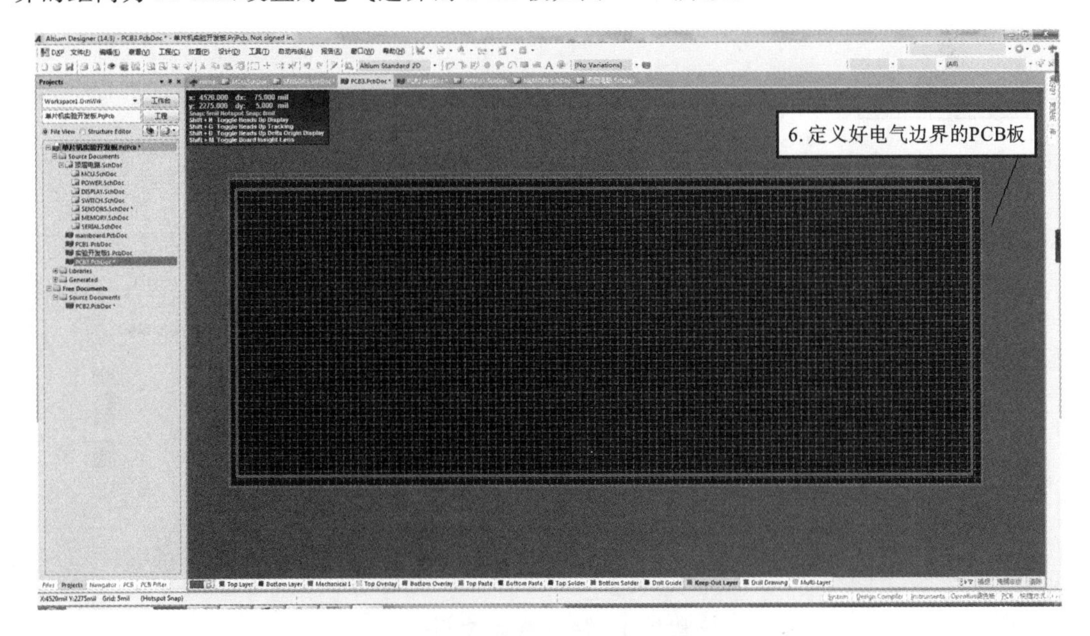

图 7-19 设置好电气边界的 PCB 板

3. PCB工作层面的管理及设置

设置板层结构。在“Layer Stack Manager(板层堆栈管理器)”对话框中选择PCB板的工作层面，设置板层的结构和叠放方式，默认为双层板设计，给出两层布线层即顶层和底层，如图7-20所示。

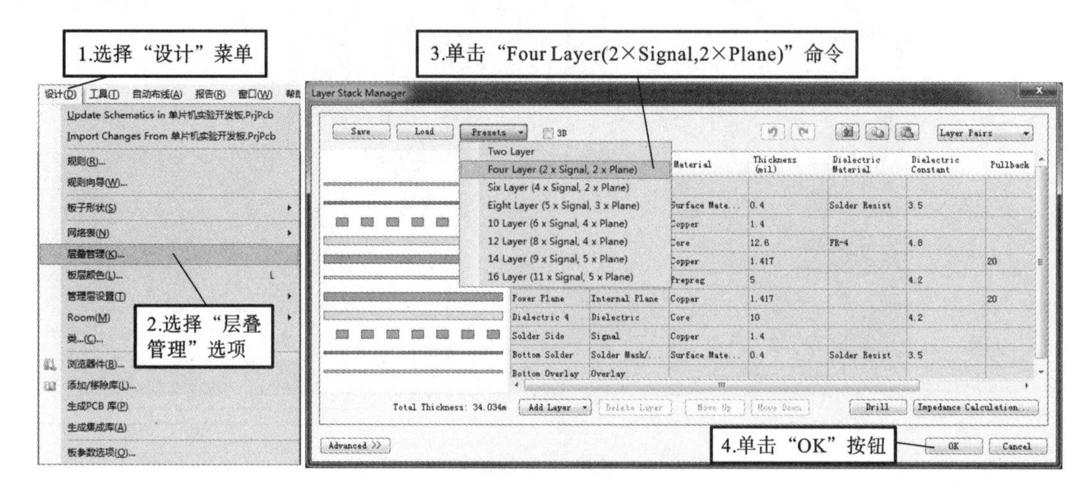

图7-20 “Layer Stack Manager(板层堆栈管理器)”对话框

这里我们执行“Layer Stack Manager(板层堆栈管理器)”对话框中的“Presets”→“Four Layer(2×Signal,2×Plane)”命令，使用预设四层板模型进行设置。

定义层和设置层的颜色。

PCB编辑器是一个多层环境，设计人员所做的大多数编辑工作都在一个特殊层上，使用“视图配置”对话框可以显示以及设置层的颜色。如图7-21所示，我们可以在“视图配置”对话框中显示以及设置各层的颜色。

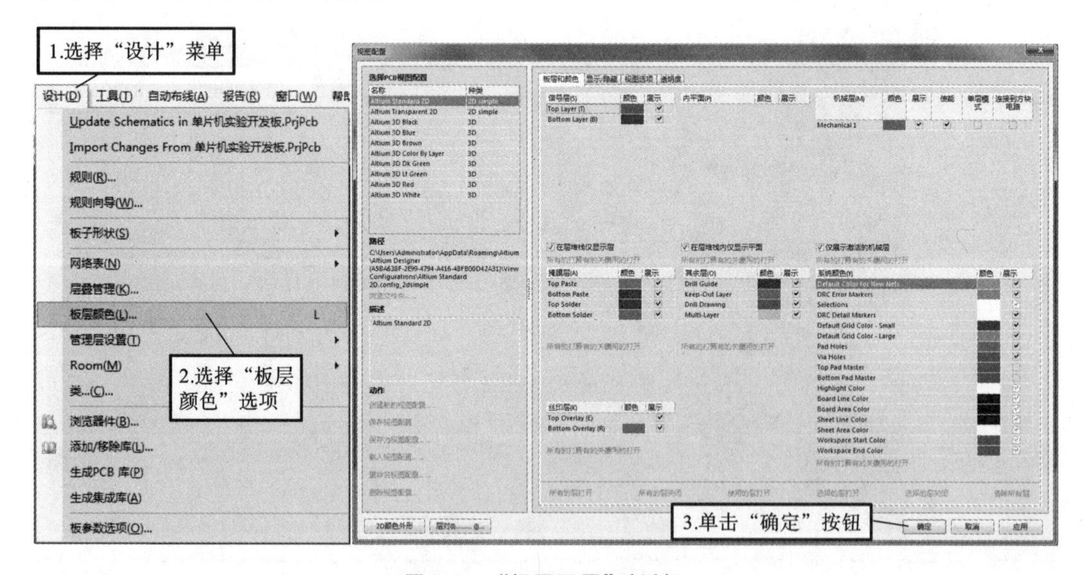

图7-21 “视图配置”对话框

“视图配置”对话框中共有 7 个选项区域，分别为信号层（Signal Layers）、内平面（Internal Planes）、机械层（Mechanical Layers）、掩膜层（Mask Layers）、丝印层（Silk-Screen Layers）、其余层（Other Layers）和系统颜色（System Colors）。每项设置中都有 Show 复选项，用于决定是否显示。点击对应的颜色图示，将弹出“颜色选择（Choose Color）”对话框，可在其中进行颜色设置。

任务 7.2 设计多层 PCB 板

任务目标

◇ 了解多层 PCB 电路的基本概念及使用场合；

◇ 掌握多层 PCB 电路绘制的方法。

任务内容

◇ 创建多层 PCB 电路的相关封装；

◇ 绘制多层 PCB 电路图。

7.2.1 创建新的 PCB 封装元件

实际应用中，若遇到所需要的封装在自带的库里找不到的情形，这时就需要自己绘制新的封装。本例需要自制的封装，自制封装中的所有单位都为 mil。所有焊盘坐标都是以 1 号焊盘中心作为原点生成。无特殊说明的元件封装都是 Y 轴对称的均匀分布图形。

1. 18B20 封装

18B20 元件的封装尺寸如图 7-22、图 7-23 所示。

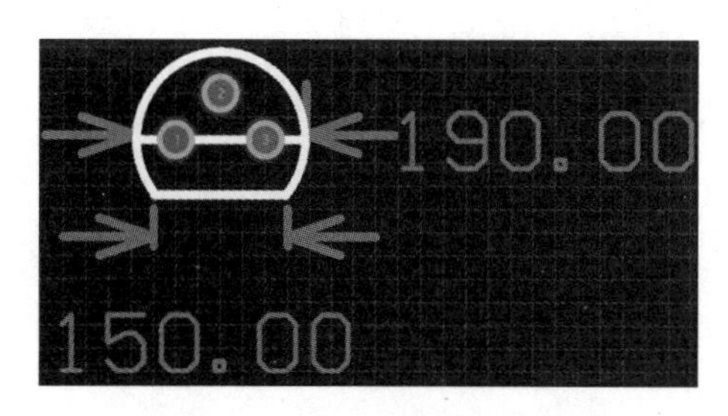

图 7-22 18B20 封装尺寸图

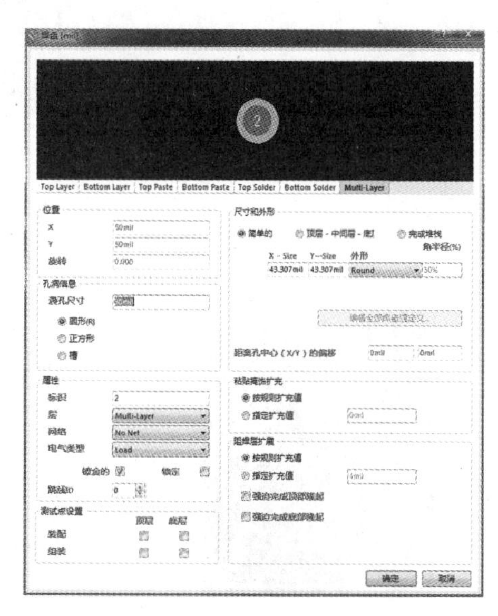

图 7-23 18B20 焊盘尺寸定位图

2. BATTERY **封装**

BATTERY 元件的封装尺寸如图 7-24、图 7-25 所示。

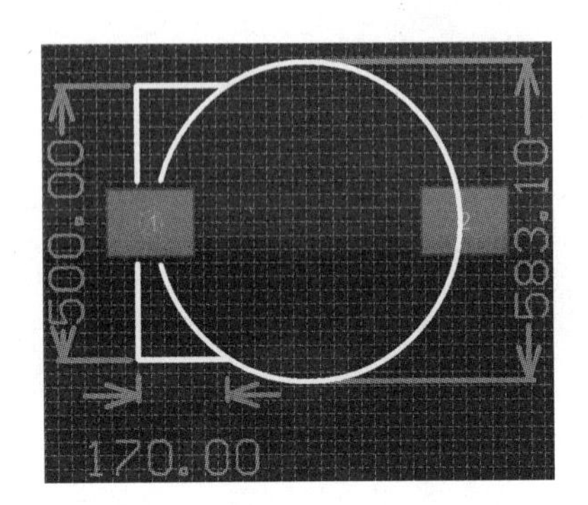

图 7-24　BATTERY 封装尺寸图

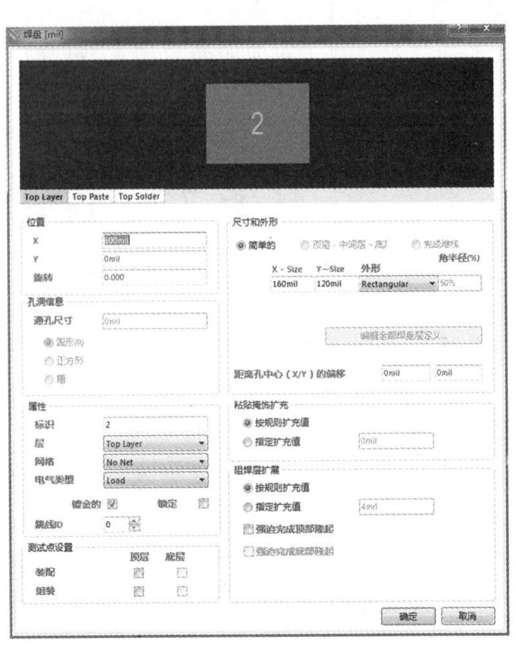

图 7-25　BATTERY 焊盘尺寸定位图

3. BUZZER **封装**

BUZZER 元件的封装尺寸如图 7-26、图 7-27 所示。

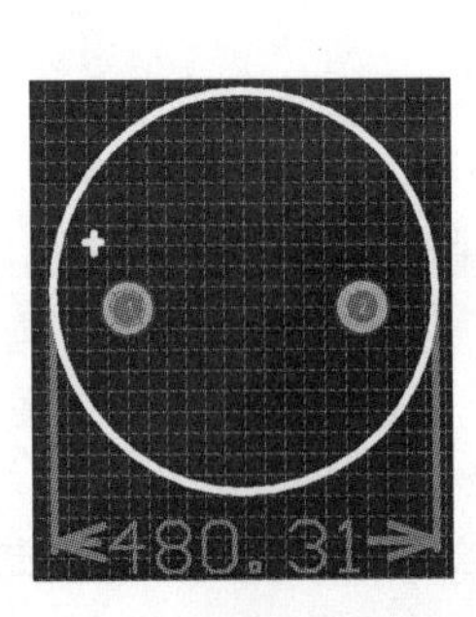

图 7-26　BUZZER 封装尺寸图

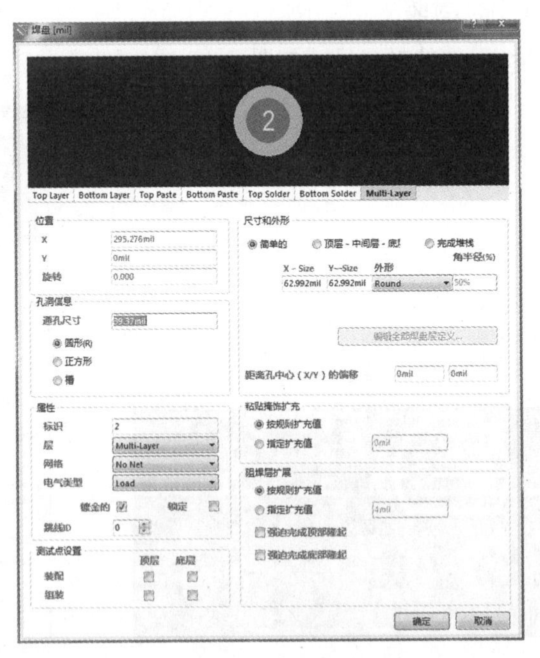

图 7-27　BUZZER 焊盘尺寸定位图

4. CC 封装

CC 的封装尺寸如图 7-28、图 7-29 所示。

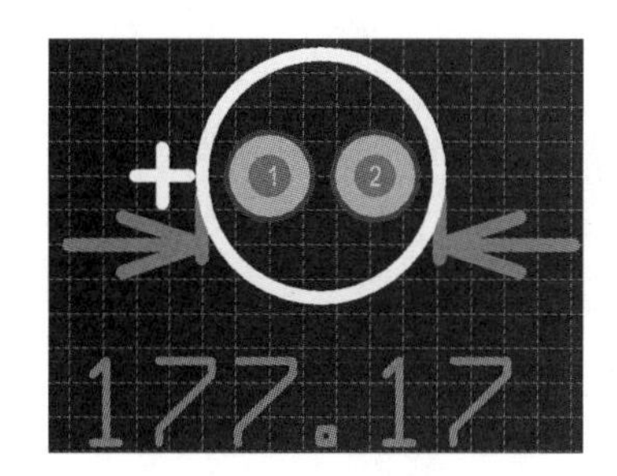

图 7-28 CC 封装尺寸图

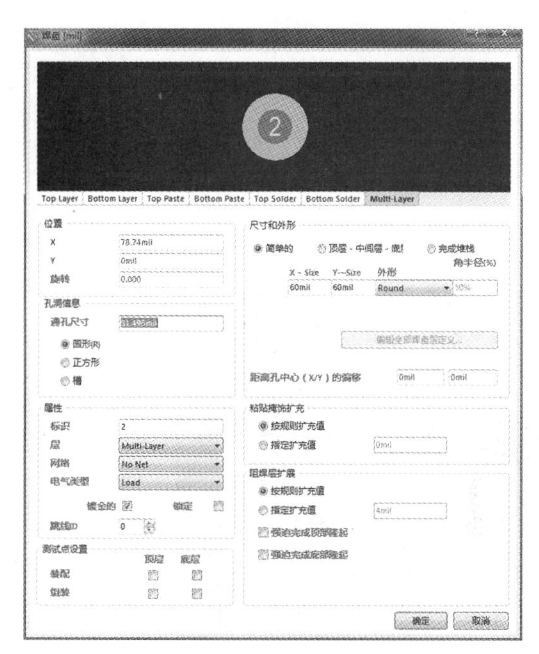

图 7-29 CC 焊盘尺寸定位图

5. Key1 封装

Key1 的封装尺寸如图 7-30、图 7-31 所示。

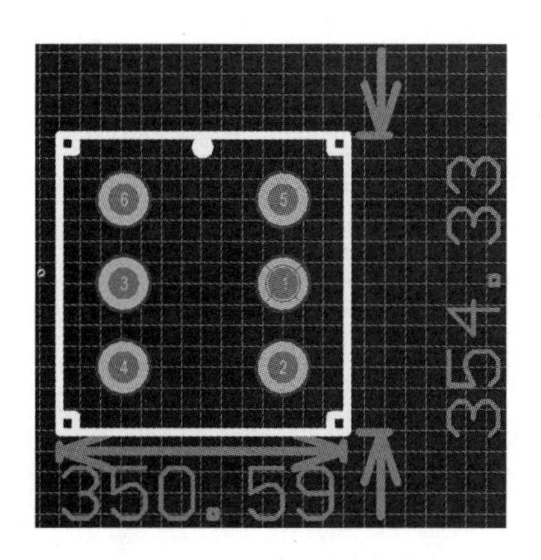

图 7-30 Key1 封装尺寸图

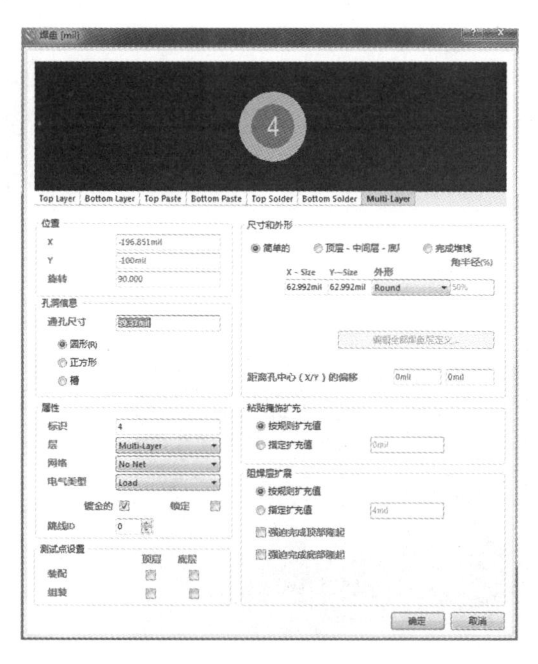

图 7-31 Key1 焊盘尺寸定位图

6. Key0 封装

Key0 的封装尺寸如图 7-32、图 7-33 所示。

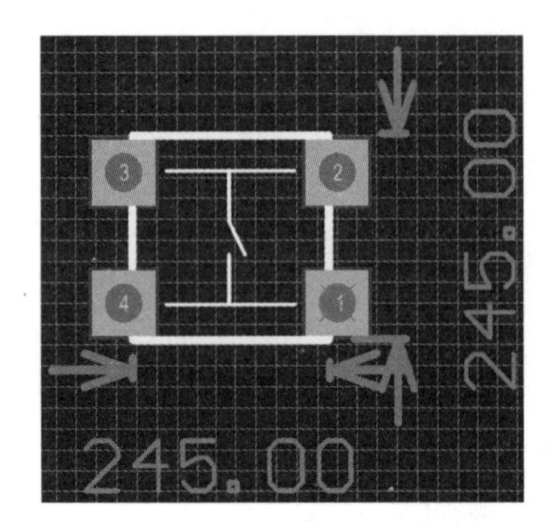

图 7-32 Key0 封装尺寸图

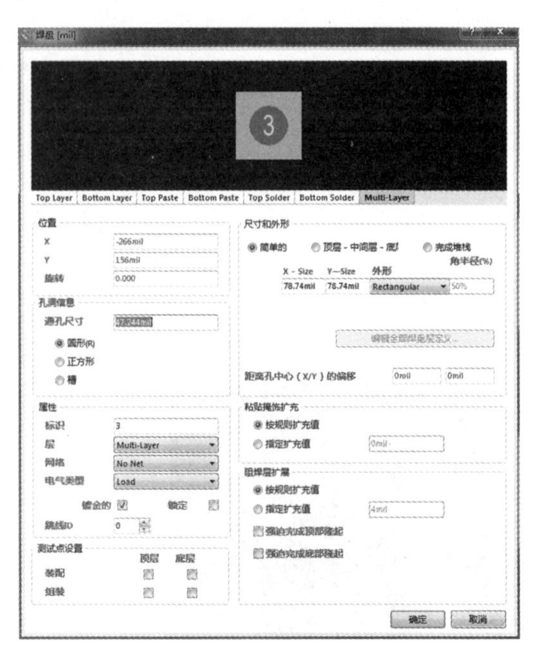

图 7-33 Key0 焊盘尺寸定位图

7. SM0038 封装

SM0038 的封装尺寸如图 7-34 至图 7-36 所示。

图 7-34 SM0038 封装尺寸图

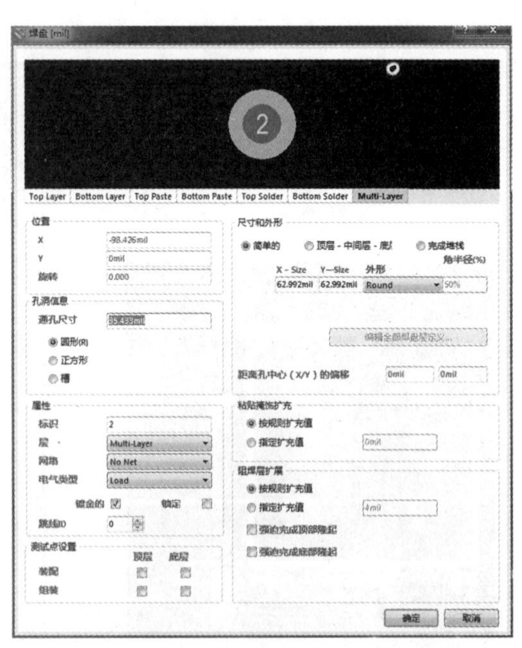

图 7-35 SM0038 焊盘尺寸定位图

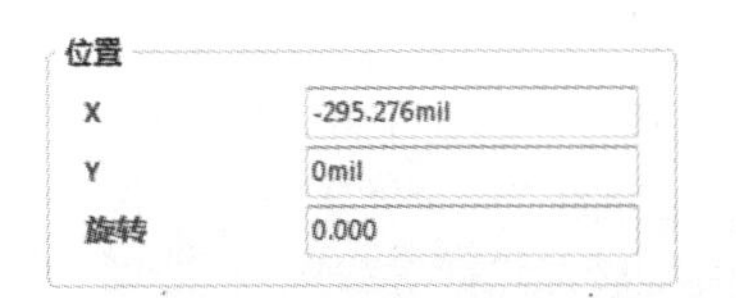

图 7-36 SM0038 的 3 号焊盘位置坐标图

8. LED_4 封装

LED_4 的封装尺寸如图 7-37、图 7-38 所示。

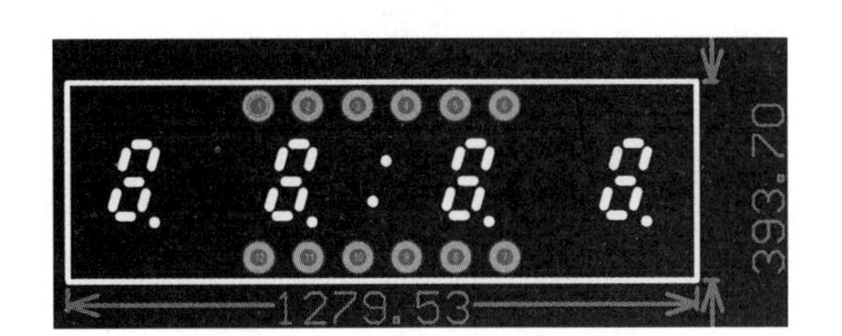

图 7-37 LED_4 封装尺寸图

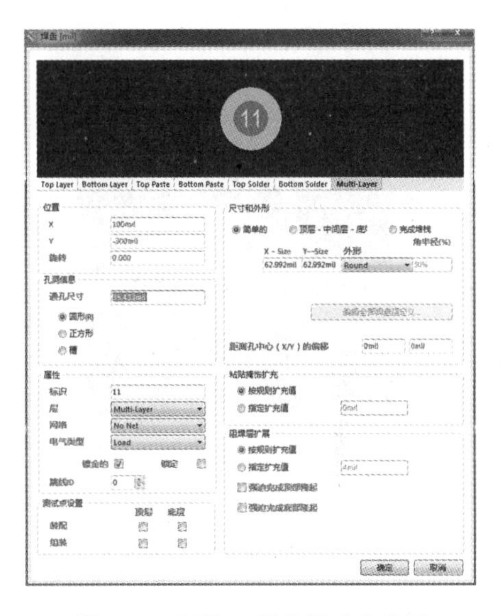

图 7-38 LED_4 焊盘尺寸定位图

9. XTAL0 封装

XTAL0 的封装尺寸如图 7-39、图 7-40 所示。

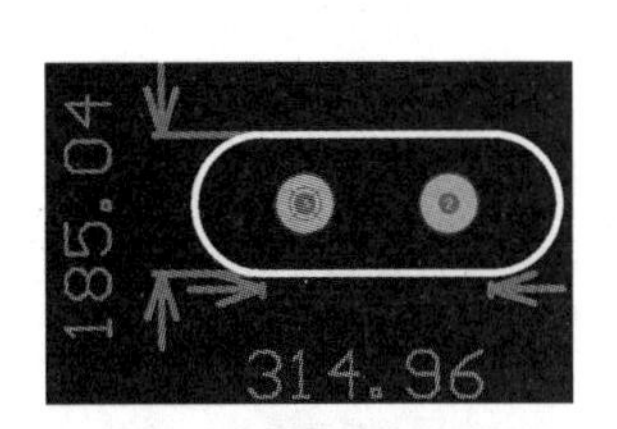

图 7-39 XTAL0 封装尺寸图

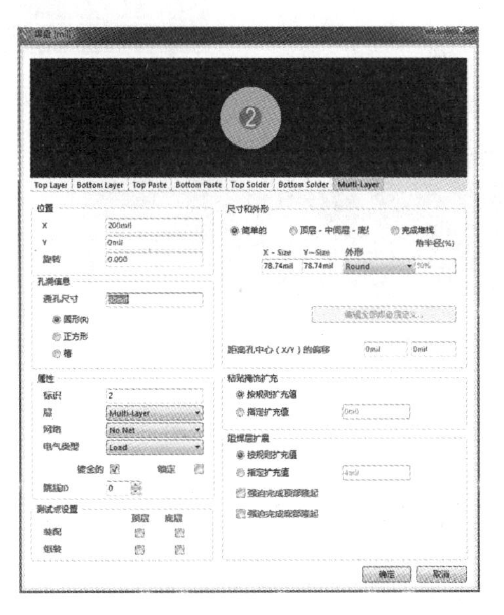

图 7-40 XTAL0 焊盘尺寸定位图

10. XTAL1 封装

XTAL1 的封装尺寸如图 7-41、图 7-42 所示。

图 7-41 XTAL1 封装尺寸图

图 7-42 XTAL1 焊盘尺寸定位图

11. L7805 封装

L7805 的封装尺寸如图 7-43 至图 7-45 所示。

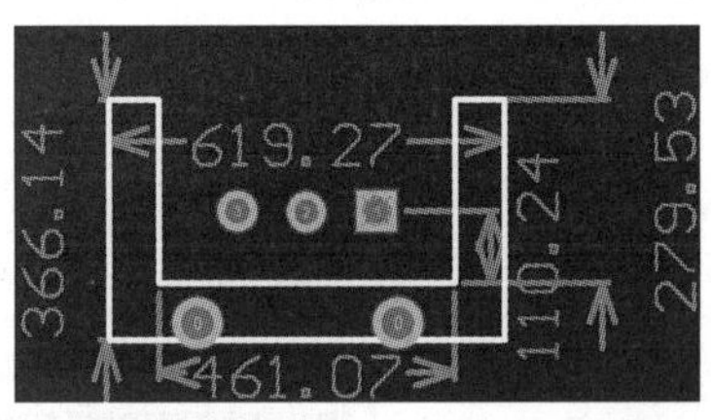

图 7-43 L7805 封装尺寸图

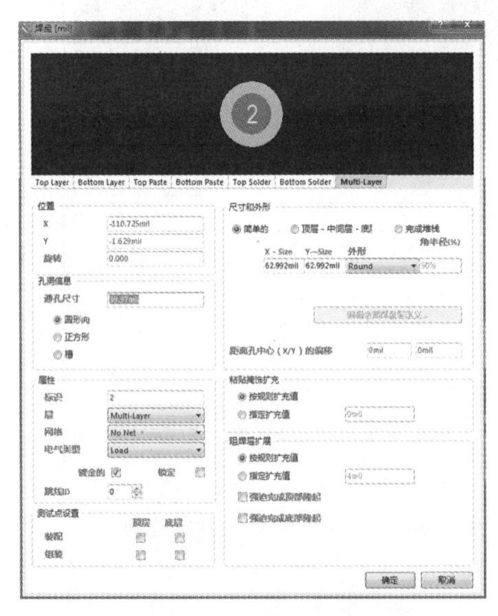

图 7-44 L7805 焊盘尺寸定位图 1

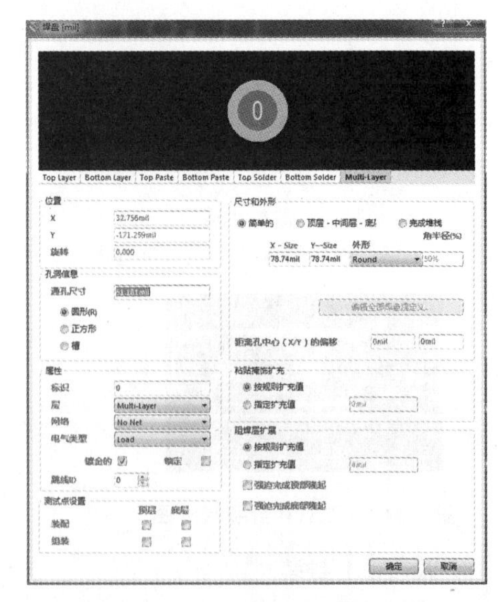

图 7-45 L7805 焊盘尺寸定位图 2

12. USB-A 封装

USB-A 的封装尺寸如图 7-46 至图 7-48 所示。

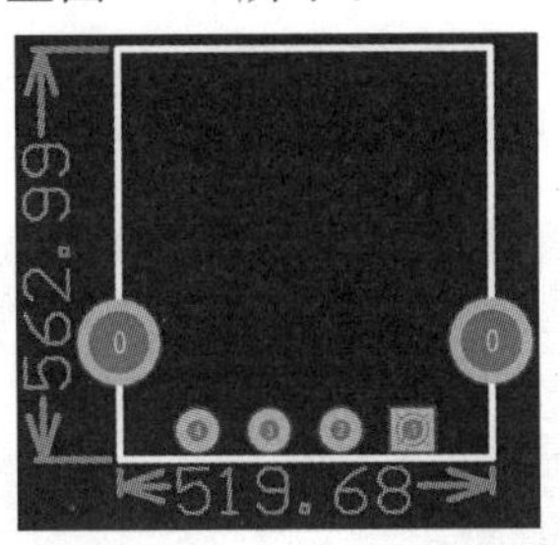

图 7-46　USB-A 封装尺寸图

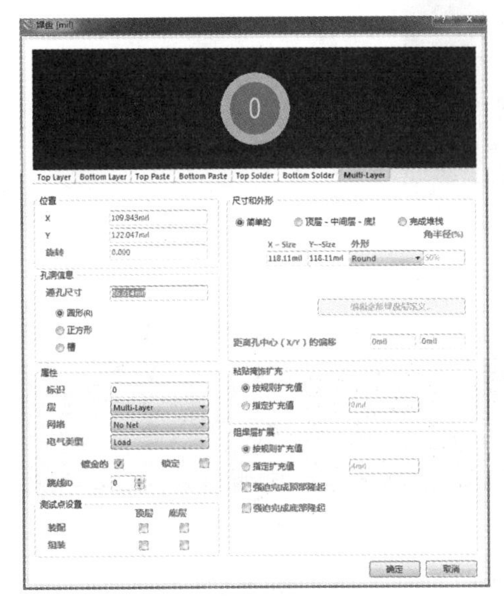

图 7-47　USB-A 焊盘尺寸定位图 1

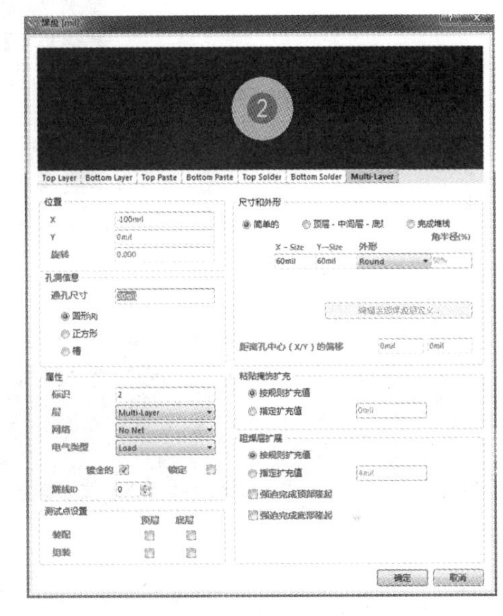

图 7-48　USB-A 焊盘尺寸定位图 2

13. D0805 封装

D0805 的封装尺寸如图 7-49、图 7-50 所示。

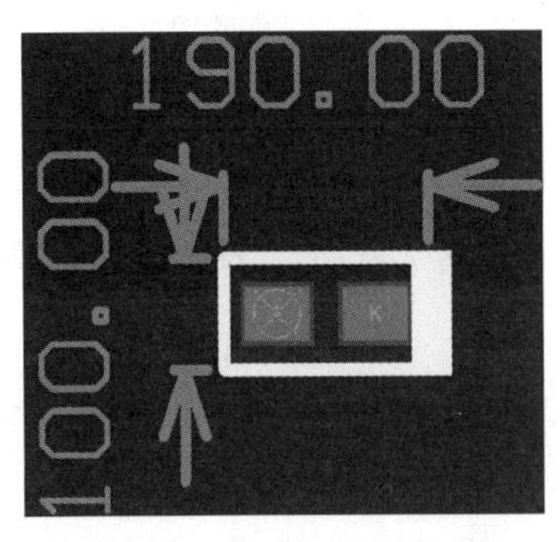

图 7-49　D0805 封装尺寸图

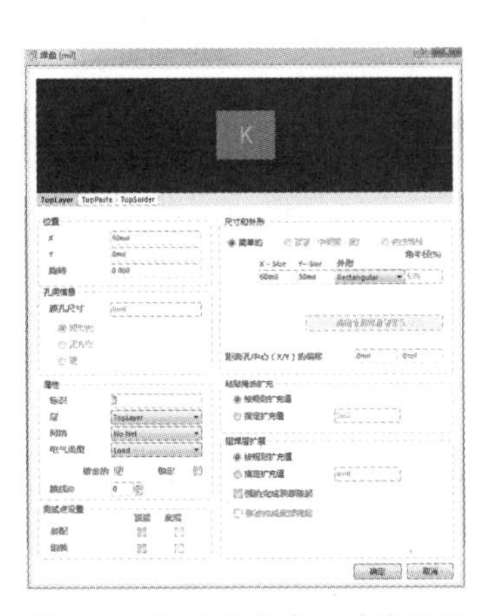

图 7-50　D0805 焊盘尺寸定位图

14. POWER 封装

POWER 的封装尺寸如图 7-51 至图 7-53 所示。

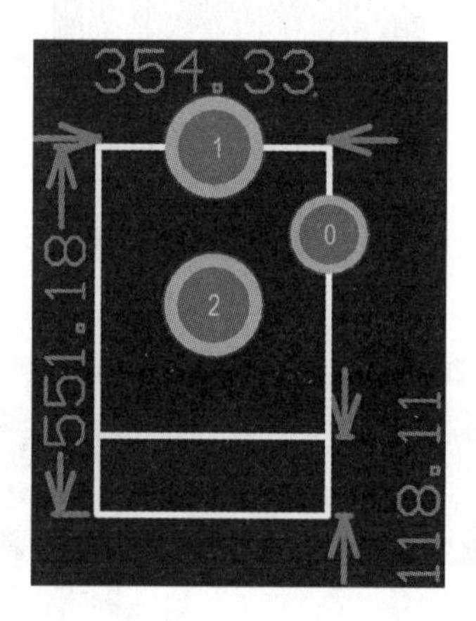

图 7-51 POWER 封装尺寸图

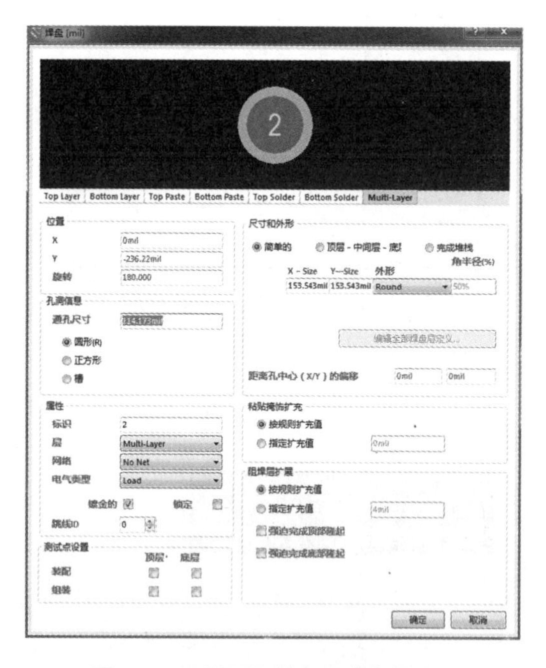

图 7-52 POWER 焊盘尺寸定位图 1

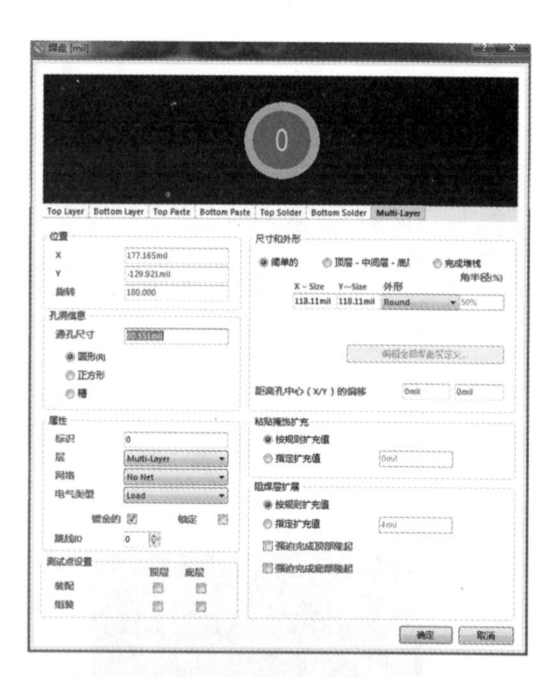

图 7-53 POWER 焊盘尺寸定位图 2

最后给出所有元件的封装对应表，并对照封装表修改项目中各元件的封装，如表 7-1 所示。

表 7-1 项目元件封装对照表

Designator	Footprint	LibRef	Quantity
BATTERY	BATTERY	Battery	1
BUZZER	BUZZER	Buzzer	1
C_1、C_2	C0805	CAP	2
C_3、C_4	C0805	Cap	2
C_5、C_6、C_7、C_8	C0805	CAP	4
C_9、C_{10}、C_{11}、C_{15}、C_{16}、C_{17}、C_{18}、C_{19}、C_{20}	C0805	CAP	9
CC_1	CC	Cap Pol3	1
CC_2	CC	Cap Pol1	1
CC_3	CC	Cap Pol1	1
CC_4	C0805	Cap Pol3	1
J_1、J_4	HDR2X2	Header 2X2	2
J_2	HDR2X3	Header 3X2	1
J_3、J_5、J_{14}、J_{17}	HDR1X2	Header 2	4
J_6、J_{13}、J_{15}	HDR2X8	Header 8X2	3
J_7、J_8、J_9、J_{10}	HDR1X8	Header 8	4
J_{11}、J_{12}、J_{18}	HDR1X4	Header 4	3
J_{16}、J_{19}	HDR2X4	Header 4X2	2
JK_1	DSUB1.385-2H9	D Connector 9	1
Q_0	S9012	PNP	1
Q_1、Q_2、Q_3、Q_4	S9012	PNP	4
R_1、R_2、R_3、R_8、R_9、R_{18}	C0805	RES1、RES1、RES2、RES2、RES2、RES1	6
R_4、R_5、R_6	C0805	RES2	3
R_7、R_{10}、R_{11}、R_{12}、R_{13}、R_{14}、R_{15}、R_{16}、R_{17}、R_{32}、R_{33}、R_{34}、R_{35}	C0805	RES2、RES1、RES1、RES1、RES1、RES1、RES1、RES1、RES1、RES1、RES1、RES1、RES1	13
R_{19}、R_{20}、R_{21}、R_{22}、R_{23}、R_{24}、R_{25}、R_{26}、R_{31}	C0805	RES1、RES1、RES1、RES1、RES1、RES1、RES1、RES1、RES2	9
R_{27}、R_{28}、R_{29}、R_{30}	C0805	RES2	4
S1、S2、S3、S4、S5、S6、S7、S8、S9、S10、S11、S12、S13、S14、S15、S16、S17、S18、S21、S22、S23、S24	KEY0	SW-PB	22

续表

Designator	Footprint	LibRef	Quantity
S19	KEY0	SW-PB	1
S20	KEY1	SW-DPST	1
U1	DIP40	AT89C51	1
U2	DIP-8	DS1302	1
U3	SO-J16/C7.2	MAX232	1
U4	DIP-8	AT24C02	1
U5	18B20	DS18B20	1
U6	SM0038	SM0038	1
U7	L7805	Volt Reg	1
U8	LED_4	数码管	1
USB	USB-A	USB-A	1
VD0、VD1、VD2、VD3、VD4、VD5、VD6、VD7	D0805	LED0	8
VD8	D0805	LED0	1
VD9	D0805	DIODE	1
Y1	XTAL1	XTAL	1
Y2	XTAL0	XTAL	1

7.2.2 多层PCB电路的导入及布局、布线

1. 将原理图信息导入PCB

在PCB编辑环境下更新PCB板，如图7-54所示，这时将弹出"工程更改顺序"对话框，如图7-55所示。

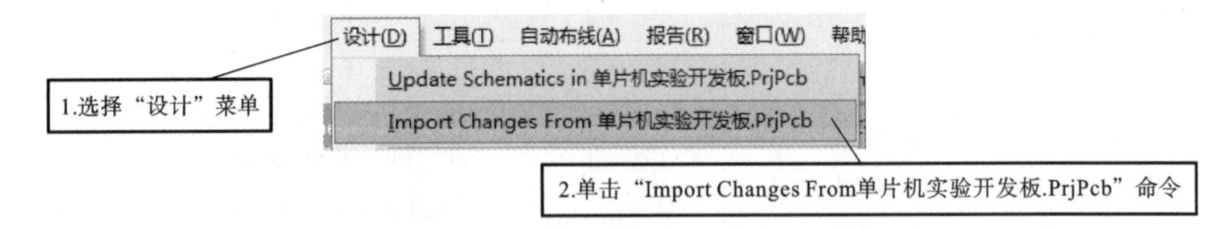

图7-54 在PCB编辑环境下更新PCB板

单击"生效更改"按钮后，系统将检查所有的更改是否都有效。如果有效，则在右边"检测"栏对应位置打勾；如果有错误，"检测"栏将显示红色错误标识。一般的错误都是由于元件封装定义错误或者设计PCB板时没有添加对应元件封装库造成的。

单击"执行更改"按钮后，系统将执行所有的更改操作，执行结果如图7-55所示。如果ECO存在错误，则装载不能成功。

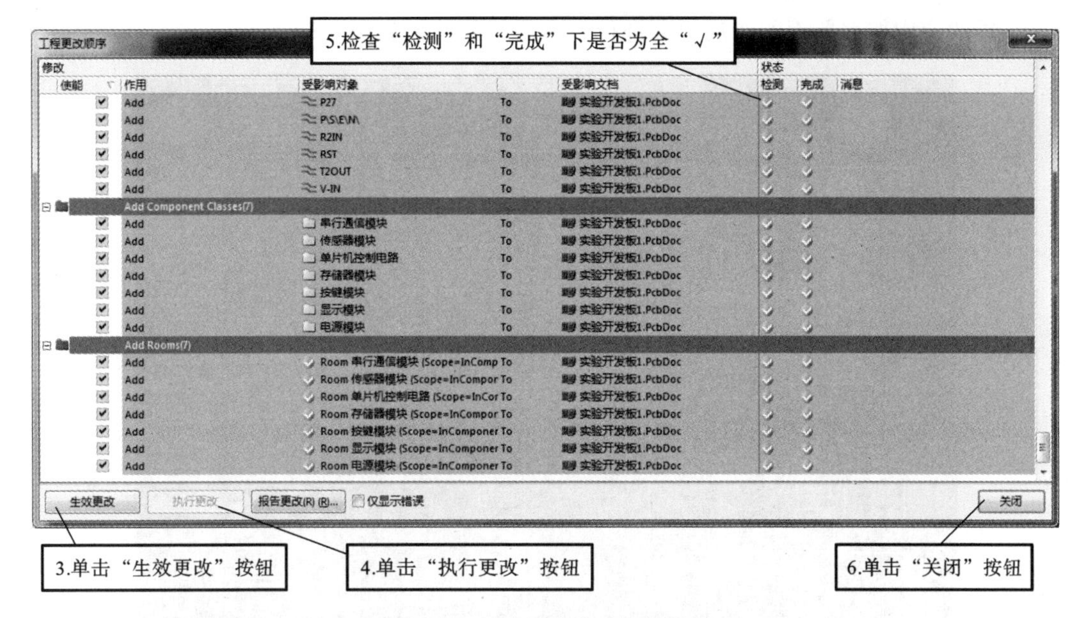

图 7-55　显示所有修改过的结果

完成后，元件和网络将添加到 PCB 编辑器中，如图 7-56 所示。

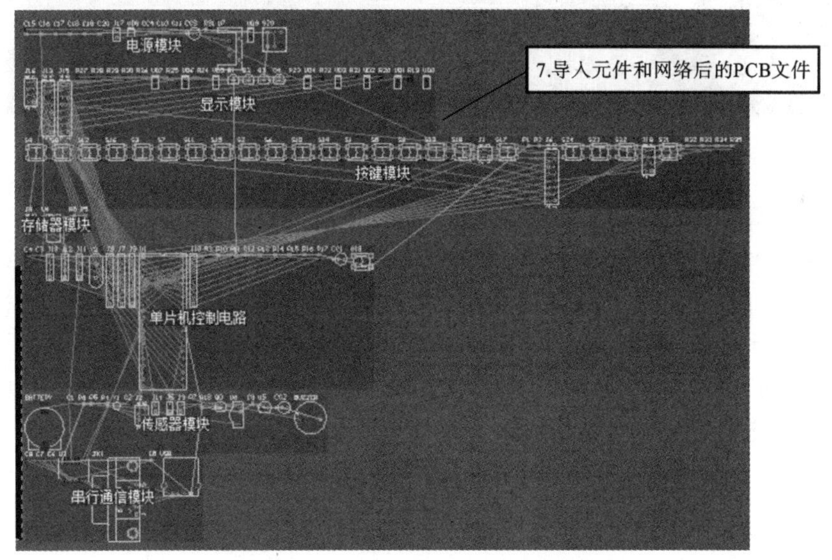

图 7-56　元件和网络添加到 PCB 编辑器

2. 元件布局

原理图信息导入 PCB 后，所有元件已经更新到 PCB 板上，但是元件布局不够合理。合理的布局是 PCB 板布线的关键，如果 PCB 板元件布局不合理，将可能使电路板导线变得非常复杂，甚至无法完成布线操作。Altium Designer 提供了两种元件布局方法：一种是手工布局，一种是自动布局，这里我们选择手工布局方法。

手工布局的操作方法是：用鼠标左键单击需要调整位置的对象，按住鼠标左键不放，将该对象拖到合适的位置，然后释放即可。如果需要旋转改变对象方向，可按空格键进行操作。布局的原则按照前面的布局规则进行。布局后的效果如图 7-57 所示。

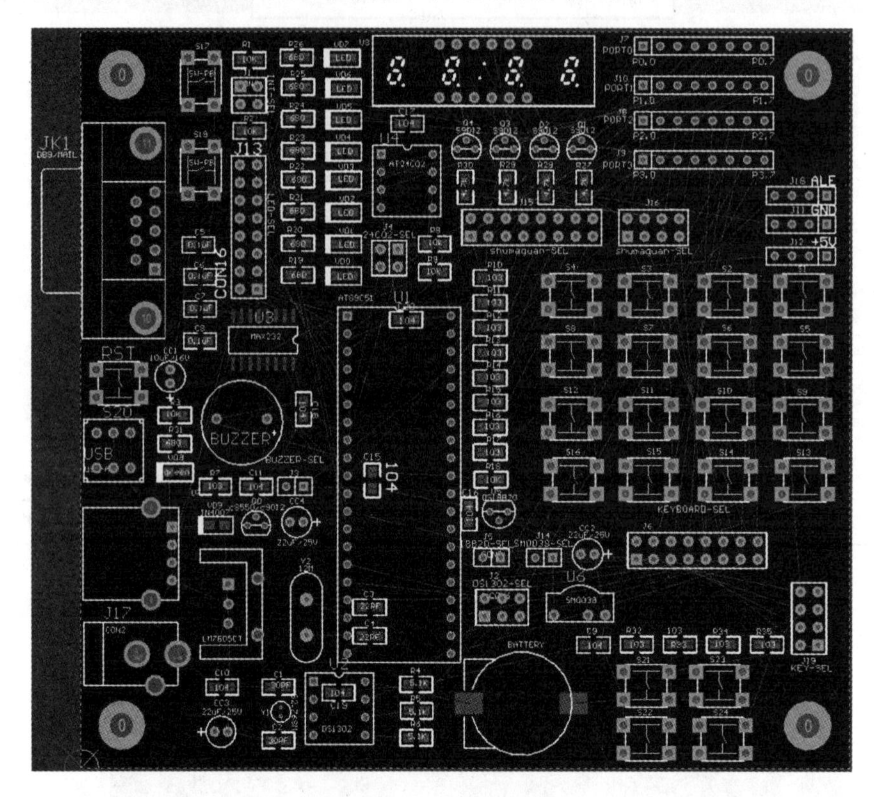

图 7-57 手工布局效果

3. 添加内电层网络

当多层板的中间层设置完后，还需要为中间的电源层和接地层指定对应的网络。具体步骤如图 7-58 至图 7-60 所示，切换到对应的中间层，在该层面的 PCB 图的任意空白位置双击鼠标左键，启动“平面分割[mil]”对话框，将该层的“连接到网络”指示栏选择成“GND”，这样，就将“Ground Plane”的网络指定为“GND”，如图 7-59 所示。使用同样的方法将“Power Plane”的网络指定为“＋5 V”，如图 7-60 所示。

图 7-58 切换电源层和接地层标签

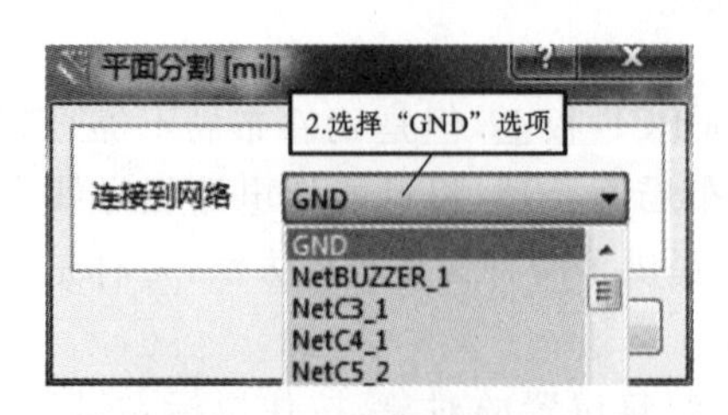

图 7-59 指定 Ground Plane 网络

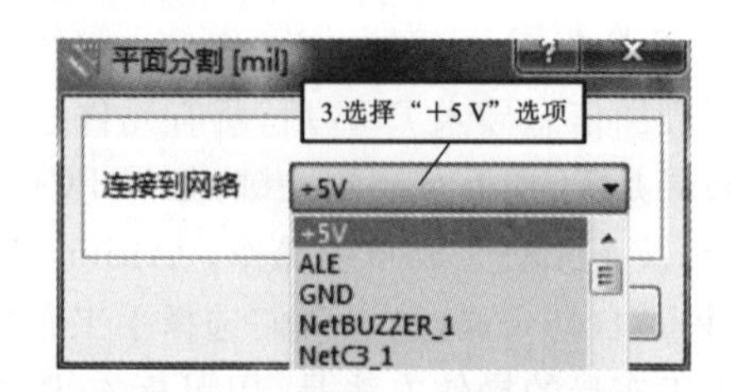

图 7-60 指定 Power Plane 网络

4. 自动布线

自动布线就是根据用户设定的有关布线规则，依照一定的算法，自动在各个元件之间进行连接导线，实现 PCB 板各个组件的电气连接。

单击“ 自动布线”选项，系统将弹出“自动布线”菜单，如图 7-61 所示。

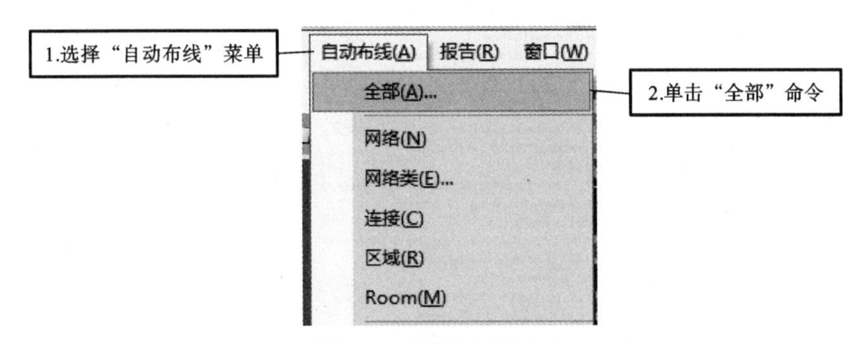

图 7-61 执行“全部”命令

这里，我们使用全部自动布线方式来进行布线操作。在如图 7-62 所示的“Situs 布线策略”对话框中进行自动布线。

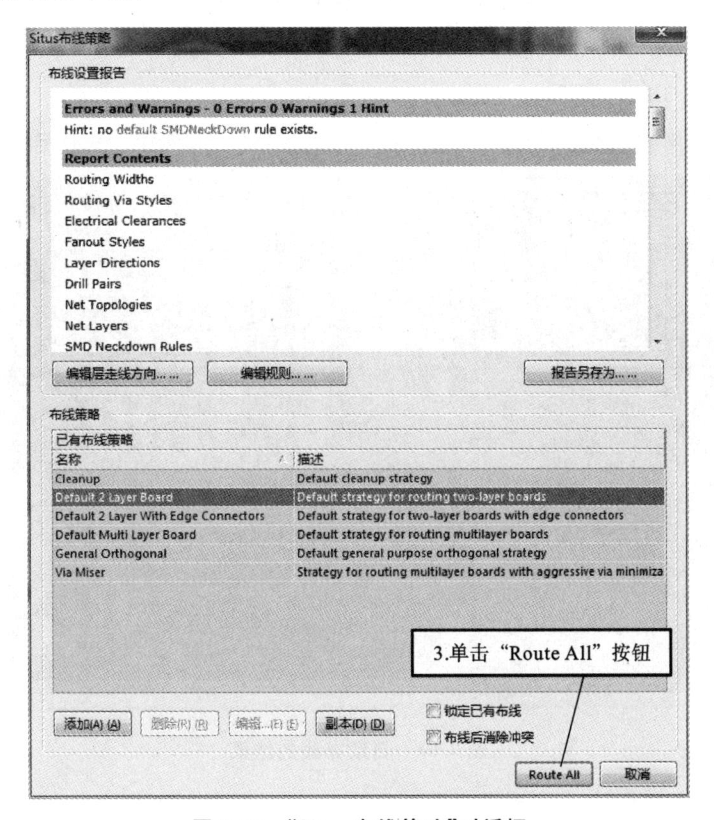

图 7-62 “Situs 布线策略”对话框

单击“自动布线”命令后，程序就开始对电路板进行自动布线，系统会弹出如图 7-63 所示的自动布线信息窗口，设计者可以了解到布线的情况。完成自动布线的结果如图 7-64 所示。

Messages

Class	Document	Source	Message	Time	Date	No.
Situs E...	mainboard.Pcb...	Situs	Routing Started	23:34:11	2020/7/18 ...	1
Routin...	mainboard.Pcb...	Situs	Creating topology map	23:34:11	2020/7/18 ...	2
Situs E...	mainboard.Pcb...	Situs	Starting Fan out to Plane	23:34:11	2020/7/18 ...	3
Situs E...	mainboard.Pcb...	Situs	Completed Fan out to Plane in 0 Seconds	23:34:11	2020/7/18 ...	4
Situs E...	mainboard.Pcb...	Situs	Starting Memory	23:34:11	2020/7/18 ...	5
Situs E...	mainboard.Pcb...	Situs	Completed Memory in 0 Seconds	23:34:12	2020/7/18 ...	6
Situs E...	mainboard.Pcb...	Situs	Starting Layer Patterns	23:34:12	2020/7/18 ...	7
Routin...	mainboard.Pcb...	Situs	146 of 232 connections routed (62.93%) in 4 Seconds	23:34:15	2020/7/18 ...	8
Situs E...	mainboard.Pcb...	Situs	Completed Layer Patterns in 3 Seconds	23:34:15	2020/7/18 ...	9
Situs E...	mainboard.Pcb...	Situs	Starting Main	23:34:15	2020/7/18 ...	10
Routin...	mainboard.Pcb...	Situs	229 of 232 connections routed (98.71%) in 1 Minute 32 Seconds 4 contention(s)	23:35:43	2020/7/18 ...	11
Situs E...	mainboard.Pcb...	Situs	Completed Main in 1 Minute 29 Seconds	23:35:44	2020/7/18 ...	12
Situs E...	mainboard.Pcb...	Situs	Starting Completion	23:35:44	2020/7/18 ...	13
Routin...	mainboard.Pcb...	Situs	231 of 232 connections routed (99.57%) in 1 Minute 36 Seconds	23:35:48	2020/7/18 ...	14
Situs E...	mainboard.Pcb...	Situs	Completed Completion in 3 Seconds	23:35:48	2020/7/18 ...	15
Situs E...	mainboard.Pcb...	Situs	Starting Straighten	23:35:48	2020/7/18 ...	16
Routin...	mainboard.Pcb...	Situs	232 of 232 connections routed (100.00%) in 1 Minute 41 Seconds	23:35:52	2020/7/18 ...	17
Situs E...	mainboard.Pcb...	Situs	Completed Straighten in 4 Seconds	23:35:53	2020/7/18 ...	18
Routin...	mainboard.Pcb...	Situs	232 of 232 connections routed (100.00%) in 1 Minute 42 Seconds	23:35:53	2020/7/18 ...	19
Situs E...	mainboard.Pcb...	Situs	Routing finished with 0 contentions(s). Failed to complete 0 connection(s) in...	23:35:53	2020/7/18 ...	20

图 7-63　自动布线信息窗口

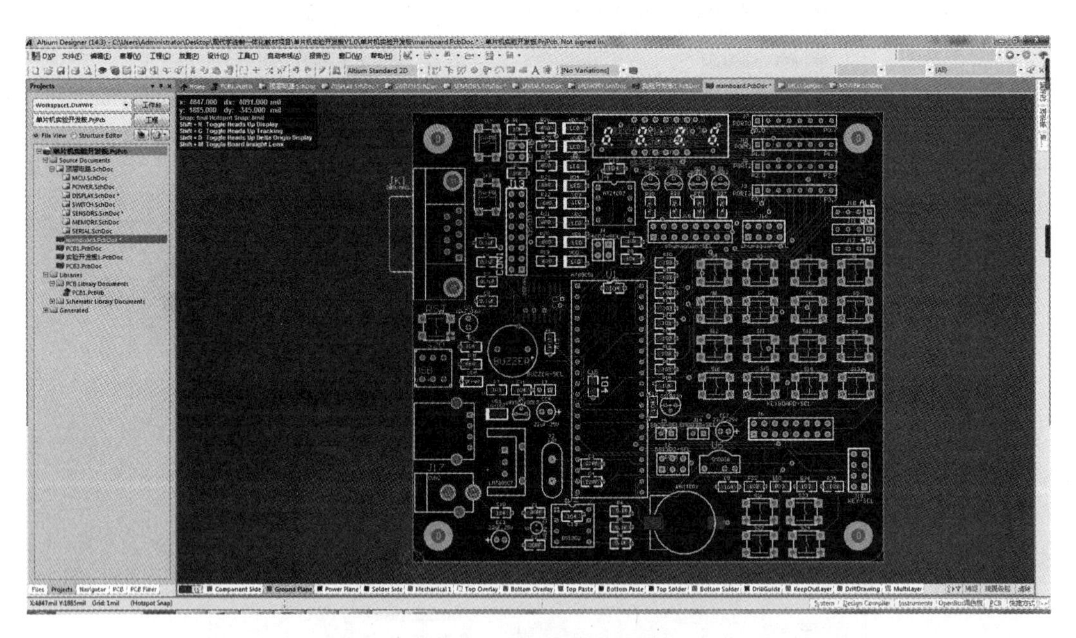

图 7-64　自动布线的结果

如果发现 PCB 板没有完全布通(即布通率低于 100%),或者欲拆除原来的布线,可执行“工具”→“取消布线”→“全部”命令,取消布线,然后重新布线,如图 7-65 所示。

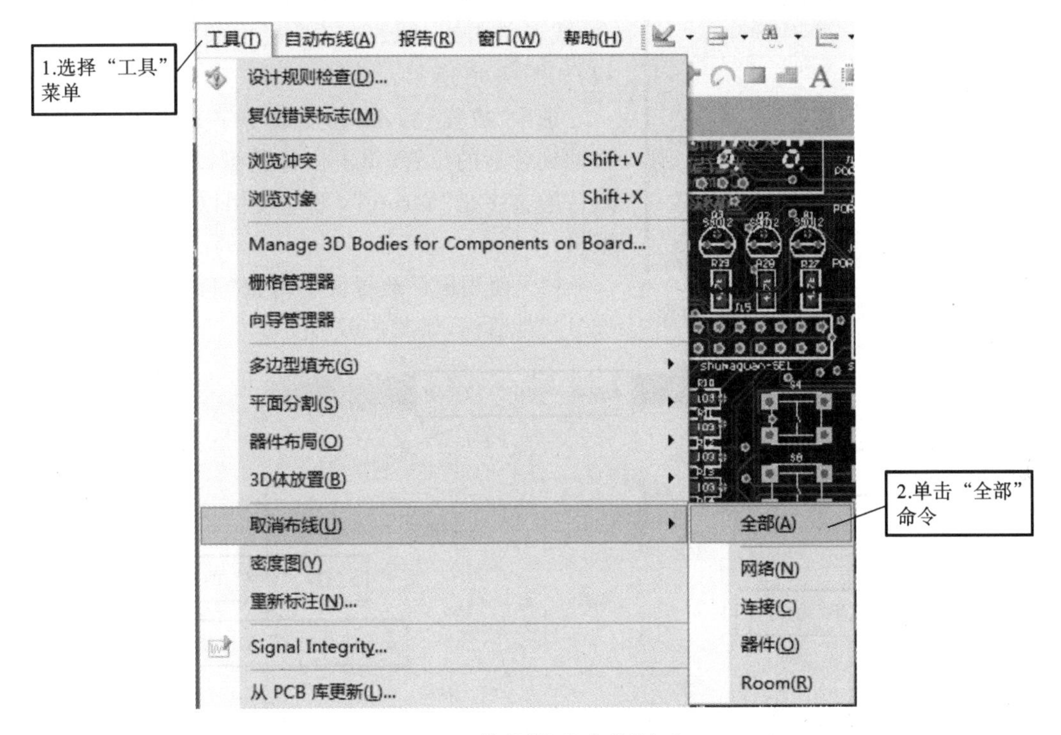

图 7-65 执行“取消布线”命令

7.2.3 多层 PCB 的后期处理

1. 电路板走线的手工调整

在设计复杂的 PCB 时,利用软件提供的自动布线一般是不可能完成全部任务的。自动布线其实是在某种给定的算法下,按照用户给定的网络表,实现各网络之间的电气连接。因此,自动布线的功能主要是实现电气网络间的连接,在自动布线的实施过程中,很少考虑到特殊的电气、物理散热等要求,设计者还应根据实际需求通过手工布线来进行一些调整,修改不合理的走线,使电路板既能实现正确的电气连接,又能满足用户的设计要求。

2. 敷铜

敷铜的方法请参见项目 3 的内容,这里不再重复。

3. 补泪滴

补泪滴的方法请参见项目 3 的内容,这里不再重复。

4. 放置文字

在设计 PCB 时,在布好的印刷板上需要放置相应组件的文字标注,或者放置电路注释及

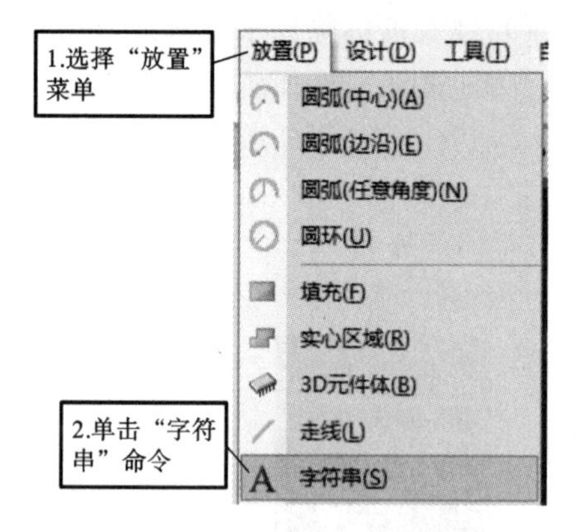

图 7-66 选择“放置”→“字符串”命令

公司的产品标志等文字。需注意的是，所有的文字都放置在 Silkscreen(丝印层)上。

放置文字的方法包括执行“放置”→“字符串”命令，或者单击组件放置工具栏中的“放置字符串”按钮，如图 7-66 所示。

选中“放置”后，鼠标变成十字光标形状，将鼠标移动到合适的位置，单击鼠标就可以放置文字。系统默认的文字是“String”，可以使用以下方法对其进行编辑。

(1) 使用鼠标放置文字时按“Tab”键，将弹出“串[mil]”对话框，如图 7-67 所示。

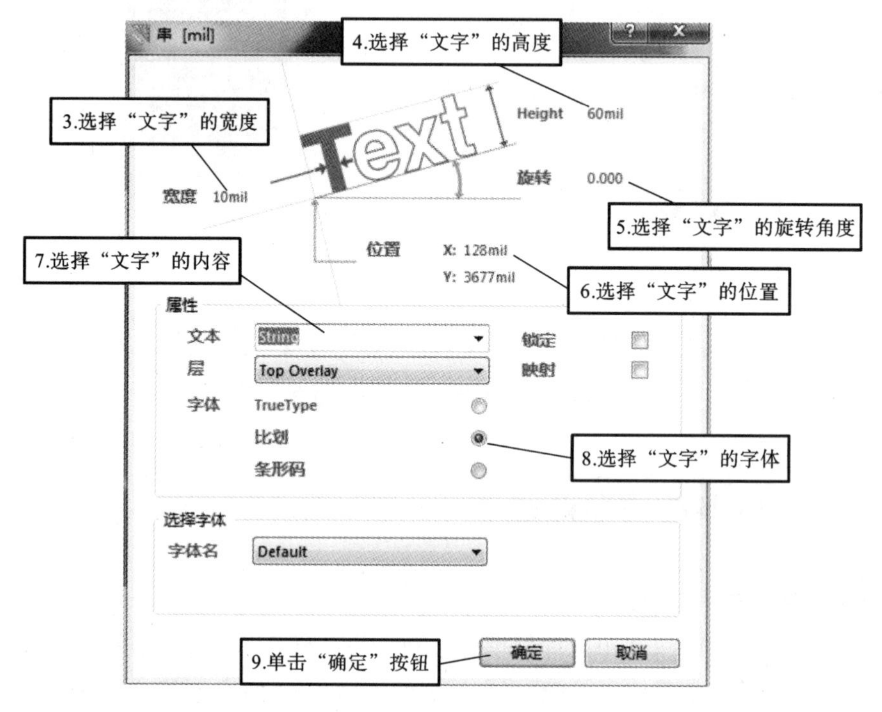

图 7-67 “串[mil]”对话框

(2) 对已经在 PCB 板上放置好的文字，直接双击文字，也可以弹出“ String”对话框。

在“串[mil]”对话框中可以设置文字的 Height(高度)、宽度、旋转角度与 X 和 Y 的坐标位置。

5. PCB 设计规则检查

(1) 在线自动检查。

Altium Designer 支持在线规则检查，即在 PCB 设计过程中按照“Design Rule”设置的规则自动进行检查，如果有错误，则高亮显示，系统默认颜色为绿色。

在“参数选择”对话框中设置是否要进行在线规则检查，如图 7-68 所示，在印刷电路板的“视图配置”对话框中设置是否显示错误提示层和设置错误颜色，如图 7-69 所示。

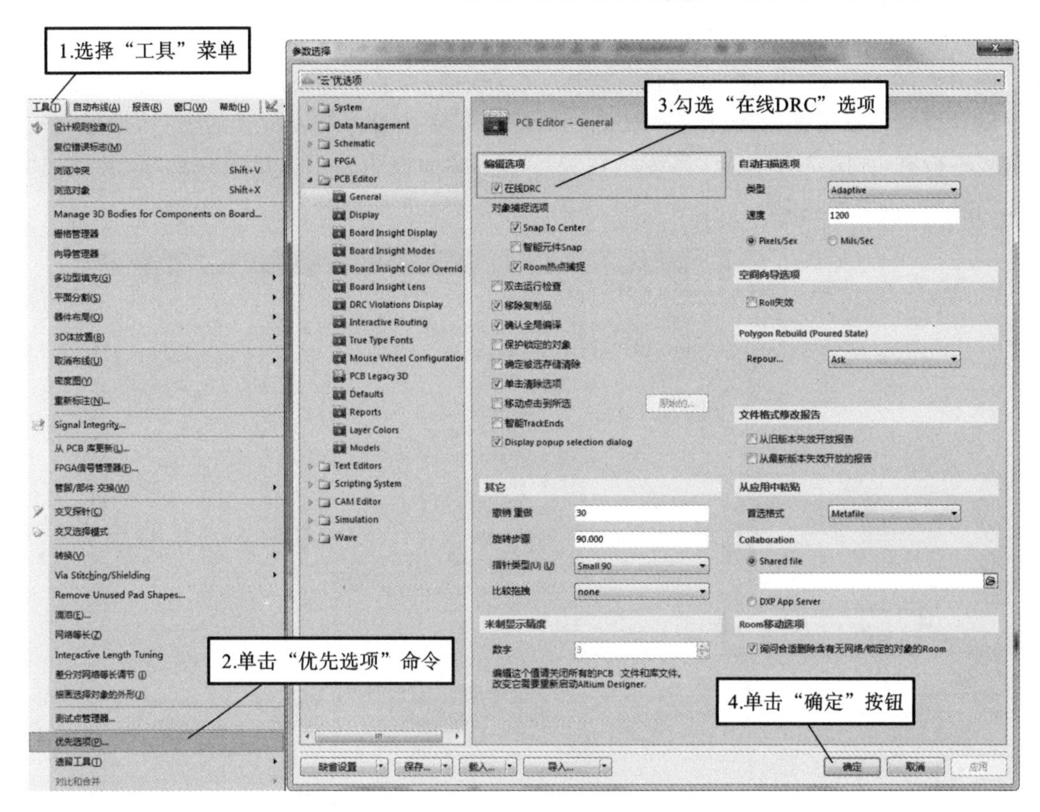

图 7-68 在线检查设置

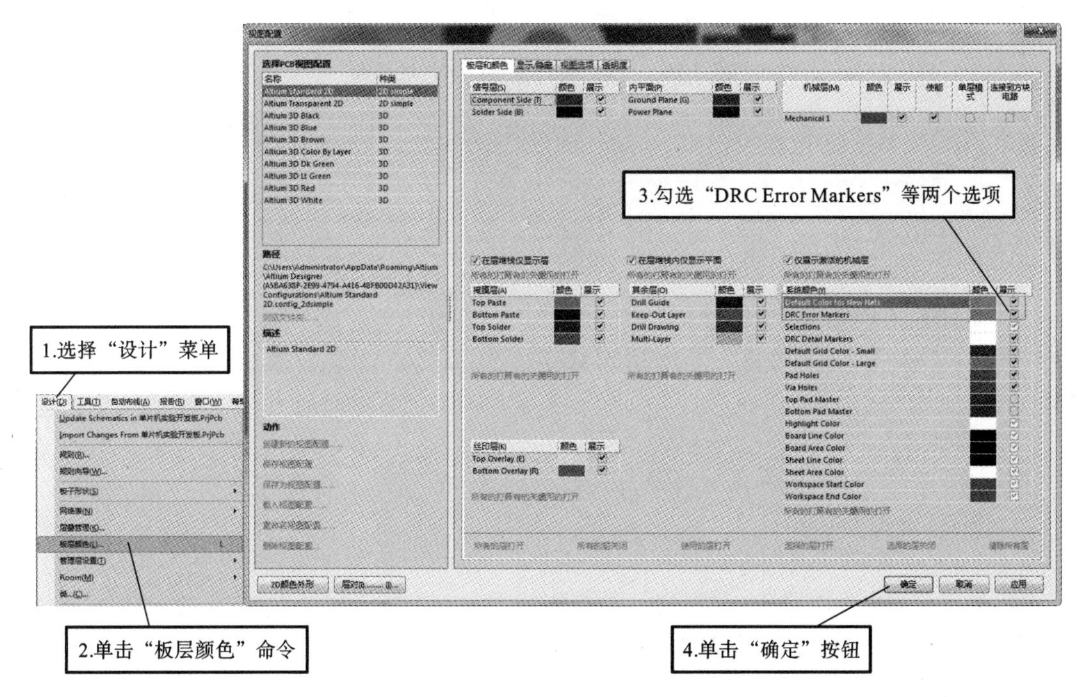

图 7-69 错误提示层显示颜色设置

（2）手工检查。

如图 7-70 所示，执行设计规则检查，在“设计规则检测[mil]”对话框的“Report Options”项中设置规则检查报告的项目，在“Rules To Check”项中设置需要检查的项目，设置完成后，运行规则检查，如图 7-71 所示，系统将在“Messages”面板中列出违反规则的项，并生成“*.DRC”错误报告文件，如图 7-72 所示。

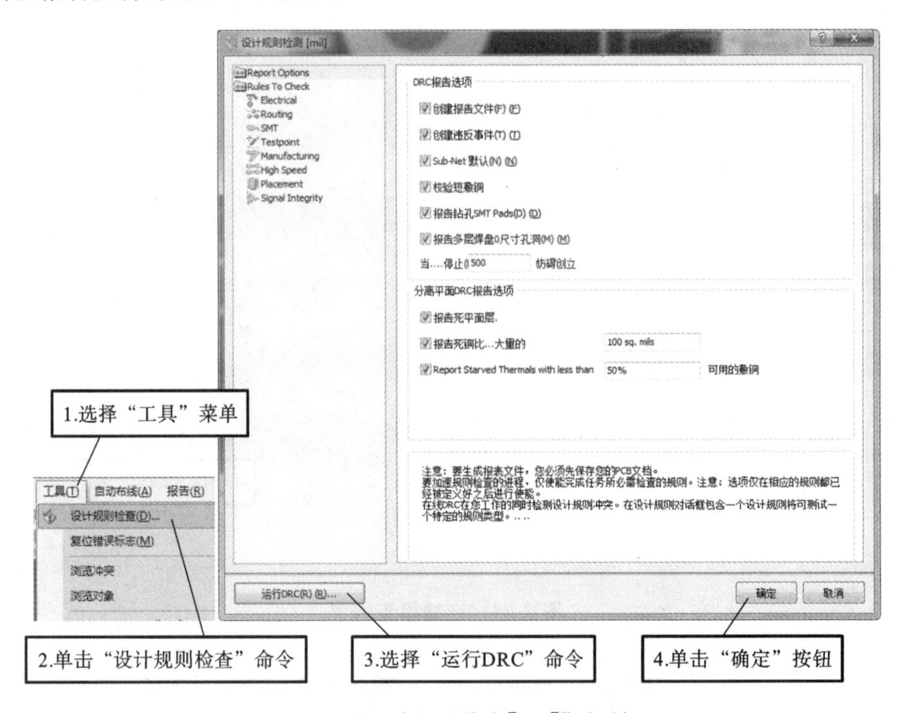

图 7-70 “设计规则检查[mil]”对话框

Messages

Class	Document	Source	Message	Time	Date	No.
[Cleara...	mainboard.Pcb...	Advan...	Clearance Constraint: (8.706mil < 10mil) Between Region (0 hole(s)) Compone...	10:49:26	2020/7/19 ...	1
[Cleara...	mainboard.Pcb...	Advan...	Clearance Constraint: (9.995mil < 10mil) Between Region (0 hole(s)) Compone...	10:49:26	2020/7/19 ...	2
[Cleara...	mainboard.Pcb...	Advan...	Clearance Constraint: (9.995mil < 10mil) Between Region (0 hole(s)) Compone...	10:49:26	2020/7/19 ...	3
[Cleara...	mainboard.Pcb...	Advan...	Clearance Constraint: (9.995mil < 10mil) Between Region (0 hole(s)) Compone...	10:49:26	2020/7/19 ...	4
[Cleara...	mainboard.Pcb...	Advan...	Clearance Constraint: (9.995mil < 10mil) Between Region (0 hole(s)) Compone...	10:49:26	2020/7/19 ...	5
[Cleara...	mainboard.Pcb...	Advan...	Clearance Constraint: (9.942mil < 10mil) Between Region (0 hole(s)) Compone...	10:49:26	2020/7/19 ...	6
[Cleara...	mainboard.Pcb...	Advan...	Clearance Constraint: (9.942mil < 10mil) Between Region (0 hole(s)) Compone...	10:49:26	2020/7/19 ...	7
[Cleara...	mainboard.Pcb...	Advan...	Clearance Constraint: (9.72mil < 10mil) Between Region (0 hole(s)) Componen...	10:49:26	2020/7/19 ...	8
[Cleara...	mainboard.Pcb...	Advan...	Clearance Constraint: (9.72mil < 10mil) Between Region (0 hole(s)) Componen...	10:49:26	2020/7/19 ...	9
[Cleara...	mainboard.Pcb...	Advan...	Clearance Constraint: (9.996mil < 10mil) Between Region (0 hole(s)) Solder Si...	10:49:26	2020/7/19 ...	10
[Cleara...	mainboard.Pcb...	Advan...	Clearance Constraint: (9.996mil < 10mil) Between Region (0 hole(s)) Solder Si...	10:49:26	2020/7/19 ...	11

图 7-71 运行 DRC 后的“Messages”面板

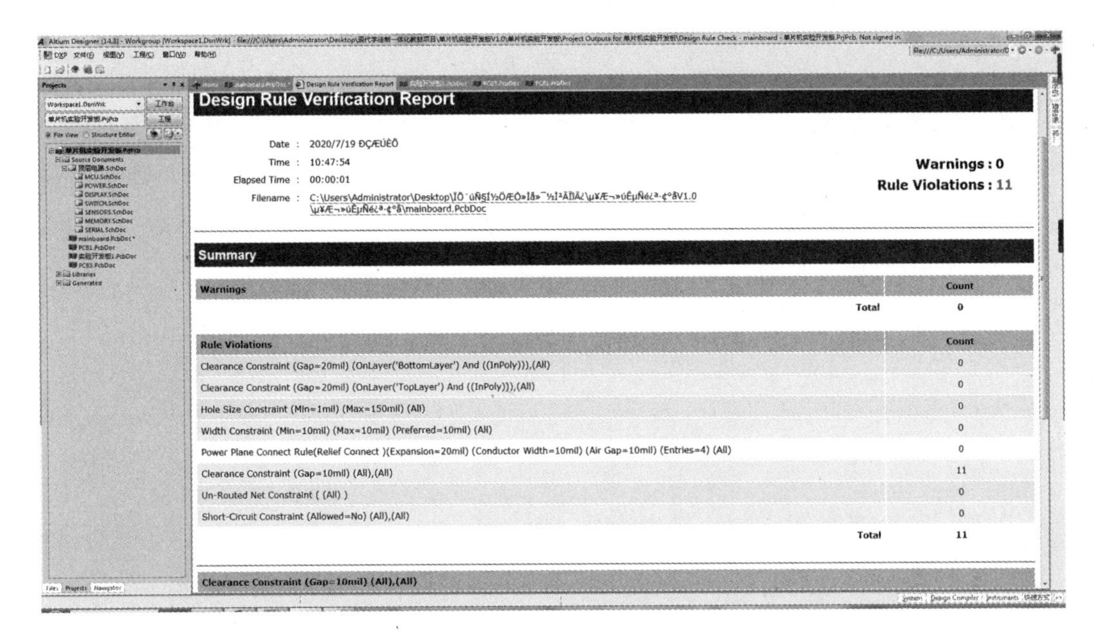

图 7-72　DRC 错误报告

第五部分

气压报警采集仪的制作

8

制作气压报警采集仪

任务 8.1 原理图绘制

任务目标

◇ 巩固层次原理图的设计方法。

任务内容

◇ 创建“气压报警采集仪”的工程文件及层次原理图相关文件；

◇ 绘制“气压报警采集仪”层次原理图。

气压报警采集仪是用来测量气体压力的设备，又名数字采集控制器。它与医用气体阀门箱进行连接，然后采集相应的电压数据，用光电耦合器将光信号转换成电信号，再作用在三色发光二极管(LED)上，通过不同的气压状况显示不同颜色的灯，绿灯为气压正常，黄灯为气压警告，红灯为气压报警。

8.1.1 绘制子原理图

气压报警采集仪利用层次电路设计方法，该方法的详细步骤请参见项目 6。气压报警采集仪需要建立 8 个子原理图。文件创建如图 8-1 所示。

气压报警采集仪. PrjPcb*
Source Documents
总图.SchDoc
MCU.SchDoc
MCU板电源.SchDoc
RS485主通信口.SchDoc
数码显示.SchDoc
ADC.SchDoc
OUTPUT.SchDoc
INPUT.SchDoc
以太网模块接口.SchDoc

图 8-1 文件创建

依据项目 6 的方法创建子原理图，打开每个原理图文件完成原理图的绘制，分别如图 8-2 至图 8-9 所示。

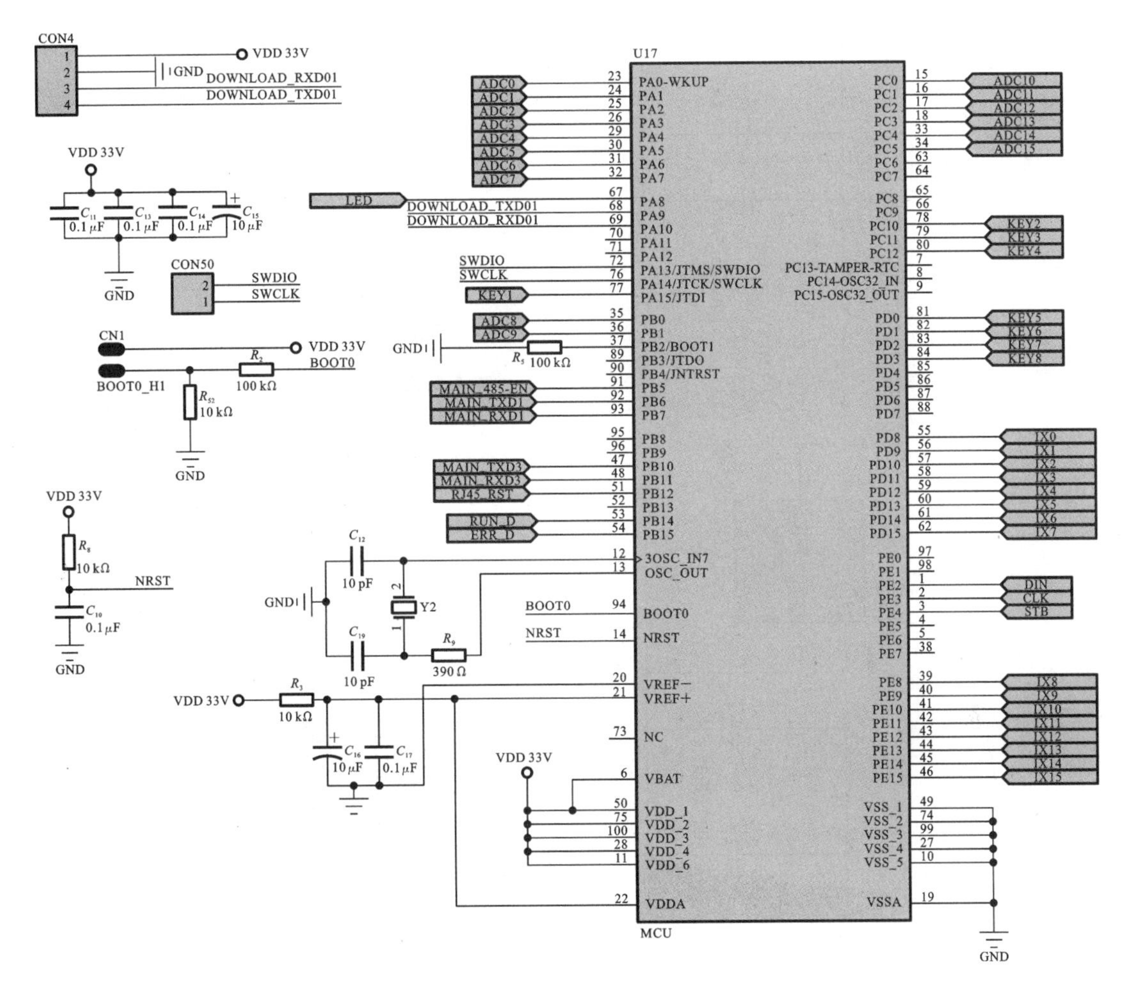

图 8-2 MCU 电路

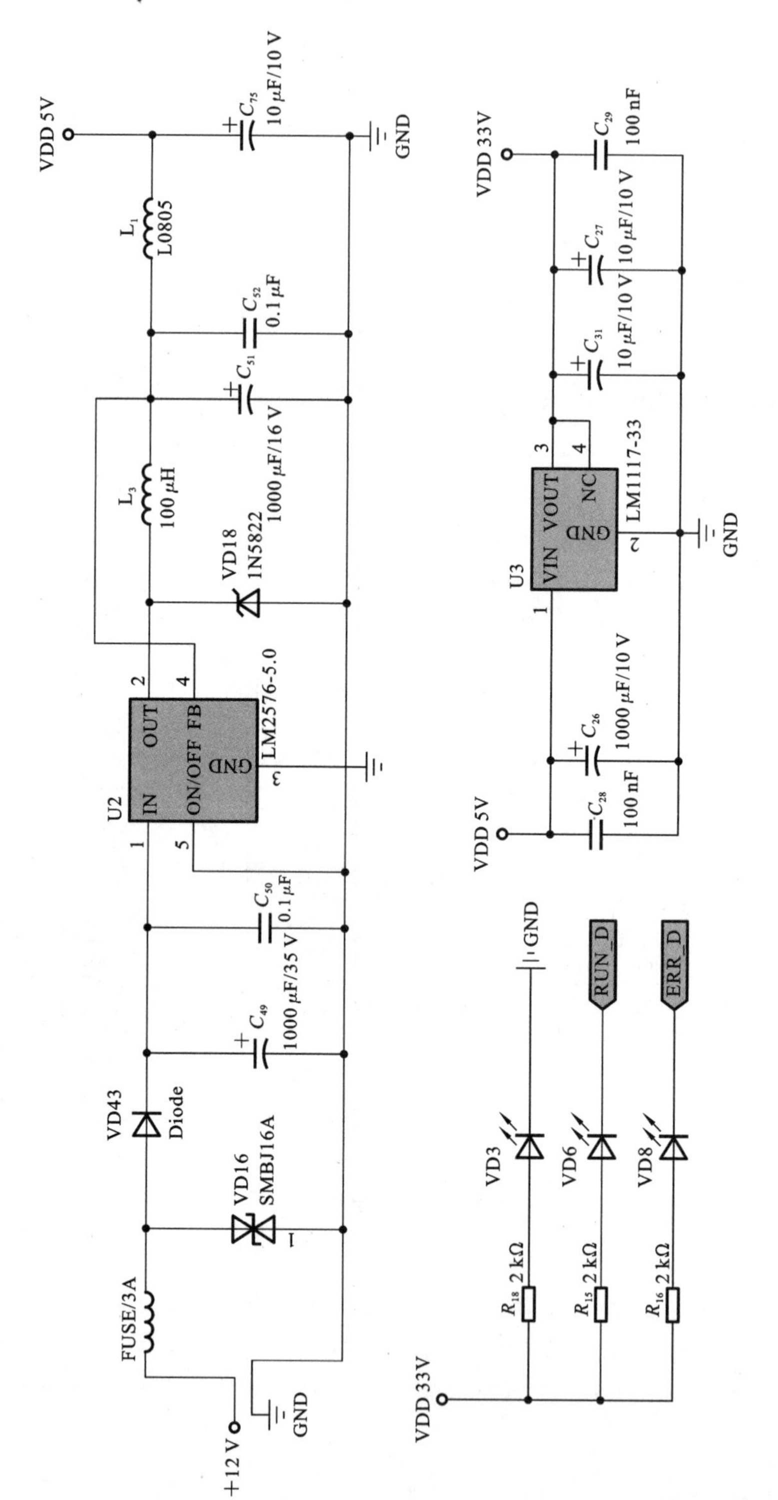

VDD 5V
L1
L0805
C75
10 μF/10 V
GND
C52
0.1 μF
C51
1000 μF/16 V
L3
100 μH
VD18
1N5822
U2
IN
OUT
ON/OFF
FB
GND
LM2576-5.0
C50
0.1 μF
C49
1000 μF/35 V
VD43
Diode
VD16
SMBJ16A
FUSE/3A
+12 V
GND
VDD 33V
C29
100 nF
C27
10 μF/10 V
C31
10 μF/10 V
U3
VIN
VOUT
NC
GND
LM1117-33
GND
VDD 5V
C26
1000 μF/10 V
C28
100 nF
GND
RUN_D
ERR_D
VD3
VD6
VD8
R18 2 kΩ
R15 2 kΩ
R16 2 kΩ
VDD 33V

图 8-3 MCU电源

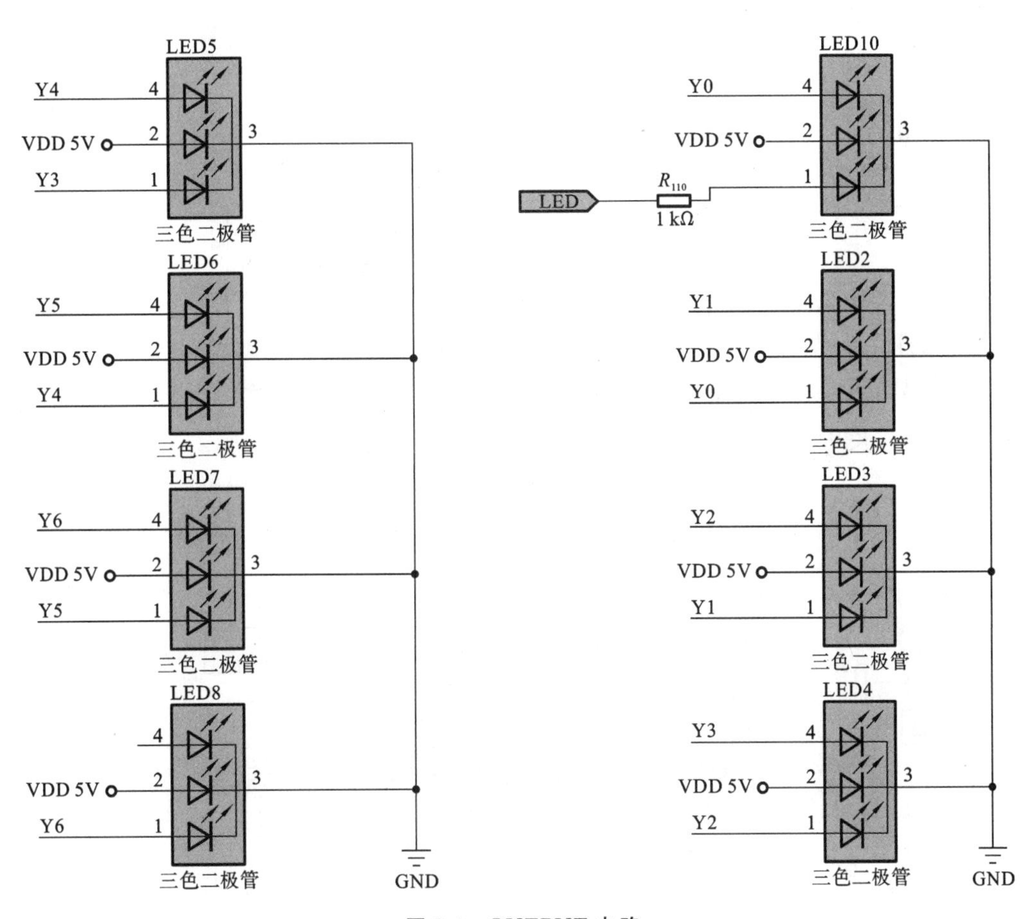

图 8-4 OUTPUT 电路

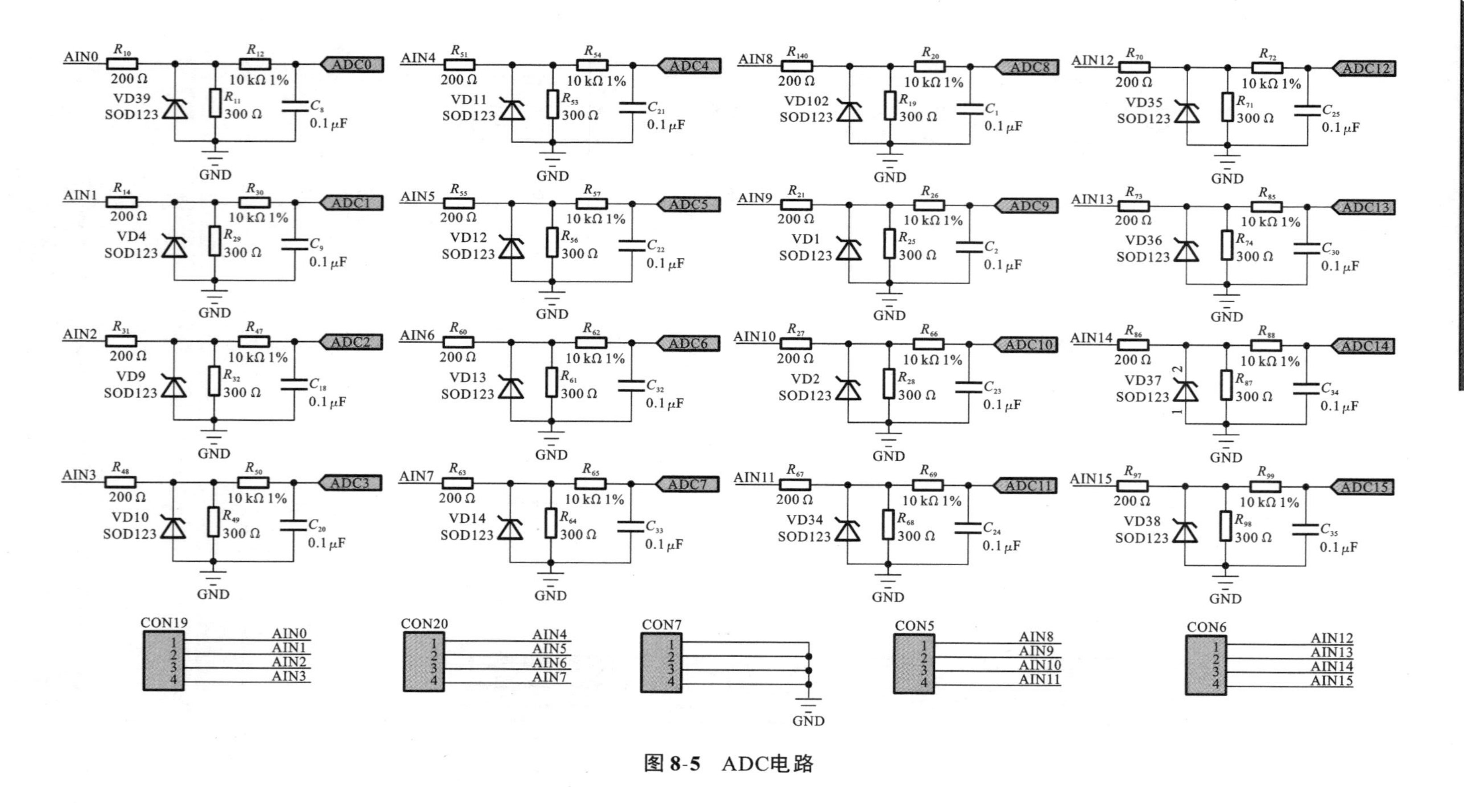
AIN0
ADC0
VD39
SOD123
AIN1
ADC1
VD4
AIN2
ADC2
VD9
AIN3
ADC3
VD10
AIN4
ADC4
VD11
AIN5
ADC5
VD12
AIN6
ADC6
VD13
AIN7
ADC7
VD14
AIN8
ADC8
VD102
AIN9
ADC9
VD1
AIN10
ADC10
VD2
AIN11
ADC11
VD34
AIN12
ADC12
VD35
AIN13
ADC13
VD36
AIN14
ADC14
VD37
AIN15
ADC15
VD38
200 Ω
10 kΩ 1%
300 Ω
0.1 μF
GND
CON19
CON20
CON7
CON5
CON6

图 8-5 ADC电路

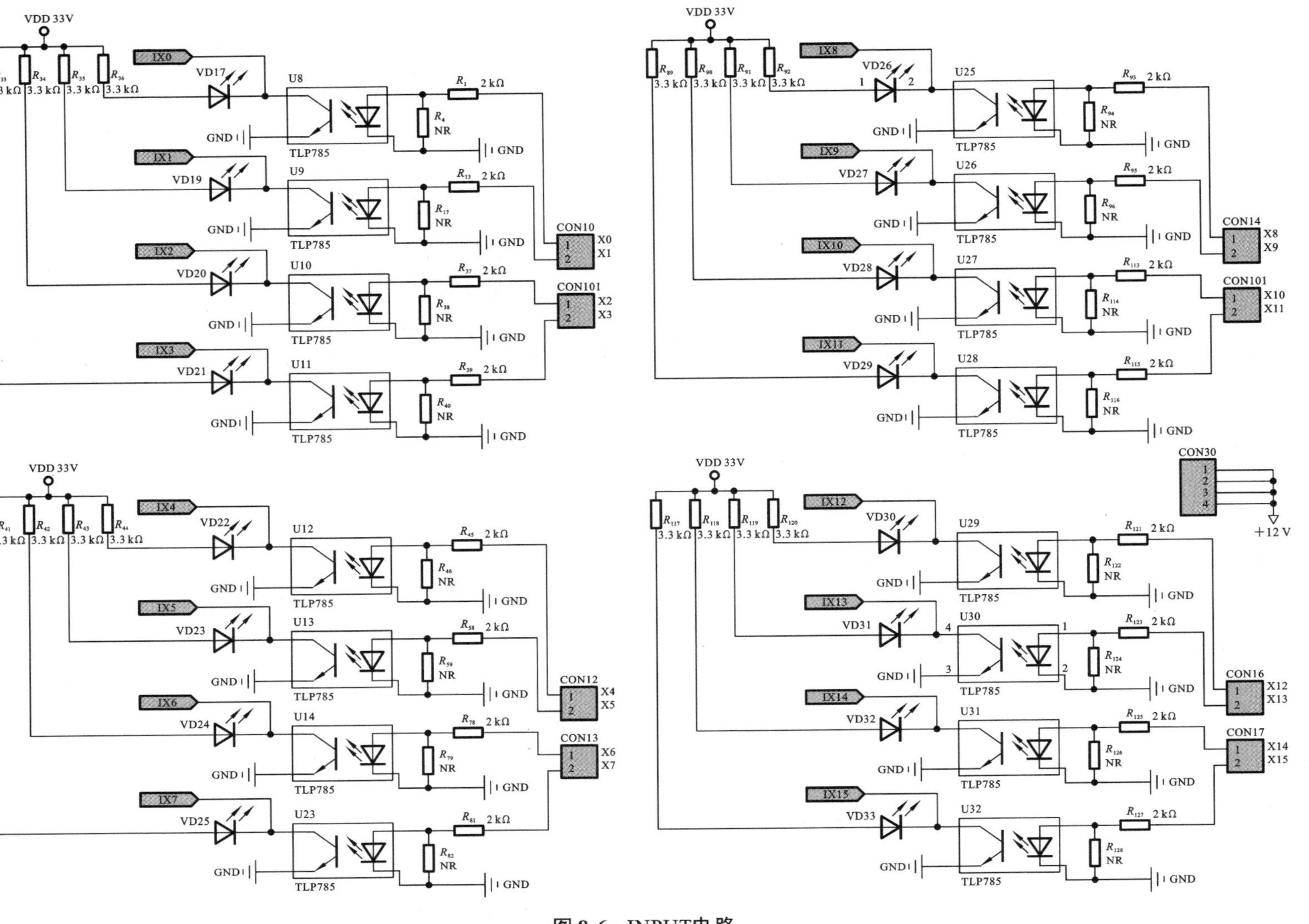

VDD 33V
+12 V
CON10
CON101
CON12
CON13
CON14
CON16
CON17
CON30
X0 X1
X2 X3
X4 X5
X6 X7
X8 X9
X10 X11
X12 X13
X14 X15
IX0
IX1
IX2
IX3
IX4
IX5
IX6
IX7
IX8
IX9
IX10
IX11
IX12
IX13
IX14
IX15
TLP785
GND
2 kΩ
3.3 kΩ
NR
U8
U9
U10
U11
U12
U13
U14
U23
U25
U26
U27
U28
U29
U30
U31
U32
VD17
VD19
VD20
VD21
VD22
VD23
VD24
VD25
VD26
VD27
VD28
VD29
VD30
VD31
VD32
VD33

图 8-6 INPUT电路

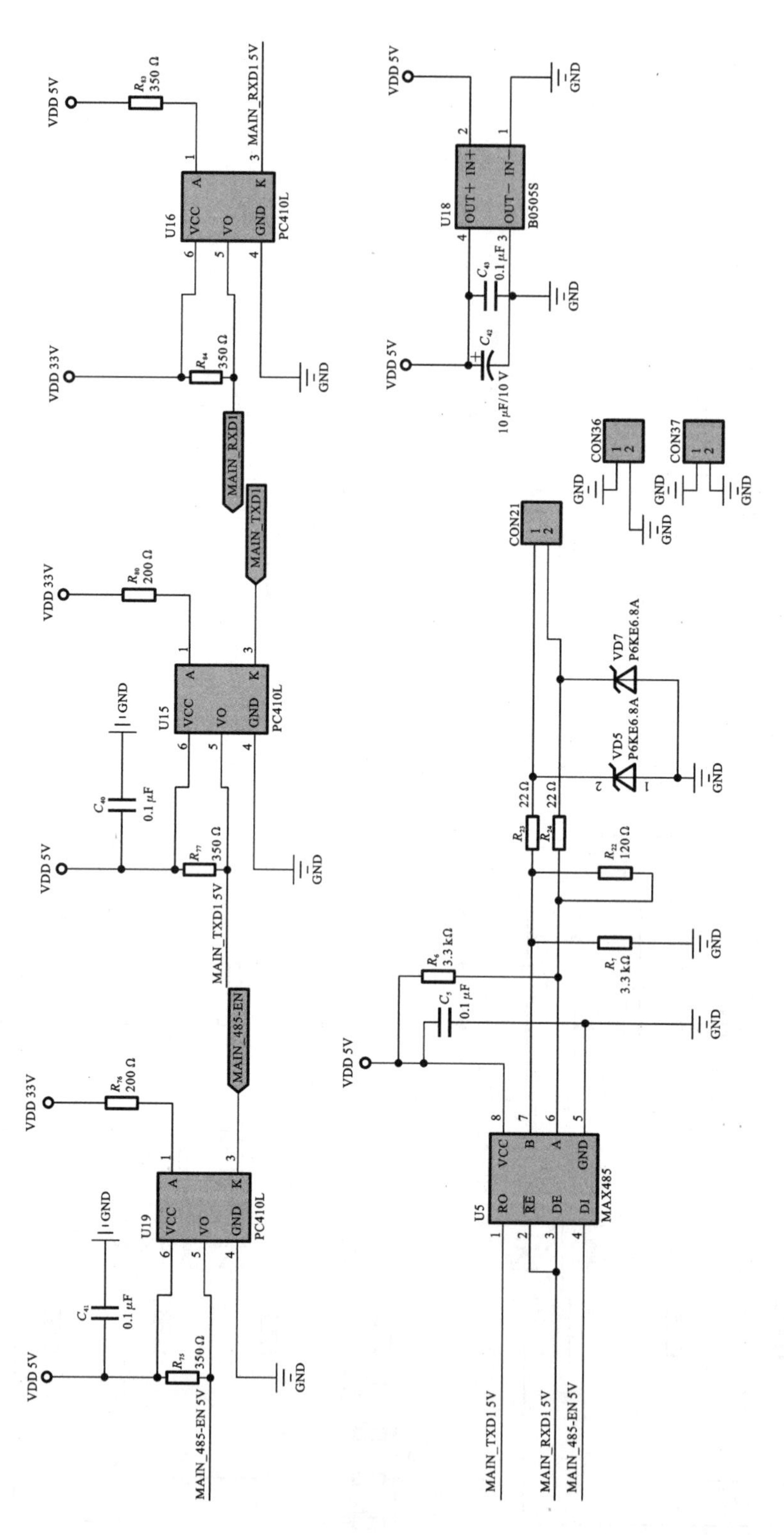

图 8-7 RS485主通信口

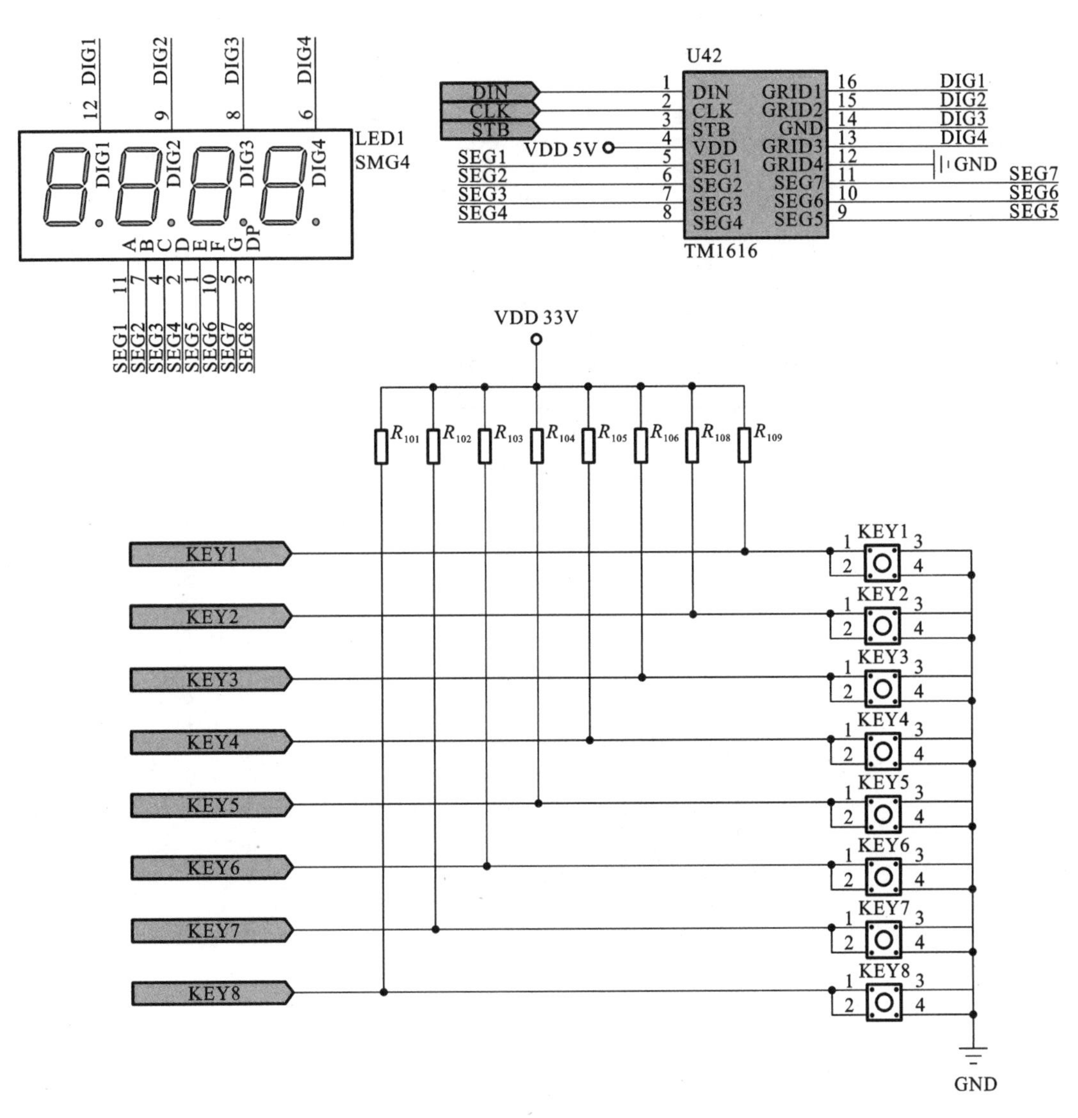

DIG1
DIG2
DIG3
DIG4
12
9
8
6
LED1
SMG4
A B C D E F G DP
11 7 4 2 1 10 5 3
SEG1 SEG2 SEG3 SEG4 SEG5 SEG6 SEG7 SEG8
U42
DIN
CLK
STB
VDD 5V
SEG1
SEG2
SEG3
SEG4
DIN GRID1
CLK GRID2
STB GND
VDD GRID3
SEG1 GRID4
SEG2 SEG7
SEG3 SEG6
SEG4 SEG5
TM1616
DIG1
DIG2
DIG3
DIG4
GND
SEG7
SEG6
SEG5
VDD 33V
R_{101} R_{102} R_{103} R_{104} R_{105} R_{106} R_{108} R_{109}
KEY1
KEY2
KEY3
KEY4
KEY5
KEY6
KEY7
KEY8
GND

图 8-8 数码显示电路

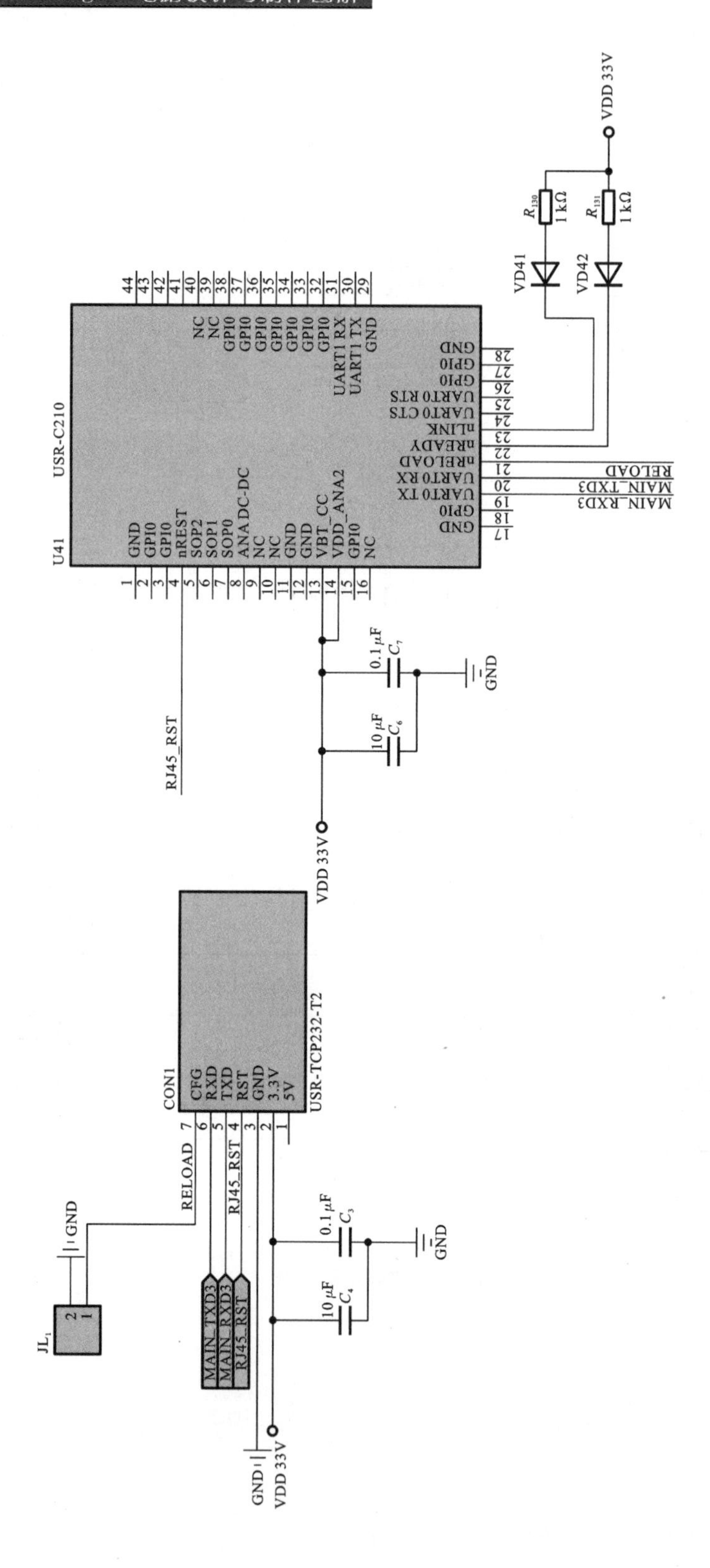

U41
USR-C210
GND
GPI0
GPI0
nREST
SOP2
SOP1
SOP0
ANADC-DC
NC
NC
GND
GND
VBT_CC
VDD_ANA2
GPI0
NC
GND
GPI0
UART0 TX
UART0 RX
nRELOAD
nREADY
nLINK
UART0 CTS
UART0 RTS
GPI0
GPI0
GND
UART1 RX
UART1 TX
RELOAD
MAIN_TXD3
MAIN_RXD3
VD41
VD42
1 kΩ
1 kΩ
VDD 33V
RJ45_RST
0.1 μF
10 μF
GND
CON1
CFG
RXD
TXD
RST
GND
3.3V
5V
USR-TCP232-T2
RELOAD
RJ45_RST
MAIN_TXD3
MAIN_RXD3
RJ45_RST
JL1
GND

图 8-9　以太网模块接口

8.1.2 自建元件库

8 张子原理图中，有些元件需要建立元件库，所需自绘元件如图 8-10 所示。

各元件如图 8-11 至图 8-25 所示。

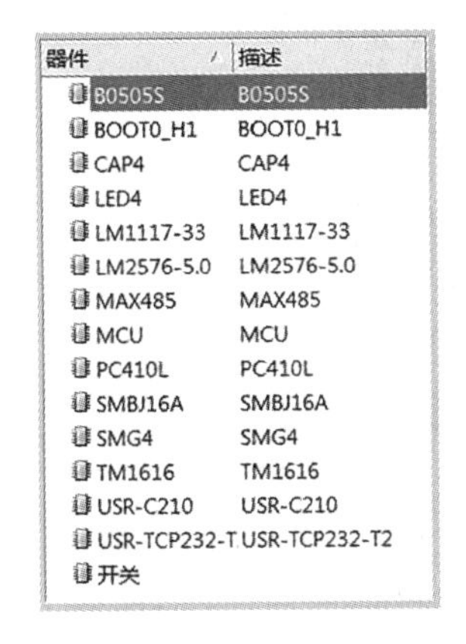

图 8-10 自绘元件

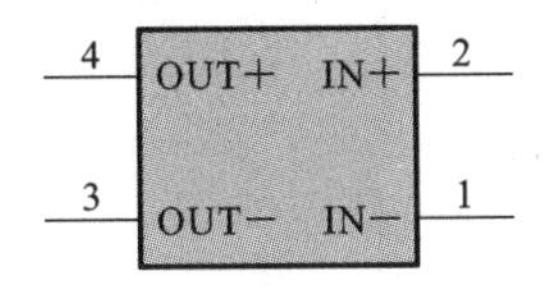

图 8-11 B0505S 元件

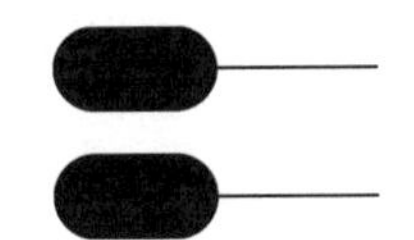

图 8-12 BOOT0_H1 元件

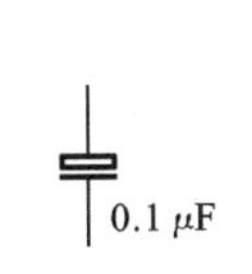

图 8-13 CAP4 元件

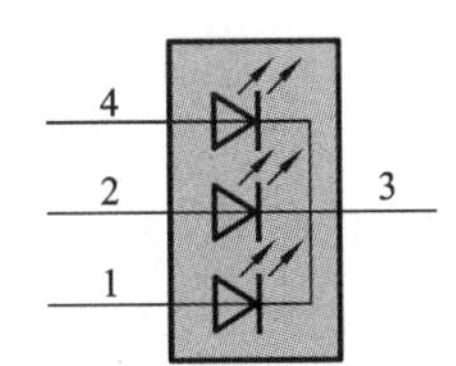

图 8-14 LED4 元件

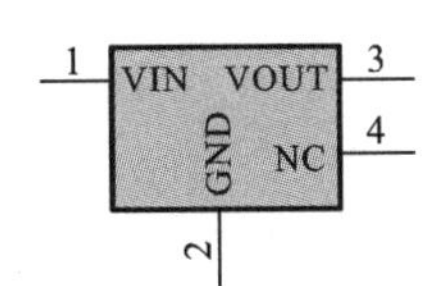

图 8-15 LM1117-33 元件

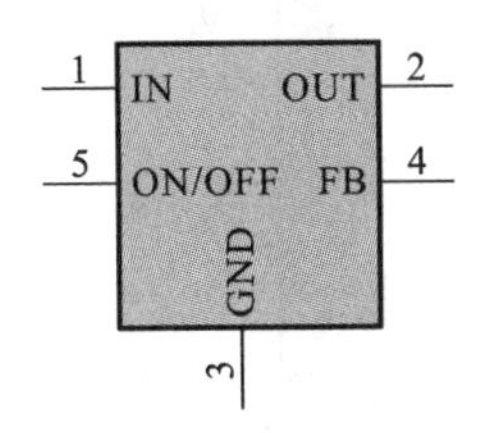

图 8-16 LM2576-5.0 元件

图 8-17 MAX485 元件

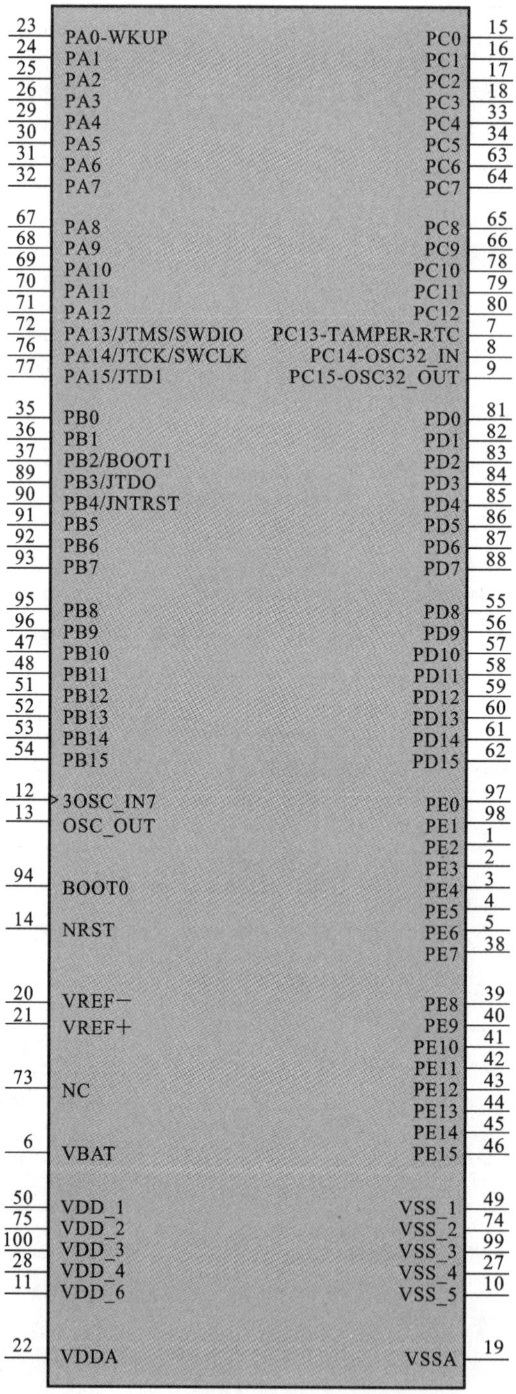

23 PA0-WKUP
24 PA1
25 PA2
26 PA3
29 PA4
30 PA5
31 PA6
32 PA7
67 PA8
68 PA9
69 PA10
70 PA11
71 PA12
72 PA13/JTMS/SWDIO
76 PA14/JTCK/SWCLK
77 PA15/JTD1
35 PB0
36 PB1
37 PB2/BOOT1
89 PB3/JTDO
90 PB4/JNTRST
91 PB5
92 PB6
93 PB7
95 PB8
96 PB9
47 PB10
48 PB11
51 PB12
52 PB13
53 PB14
54 PB15
12 3OSC_IN7
13 OSC_OUT
94 BOOT0
14 NRST
20 VREF−
21 VREF+
73 NC
6 VBAT
50 VDD_1
75 VDD_2
100 VDD_3
28 VDD_4
11 VDD_6
22 VDDA
PC0 15
PC1 16
PC2 17
PC3 18
PC4 33
PC5 34
PC6 63
PC7 64
PC8 65
PC9 66
PC10 78
PC11 79
PC12 80
PC13-TAMPER-RTC 7
PC14-OSC32_IN 8
PC15-OSC32_OUT 9
PD0 81
PD1 82
PD2 83
PD3 84
PD4 85
PD5 86
PD6 87
PD7 88
PD8 55
PD9 56
PD10 57
PD11 58
PD12 59
PD13 60
PD14 61
PD15 62
PE0 97
PE1 98
PE2 1
PE3 2
PE4 3
PE5 4
PE6 5
PE7 38
PE8 39
PE9 40
PE10 41
PE11 42
PE12 43
PE13 44
PE14 45
PE15 46
VSS_1 49
VSS_2 74
VSS_3 99
VSS_4 27
VSS_5 10
VSSA 19

图 8-18 MCU 元件

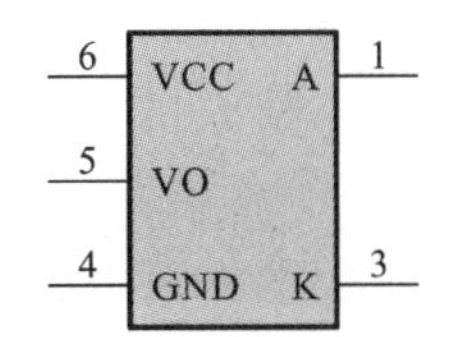

图 8-19 PC410L 元件

图 8-20 SMBJ16A 元件

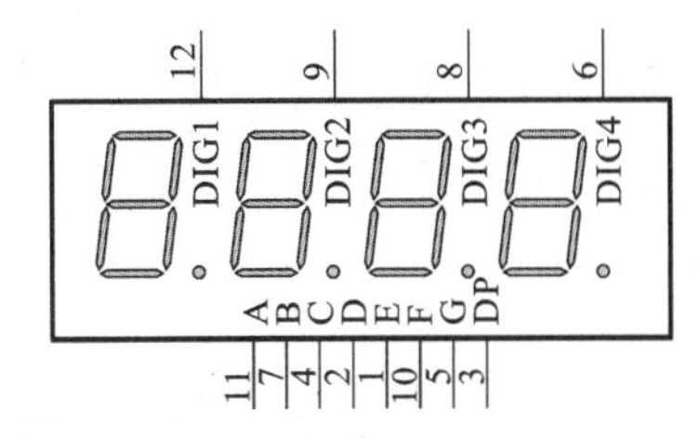

图 8-21 SMG4 元件

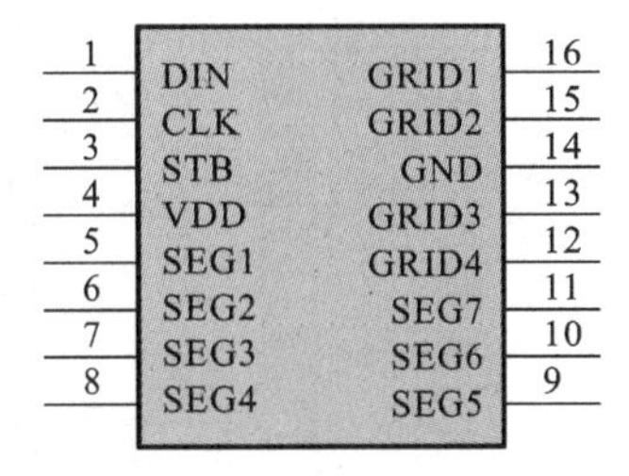

图 8-22 TM1616 元件

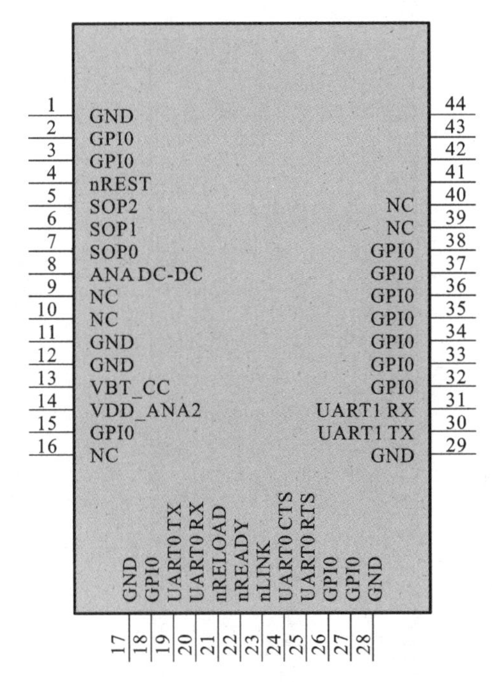

图 8-23 USR-C210 元件

7 CFG
6 RXD
5 TXD
4 RST
3 GND
2 3.3 V
1 5 V

图 8-24 USR-TCP232-T2 元件

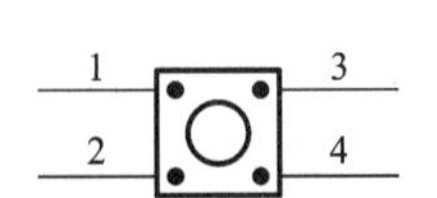

图 8-25 开关元件

8.1.3 绘制总图

根据第 8.1.1 节中绘制的子原理图,利用自底层至顶层的方法生成方框图,调整各方块图的位置后进行连线,结果如图 8-26 所示。

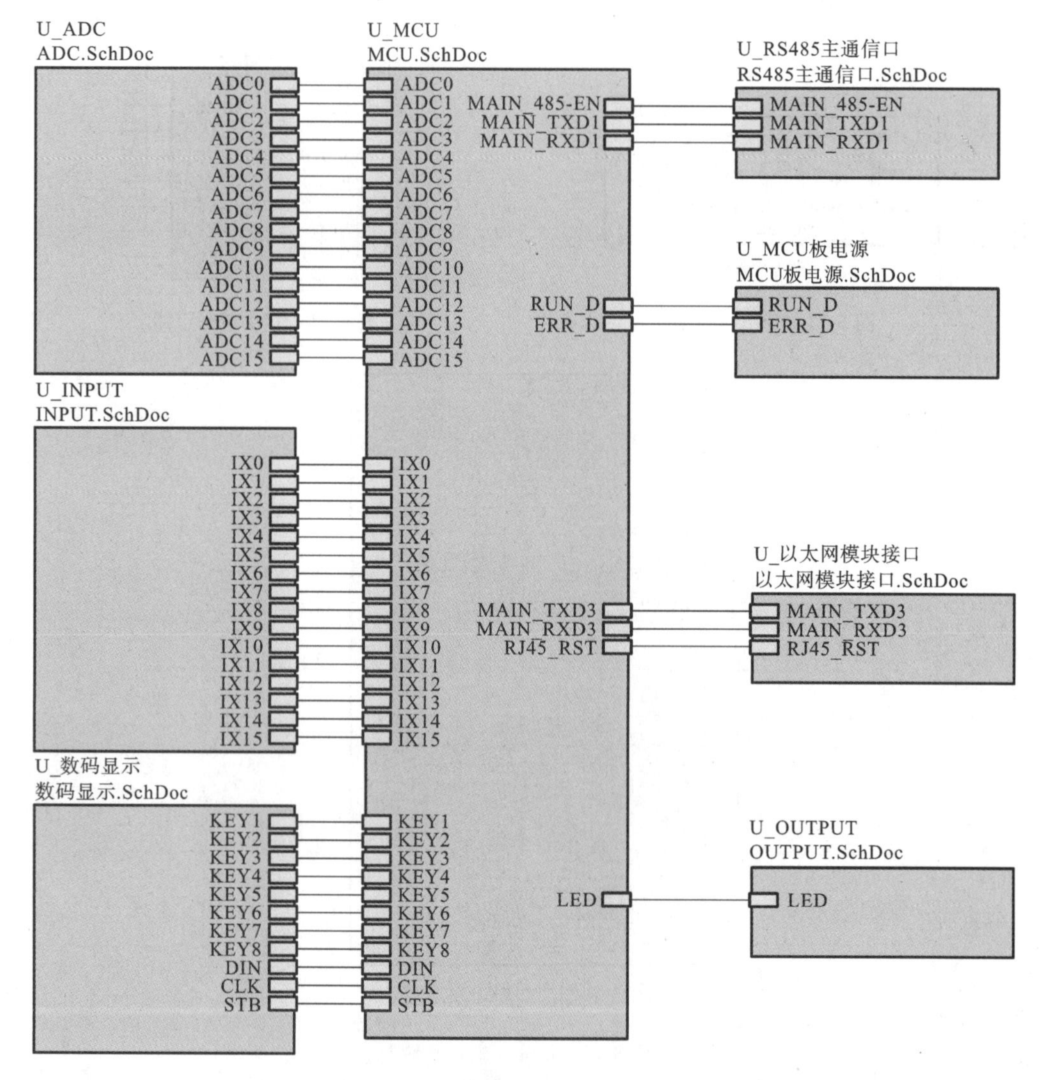

图 8-26 总图

任务 8.2 PCB 绘制

任务目标

◇ 巩固多层 PCB 电路绘制的方法。

任务内容

◇ 创建“气压报警采集仪”多层 PCB 电路相关封装；

◇ 绘制“气压报警采集仪”多层 PCB 电路图。

8.2.1 气压报警采集仪外壳

“气压报警采集仪”的外壳及安装好的成品如图 8-27 和图 8-28 所示。

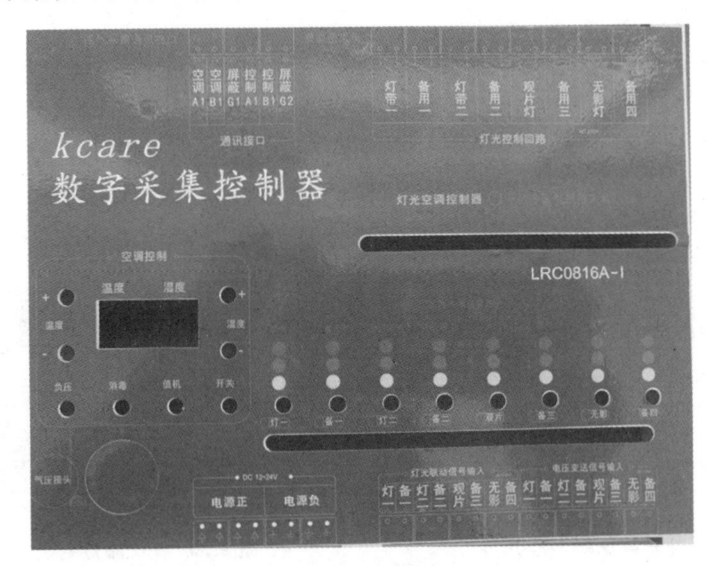

图 8-27 气压报警采集仪外壳

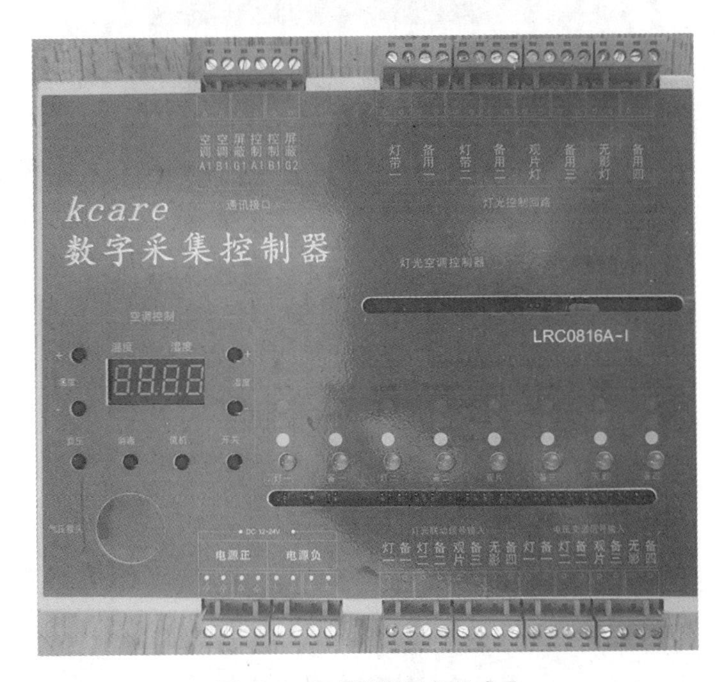

图 8-28 气压报警采集仪成品

8.2.2 各元件封装尺寸

气压报警采集仪封装库元件如图 8-29 所示。

1. 8M **晶振**

8M 晶振封装如图 8-30 所示。焊盘间距 5 mm,封装尺寸为 15.5 mm×4.5 mm,焊盘尺寸如图 8-31 所示。

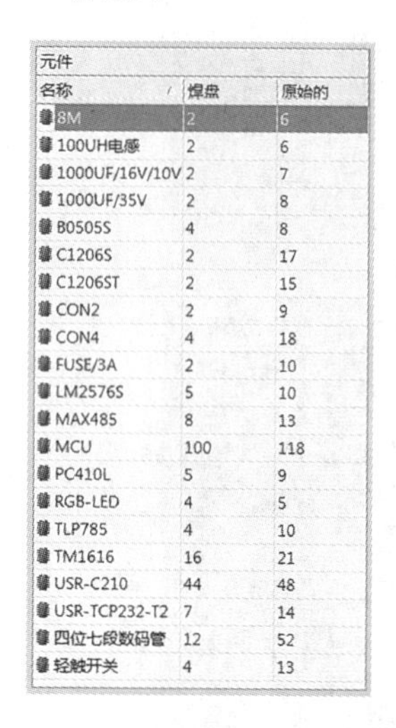

元件

名称	焊盘	原始的
8M	2	6
100UH电感	2	6
1000UF/16V/10V	2	7
1000UF/35V	2	8
B0505S	4	8
C1206S	2	17
C1206ST	2	15
CON2	2	9
CON4	4	18
FUSE/3A	2	10
LM2576S	5	10
MAX485	8	13
MCU	100	118
PC410L	5	9
RGB-LED	4	5
TLP785	4	10
TM1616	16	21
USR-C210	44	48
USR-TCP232-T2	7	14
四位七段数码管	12	52
轻触开关	4	13

图 8-29 气压报警采集仪封装库元件

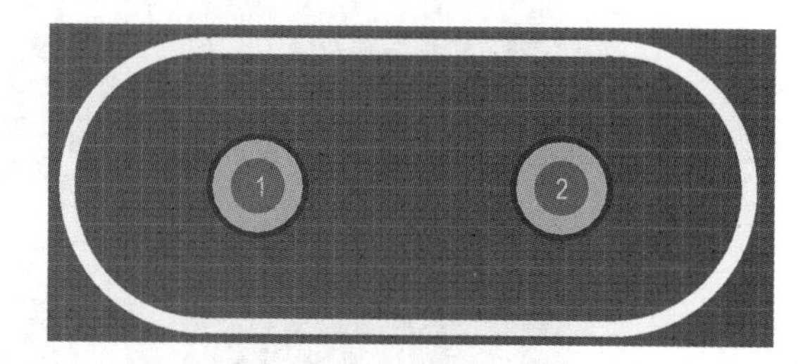

图 8-30 8M **晶振封装**

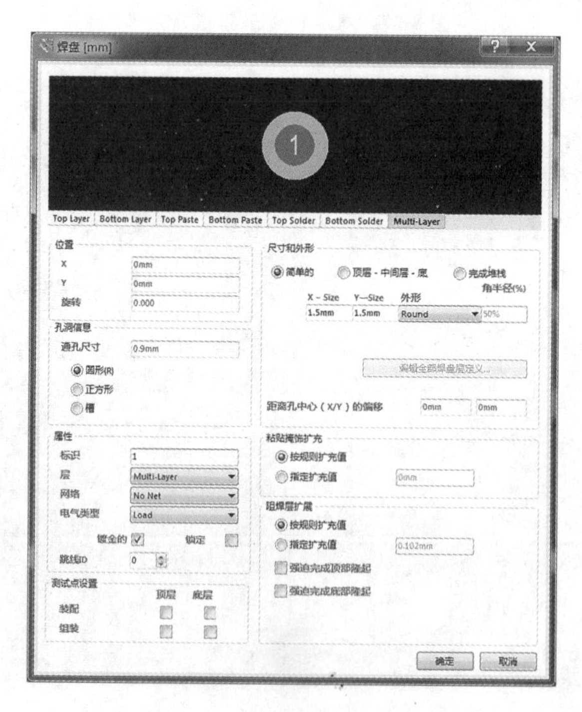

图 8-31 8M **晶振的焊盘尺寸**

2. 100 μH **电感封装**

100 μH 电感封装如图 8-32 所示，其焊盘尺寸和焊盘间距分别如图 8-33 和图 8-34 所示。

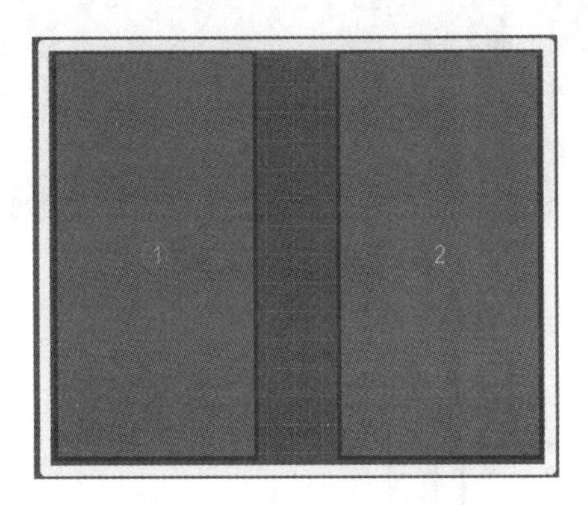

图 8-32 100 μH **电感封装**

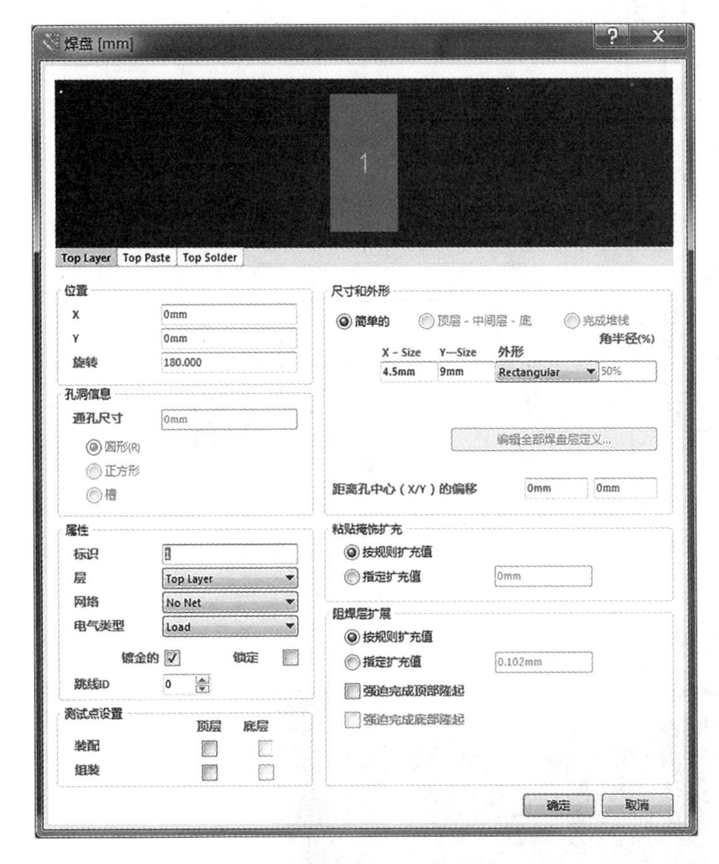

图 8-33 100 μH **的焊盘尺寸**

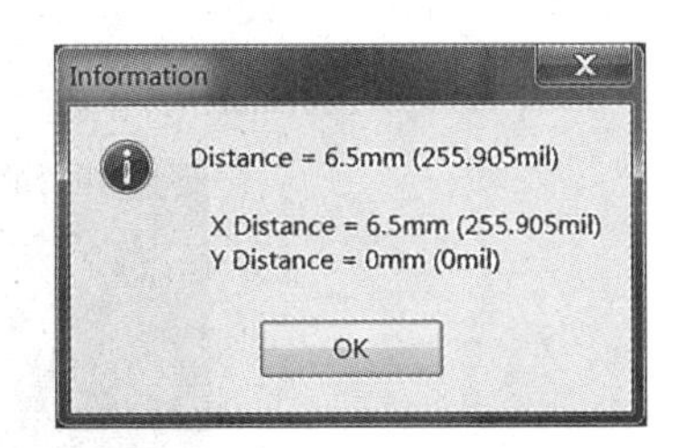

图 8-34 100 μH **的焊盘间距**

3. TLP785 **封装**

TLP785 封装如图 8-35 所示，其封装尺寸如图 8-36 所示。

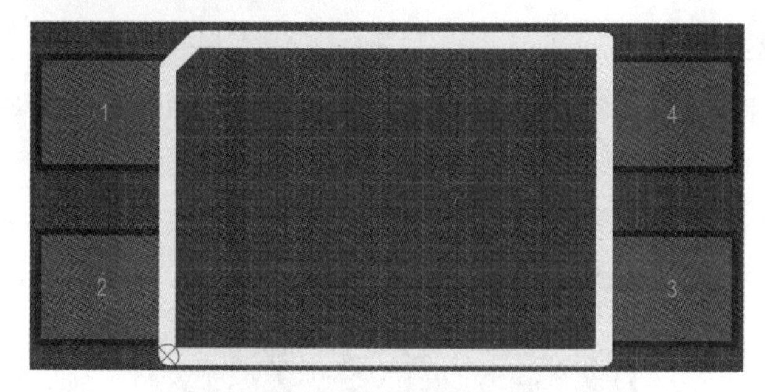

图 8-35　TLP785 封装

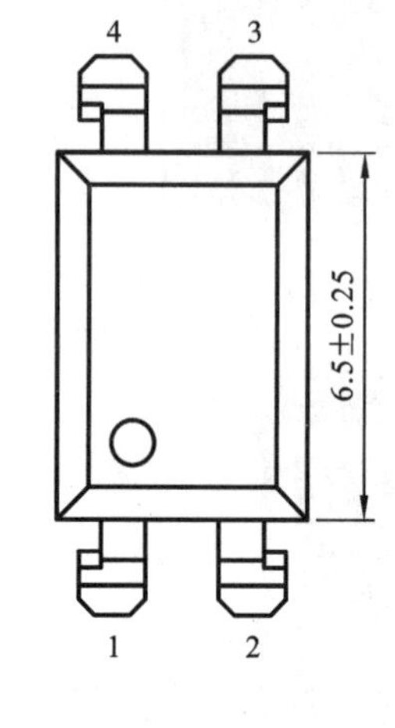

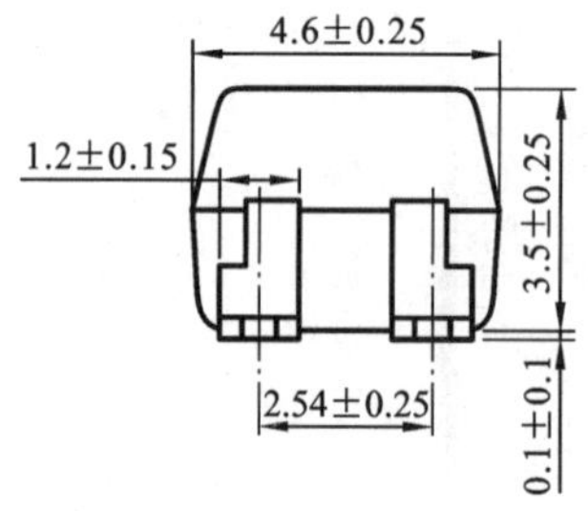

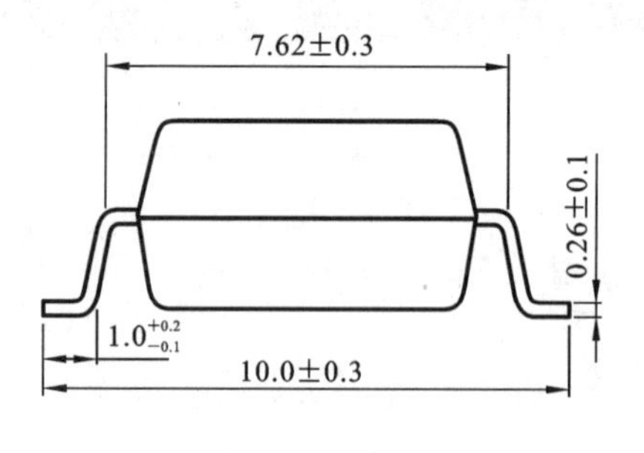

图 8-36　TLP785 的封装尺寸

4. PC410L **封装**

PC410L 封装如图 8-37 所示，其封装尺寸如图 8-38 所示。

图 8-37　PC410L 封装

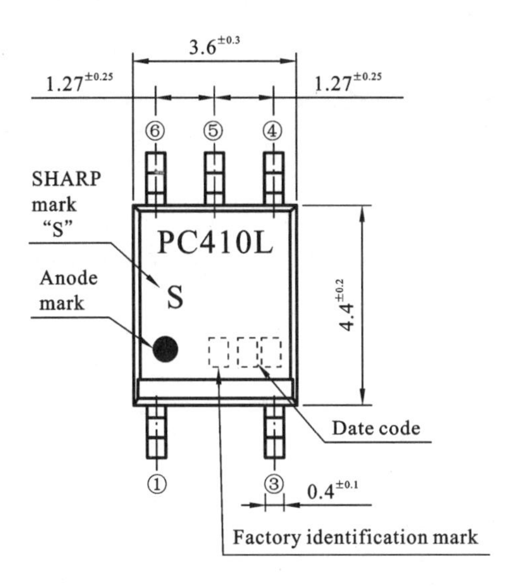

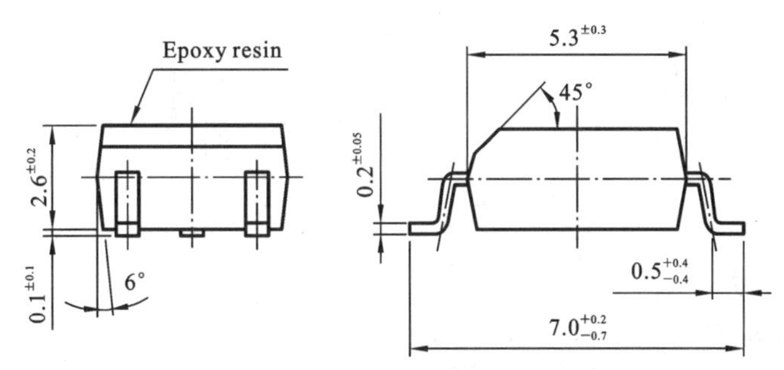

图 8-38 PC410L 的封装尺寸

5. MAX485 **封装**

MAX485 封装如图 8-39 所示,其封装尺寸如图 8-40 所示。

图 8-39 MAX485 **封装**

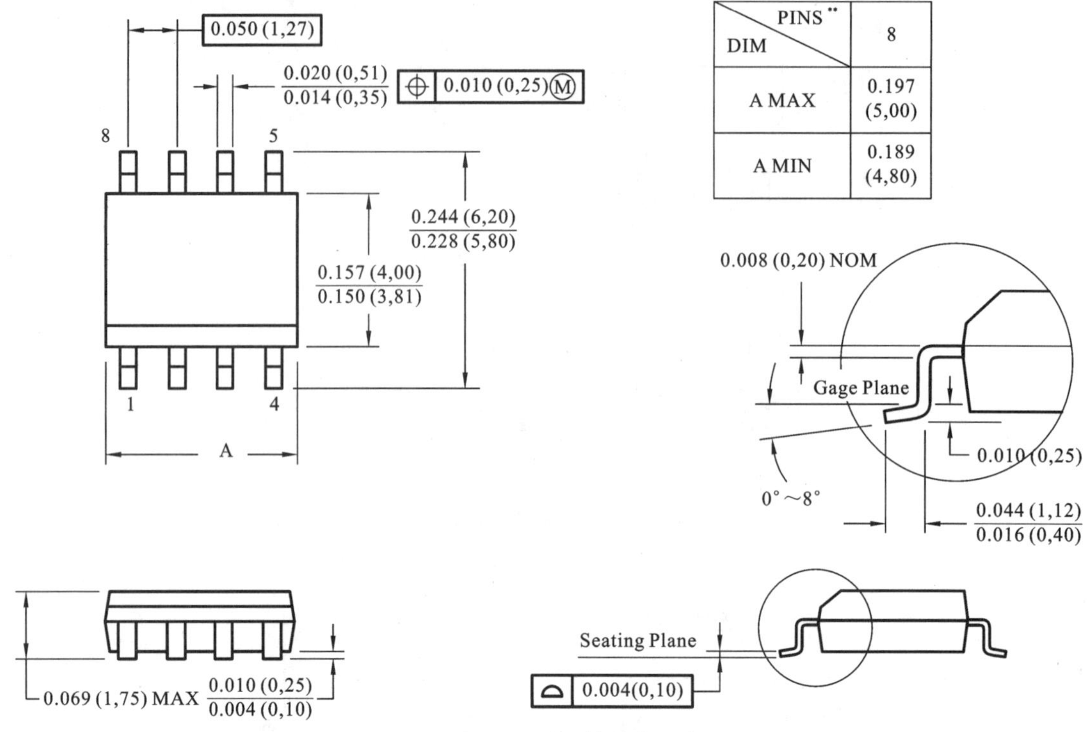

图 8-40 MAX485 的封装尺寸

6. B0505S 封装

B0505S 封装如图 8-41 所示,其封装尺寸如图 8-42 所示。

图 8-41 B0505S 封装

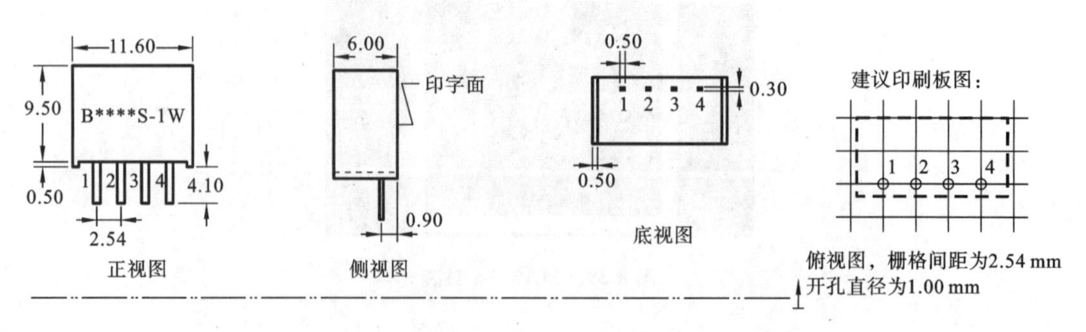

图 8-42 B0505S 的封装尺寸

7. 轻触开关封装

轻触开关封装如图 8-43 所示，其封装尺寸如图 8-44 所示。

图 8-43 轻触开关封装

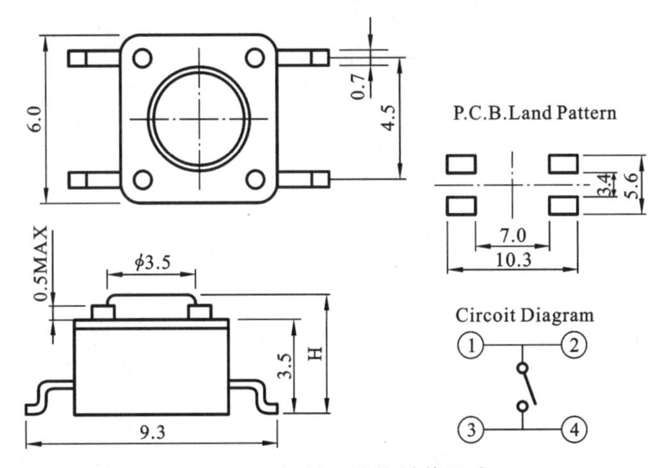

图 8-44 轻触开关的封装尺寸

8. 4 位七段数码管封装

4 位七段数码管封装如图 8-45 所示，其封装尺寸如图 8-46 所示。

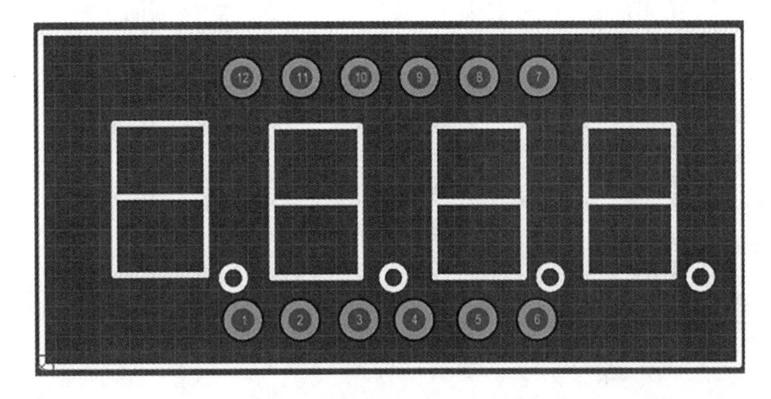

图 8-45 4 位七段数码管封装

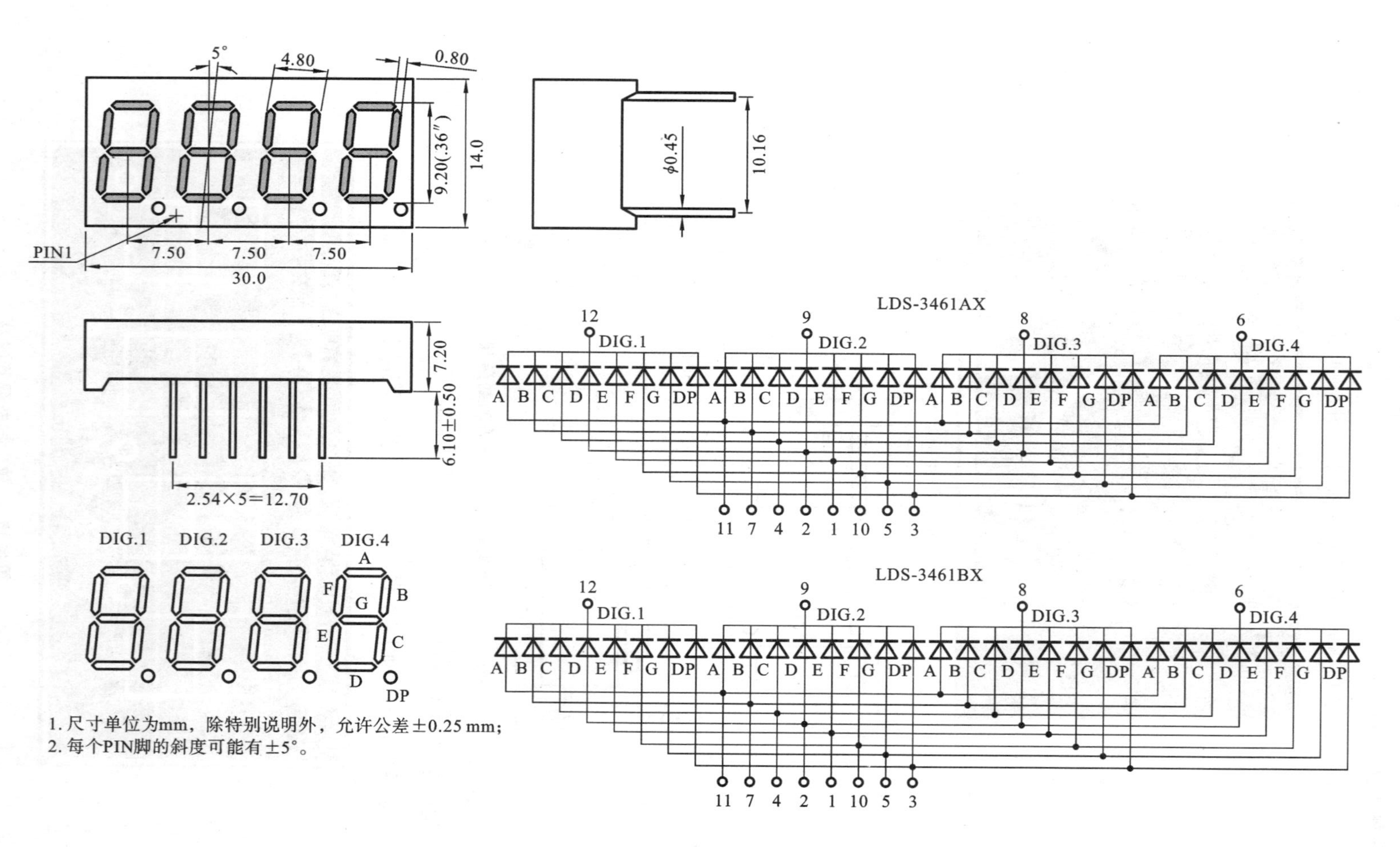

5°
4.80
0.80
9.20(.36")
14.0
PIN1
7.50
7.50
7.50
30.0
φ0.45
10.16
7.20
6.10±0.50
2.54×5=12.70
DIG.1
DIG.2
DIG.3
DIG.4
A
B
C
D
E
F
G
DP
LDS-3461AX
LDS-3461BX
12
9
8
6
11
7
4
2
1
10
5
3
1. 尺寸单位为mm，除特别说明外，允许公差±0.25 mm;
2. 每个PIN脚的斜度可能有±5°。

图8-46 封装尺寸

9. TM1616 **封装**

TM1616 封装如图 8-47 所示，其封装尺寸如图 8-48 所示。

图 8-47 TM1616 **封装**

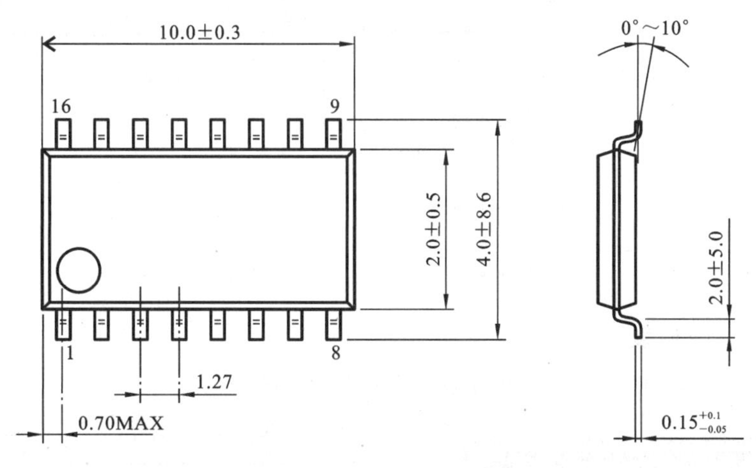

图 8-48 TM1616 **的封装尺寸**

10. LM2576S

LM2576S 封装如图 8-49 所示，其封装尺寸如图 8-50 所示。

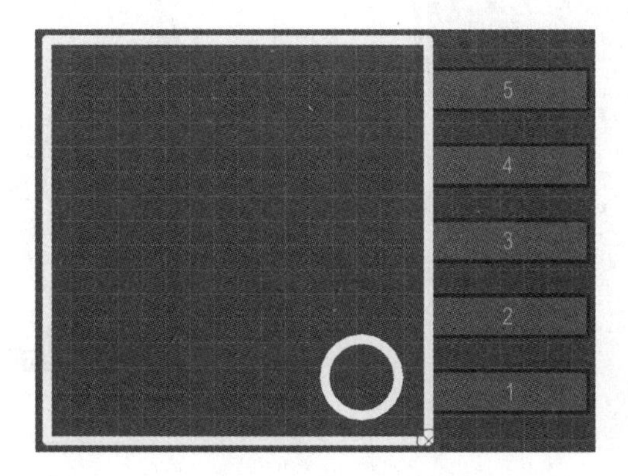

图 8-49 LM2576S **封装**

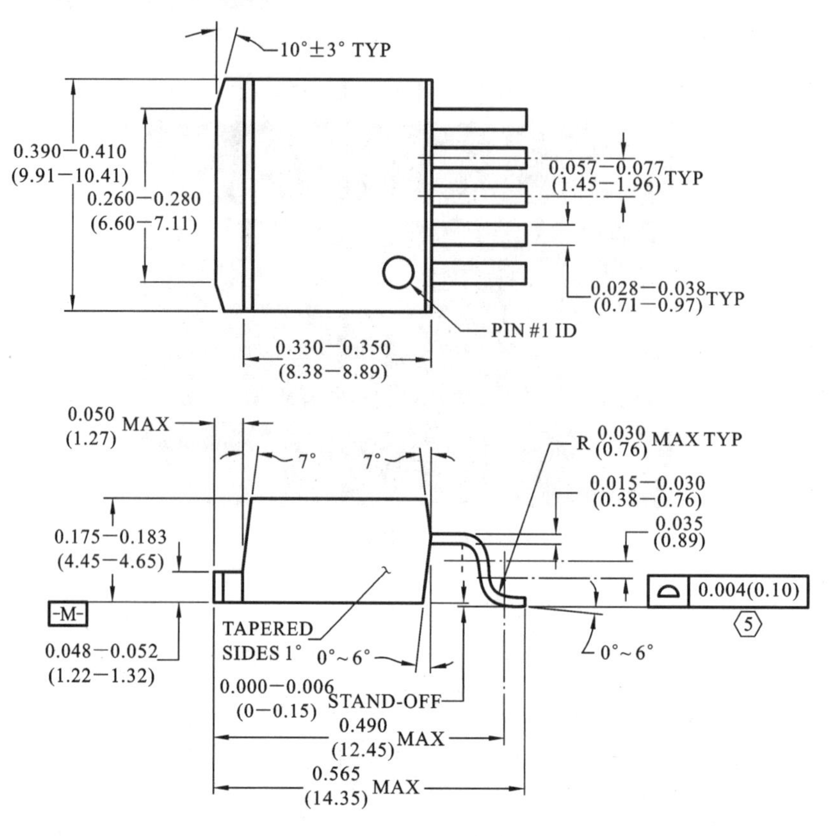

图 8-50 LM2576S的封装尺寸

11. USR-C210 封装

USR-C210封装如图8-51所示，其封装尺寸如图8-52所示。

图 8-51 USR-C210 封装

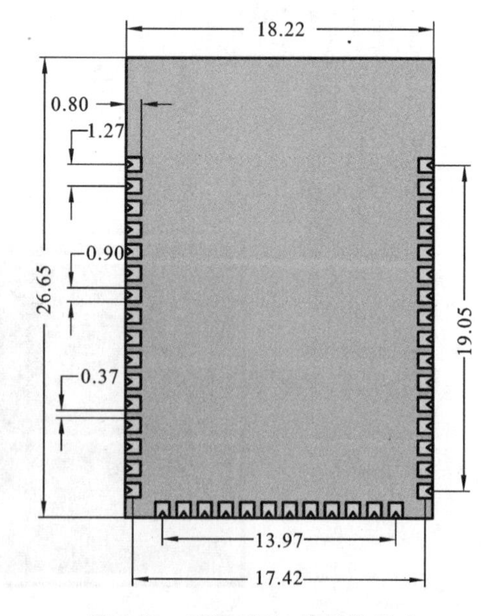

图 8-52 USR-C210 的封装尺寸

12. USR-TCP232-T2 封装

USR-TCP232-T2 封装如图 8-53 所示，其封装尺寸如图 8-54 所示。

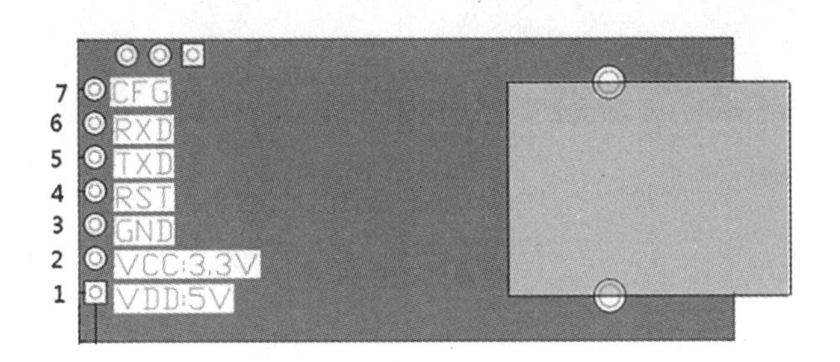

图 8-53 USR-TCP232-T2 封装

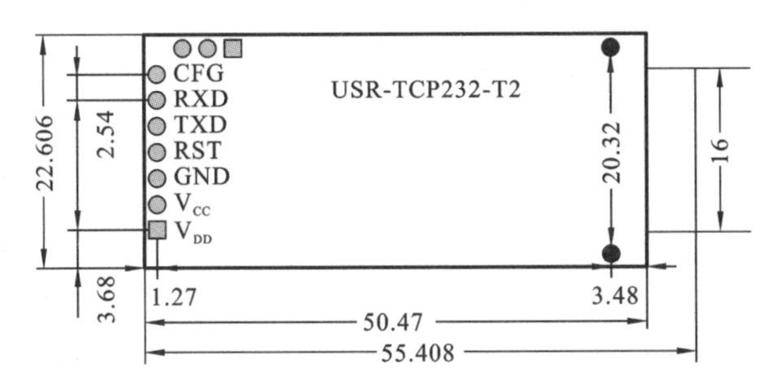

图 8-54 USR-TCP232-T2 的封装尺寸

13. RGB-LED 封装

RGB-LED 封装如图 8-55 所示，其封装尺寸如图 8-56 至图 8-58 所示。

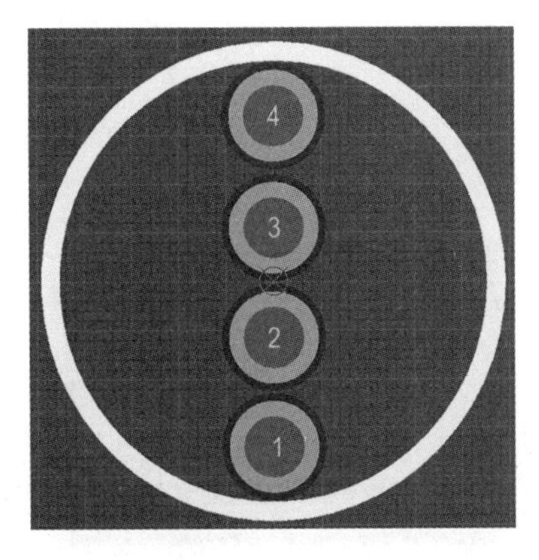

图 8-55 RGB-LED 封装

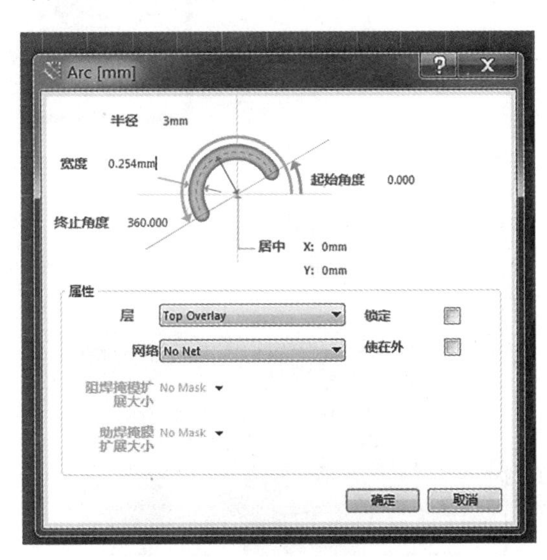

图 8-56 RGB-LED 的外形尺寸

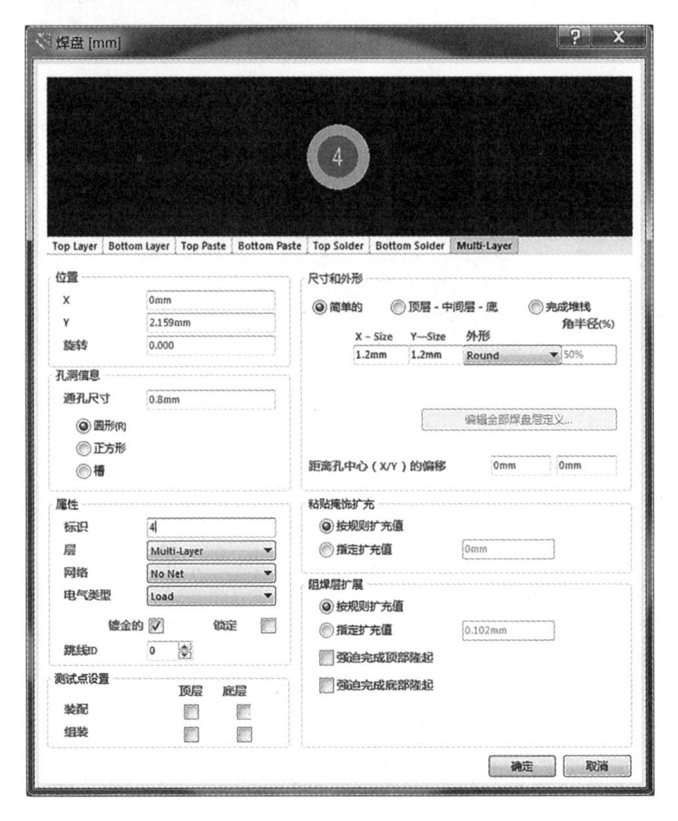

图 8-57　RGB-LED 的焊盘尺寸

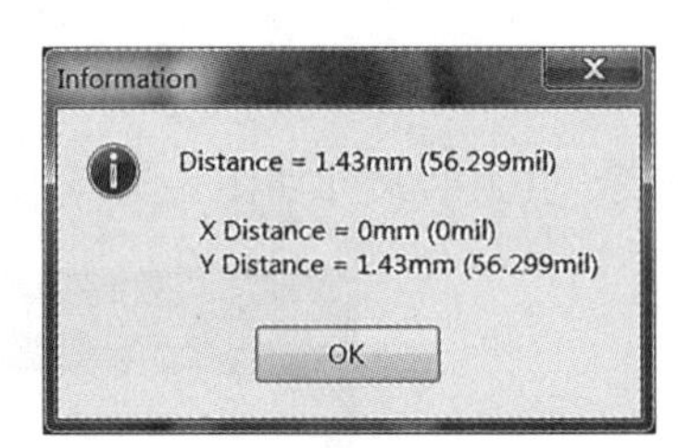

图 8-58　RGB-LED 的焊盘距离为 1.43 mm

14. FUSE/3A 封装

FUSE/3A 封装如图 8-59 所示，其封装尺寸如图 8-60、图 8-61 所示。

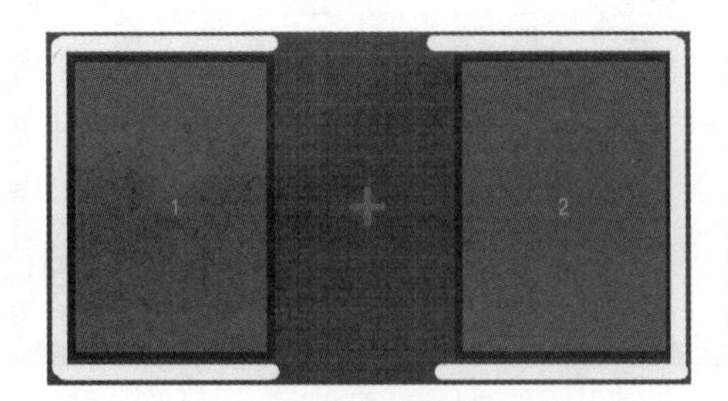

图 8-59　FUSE/3A 封装

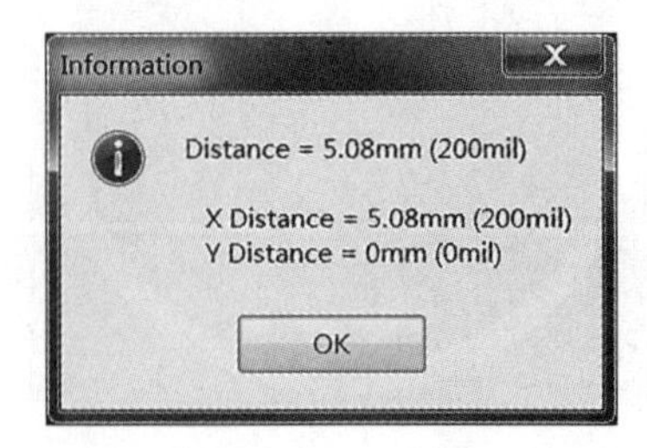

图 8-60　FUSE/3A 的焊盘间距

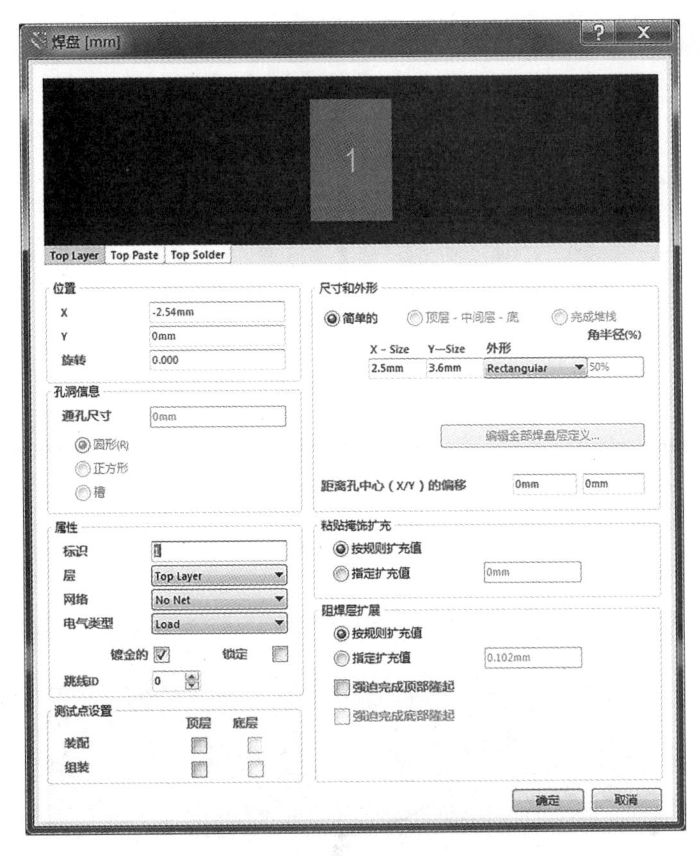

图 8-61　FUSE/3A 的焊盘尺寸

15. CON2 封装

CON2 封装如图 8-62 所示，其封装尺寸如图 8-63 至图 8-65 所示。

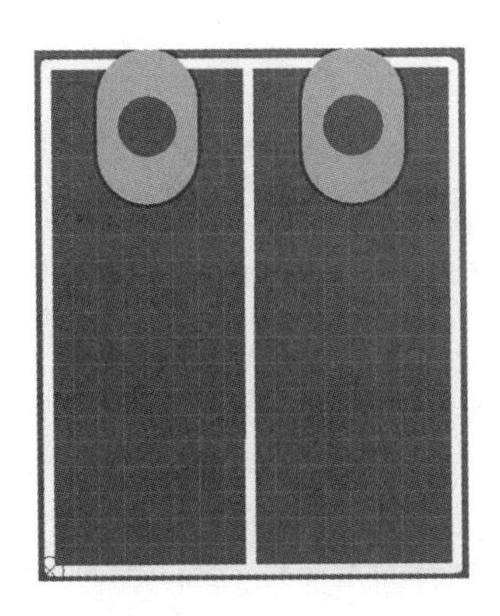

图 8-62　CON2 封装

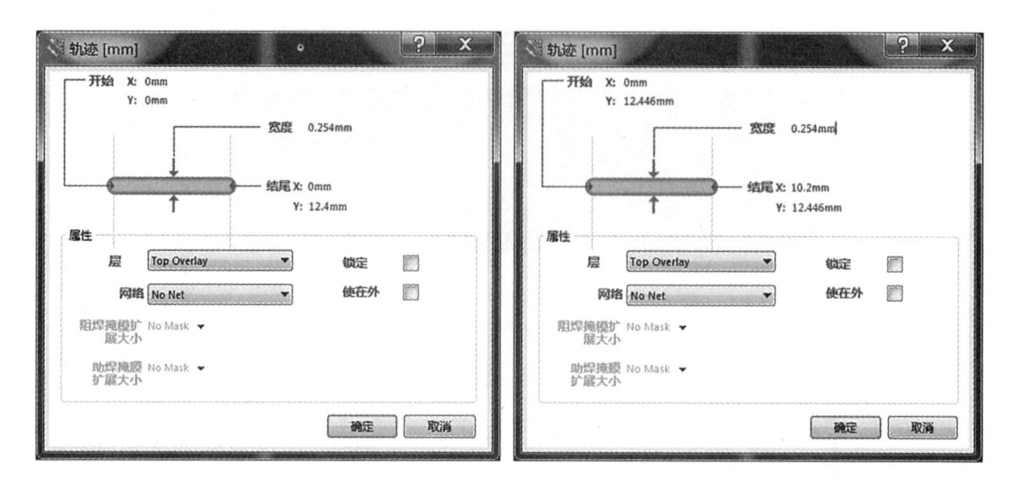

图 8-63　CON2 的外框尺寸

图 8-64　CON2 的焊盘尺寸

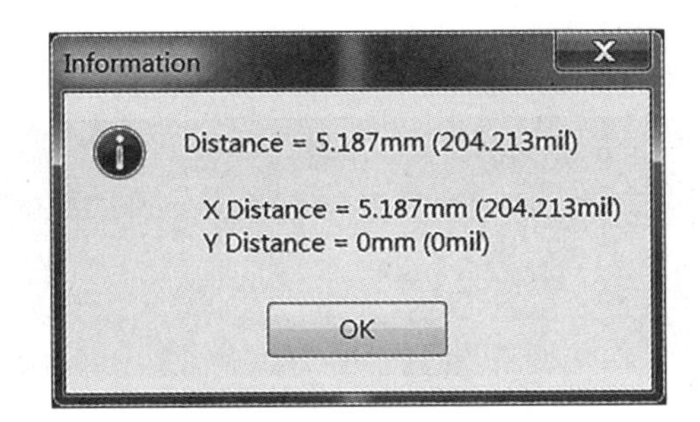

图 8-65 CON2 的焊盘间距

焊盘上放置一个通孔，孔的大小为 0.6 mm。

16. CON4 **封装**

CON4 封装如图 8-66 所示，其封装尺寸同 CON2 封装尺寸。

图 8-66 CON4 **封装**

17. C1206ST **封装**

C1206ST 封装如图 8-67 所示，其封装尺寸如图 8-68 和图 8-69 所示。

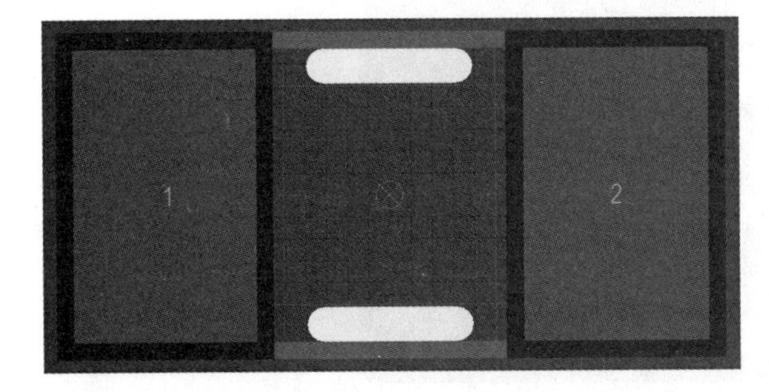

图 8-67 C1206ST **封装**

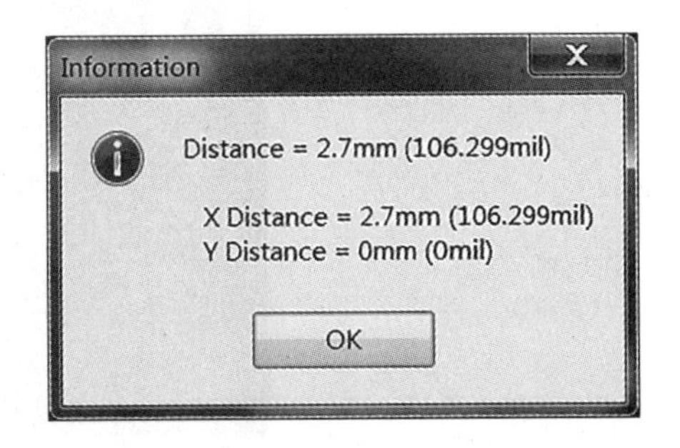

图 8-68 C1206ST **的焊盘间距**

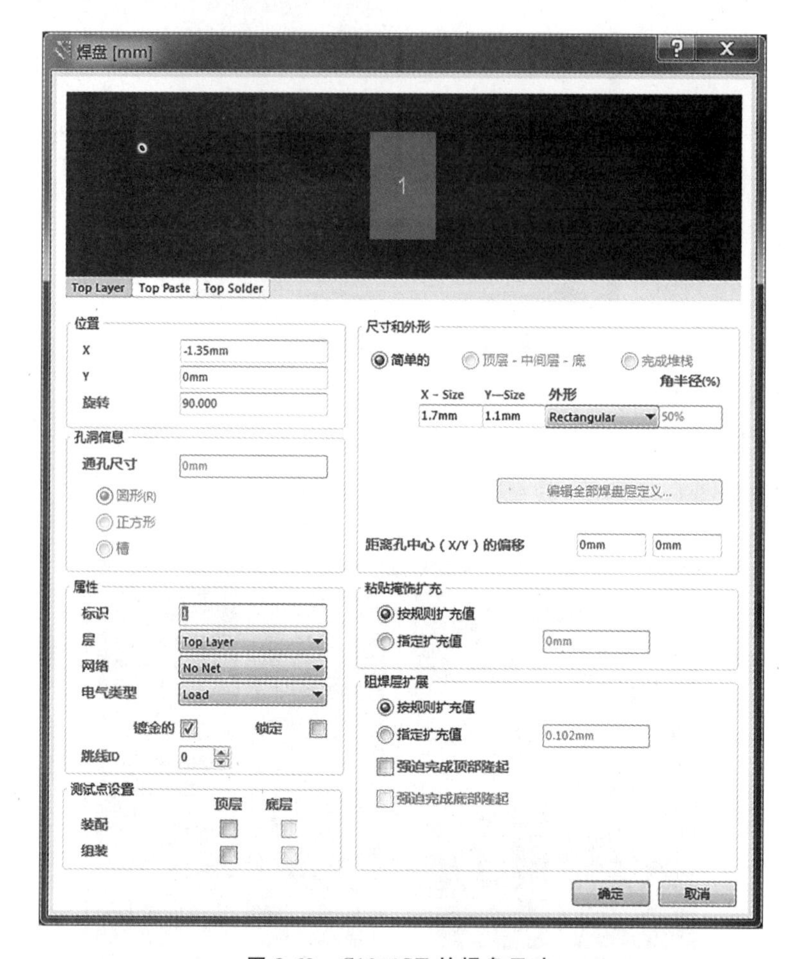

图 8-69　C1206ST 的焊盘尺寸

18. C1206S 封装

C1206S 封装如图 8-70 所示，其封装尺寸同 C1206ST 封装尺寸。

图 8-70　C1206S 封装

19. 1000 μF/35 V **封装**

1000 μF/35 V 封装如图 8-71 所示，其封装尺寸如图 8-72 至图 8-74 所示。

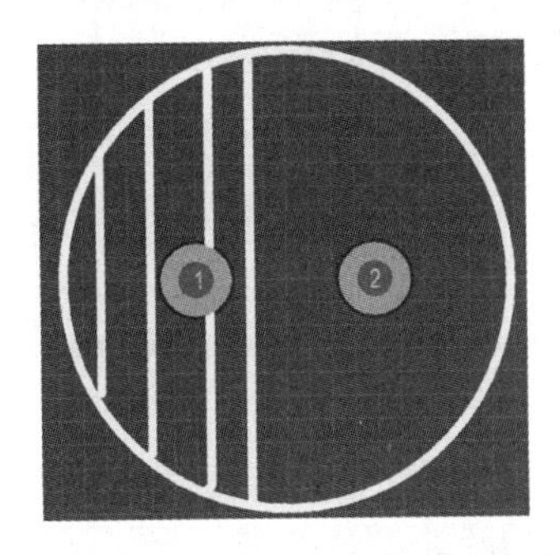

图 8-71 1000 μF/35 V **封装**

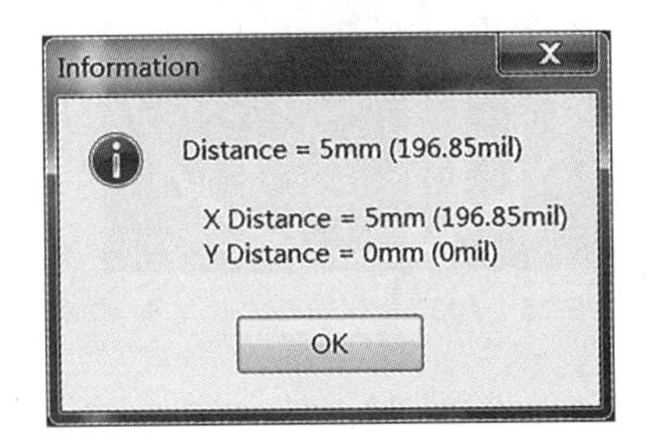

图 8-72 1000 μF/35 V **的焊盘间距**

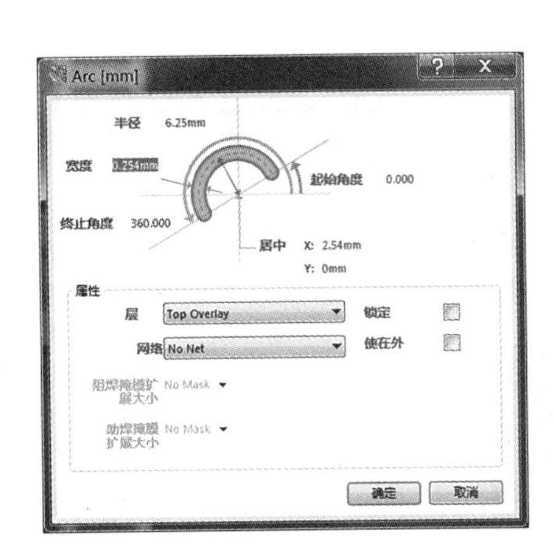

图 8-73 1000 μF/35 V **的外框尺寸**

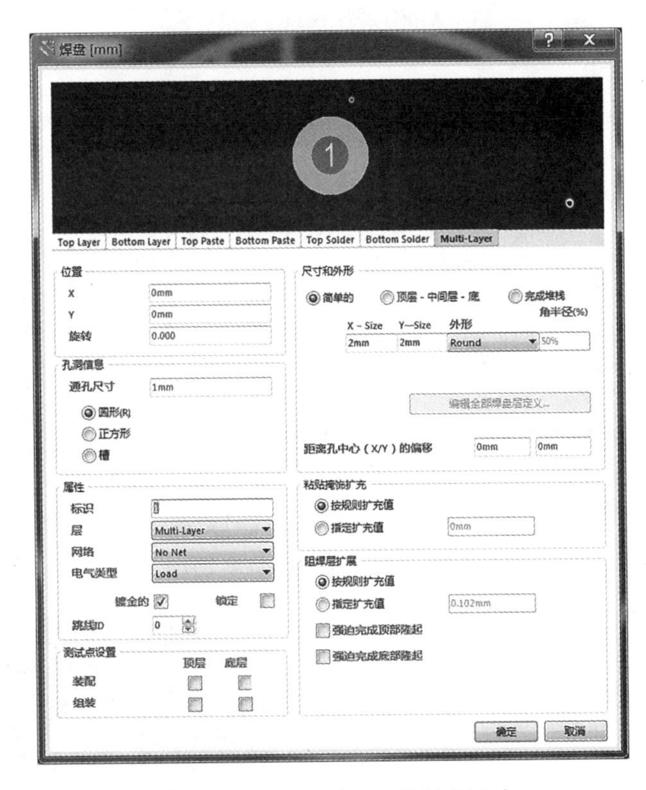

图 8-74 1000 μF/35 V **的焊盘尺寸**

20. 1000 μF/16 V/10 V **封装**

1000 μF/16 V/10 V 封装如图 8-75 所示，其封装尺寸如图 8-76 至图 8-78 所示。

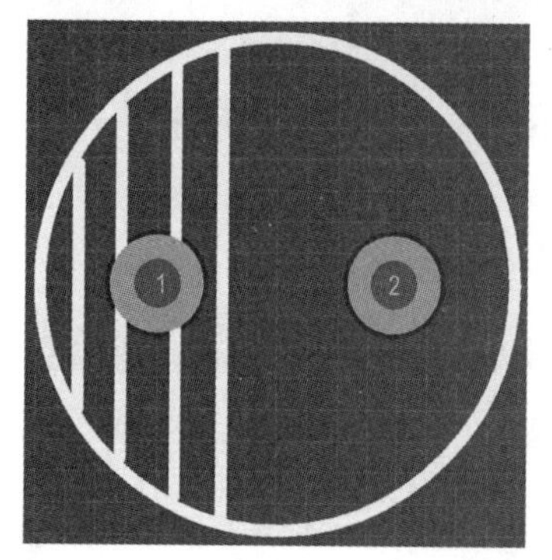

图 8-75　1000 μF/16 V/10 V 封装

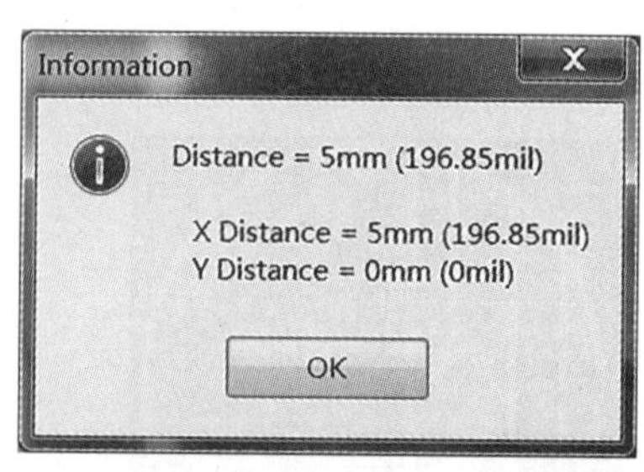

图 8-76　1000 μF/16 V/10 V 的焊盘间距

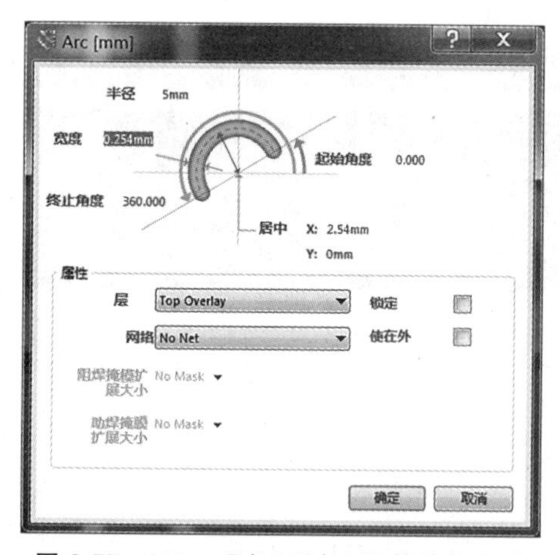

图 8-77　1000 μF/16 V/10 V 的外框尺寸

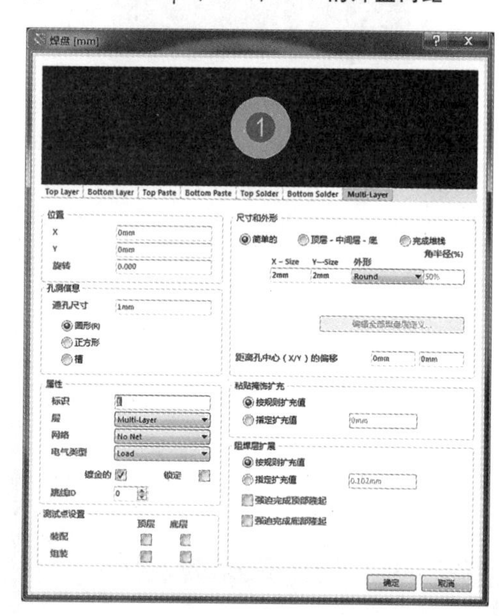

图 8-78　1000 μF/16 V/10 V 的焊盘尺寸

21. MCU(STM32f103VCT6)封装

MCU(STM32f103VCT6)封装如图 8-79 所示，其封装尺寸如图 8-80 所示。

图 8-79　MCU(STM32f103VCT6)封装

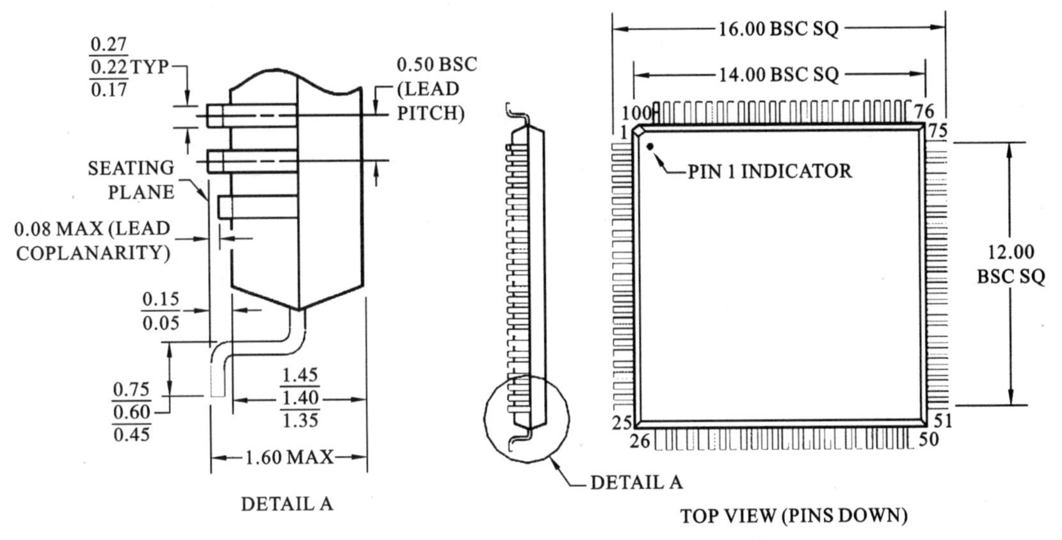

图 8-80 MCU(STM32f103VCT6)的封装尺寸

22. 所有元件封装

所有元件封装如表 8-1 所示。

表 8-1 所有元件封装

Designator	Footprint
C_1、C_2、C_8、C_9、C_{18}、C_{20}、C_{21}、C_{22}、C_{23}、C_{24}、C_{25}、C_{30}、C_{32}、C_{33}、C_{34}、C_{35}、C_3、C_4、C_5、C_6、C_7、C_{10}、C_{11}、C_{12}、C_{13}、C_{14}、C_{17}、C_{19}、C_{28}、C_{29}、C_{40}、C_{41}、C_{43}、C_{50}、C_{52}	C1206ST
C_{15}、C_{27}、C_{31}、C_{75}、C_{16}、C_{42}	C1206S
C_{26}、C_{51}	1000 μF/16 V/10 V
C_{49}	1000 μF/35 V
CN1、CON50、JL_1	HDR1X2
CON1	USR-TCP232-T2
CON4	HDR1X4
CON5、CON6、CON7、CON19、CON20、CON30	CON4
CON10、CON12、CON13、CON14、CON15、CON17、CON16、CON21、CON36、CON37、CON101	CON2
VD1、VD2、VD4、VD9、VD10、VD11、VD12、VD13、VD14、VD34、VD35、VD36、VD37、VD38、VD39、VD102、VD3、VD6、VD8、VD17、VD19、VD20、VD21、VD22、VD23、VD24、VD25、VD26、VD27、VD28、VD29、VD30、VD31、VD32、VD33、VD41、VD42、VD43	C1206S
VD5、VD7、VD16	SMC
VD18	SMB
FUSE/3A	FUSE/3A
KEY1、KEY2、KEY3、KEY4、KEY5、KEY6、KEY7、KEY8	轻触开关
L1	C1206ST
L3	100 μH 电感
LED1	4 位七段数码管

续表

Designator	Footprint
LED2、LED3、LED4、LED5、LED6、LED7、LED8、LED10	RGB-LED
电阻	C1206ST
U2	LM2576S
U3	SOT223_L
U5	MAX485
U8、U9、U10、U11、U12、U13、U14、U23、U25、U26、U27、U28、U29、U30、U31、U32	TLP785
U15、U16、U19	PC410L
U17	MCU
U18	B0505S
U41	USR-C210
U42	TM1616
Y2	8M

8.2.3 PCB

1. 布局

气压报警采集仪 PCB 的尺寸为 200 mm×150 mm。由外壳确定电子线路板的尺寸和固定用的安装孔、螺丝孔位置，如图 8-81 所示。

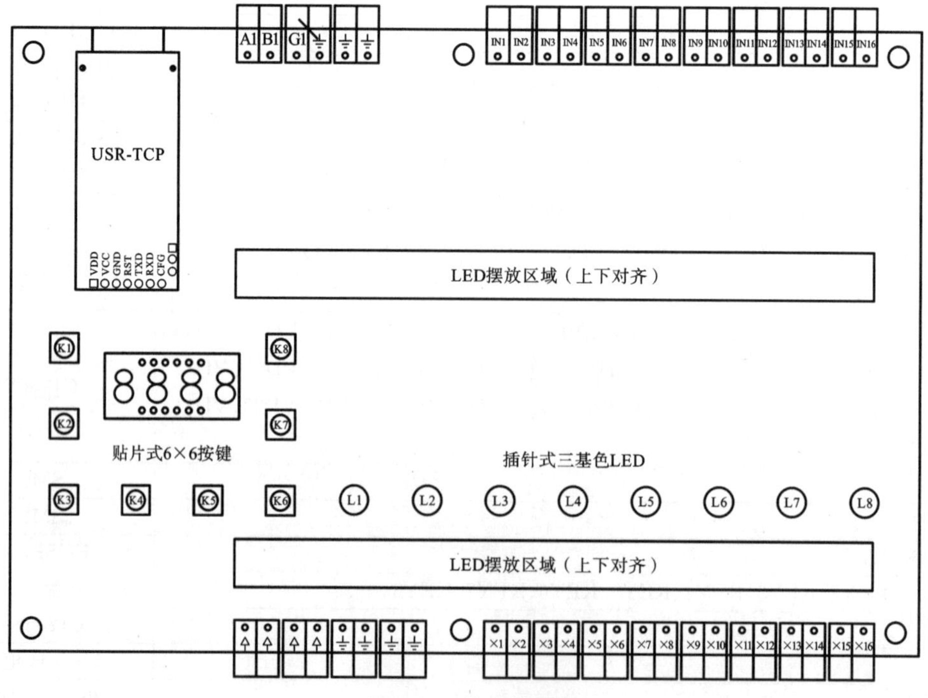

图 8-81　外壳位置

根据外壳位置确定各封装的位置，并进行连线，此处要注意 CON1、C26、C49、C51、U18 这 5 个元件放置在底层。元件封装布置完成的 PCB 如图 8-82 所示。

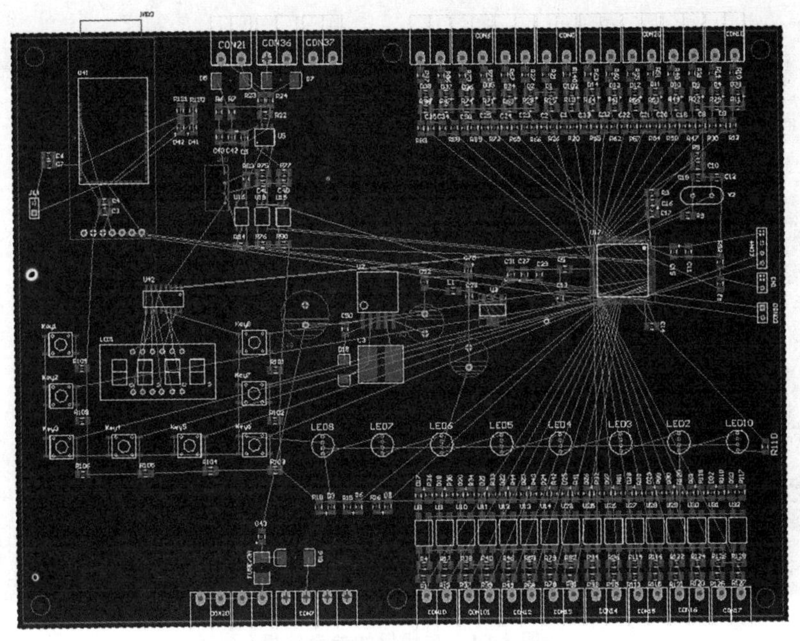

图 8-82　元件封装布置完成的 PCB

2. 布线

布线之前元件 U2 的封装需要放置在填充区，并将该填充区进行接地处理，如图 8-83 所示。

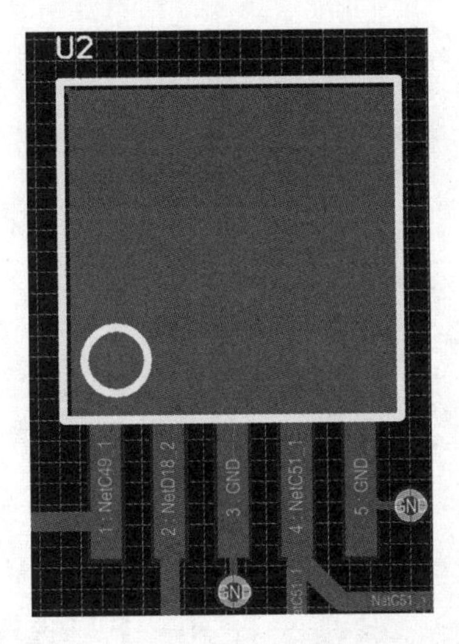

图 8-83　元件 U2 放置在填充区

气压报警采集仪采用的是四层板，电源线为 1 mm、地线为 1 mm，其他线宽为 0.6 mm，MCU 连接线宽为 0.25 mm，根据线宽要求，可采用自动及手动布线相结合来完成电路的布线，如图 8-84 所示。

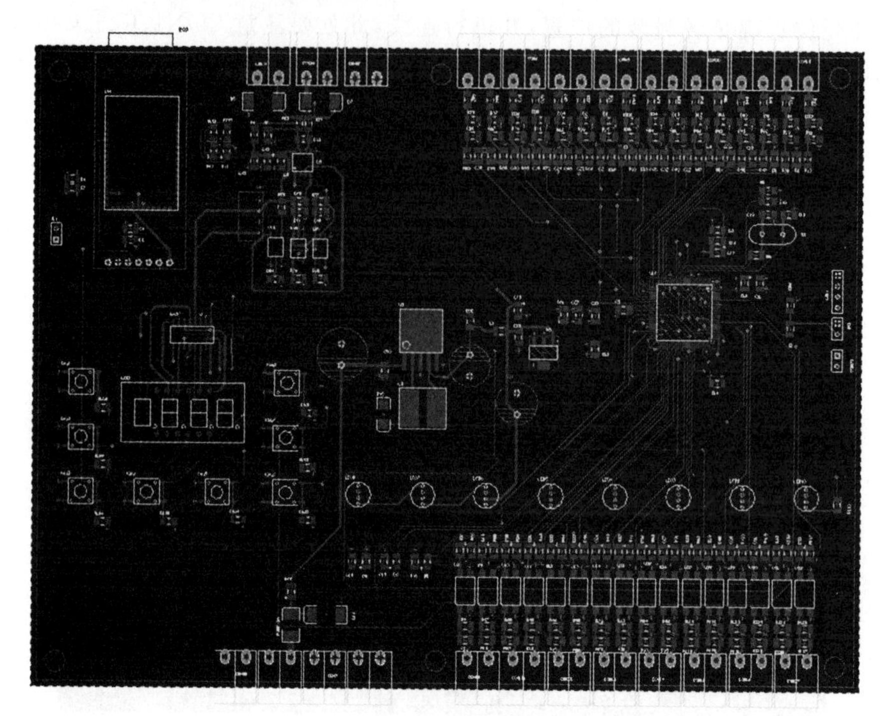

图 8-84　布线后的参考结果

3. 补泪滴及敷铜

完成布线后,进行补泪滴及敷铜,其结果如图 8-85 所示。

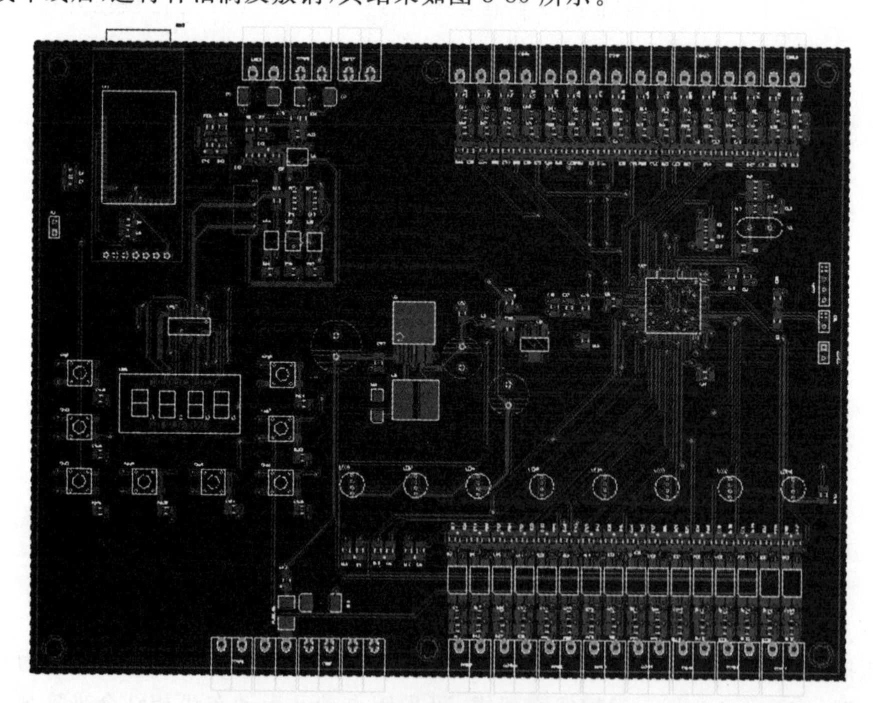

图 8-85　补泪滴及敷铜的结果

4. 实物

图 8-86 和图 8-87 给出了制作好的实物 PCB 及焊接好元件后的实物图，如图 8-88 和图 8-89 所示。

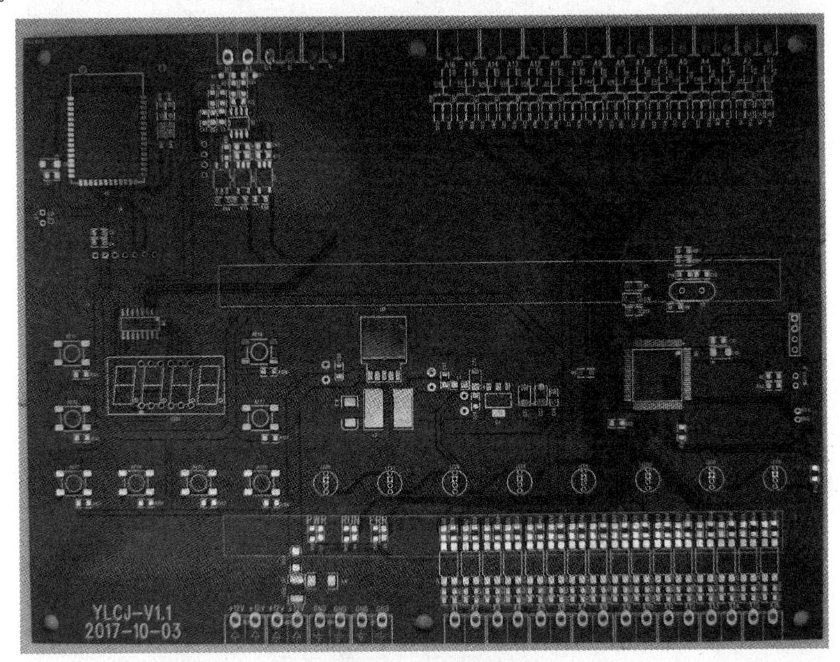

图 8-86　电路板正面

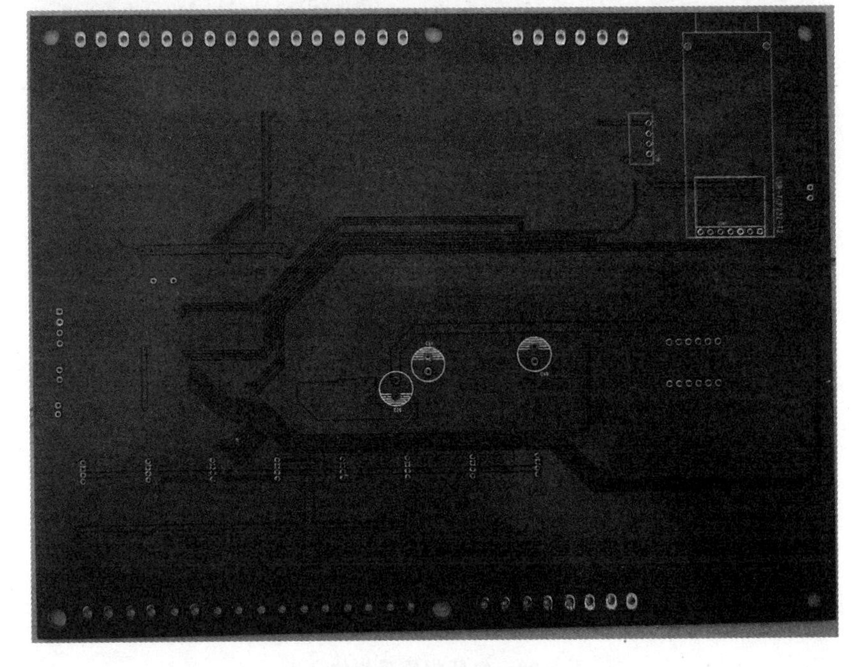

图 8-87　电路板反面

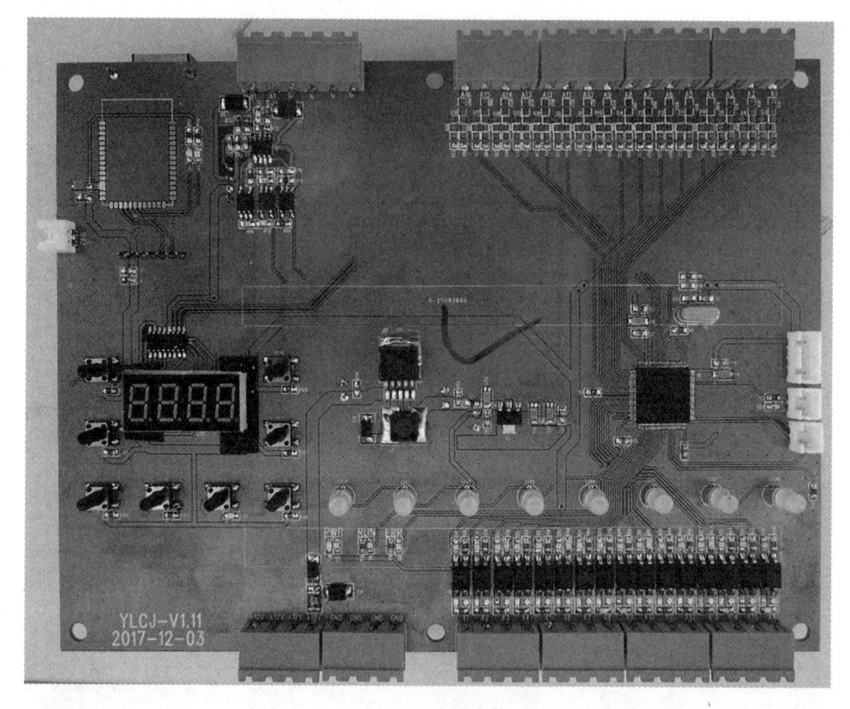

图 8-88　气压报警采集仪顶层

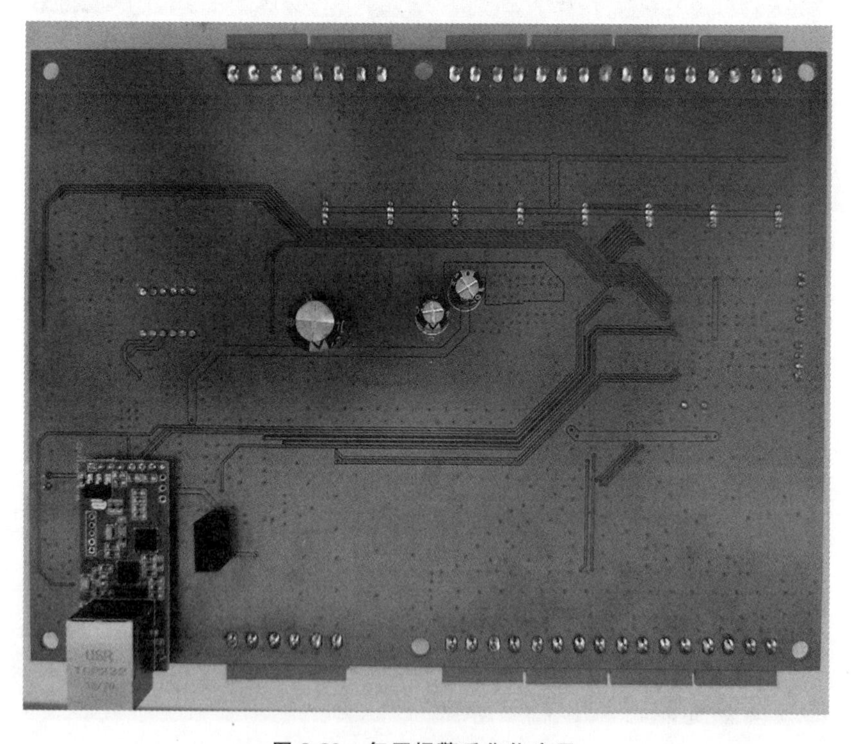

图 8-89　气压报警采集仪底层

参 考 文 献

[1] 陈桂兰. 电子线路板设计与制作[M]. 北京:人民邮电出版社,2010.
[2] 刘松,及力. Altium Designer 14 原理图与 PCB 设计教程[M]. 北京:电子工业出版社. 2019.
[3] 李瑞,耿立明. Altium Designer 14 电路设计与仿真从入门到精通[M]. 北京:人民邮电出版社,2014.
[4] 叶林朋. Altium Designer 14 原理图与 PCB 设计[M]. 西安:西安电子科技大学出版社,2015.
[5] 谷树忠,姜航,李钰. Altium Designer 简明教程[M]. 北京:电子工业出版社,2014.
[6] 杨瑞萍. 电子线路 CAD 项目化教程[M]. 北京:电子工业出版社,2017.
[7] 汤伟芳,戴锐青. 电子制图与 PCB 设计[M]. 北京:电子工业出版社,2017.
[8] 陈学平,廖金权. Altium Designer 电路设计与制作[M]. 2 版. 北京:中国铁道出版社,2018.